Kraftstoffe für morgen

Springer
Berlin
Heidelberg
New York
Barcelona
Budapest
Hongkong
London
Mailand
Paris
Tokio
Santa Clara
Singapur

Volker Schindler

Kraftstoffe für morgen

Eine Analyse von Zusammenhängen und Handlungsoptionen

Mit 39 Abbildungen und 63 Tabellen

Dr. Volker Schindler

Max-Halbe-Straße 14
85716 Unterschleißheim

ISBN 3-540-62049-4 Springer-Verlag Berlin Heidelberg New York

Die Deutsche Bibliothek – CIP-Einheitsaufnahme

Schindler, Volker: Kraftstoffe für morgen: eine Analyse von Zusammenhängen und Handlungsoptionen; nit 63 Tabellen / Volker Schindler. – Berlin; Heidelberg; New York; Barcelona; Budapest; Hongkong; London; Mailand; Paris; Santa Clara; Singapur; Tokio: Springer, 1997
ISBN 3-540-62049-4

Einbandgestaltung: Struve & Partner, Heidelberg
Satz: Datenkonvertierung durch Satztechnik Neuruppin GmbH, Neuruppin

SPIN 10550120 68/3020- 5 4 3 2 1 0 Gedruckt auf säurefreiem Papier

Vorbemerkung

Im folgenden Text wird ein sehr weiter Bogen von der Technik heutiger und künftiger Fahrzeuge über die für ihren Betrieb zur Verfügung stehenden Kraftstoffe, die Prozesse zur Herstellung dieser Kraftstoffe, die energetische und materielle Basis für diese chemischen Prozesse bis zu den Umweltauswirkungen und den Kosten der verschiedenen Optionen geschlagen. Es wurde dabei versucht, die Zusammenhänge möglichst deutlich herauszuarbeiten, ohne dabei zu sehr auf Details einzugehen. Da nicht jeder Leser in gleicher Weise mit allen berührten Gebieten vertraut sein kann, andererseits aber viele für das Verständnis wichtige, grundlegende Zusammenhänge nicht im Haupttext besprochen werden konnten, wurden viele Sachverhalte in Exkursen behandelt. Sie sollen auch dazu dienen, spezielle Zusammenhänge an Beispielen deutlicher zu machen. Die Exkurse können beim Lesen ausgelassen werden, ohne daß dadurch für den Hauptpfad der Argumentation wesentliche Informationen verloren gehen.

Ergänzend wurde versucht, durch ein umfangreiches Glossar auch dem Fachfremden den Quereinstieg zu ermöglichen. Natürlich war es dabei nicht möglich, die inhaltliche Tiefe eines guten Nachschlagewerks oder eines Fachbuches zu erreichen, auf die daher bei vertieftem Interesse zurückgegriffen werden sollte. Zum besseren Verständnis sollen auch das Abkürzungsverzeichnis und ein detailliertes Sachverzeichnis beitragen.

Die außerordentlich umfangreiche Literatur kann nicht vollständig zitiert werden; es wurde aber versucht, möglichst alle Aussagen durch neuere Zitatstellen zu belegen. Es wurden nach Möglichkeit Belege angegeben, die in guten wissenschaftlichen Bibliotheken relativ leicht zugänglich sind. Die noch umfangreichere Literatur an Arbeitsberichten, Firmenschriften usw. wurde nur dort angezogen, wo keine andere Stelle zu finden war oder wo die Authentizität einer Angabe nachgewiesen werden sollte. Die angegebenen Quellen sind durch Angabe des vollständigen Titels, der Länge des Textes und möglichst auch der Institution, der die Autoren verpflichtet waren, so aussagekräftig wie möglich charakterisiert worden. Mehrfach verwendete Literaturstellen werden nur einmal pro Kapitel mit allen Angaben zitiert; alle weiteren Zitate sind mit a.a.O. gekennzeichnet.

Es ist selbstverständlich, daß ein Überblick dieser Art nur in einem entsprechenden Umfeld entstehen kann. Ich bin vielen Kollegen und früheren Mitarbeitern bei der BMW AG, der BMW Technik GmbH und bei Siemens/KWU für zahllose Diskussionen verpflichtet, bei denen sich die vorgetragenen Ideen und Standpunkte entwickelt haben. Besonders nennen möchte ich vor allem den Mentor des Vorhabens Herrn Frank, sowie die Herren Professor Dr.-Ing. Braess, Dr.-Ing. Metz, Geier, Huß, Sumpf,

Zauber, Dr.-Ing. Faust, Professor Dr.-Ing. Wallentowitz, Gert Fischer, Dr.-Ing. Scheuerer, Bidlingmaier, Müller-Alander, Gregor Fischer, Stoffregen, Helm, Strobl, Dr. rer.nat. Fröchtenicht, Reichart, Langen, Dr.-Ing. Scholten, Dr. rer.nat. Goubeau, Catchpole, Friedmann, Dr. rer.pol. Graßl, Laurent, Finke, Dr. rer.nat. Grabbe, Dr. rer. nat. Greiner. Für Fehleinschätzungen, ungenaue Darstellungen, Fehler und Mängel bin ich aber natürlich alleine verantwortlich.

Ohne die Hilfe der Werksfachbibliothek in Person von Herrn Nagel und Frau Winzenried wären viele der zitierten Techniken für mich unbekannt geblieben. Frau Wochnik und Herr Geier haben viele der Zeichnungen erstellt. Herr Dr. Greiner, Herr Dr. Grabbe und Herr Dr. Reinhold haben den Text im Entwurf gelesen und viele Anregungen und Ergänzungen eingebracht. Ihnen allen sei für ihre Mühe gedankt.

Inhaltsverzeichnis

1 Einleitung

„Wer keine Angst hat ist dumm. Aber nicht, wer die meiste Angst hat, beweist die größte Klugheit"

HUBERT MARKL[1]

Zahllose Analysen haben gezeigt, daß wir unseren derzeitigen Umgang mit energetischen und materiellen Rohstoffen bei einer unvermeidlich weiter stark wachsenden Weltbevölkerung ändern müssen, um weitere Belastungen der Umwelt und die baldige Erschöpfung wichtiger, natürlicher Ressourcen zu verhindern. Besonders die Gefahr einer Beeinflussung des Weltklimas wird als bedrohlich empfunden. Der Lebensstil der Bewohner der reichen Länder mit seiner Vorbildfunktion für die Schwellenländer und auch für die weniger entwickelten Staaten steht auf dem Prüfstand.

Dieses Bewußtsein ist offenbar in den deutschsprachigen Ländern und bei einigen Nachbarn in Nordeuropa wie den Niederlanden, Dänemark, Schweden, Norwegen besonders ausgeprägt, während in anderen Ländern andere Themen größere Aufmerksamkeit finden. Vor allem in den USA, dem bei weitem größten Verbraucher von Energie, interessieren fast ausschließlich lokale Wirkungen von Emissionen; globale Wirkungen werden dort nur von wenigen und wenig einflußreichen Gruppen für handlungsrelevant gehalten.

Es werden mehr oder weniger apokalyptische Visionen über die Wirkungen von klimawirksamen Emissionen wie CO_2 oder Fluor-Chlor-Kohlenwasserstoffen, über die Gefahren der Kernenergie, über zu hohe Konzentrationen von bodennahem Ozon, über das „Ozonloch" in der hohen Atmosphäre über dem Südpol, über die Verschmutzung der Meere, über die Emissionen des „Ultragiftes" Dioxin usw. entwickelt. Daraus werden bei uns in Deutschland und in einigen anderen europäischen Ländern von Teilen der Öffentlichkeit und einigen Parteien außerordentlich weitreichende Forderungen nach Einschränkungen der verschiedensten Art abgeleitet. Dabei wird bereits von der Unvermeidbarkeit massiver, negativer Umweltveränderungen ausgegangen. Die Gewichtung der Risiken wechselt jedoch mit dem Auf und Ab der Berichterstattung in den Medien in offenbar hektischer werdenden Rhythmen.

Die Risiken sind zweifellos konkret. Aber jedes Handeln – wie auch jedes Unterlassen von Handlungen – ist mit Risiken verbunden. Es kommt darauf an, sie gegeneinander abzuwägen, um die sinnvollen Handlungsoptionen zu finden. Ein vernünftiges Wichten von Risiken der verschiedensten Art und ein rationales Abwägen der Möglichkeiten zu ihrer Vermeidung findet aber in der deutschen Öffentlichkeit nur eingeschränkt statt. Das Vertrauen in die Verläßlichkeit der Feststellungen von Fachleuten ist geschwunden. Man zieht sich gerne auf die Standpunkte der eigenen Gruppe zurück und verschließt sich gegenüber den Argumenten Außenstehender. Damit ist ei-

[1] lt. Handelsblatt, 21.3.1996

ne Polarisation der Argumentationen bei allen Beteiligten verbunden. Während die einen „Tschernobyl überall" sehen und den Anstieg des Meeresspiegels um mehrere Meter bereits für eine ausgemachte Sache halten, beschwört die andere Seite, daß ohne die Errichtung eines bestimmten Kraftwerks „die Lichter ausgehen" und eine wachsende Weltbevölkerung bald durch Energiemangel Hunger leiden wird. Offenbar bietet das letzte Jahrzehnt eines Jahrtausends besonderen Anlaß zu Spekulationen über das Ende der Welt oder zumindest über tiefgreifende Strukturbrüche.

Wir sind aber der Entwicklung unseres technisch-ökonomisch-sozialen Systems keineswegs hilflos ausgeliefert, sondern können es aktiv gestalten. Es gibt zahlreiche Ansätze zur Lösung jedes einzelnen Problems. Es gibt auch große Visionen zur langfristigen Umgestaltung des gesamten, weltweiten technisch-wirtschaftlichen Systems. Die meisten dieser Ansätze kranken jedoch an ihrer Eindimensionalität. Sie versuchen, alle Probleme „aus einem Punkt heraus zu kurieren". Noch dazu sind sie Moden unterworfen. Beliebtester Ansatz im Energiebereich ist derzeit die Forderung nach einer massiven Nutzung der Sonnenenergie kombiniert mit asketischer Lebensführung. Früher waren die Kernenergie und auch die Kohle (zeitweilig auch in Kombination mit Kernenergie) die Favoriten der meinungsbildenden Diskussionsführer.

Solche eindimensionalen Visionen stellen schlechte Grundlagen für eine langfristige Politik dar, wenn sie zu Entscheidungen und Entwicklungen führen, die einander ausschließen. Eine Politik des Alles oder Nichts polarisiert und kann bis zur Handlungsunfähigkeit führen. Ein Beispiel dafür ist die langwierige Diskussion über den „Energiekonsens". Es ist nicht erkennbar, wie die verhärteten Fronten zu einem breit getragenen Kompromiß aufgeweicht werden könnten, der Wunsch nach einem „Konsens" ist angesichts der festgefahrenen Diskussion ziemlich unrealistisch; man wird wohl mit einem Kompromiß zufrieden sein müssen und, wenn er fair vereinbart wurde, auch sein können.

Uns erscheint ein Vorgehen angemessener, das versucht, die Optionen der verschiedenen denkbaren Pfade in die Zukunft miteinander zu integrieren. Strukturbrüche sind dabei zu vermeiden. Ein einzelner Pfad ist stets der Gefahr ausgesetzt, bei Änderungen der Randbedingungen nicht mehr gangbar zu sein. Daher müssen viele Pfade entwickelt und noch mehr erkundet werden. So wird es möglich, von einem auf dem Konsum billiger Ressourcen beruhenden Weg allmählich auf ein ganzes Netz von Entwicklungspfaden einzuschwenken, die eine für die Natur dauerhaft verträgliche und quantitativ wie qualitativ für wachsende Bedürfnisse ausreichende, nachhaltige Entwicklung (sustainable development) ermöglichen.

Dagegen erscheint es nicht sinnvoll, Entscheidungen zu fordern, die längerfristig nicht revidierbar sind. Wir können die Zukunft nicht mit Sicherheit voraussehen, sondern nur mehr oder weniger plausible Szenarien entwickeln. Ziel muß es daher sein, eine „no-regret-Strategie" zu finden und zu verfolgen, die selbst bei Entfall oder wesentlicher Änderung wichtiger Entscheidungsvoraussetzungen – wie z.B. der heutigen Einschätzung der Klimaentwicklung – nicht vollständig umgestoßen werden muß, sondern an die neue Situation angepaßt werden kann. Dazu können wir nicht ausschließlich auf eine einzige Technologie setzen. Es müssen immer mehrere Wege gangbar sein, so daß zu jedem Zeitpunkt eine Auswahl möglich ist.

Insbesondere das Bedürfnis der Mehrzahl aller Menschen nach Mobilität und ihr Wunsch, es automobil zu befriedigen, wird bei uns immer wieder kritisiert. In der Wahrnehmung fast aller Bürger und Politiker, aber auch der meisten Techniker ist eine Versorgung des Verkehrs mit Energieträgern nur auf der Basis von Erdölprodukten möglich. Da sie theoretisch nicht unbegrenzt zur Verfügung stehen – von tatsächlicher, physischer Verknappung kann ja keine Rede sein –, da sie zum großen Teil aus politisch als instabil geltenden Regionen geliefert werden und da noch nicht alle Emissionsprobleme gelöst sind, wird eine radikale Abkehr von Benzin und Diesel z.B. hin zum Elektrofahrzeug bzw. überhaupt weg vom Auto für notwendig gehalten.

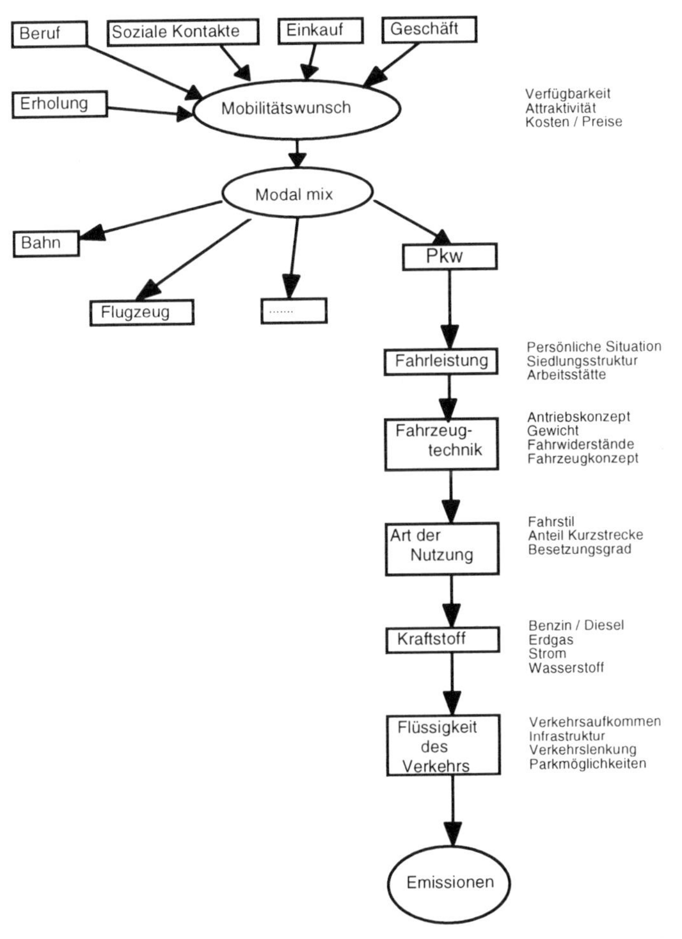

Bild 1.1. Bestimmungsgründe der Verkehrsmittelwahl und Einflüsse, die Energieverbrauch und Emissionsmengen im Pkw-Verkehr bestimmen.

Diese Einschätzung verkennt, daß es zahlreiche andere Möglichkeiten gibt, Kraftstoffe herzustellen und ihre saubere und weitgehend umweltneutrale Verbrennung in Motoren zu garantieren. Das erfordert evolutionäre Entwicklungen sowohl an dem wirtschaftlich-technischen System, das die Energieträger erzeugt und verteilt, wie auch an der Fahrzeugtechnik. Revolutionen sind dabei weder notwendig noch sinnvoll (auch wenn manche technische Entwicklung gerne als „Revolution" annonciert wird), weil sie einen großen Kapitalstock an Produktionseinrichtungen, Infrastruktur und Fahrzeugen schlagartig entwerten würden.

Die weltweite Energiewirtschaft kann man sich als ein System kommunizierender Röhren vorstellen. Alle Energieträger können mehr oder weniger leicht gegeneinander ausgetauscht werden. Allerdings ist der Ausgleich von „Pegelunterschieden" zwischen verschiedenen Röhren teilweise durch „zu enge Querschnitte" behindert. Die Behinderungen können durch staatliche Randbedingungen bedingt sein. Ein Beispiel dafür ist eine Steuer- oder Subventionspolitik, die die tatsächlichen wirtschaftlichen Zusammenhänge verzerrt. Andere Ursachen für eine zu geringe Substitution zwischen den Energieträgern ergeben sich aus technisch-wirtschaftlichen Zwängen. So ist es nur nach langen Vorlaufzeiten möglich, in der Stromversorgung von einem Energieträger auf einen anderen überzugehen. Es geht also darum, die Engpässe zu finden und zu beseitigen. Dabei sollte aber die Schaffung neuer Engstellen durch die Etablierung von inkompatiblen Techniken nur bei wirklich überzeugenden Vorteilen hingenommen werden.

Im folgenden wird der Versuch unternommen, einige Wege aufzuzeigen, wie eine langfristige Umorientierung der Energieversorgung des Verkehrs weg vom Erdöl hin zu nachhaltig verfügbaren Energien und Materialien und unter Verbesserung aller anderen umweltrelevanten Eigenschaften erfolgen kann, ohne dabei einen Strukturbruch vorauszusetzen. Naturgemäß sind diese Wege bisher nur zum geringen Teil großtechnisch realisiert. Viele Komponenten sind aber im Labor erforscht oder sogar in kleinen Anwendungen realisiert. In einigen Fällen wird versucht, unser derzeitiges Wissen zu extrapolieren, ohne aber den Boden der Plausibilität zu verlassen. In diesem Sinne handelt es sich stellenweise um konkrete Visionen, die einer stückweisen Überprüfung und Realisierung, aber auch der Weiterentwicklung durch Modifikation und Ergänzung jederzeit zugänglich und bedürftig bleiben. Parallel zu diesen Wegen der Erzeugung von Kraftstoffen auf nicht-traditionellen Wegen kann und sollte der Weg der Nutzung alternativer Energieträger beschritten werden. Nur im Wettbewerb zwischen den verschiedenen denkbaren Lösungen kann sich die beste auch tatsächlich als überlegen herausstellen.

Wenn in dieser Darstellung nur exemplarisch oder gar nicht auf die Möglichkeiten zur Einsparung von Energie durch fahrzeugtechnische, verkehrsorganisatorische oder auch raumplanerische Ansätze eingegangen wird, bedeutet dies nicht eine Vernachlässigung der dort vorhandenen, teilweise ganz erheblichen Potentiale (siehe Bild 1.1). Ein Einbeziehen dieser Aspekte würde aber den Umfang der Untersuchung sprengen. Dasselbe gilt für die nur sporadische Berücksichtigung der Nutzfahrzeuge und anderer Verkehrsträger wie Bahnen, Schiffe oder Flugzeuge. Es dürfte aber leicht sein, die Relevanz der einzelnen Optionen auch für diese Verkehrsträger aus dem Gesagten abzuleiten.

2 Energieträger für mobile und stationäre Anwendungen

An Kraftstoffe für den mobilen Einsatz im Straßenfahrzeug müssen eine ganze Reihe von Forderungen gestellt werden. Mit jeweils etwas unterschiedlichen Akzenten im Detail gelten sie auch für Schiffe, Schienenfahrzeuge – soweit sie nicht über Stromleitungen versorgt werden – und Flugzeuge. Die Kraftstoffe für unsere heutigen Motoren mit innerer Verbrennung

a. müssen eine hohe Speicherdichte aufweisen;
b. müssen leicht handhabbar sein;
c. müssen ohne feste oder flüssige Rückstände verbrennen;
d. müssen zeitlich und räumlich ausreichend zur Verfügung gestellt werden können;
e. dürfen keine Rückstände haben, die für Mensch oder Natur akut oder chronisch schädlich sind;
f. dürfen nicht zu meteorologischen oder klimatischen Veränderungen führen.

Die heute überall verwendeten Kraftstoffe Benzin, Diesel und Kerosin erfüllen die Forderungen a, b, c und d in fast idealer Weise. Sie haben daher ihre Vorgänger Holz und Kohle vollständig verdrängt.

Energieträger für stationäre Anwendungen unterliegen wesentlich weniger engen Restriktionen. In sehr großen Anlagen wie Kraftwerken kann fast jeder Brennstoff genutzt werden. Unter Umständen erfordern aber sowohl seine Aufbereitung durch Mahlen, Trocknen usw. als auch die Nachbehandlung der Abgase und die Entsorgung der Schlacken beträchtlichen Aufwand. In großen, zentralen Anlagen kann er leichter in wirtschaftlich vertretbarer Weise getrieben werden, als in kleinen, dezentralen. Für die Kernenergie gelten diese Argumente in noch höherem Maße. In der Tendenz werden daher „schmutzige", aber billig zu fördernde Energieträger am besten in großen, stationären Anlagen zu leicht handhabbaren Endenergien veredelt.

Schwieriger als bei den großen, zentralen Anlagen ist die Situation bei kleinen, stationären Feuerungen. Da man dort weder den technischen Aufwand von großen treiben noch über eine ständige, fachmännische Betriebsführung verfügen kann, benötigt man sauber verbrennende und einfach handhabbare Brennstoffe. So wurden Holz und Kohle in Kleinfeuerungen in den letzten Jahrzehnten fast vollständig durch Heizöl, Erdgas und zum geringeren Teil durch Strom ersetzt. Dieser Prozeß setzt sich in Westdeutschland immer noch in Form einer langsamen Verdrängung des Heizöls durch das Erdgas fort. In den Neuen Bundesländern ist die Umstellung von der Kohleheizung auf Gas und Heizöl im Gange. Eine Grenze findet dieser Prozeß dort, wo die Erschließung neuer Gebiete durch Gasleitungen wegen zu geringer Siedlungsdichte unrentabel wird. Derzeit werden jedoch in Deutschland noch jährlich ca. 34 Mio. t Heizöl von Haushalten und Kleinverbrauchern benötigt.

Tabelle 2.1. Endenergieverbrauch der Haushalte und Kleinverbraucher in Deutschland 1991 in Mengen- und Energieeinheiten[1]

	Menge	Menge in Energieeinheiten	Anteil an der Gesamtenergie
Feste Brennstoffe	23,8 Mio. t	445 PJ	10,9%
Mineralöl	34,3 Mio. t	1461 PJ	35,7%
Gase	35,8 Mrd. m^3	1088 PJ	26,5%
Strom	225 TWh	812 PJ	19.8%
Fernwärme	293 TWh	292 PJ	7,1%
Summe	–	4098 PJ	100%

Vielfach wird die Forderung erhoben, elektrische Energie in Kombination mit Wärme dezentral zu erzeugen. Dies ist dies nur begrenzt möglich, wenn wir nicht die relativ teueren, sauberen Brennstoffe für diesen Zweck nutzen wollen. Die Verwendung der billigeren, aber schwieriger zu handhabenden Brennstoffe wie der Kohle für diesen Zweck verbietet sich i.d.R. aus wirtschaftlichen Gründen.

Der Prozeß einer allmählichen Substitution des einen Energieträgers durch einen anderen wird sich auch in Zukunft fortsetzten. Treibende Kräfte sind dabei deren jeweilige Vor- und Nachteile im Hinblick auf ihre Wirtschaftlichkeit und ihre Nutzungseigenschaften. Dabei wird eine Firma oder ein privater Haushalt sein jeweiliges Optimum aus den erforderlichen Investitionen, den Brennstoffkosten und den Betriebs- und Wartungskosten ermitteln. Diese Kostenanteile sind je nach Brennstoff sehr unterschiedlich. So ist z.B. Kohle zwar ein relativ billiger Brennstoff, die Anlagen zu ihrer Verwertung sind aber aufwendig und teuer. Genau umgekehrt liegen die Verhältnisse beim Strom. Bei den Auswahl- und Entscheidungsprozessen spielen natürlich auch Erwartungen über die langfristigen Brennstoffpreise eine wichtige Rolle. Es dauert Jahrzehnte, bis diese Prozesse wesentliche Veränderungen an den Marktanteilen bewirken können. Dies liegt einerseits an den relativ geringen, materiellen Anreizen für Umstellungen. Andererseits hat die bereits installierte Anwendungstechnik (Kraftwerke, Heizungen, Leitungsnetze, Fahrzeuge, ...) eine lange Lebensdauer. Es wäre in der Regel unsinnig, Anlagen vor Ablauf ihrer wirtschaftlichen Nutzungsdauer zu verschrotten. Eine Beeinflussung oder gar Steuerung dieses Substitutionsprozesses durch ordnungspolitische oder fiskalische Maßnahmen muß daher behutsam erfolgen. Es besteht die große Gefahr, daß aus kurzfristigen Erwägungen heraus Strukturen geschaffen werden, die dann für Jahrzehnte zu hohen volkswirtschaftlichen und – wenn eventuelle Subventionen nicht bis zum Ende der Lebensdauer der Anlagen weitergezahlt werden – auch betriebswirtschaftlichen Verlusten führen können.

[1] Arbeitsgemeinschaft Energiebilanzen 1995. Der relativ hohe Anteil der festen Brennstoffe erklärt sich aus der immer noch relativ häufigen Verwendung von Braunkohlebrikett in den Neuen Bundesländern.

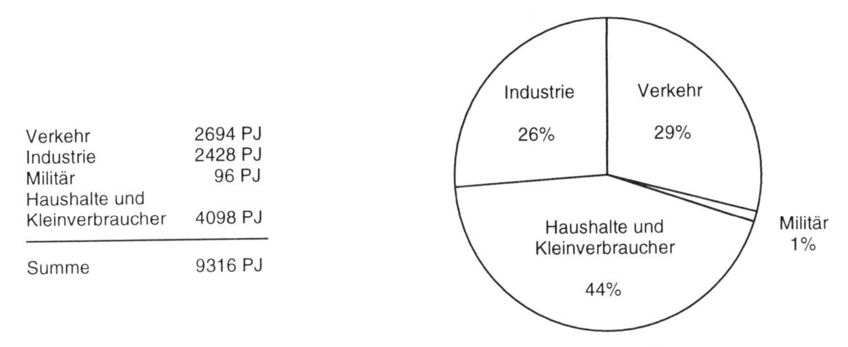

Bild 2.1. Energieverbrauch in Deutschland nach Verbrauchssektoren 1991[3]

Die bereits aus wirtschaftlichen Gründen ablaufende Freisetzung von Heizöl durch Einsparung und Verdrängung im Hauswärmebereich kann sehr wirksam durch Maßnahmen zur Wärmedämmung oder allgemeiner zur Verbesserung des Energiemanagements in Häusern unterstützt und beschleunigt werden[2]. Dieser Ansatz wird daher in Deutschland von staatlicher Seite durch entsprechende Förderung bei der Errichtung von Neubauten und bei der Altbaurenovierung unterstützt. Zusätzlich wird er durch ordnungsrechtliche Mittel (Mindeststandards zur Wärmedämmung an Neubauten, Anschlußzwang an Fernwärme- bzw. Gasnetze), durch die Förderung von Forschung und Entwicklung auf diesem Gebiet sowie durch meist landes- bzw. gemeindespezifische

Tabelle 2.2. Verbrauch von Mineralöl in Deutschland nach Sektoren im Jahre 1991[3]

Verbrauchssektor	Energie PJ	Anteil %
Verkehr		
Straße	2.118	40,3
Schiene	35	0,7
Luft (nur über deutschem Gebiet)	192	3,7
Binnen- und Küstenschiffe	28	0,5
Haushalte und Kleinverbraucher	1.461	27,9
Militär	62	1,2
Industrie und Bergbau	348	6,6
Verwendung zur Strom- und Wärmeerzeugung in Kraftwerken und Fernheizwerken	187	3,6
Raffinerieverbrauch	83	1,6
Nicht-energetischer Verbrauch	726	13,9
Summe	5.240	100,0

[2] Dies hat zur Folge, daß sich der flächenbezogene Heizwärmebedarf vermindert. Damit läuft die wünschenswerte Verbesserung der Wärmedämmung der Häuser der ebenfalls wünschenswerten Ausbreitung der Gasversorgung entgegen, die eine gewisse Anschlußdichte erfordert. Einen Ausweg können in dünn besiedelten Gebieten elektrische Wärmepumpen darstellen.

[3] Arbeitsgemeinschaft Energiebilanzen 1995

Fördermaßnahmen flankiert. Das Potential der bereits vielfach nachgewiesenen Einsparmöglichkeiten im Hauswärmebereich – eine Halbierung des Energiebedarfs für Raumwärme ist ohne Komforteinbuße und bei mäßigen Kosten möglich – wird dadurch aber bei weitem nicht ausgeschöpft.

Trotz ihrer Vielfalt reichen die staatlichen Eingriffe in den Energiemarkt bei weitem nicht aus, um die falschen wirtschaftlichen Signale auszugleichen, die von der geringfügigen Besteuerung der Brennstoffe für Heizzwecke im Vergleich zu der der Kraftstoffe (ausgenommen Flugzeugkraftstoffe) ausgehen. Sowohl bezogen auf den Brennwert, d.h. also auf die „Energiedienstleistung", die ein Brennstoff erbringen kann – als auch bezogen auf die schädlichen Umwelteinflüsse – gemessen an der Menge von emittiertem Kohlendioxid – werden die Kraftstoffe für den Straßenverkehr ganz erheblich stärker belastet als alle anderen Energieträger (siehe Tabelle 2.3, Bild 2.2). Selbst wenn man argumentiert, daß mit der Mineralölsteuer auch die Kosten für Bau und Unterhaltung der Straßen verursachergerecht weiterbelastet werden, und diese Beträge gegenrechnet, bleibt immer noch eine viel zu hohe Belastung von ca. 175 DM/t CO_2 bzw. 12 DM/GJ. Das Mißverhältnis wird noch krasser, wenn man an die Subventionen für die Förderung von deutscher Steinkohle denkt. Im Zeitraum von

Tabelle 2.3. Besteuerung verschiedener Brenn- und Kraftstoffe. Das in Deutschland erreichte - Besteuerungsniveau liegt bereits erheblich über den Mindeststeuersätzen, die im Rahmen der EU festgelegt wurden (Benzin, unverbleit: 287 ECU/1000 l, Diesel: 245 ECU/1000 l; 1 ECU ~ 2 DM)

Energieform	gesetzlicher Steuersatz (Stand 2/1996)	Steuer bezogen auf Brennwert DM/GJ	Steuer pro emittierter Menge CO_2 DM/t CO_2
Kraftstoffe für Kfz			
Benzin S, unverbleit	980 DM/1000 l	34,3	473
Benzin S, verbleit	1.080 DM/1000 l	37,8	522
Diesel	620 DM/1000 l	19,9	270
Erdgas[a]	18,7 DM/MWh	6,0	108
Flugzeugkraftstoff			
Kerosin für Private	980 DM/1000 l	32,0	442
Kerosin für Luftlinien	0	0,0	0
Brennstoffe			
Heizöl EL	80 DM/1000 l	2,6	35
Heizöl S (Wärme)	30 DM/1000 kg	0,8	11
Heizöl S (Strom)	55 DM/1000 kg	1,5	20
Erdgas	3,6 DM/MWh	1,2	21
Flüssiggas	50 DM/1000 kg	1,3	19
Steinkohle	0	0	0
Braunkohle	0	0	0

[a] Der Steuersatz auf Erdgas (und LPG) wurde im Jahressteuergesetz 1996 befristet reduziert (früherer Satz 47,60 DM/MWh).

1981 bis 1995 wurden alleine von den Stromverbrauchern 95 Mrd. DM für diesen besonders kohlestoffreichen Energieträger aufgewandt[4].

Die ungleiche Besteuerung führt zu einer umwelt- und energiepolitisch unerwünschten Konsequenz: Es lohnt sich derzeit für eine Privatperson viel eher, einen höheren Preis für ein sparsameres Auto zu zahlen, als eine gleich teure Investition in das Energiesystem seiner Wohnung zu tätigen, auch wenn im zweiten Fall eine mehr als dreimal größere Entlastung der Umwelt von CO_2 und anderen Emissionen zu erzielen ist.

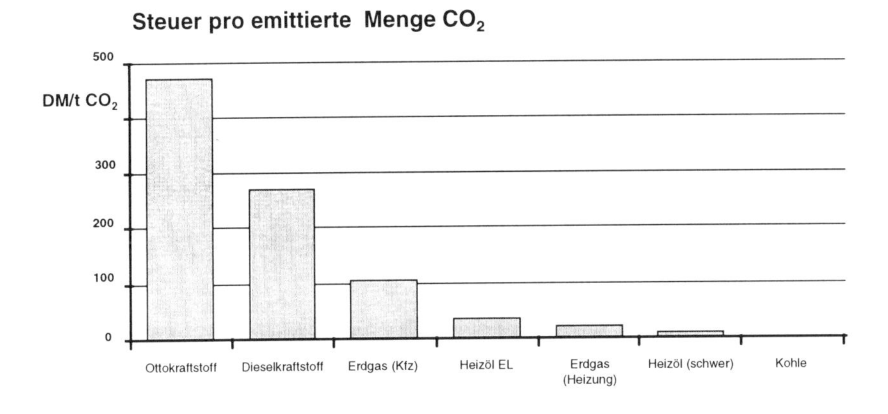

Bild 2.2. Besteuerung von Kraft- und Brennstoffen in Deutschland. Der gesetzliche Steuersatz wurde auf die CO_2-Emissionen umgerechnet, die direkt mit der Verbrennung des jeweiligen Energieträgers verbunden sind.

Aus dieser Situationsbeschreibung ergeben sich die folgenden Forderungen an die Rahmenbedingungen, die von der Energiepolitik zu formulieren sind:

- Die Besteuerung der Kraft- und Brennstoffe muß vereinheitlicht werden. Als Bemessungsgrundlage sollten Größen herangezogen werden, die die ökologischen Nebenwirkungen der Energieumwandlungsprozesse beschreiben. Nach derzeitiger Einschätzung muß die Besteuerung daher proportional zur CO_2-Freisetzung erfolgen.
- Der Energieinhalt eignet sich aus ökologischer Sicht nicht als Bemessungsgrundlage. Energie selbst ist weitgehend umweltneutral. Nur die Emissionen bei ihrer Gewinnung und Verwertung haben Umwelteinflüsse, die sich jedoch von Energieträger zu Energieträger und von Anwendungstechnik zu Anwendungstechnik

[4] Notiz in Energiewirtschaftliche Tagesfragen 46 (1996) 5, S. 333

ganz erheblich unterscheiden können. Ein Ansetzen am Energieinhalt ist daher nur bedingt geeignet, um Emissionen zu beeinflussen.

- In Großfeuerungen werden die schwer handhabbaren, vergleichsweise aber billigen Brennstoffe eingesetzt; dort wird der überwiegende Teil der leitungsgebundenen Endenergien Strom und Fernwärme erzeugt.
- In dezentralen Kleinanlagen werden soweit wie wirtschaftlich vertretbar die höherwertigen, leitungsgebundenen Energieträger Fernwärme, Gas und Strom verwendet.
- Nur dort, wo eine Erschließung mit leitungsgebundenen Energieträgern wirtschaftlich nicht sinnvoll ist, werden hochwertige und leicht speicherbare Kraft- und Brennstoffe wie Benzin, Diesel, leichtes Heizöl und LPG in stationären Anlagen eingesetzt[5].
- Die flüssigen Kraftstoffe werden im Verlaufe des oben angedeuteten Substitutionsprozesses automatisch weitgehend für mobile Anwendungen reserviert.

[5] Keine Regel ohne Ausnahme: Wärmepumpen werden i.d.R. nicht auf den maximalen Wärmebedarf ausgelegt. Zur Deckung der Spitzenlast an besonders kalten Tagen und auch als Reserve ist ein speicherbarer, mit geringem Aufwand sauber verbrennbarer Energieträger erforderlich: Heizöl.

3 Anforderungen an die Energieträger für den Straßenverkehr

An die Automobilindustrie und die Nutzer der Automobile werden zahlreiche, in wichtigen Teilbereichen immer schärfer werdende Forderungen gestellt. Sie sind überwiegend ökologisch und volkswirtschaftlich motiviert und hatten in der Vergangenheit wechselnde Schwerpunkte. Die wichtigsten sind:

a. Reduzierung des verkehrsbedingten Geräusches
b. Reduzierung der Emissionen von Schadstoffen
c. Reduzierung der CO_2-Freisetzung in die Atmosphäre
d. Unabhängigkeit vom Erdöl
e. Unabhängigkeit von fossilen Energieträgern

Viele dieser Punkte sind in der Vergangenheit schon wesentlich verbessert worden. Ein Beispiel sind die Emissionen an Kohlenmonoxid, Kohlenwasserstoffen und Stickstoffoxiden. Zunächst galt das CO als der wichtigste Schadstoff im Autoabgas. In Bild 3.1 wird klar erkennbar, wie es durch sukzessive verschärfte Emissionsgrenzwerte trotz weiter stark zunehmender Gesamtfahrleistung reduziert wurde. Danach kamen die Stickstoffoxide und die Kohlenwasserstoffe in den Vordergrund des Interesses und wurden ebenfalls durch die Einführung von Grenzwerten, die heute nur von Ottomotoren mit Katalysator einzuhalten sind, wirksam reduziert. Dieser Prozeß setzt sich weiter fort, weil noch nicht alle Fahrzeuge der neuesten Abgastechnik entsprechen.

Für die Wirkung auf Mensch und Umwelt sind nicht die Emissionen, sondern die Immissionen entscheidend, d.h. die Stoffmengen, die tatsächlich am betrachteten Ort einwirken. Sie werden auch durch Beiträge aus anderen Quellen beeinflußt. Deshalb ist es interessant, eine Situation zu betrachten, in der tatsächlich alleine Kraftfahrzeuge als Verursacher gelten können. Der Lincoln-Tunnel in New York bietet diese Möglichkeit. Hier sind von 1970 bis 1982 die Halbstunden-Mittelwerte für Kohlenmonoxid auf ca. 22%, für Kohlenwasserstoffe (ohne Berücksichtigung von Methan) auf ca. 25% und für Stickstoffoxide auf knapp 40% des Ausgangswertes zurückgegangen[1]. Die Einführung des Katalysators hat also trotz einer beträchtlichen Zunahme des Verkehrsvolumens meßbare Fortschritte bei den Immissionen gebracht. Auch an Meßstellen in Deutschland sind deutliche Trends zum Positiven bei nahezu allen Abgaskomponenten zu beobachten.

[1] H. P. Lenz, „Ökologische Steuerreform und technischer Fortschritt", Vortrag anläßlich der Fachtagung der Herbert Quandt Stiftung am 28.11.1994 in München

Trotz der bereits erzielten Verbesserungen bei den Emissionen wurden die Abgasgrenzwerte in Stufen immer weiter verschärft. Nach den Ergebnissen umfangreicher Modellrechnungen im Rahmen des Auto/Öl-Programms der EU kann man davon ausgehen, daß nach Ersatz aller Fahrzeuge durch solche mit Abgastechnik gemäß der EURO-II Norm die Immissionsgrenzwerte der Weltgesundheitsorganisation WHO (siehe Tabelle 3.1) nur in wenigen Städten wie Athen und Mailand für einige Stunden im Jahr überschritten werden.

Tabelle 3.1. Immissionsgrenzwerte der WHO für einige chemische Substanzen. Unterhalb dieser Werte sind nach heutigem Kenntnisstand mit sehr großer Sicherheit keine gesundheitlichen Belastungen zu erwarten. Um eventuellen Fehler bei den Abschätzungen der Wirkung vorzubeugen, sind die Grenzwerte konservativ festgelegt.

Kohlenmonoxid	mittlere Konzentration über acht Stunden	< 10 mg/m^3
Benzol	jährlicher Mittelwert	< 10 mg/m^3
Stickstoffdioxid	mittlere Konzentration über eine Stunde	< 200 µg/m^3
Ozon	mittlere Konzentration über eine Stunde	< 180 µg/m^3
	mittlere Konzentration über acht Stunden	< 120 µg/m^3

3.1 Ökologische Anforderungen

Die derzeit gültigen, gesetzlichen Vorgaben für Europa bezüglich der Emissionen, die von einem Auto ausgehen dürfen, zeigt Tabelle 3.2. Tabelle 3.3 zeigt die amerikanischen Grenzwerte. Die Zahlenwerte dürfen nicht direkt miteinander verglichen werden, da bei ihrer Messung unterschiedliche Fahrzyklen zugrunde gelegt werden. Dadurch werden die Motoren in unterschiedlicher Weise belastet und emittieren daher auch unterschiedlich viel an Abgasen. Man kann jedoch davon ausgehen, daß die EURO-II Grenzwerte den amerikanischen Werten sowohl in der Wirkung als auch im erforderlichen technischen Aufwand entsprechen.

Mit diesen Vorschriften ist eine Verminderung der limitierten Abgaskomponenten um deutlich über 90% erreicht worden. Die Wirksamkeit dieser Maßnahmen wird daran erkennbar, daß auch in Langzeitversuchen mit den maximal möglichen Konzentrationen des Abgases weder an Zellkulturen noch an Versuchstieren toxische oder kanzerogene Wirkungen feststellbar waren[2]. Der 3-Wege-Katalysator erweist sich daher auch in wissenschaftlicher Sichtweise als die entscheidende Maßnahme zur Beherrschung der Umweltbelastung durch den Pkw.

[2] U. Heinrich (FHI für Toxikologie und Aerosolforschung), „Vergleichende Untersuchung zur gesundheitlichen Wirkung der Abgase aus der Verbrennung von Ottomotorkraftstoff mit und ohne Ferrocen“, in „Kraftstoffe und Umwelt – ein Mineralölforum der Veba Öl AG“, Königswinter, 2.11.1995

Tabelle 3.2. Europäische Abgasgrenzwerte für Pkw

in g/km	CO	HC + NO_X	Partikel
EURO-I (91/441/EWG) Typprüfung nach 1.7.92			
Ottomotor	2,72	0,97	–
IDI-Dieselmotor	2,72	0,97	0,14
DI-Dieselmotor (bis 31.12.94)	2,72	1,36	0,20
EURO-II (94/12/EG) Typprüfung nach 1.1.96			
Ottomotor	2,2	0,5	–
IDI-Dieselmotor	1.0	0,7	0,08
DI-Dieselmotor (bis 30.9.99)	1,0	0,9	0,10

In Deutschland sinken die Emissionen aus Pkw seit einigen Jahren und werden um das Jahr 2005 bei den Stickstoffoxiden nur noch bei weniger als einem Viertel des Wertes aus den 80er Jahren liegen. Ähnliche Fortschritte sind bei den Kohlenwasserstoffen zu erwarten: Ein Rückgang auf ca. ein Sechstel des Niveaus der 70er Jahre ist mit den heute gesetzlich festgelegten Maßnahmen zu erwarten[3]. Mit den jetzt diskutierten bzw. bereits verabschiedeten Vorschriften für die Abgas-Typprüfgrenzwerte dürfte daher ein – zumindest vorläufiger – Endpunkt erreicht sein[4].

Weitere Verschärfungen werden wahrscheinlich vor allem die immer noch relativ hohen Kaltstartemissionen betreffen. Noch enger gefaßte Grenzwerte für Neufahrzeuge sind allerdings nicht sinnvoll, solange die Gefahr besteht, daß wenige, überwiegend alte Fahrzeuge, die ihnen nicht genügen, weitaus mehr Umweltbelastung verursachen, als durch weitere, kostenintensive Verschärfungen zu vermeiden wären, die nur Neuzulassungen betreffen können. Schon aus Gründen der Effizienz müssen sich also weitere Verbesserungen auf die Sicherstellung der langfristigen Einhaltung der Grenzwerte richten. Amerikanische Studien haben gezeigt, daß die Reparatur von hoch emittierenden Fahrzeugen der bei weitem kostengünstigste Ansatz zur Verbesserung der Luftqualität ist[5].

In Europa werden Regelungen zur Überwachung der Fahrzeuge im Feld mit Hilfe von periodisch wiederkehrenden Überprüfungen des technischen Zustandes im Vordergrund stehen (Abgas-Untersuchung AU, „TÜV"). In vielen Ländern werden diese Untersuchungen noch nicht so gründlich durchgeführt wie in Deutschland. Zukünftig werden daneben technische Lösungen für eine robuste und zuverlässige On-Board-Diagnose eine immer größere Bedeutung erlangen und die periodischen Prüfungen ergänzen und vielleicht langfristig ersetzen können.

[3] P. Kohoutek, H. P. Lenz, C. Cozzarini (TU Wien), „Einfluß der Gesetzgebung auf die Pkw-Emissionen von limitierten und nicht limitierten Abgaskomponenten", 17. Internationales Wiener Motorensymposium, 25.–26.4 1996, VDI Fortschrittsberichte Nr. 267

[4] Eine aktuelle Übersicht über das komplizierte Gebiet der Abgasgesetzgebung weltweit gibt W. Berg (Mercedes Benz), „Die Pkw-Abgasgesetzgebung in den USA, in der Europäischen Union und in Asien: Status – Weiterentwicklung – Harmonisierungschancen", 17. Internationales Wiener Motorensymposium, 25.–26.4.1996, Fortschrittsberichte des VDI Nr. 267

[5] B. Brooks, „Repairs are effective in emission reduction", WETVU, 1.6.1996

Tabelle 3.3. Abgasgrenzwerte für Pkw in Kalifornien: Ab 1994 müssen jährlich verschärfte Flottendurchschnittswerte für NMOG erreicht werden. Eine bestimmte Zahl von Fahrzeugen der verschiedenen Einstufungen wird dazu nicht verlangt. Nur für ZEVs wurde ein bestimmter, regelmäßig steigender Anteil am Absatz festgelegt.

in g/mile	CO	NO_x	ROG	HCHO	Partikel
49 Staaten, Tier 1, Phase-in 1994–96	3,4	0,4	–	–	0,08
Kalifornien	3,4	0,4	0,25	–	–
TLEV	3,4	0,4	0,125	0,015	0,08
LEV	3,4	0,2	0,075	0,015	0,04
ULEV	1,7	0,2	0,040	0,008	0,04
ZEV	0	0	0	0	0
EZEV	0,17	0,02	0,004	–	0,004

Alle bisher festgelegten Anforderungen können im Rahmen der gemeinsamen, aufeinander abgestimmten Evolution der Technik der Verbrennungsmotoren, der Kraftstoffe und der Gesamtfahrzeuge nach und nach erfüllt werden. Bild 3.1 zeigt die Trends in den Gesamtemissionen für die verschiedenen Abgasbestandteile. An den unterschiedlichen Entwicklungen für Ost- und Westdeutschland erkennt man deutlich den Einfluß unterschiedlicher Antriebs- und Abgastechniken auf das Emissionsgeschehen (viele Zweitaktmotoren im Osten, aufeinanderfolgende Emissionsregelungen mit unterschiedlichen Schwerpunkten im Westen). Angesichts dieser Trends ist es nicht zu erwarten, daß eine tatsächliche oder politische Notwendigkeit entstehen wird, die Grenzwerte auf breiter Front in einer Weise zu verschärfen, die den Übergang auf einen neuen Endenergieträger zwingend erforderlich macht[6]. Das gerade beendete Auto/Öl-Forschungsprogramm EPEFE[7] der EU-Kommission in Zusammenarbeit mit der Automobil- und Mineralölindustrie hat detailliert nachgewiesen, daß nach Einführung der Grenzwertstufe EURO-II mit verbesserten Kraftstoffen die wesentlichen Luftqualitätsziele erreicht werden können (siehe Tabelle 3.4).

[6] Die ZEV-Regelung für Kalifornien dürfte eine Ausnahme bleiben und langfristig bis zur Unkenntlichkeit aufgeweicht werden, weil sie technisch nicht mit vertretbaren Kosten umsetzbar ist. Sie ist im Übrigen nicht allein umweltpolitisch motiviert, sondern enthält eine starke wirtschaftspolitische Komponente. Sie soll auch dazu dienen, nach dem teilweisen Zusammenbruch der kalifornischen Luft- und Raumfahrtindustrie Arbeitsplätze in einer neuen high-tech-Branche zu schaffen.

[7] European Program on Emissions, Fuels, and Engine Technologies

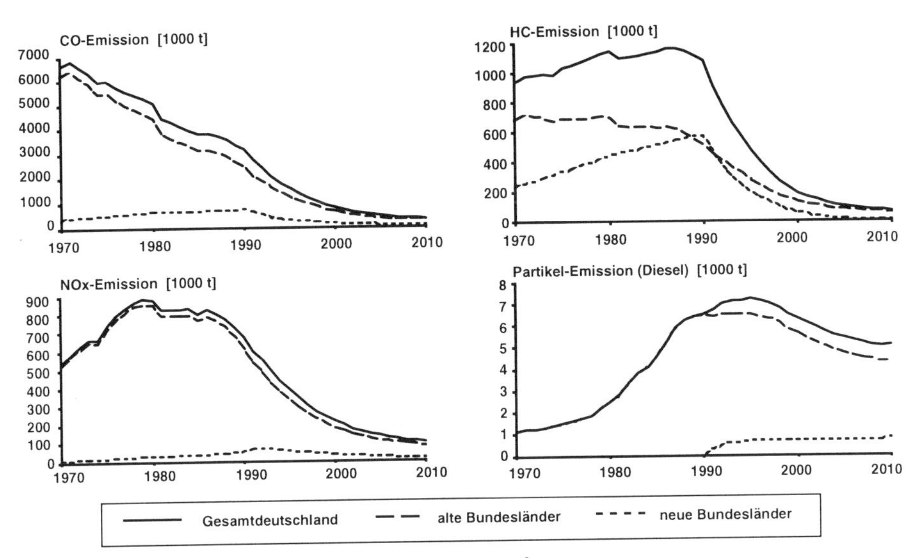

Bild 3.1. Entwicklung der Abgasemissionen in Deutschland[8].

Dennoch wird sich möglicherweise ein kleiner Markt für „nahezu schadstoffreie" Fahrzeuge entwickeln, wenn diese für den Betrieb in besonders sensiblen Gebieten mit speziellen Privilegien, sogenannten Nutzervorteilen, ausgestattet werden. Dabei wird z.B. an die Berechtigung gedacht, Innenstadtbereiche exklusiv befahren zu dürfen. Ein besonderer Anreiz für die Entwicklung solcher Fahrzeuge geht möglicherweise von der kalifornischen Forderung aus, EZEV-Fahrzeuge („Equivalent Zero Emission Vehicle") auf den Markt zu bringen. Fahrzeuge dieser Kategorie dürfen nur etwa 10% der Emissionen eines ULEV-Fahrzeugs aufweisen (siehe Tabelle 3.3). Dieser Wert wurde so festgelegt, daß ein EZEV-Auto nicht mehr Emissionen verursacht, als der Anteil der Stromversorgung für ein ZEV, der im Becken von Los Angeles stattfindet (33% des dortigen Strombedarfs). Dieses Niveau kann aus heutiger Sicht nur mit „neuen" Kraftstoffen wie Erdgas oder Wasserstoff erreicht werden. Diese Stufe befindet sich derzeit noch in Diskussion. Da Kalifornien aber schon mehrfach Vorreiter bei der Festlegung von Abgasstandards war, ist es nicht auszuschließen, daß sich diesem Beispiel andere US-Bundesstaaten oder andere Länder anschließen, auch wenn dies in der Regel nicht durch eine zu schlechte Luftqualität begründet werden kann.

[8] N. Metz (BMW), persönliche Mitteilung, 1995

Tabelle 3.4. Ergebnisse des Auto/Öl-Programms zur Luftqualität

Durch bereits eingeführte und weitere, bereits verbindlich beschlossene Maßnahmen wird bis 2010 erreicht:	
Stickstoffoxide	Die angestrebten Luftqualitätsziele werden auch innerstädtisch überall in Europa zu 98% eines Jahres erreicht. Die 10% der Städte, in denen zusätzliche Maßnahmen erforderlich werden, liegen alle in südlichen Ländern. Um 100% zu erreichen, sind Maßnahmen erforderlich, die über die Abgastechnik hinausgehen. Insbesondere müssen dazu alte, hochemittierende Fahrzeuge in großer Zahl stillgelegt werden
Ozon	Die angestrebten Luftqualitätsziele werden ganzjährig überall in Europa erreicht.
Partikel	Die Emissionswerte werden um ca. 35% reduziert. (Ein Luftqualitätswert ist nicht definiert.)
Kohlenmonoxid Benzol	Die angestrebten Luftqualitätsziele werden bereits vor 2010 ganzjährig überall in Europa erreicht.

Größere Probleme als die derzeit absehbaren Emissionsgrenzwerte macht die Erfüllung der anderen oben angeführten Anforderungen, speziell der Punkte

a. Reduzierung der CO_2-Freisetzung in die Atmosphäre
b. Unabhängigkeit vom Erdöl
c. Unabhängigkeit von fossilen Energieträgern

mit flüssigen Kohlenwasserstoffen. Dies ist der Grund für umfangreiche Entwicklungsanstrengungen. Es existiert heute eine umfassende Infrastruktur für den Umgang mit Benzin und Diesel. Auch die für ihren Einsatz erforderliche Motorentechnik ist bestens bekannt und wird immer weiter verfeinert. Bei der Einführung neuer Energieträger sind dagegen große Markteintrittsbarrieren technischer und wirtschaftlicher Art zu überwinden. Dies gilt erst recht, wenn ganz neue Infrastrukturen und ganz neue Fahrzeuge *gleichzeitig* auf den Markt gebracht werden müssen. Ein vollständiges Verlassen der bestehenden Technik sollte daher nach Möglichkeit vermieden werden. Es liegt also nahe, nach Wegen zu suchen, die oben aufgeführten Anforderungen mit flüssigen Kohlenwasserstoffen noch wesentlich besser zu erfüllen als bisher und dabei zunächst bei der systematischen Verbesserung der Eigenschaften von Benzin und Diesel anzusetzen.

3.2 Anforderungen an einen idealen Kraftstoff

Als Ausgangspunkt für weitere Überlegungen zum „Maßschneidern" von Kraftstoffen für den Straßenverkehr muß Einigkeit darüber bestehen, welche Anforderungen er im Idealfall erfüllen sollte. Sicher sollte er den folgenden Kriterien möglichst weitgehend gerecht werden (Reihenfolge ohne Wertung):

Bezogen auf Fahrzeug und Motor (siehe auch[9]):

- Einhaltung enger Toleranzen für die physikalischen und chemischen Eigenschaften
- Zündwilligkeit bzw. Klopffestigkeit im geforderten Bereich
- Bei Ottokraftstoffen: Ausreichend hoher Dampfdruck für Kaltstarts auch bei tiefen Temperaturen
- Keine schädlichen Ablagerungen von Inhaltsstoffen des Kraftstoffs oder von Verbrennungsprodukten im Gemischbildungssystem, im Brennraum und im Auspuff
- Enthält keine Substanzen, die als Katalysatorgifte wirken
- Geringe Anforderungen an die Motortechnik (z.B. geringer Einspritzdruck beim Diesel)
- Saubere Verbrennung, insbesondere Minimierung der Rohemissionen von NO_x, HC und Ruß; dadurch einfache Abgasnachbehandlung zur Einhaltung der Emissionsgrenzwerte
- Hohe Energiedichte im System (d.h. mit Speicher, Motor, Abgassystem usw.)
- Keine Energieverluste bei Nichtbenutzen des Fahrzeugs
- Geringe Aggressivität gegenüber den Materialien im Motor und im Kraftstoffsystem
- Ausreichende Schmiereigenschaften
- Verträglichkeit mit den Schmierölen

Bezogen auf die Handhabung und die Sicherheit der Kraftstoffe:

- Lagerbar und transportierbar unter Normaltemperatur und -druck
- Handhabung durch Laien gefahrlos möglich
- Geringer Dampfdruck zur Vermeidung von Verdunstungsverlusten
- Geringe Neigung zur Bildung explosionsfähiger Gemische bei der Handhabung und bei Unfällen
- Abstellen des Fahrzeugs in Garagen ohne Einschränkungen möglich

Bezogen auf die Wirtschaftlichkeit:

- Geringe oder zumindest langfristig kalkulierbare Kosten
- Weltweite Verfügbarkeit bzw. zumindest Verfügbarkeit auf quantitativ wichtigen Fahrzeugmärkten über dichte Tankstellennetze
- Rohstoffe verfügbar in großen Mengen aus unterschiedlichen Weltregionen

---

[9] H.-J. Förster, „Der ideale Kraftstoff aus der Sicht des Fahrzeugingenieurs", Teil 1 (Dieselkraftstoff): ATZ 84 (1982) 4, S 171–175; Teil 2 (Ottokraftstoff): ATZ 84 (1982) 5, S 237–245

Bezogen auf die Wirkung auf den Menschen:

- Nicht toxisch
- Nicht karzinogen
- Nicht allergieerregend
- Nicht narkotisierend
- Nicht ätzend
- Keine Geruchsbelästigung
- Leicht ab- bzw. auswaschbar

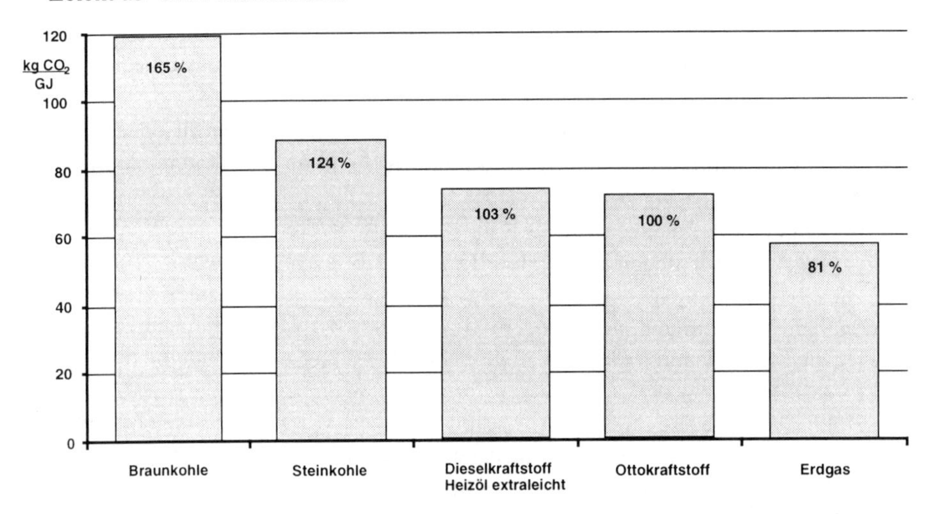

Bild 3.2. Bei der Verbrennung unterschiedlicher Brennstoffe freigesetzte Menge an Kohlendioxid bezogen auf den Energiegehalt

Bezogen auf die Umweltwirkungen:

- Geringe Emissionen bei der Herstellung
- Geringes photochemisches Potential der Abgase (geringer Beitrag zu Smog- und Ozonbildung)
- Keine Freisetzung von chemischen Elementen, die in der Luft nicht natürlich vorkommen
- Nicht umweltschädigend bei ungewollter Freisetzung in Böden, im Wasser und in der Luft
- Nicht treibhauswirksam
- Biologisch leicht abbaubar

Diese Forderungen stehen teilweise miteinander im Konflikt. Es ist offensichtlich, daß kaum eine Substanz allen Kriterien in gleicher Weise entsprechen kann. Benzin und Diesel bilden aber bereits eine recht gute und weltweit in der Summe ihrer Eigenschaften akzeptierte Annäherung. Sie können aber durch gezielte Weiterentwicklung noch deutlich verbessert werden. Es ist zu vermuten, daß es noch weitere Stoffe gibt, die diesen Anforderungen sehr weitgehend entsprechen können. Eine systematische Durchmusterung der in Frage kommenden Stoffgruppen erscheint daher zweckmäßig.

4 Einige fahrzeug- und motorentechnische Zusammenhänge

Verbrauch und Emissionen eines bestimmten Pkw oder Lkw werden zu einem großen Teil durch die verwendete Fahrzeug- und Motorentechnik festgelegt. Wichtig ist daneben aber auch die individuelle Fahrweise. Diese wird einmal durch den Fahrer selbst bestimmt. Sie hängt aber auch sehr stark vom Zustand der Straßen, der Flüssigkeit des Verkehrs, den Ampelschaltungen und anderen Umständen ab. Große Beiträge zur Senkung des Kraftstoffverbrauchs – bis zu 30% – können daher auch von Maßnahmen zum Verkehrsmanagement und zur Beseitigung von Engstellen im Verkehrsnetz kommen. An jeder dieser Stellen können und sollten daher auch Maßnahmen zur Verbesserung der Emissionen und zur Verminderung des Verbrauchs ansetzen, sie werden aber im folgenden trotz ihrer Bedeutung nicht näher behandelt.

Die Autoindustrie kann vor allem mit der Weiterentwicklung der Fahrzeug- und Motorentechnik zu einer weiteren Absenkung von Verbrauch und Emissionen beitragen. In diesem Kapitel wird der Stand dieser Technik kurz skizziert, es werden zum Verständnis wichtige Zusammenhänge beschrieben und einige Verbesserungspotentiale aufgezeigt. Angesichts des sehr umfangreichen und in schneller Entwicklung befindlichen Gebietes ist Vollständigkeit dabei weder möglich, noch wird sie angestrebt. Einige Beispiele müssen hier ausreichen[1].

4.1 Einflüsse des Gesamtfahrzeugs

Wenn man nach Möglichkeiten zur Senkung des Verbrauchs von Kraftfahrzeugen sucht, sollte man natürlich zunächst bei den Verbrauchern der mechanischen Leistung ansetzen. Jede Einsparung an dieser Stelle wirkt sich bezogen auf den Kraftstoffverbrauch um den Kehrwert des Gesamtwirkungsgrades verstärkt aus. Also müssen zunächst alle Fahrwiderstände auf das vertretbare Minimum abgesenkt werden. Genauso muß der Leistungsbedarf der Nebenaggregate gesenkt werden. Dabei darf jedoch die

[1] Einen guten Überblick über die technischen Trends in der Vergangenheit geben:
H.-H. Braess (BMW), „Zahlen und Fakten zum Fortschritt im Personenwagenbau – Teil 1/2“, ATZ 85 (1993) 4/6
H.-H. Braess (BMW), „Nichts steigt so schnell wie die Ansprüche – Gedanken zur weiteren Entwicklung des Personenwagens“, ATZ 95 (1993) 9, S. 452–458
und am Beispiel eines einzelnen Modells: U. Seiffert (VW), „Automobiltechnischer Fortschritt demonstriert am Volkswagen Golf“, ATZ 97 (1995) 3, S. 126–138.

Funktion – z.B. die Kühlleistung der Klimaanlage – nicht vermindert werden; eher ist hier nach weiteren Verbesserungen zu suchen.

Zur Schaffung einer besseren Übersichtlichkeit eignet sich die Darstellung der verschiedenen Fahrwiderstände in einer Formel. Bei konstanter Geschwindigkeit setzt sich danach der Fahrwiderstand auf ebener und gerader Strecke F_W aus den Komponenten Rollwiderstand F_{Ro} und Luftwiderstand F_L zusammen:

$$F_W = F_{Ro} + F_L$$
$$= f_{Ro} \times m \times g + \tfrac{1}{2} \rho \times c_x \times A \times v^2$$

Die zur Überwindung dieser Widerstände erforderliche Leistung P_W beträgt

$$P_W = F_W \times v$$

Man erkennt, daß bei niedrigen Geschwindigkeiten v der Einfluß der Fahrzeugmasse m in Kombination mit dem Rollwiderstandsbeiwert[2] f_{Ro} die Leistung bestimmt (Erdbeschleunigung $g = 9{,}81\ m/s^2$). Bei höheren Geschwindigkeiten wird der aerodynamische Widerstand schnell immer wichtiger, der sich aus dem Luftwiderstandsbeiwert c_x (früher c_W) und der Fahrzeugquerschnittsfläche A zusammensetzt (ρ Dichte der Luft). Wenn weder die Leistungsfähigkeit ausgedrückt durch Beschleunigungsvermögen und Höchstgeschwindigkeit noch die Transportkapazität und der Komfort ausgedrückt durch die Abmessungen, speziell die Querschnittsfläche des Fahrzeugs verändert werden sollen, sind Änderungen am Grundkonzept nur beschränkt möglich. Der Ausweg in kleinere Abmessungen und damit zu geringerem Gewicht und kleinerer Querschnittsfläche ist also nur bedingt gangbar. Daher müssen Maßnahmen zur Senkung des Kraftstoffverbrauchs ansetzen bei:

- Der Senkung des Gewichtes
- Der Minderung des Rollwiderstandes
- Der Reduzierung des Luftwiderstandes

4.1.1 Senkung des Fahrzeuggewichtes

Der Einfluß der Fahrzeugmasse auf den Verbrauch ist beträchtlich. Je nach Fahrzyklus bedeutet eine Senkung des Gewichtes eines Pkw um 100 kg einen Minderverbrauch von 0,4 bis 0,7 l/100 km. Dabei ist unterstellt, daß die Getriebeübersetzung so angepaßt wird, daß sich keine Verbesserung der Fahrleistungen ergibt. Ohne diese Anpassung läge der Verbrauchsvorteil deutlich niedriger, dafür könnte man aber mit besseren Beschleunigungswerten rechnen.

Beim Stichwort „Fahrzeuggewicht" wird meistens zunächst an die am deutlichsten sichtbare Karosserie gedacht. Sie vereinigt auch tatsächlich den größten Gewichtsan-

[2] Genau genommen kann man nicht von einem definierten Rollwiderstandsbeiwert sprechen. Der Rollwiderstand eines Reifen hängt außer von seiner Konstruktion von vielen Einflußgrößen ab, die sich während des Betriebs ständig verändern. Dazu gehören die Fahrzeuggeschwindigkeit, die monentan auf den Reifen wirkenden Kräfte, die Temperatur des Reifens, der Luftdruck im Reifen usw.

teil einer einzelnen Baugruppe auf sich. Den Hauptanteil am Gewicht eines Pkw bildet jedoch eine Vielzahl von mechanischen Komponenten im Antrieb und im Fahrwerk sowie die aus zahlreichen Einzelbaugruppen bestehende Ausstattung. Beim neuen 7er von BMW trägt die Rohkarosserie nur etwa 19% zum Fahrzeuggewicht bei; bei kleineren Fahrzeugen ist ihr Anteil höher (ca. 25%).

Leichtbaustrategien müssen möglichst an allen Komponenten ansetzen, um signifikante Gewichtsminderungen zu erzielen. Wesentliche Verbesserungen wurden bereits im Antriebsstrang erzielt, wo vielfach Motorblöcke, Zylinderköpfe und Getriebegehäuse aus Aluminium verwendet werden. In der Zukunft wird auch Magnesium eine zunehmend wichtigere Rolle spielen. Zunächst werden Zylinderkopfhauben und Ölwannen aus diesem extrem leichten Material auf den Markt kommen, später sicher auch Getriebegehäuse und Kurbelgehäuse.

Tabelle 4.1. Anteile der verschiedenen Komponenten am Gesamtgewicht von typischen Pkw in kg

	Opel Astra 1,6i	BMW 316i Compact
Antrieb	196	257
davon: Motormechanik	88	109
Auspuff	17	10
Katalysator	4	12
Getriebe	22	28
Gelenkwelle	–	10
Fahrwerk	212	241
davon: Räder und Reifen	67	80
Bremsen	32	48
Karosserie	523	536
davon: Rohkarosserie	273	279
Stoßstangen	18	29
Sitze	60	63
Karosserieelektrik	33	39
Betriebsstoffe	53	55
Gesamtgewicht	1.017	1.128

In der Karosserie wird heute bereits vereinzelt Stahlblech durch Aluminiumblech substituiert oder auch durch eine Kombination von Aluminiumprofilen mit Blech oder Kunststoffteilen für die Außenhaut vollständig ersetzt. Bezogen auf den Rohbau sind damit Gewichtsminderungen um bis zu 40% möglich. Die neuen Materialien verlangen natürlich jeweils eine auf sie abgestimmte Strukturauslegung und neue Fertigungsverfahren. Große Fortschritte sind dabei durch das Zusammenspiel immer besser definierter Werkstoffqualitäten und Halbzeuge mit immer präsiseren Methoden zur Berechnung und Simulation erzielt worden. Die früher unvermeidlichen Überdimensionierungen an weniger belasteten Stellen werden damit jetzt besser vermeidbar. Dieser Prozeß wird sich weiter fortsetzen. In jedem Fall ist der Zielkonflikt zwischen dem Wunsch nach Verbrauchssenkung durch Gewichtsreduktion und Verringerung der Abmessungen auf der einen Seite und der zuverlässigen Erfüllung steigender – teilweise auch gesetzlich geforderter – Anforderungen an die passive Sicherheit zu lösen[3]. Außerdem dürfen Kosten und Preise nicht so weit erhöht werden, daß die Kunden das Interesse an neuen Fahrzeugen verlieren.

Von mehreren Firmen wurde in Konzeptfahrzeugen dargestellt, welche Gewichtsminderungen unter weitgehender Verwendung aller zur Verfügung stehenden Leichtbautechniken von Aluminium, Magnesium, Titan bis zu verstärkten Kunststoffen und anderen neuen Materialien technisch möglich wären. Es ergab sich z.B. für die mittlere Baureihe von BMW ein Wert von ca. 23%. Nur ein Teil dieses Potentials ist bei Berücksichtigung der Mehrkosten auch wirtschaftlich umsetzbar. So wurde 1995 von BMW ein Vollaluminium-Fahrwerk mit einer Gewichtseinsparung von 65 kg in die Serie gebracht.

Noch weitergehende Gewichtssenkungen sind mit Faserverbundwerkstoffen wie GFK und vor allem CFK möglich, die aus dem Flugzeug- und Rennwagenbau bekannt sind. Sie wurden in einer Reihe von Straßensportwagen und in Konzeptstudien für verbrauchsgünstige Fahrzeuge demonstriert[4]. Leider eignen sich diese Materialien bisher nur schwer für die Fertigung großer Serien. Zudem gibt es Bedenken bezüglich ihrer Reparierbarkeit in normalen Servicebetrieben. Dennoch werden mittlerweile Busse in CFK-Leichtbautechnik als Serienprodukt angeboten[5].

Aber auch mit neuen Stahlqualitäten und einer optimierten Bauweise sind erhebliche Verbesserungen zu erreichen. Bei der Karosserie sind noch Gewichtssenkungen um 20–30%, beim Fahrwerk um 15% und beim Antrieb um 18% möglich. In der Summe ergibt sich bei einem Mittelklassefahrzeug ein Potential zur Minderung des Gewichts um ca. 150 kg[6]. Da Stahl gegenüber anderen Materialien einen deutlichen Kostenvorteil hat, wird er auch in Zukunft der dominierende Werkstoff bleiben.

---

[3] F.-J. Paefgen, H. Timm (Audi), „Aluminium Space-Frame – Ein neuer Weg im Pkw-Bau", VDI Berichte 1099, 1993
F. Robberstad (Hydro Aluminium), „Der Space-Frame und die Unfallsicherheit", ATZ 96 (1994) 10, S. 604
V. Schindler, „Zwei Konzepte für kleine Fahrzeuge bei BMW", in H. Appel (Hrsg.) „Stadtauto – Mobilität, Ökologie, Ökonomie, Sicherheit", Vieweg 1995, S. 127–144

[4] F. H. Walz (ETH Zürich), „Das Projekt Leichtmobil in der Schweiz", 4.2.1993
P. F. Niederer, F. H. Walz, R. Kaeser, A. Brunner (ETH Zürich, Winterthur Versicherung u.a.), „Occupant Safety of Low-Mass Rigid-Belt Vehicles", SAE 933107
ESORO AG, „Esoro E301: Prototyp eines seriennahen Leichtelektromobils", Firmenschrift März 1993
Firmenschrift General Motors Corporation, „GM Ultralite", 1993

[5] B. Lee (Auwärter), „The First Fiber-Composite Bus in the World – Production System, Concept, Features, Cost Analysis", Proc. Verbundwerk 1990, S. 4.1–4.20

[6] Ohne Autorenangabe, „Leichtbaukonstruktionen aus Stahl für Automobile" VDI-Z Spezial Ingenieur-Werkstoffe, Sept. 1995
Ohne Autorenangabe, „Gefecht Alu gegen Stahl geht in die nächste Runde", Konstruktion & Engineering, Oktober 1995
D. Holt, „Steel Launches Offensive", Automotive Engineering, Nov. 1995, S. 20–21
Die Autoren berichten über erste Ergebnisse des Projektes „Ultralight Steel Auto Body" (ULSAB). Es sei eine Karosserie unter Einhaltung aller Anforderungen mit 205 kg Gewicht und um 220 DM gesenkten Kosten bei gleichzeitig verbesserten Steifigkeitskennwerten realisierbar.

Ein interessantes Detail sind die Scheiben eines Pkw. Es soll hier als eines für viele stehen. Die heute übliche Verglasung hat ein Flächengewicht von ca. 10 kg/m^2 und wiegt ca. 45 kg. Mit Kunststoff ist eine Gewichtsreduktion um ca. 40% möglich (–17 kg), wenn es gelingt, die aus Gründen der Sicherheit sehr hohen Anforderungen an die Festigkeit, die optische Qualität und die Kratzfestigkeit zu erfüllen[7].

Tabelle 4.2. Mögliche Maßnahmen zur Gewichtsminderung bei Pkw[8]

Maßnahme	Gewichts-einsparung	Kostenmehrung
Magnesiumdruckguß für Sitzstrukturen, Instrumententräger und Türstrukturen	bis zu 50%	gering
Al-Blech für Kotflügel, Klappen, Türen	bis zu 50%	hoch
Verstärkte Thermoplaste z.B. für die Reserveradmulde	bis zu 30%	gering
Klappen aus verstärkten Thermoplasten	bis zu 25%	mäßig
Verstärkte Duroplaste für horizontale Flächen	bis zu 25%	mäßig bis hoch, stark stückzahlabhängig
Karosserie in Al	bis zu 45%	sehr hoch
Al-Space-Frame	bis zu 40%	mäßig bis hoch, stark stückzahlabhängig
Mischbauweise und Al und Stahl	bis ca. 30%	mäßig
Optimierte Stahlbauweise	bis zu 25%	gering
CFK-Stukturen	bis zu 69%	sehr hoch

Die Bemühungen um Leichtbau stehen in einem latenten Konflikt zum Streben nach verbesserter passiver Sicherheit. Man kann zeigen, daß die tragende Struktur eines kleinen Fahrzeugs durch die Forderung nach Erfüllung der amerikanischen Crash-Vorschriften um ca. 45 kg schwerer werden muß als es erforderlich wäre, wenn nur die Betriebslasten aus dem normalen Fahrbetrieb zu ertragen wären[9]. Hinzu kommen zusätzliche Sicherheitsausstattungen, die heute als unverzichtbar angesehen werden.

[7] K. Aßmann, „Leichte Scheibensysteme für Automobile", VDI-Z Spezial Ingenieur-Werkstoffe, Sept. 1995

[8] Abgewandelt und ergänzt nach H. Petri , „Leichtbau – aber wie? Potentiale und Grenzen einer Leichtbaustrategie aus der Sicht von Mercedes Benz", 17. Internationales Wiener Motorensymposium, 25.–26.4.1996

[9] V. Schindler, siehe Fußnote 3

Tabelle 4.3. Gewichte von Ausstattungsumfängen, die der Verbesserung der passiven Sicherheit bzw. der Begrenzung von Schäden bei Unfällen dienen für einen typischen Mittelklassewagen

Mehrgewicht in der Struktur	45 kg
Stoßfänger (8 km/h reversibel, 15 km/h ohne Strukturschäden)	24 kg
Sicherheitsgurte	8 kg
Polsterungen, Knieabstützung usw.	10 kg
Fahrer und Beifahrer-Airbags	10 kg
Türbarriere	6 kg
ABS	6 kg
Summe	ca. 110 kg

4.1.2 Räder und Reifen

Der Rollwiderstandsbeiwert der Reifen f_{Ro} hat einen wesentlichen Einfluß auf den Fahrwiderstand und damit auf den Verbrauch. Beim Lkw ist er noch größer als bei Pkw: Bei Tempo 80 km/h entfallen bei ihm etwa 50–60% des Fahrwiderstandes auf den Rollwiderstand, 30–40% auf den Luftwiderstand und 10% auf innere Reibung im Motor, in der Kraftübertragung, in den Achsen usw. Eine Reduktion des Rollwiderstandes um 20% führt hier zu einer Senkung des Verbrauchs bei konstanter Geschwindigkeit um ca. 6%; in der Praxis werden ca. 4% erwartet[10].

Bei Pkw-Reifen hat es in den 70er Jahren einen großen Verbesserungsschritt mit der Umstellung von Diagonal- auf Radialreifen gegeben. Neben den Traktionseigenschaften wurde damit auch der Rollwiderstand erheblich verbessert. Nachteile beim Komfort konnten durch verbesserte Radführungen und Feder-Dämpfer-Systeme ausgeglichen werden.

Heute wird eine weitere Absenkung des Rollwiderstandes um 30% bei unveränderten Nässe- und Kälteeigenschaften als erreichbar angesehen. Dies geschieht einmal durch systematische Verbesserungen des Reifenaufbaus z.B. unter Verwendung von Aramid-Fasern. Wichtigste Einzelmaßnahme ist aber die Verwendung von Kieselsäure (Silika) anstelle von Ruß in der Laufflächenmischung Seit 1993 wird diese Technik zunehmend eingesetzt. Eine Absenkung des Rollwiderstandbeiwertes bis ca. 0.008 wurde bereits realisiert. Im ECE-Drittelmix ergibt sich daraus eine Verbrauchsminderung von ca. 4%. Gleichzeitig wird auch eine Verbesserung des Geräuschverhaltens erzielt.

Parallel zu diesen Verbesserungen werden Reifen immer zuverlässiger und erhalten außerdem für alle Fälle Notlaufeigenschaften. So kann auch mit einem beschädigten Reifen noch eine Werkstatt angesteuert werden. In einigen Jahren wird dadurch der Ersatzreifen überflüssig werden. Damit kann Gewicht eingespart (15–20 kg) und auch auf diesem Weg der Verbrauch gesenkt werden.

[10] Ohne Autorenangabe, „Rollwiderstandsarmer Langstreckenläufer", Automobil Revue 2/1996 vom 11.1.1996

4.1.3 Optimierung des Luftwiderstandes

Der Luftwiderstand eines Pkw bestimmt den Energieverbrauch bei höheren Geschwindigkeiten. Er kann zu ca. 40% auf die Umströmung der Außenhaut, zu 40% auf die Strömung zwischen Unterboden und Fahrbahn und zu knapp 20% auf die Durchströmung von Kühlern, Motorraum usw. zurückgeführt werden. An der Außenhaut ist das Verbesserungspotential weitgehend ausgereizt, zumal sich hier auch Konflikte mit dem Styling ergeben können. Weitere Verbesserungsmaßnahmen müssen also hauptsächlich an den anderen Beiträgen ansetzen. Ein wichtiger Schritt in diese Richtung ist ein glatter Unterboden. Die Strömung in den Radhäusern, die mit etwa 60% am Widerstand des Unterbodens beteiligt ist, kann bisher nur wenig beeinflußt werden, ohne wichtige Gebrauchseigenschaften zu beeinträchtigen (Überfahren von Fahrbahnunebenheiten). Die Durchströmung des Motorraums wird dagegen mit viel Detailarbeit immer mehr verbessert.

Die derzeit angebotenen Pkw haben Luftwiderstandsbeiwerte in einem Bereich von ca. 0,28 für die allerbesten bis zu 0,38[11]. In Zukunft dürften sich für größere Fahrzeuge c_x-Werte von 0,25 realisieren lassen. Bei kleineren Fahrzeugen sind die Voraussetzungen für eine weitere Absenkung nicht ganz so günstig.

Tabelle 4.4. Luftwiderstandsbeiwerte c_x, Querschnittsflächen A und Leergewichte typischer Pkw der verschiedenen Klassen (manuelles Getriebe)

Typ	Gewicht kg	c_x	A m^2	c_x A m^2
VW Polo 75 Servo 4-Türer	990	0,32	1,93	0,62
Opel Astra Caravan 16 V	1.219	0,33	2,02	0,67
Audi A3	1.204	0,31	2,06	0,64
BMW 316i Compact	1.140	0,33	1,96	0,65
BMW 320i Coupé	1.300	0,30	1,91	0,57
BMW 320i Touring	1.345	0,32	1,96	0,63
BMW 523i Limousine	1.493	0,28	2,12	0,59
BMW 740i	1.790	0,30	2,21	0,66
VW Sharan Carat VR6	1.787	0,33	2,71	0,89

4.2 Die Motoren

Ein Motor hat die Aufgabe, den Kraftstoff möglichst effizient in mechanische Leistung zum Antrieb des Fahrzeugs umzusetzen. Außerdem muß er die Leistung zum Antrieb einer Vielzahl von Nebenaggregaten bereitstellen, ohne die der Motor gar nicht funktionieren würde oder die den Komfort für die Insassen verbessern helfen. Dazu gehören Lichtmaschine, Kraftstoffpumpe, Einspritzpumpe, Schmierölpumpe,

[11] G. Larsson, H. Wester, M. Hazelaar, F. Schneider (VW), „Fahrzeugkonzepte im Verbrauchsvergleich – Grenzen und Machbarkeit", VDI-Berichte 1099, 1993

Kühlwasserpumpe, Hydraulikpumpe z.B. für die Servolenkung, Unterdruckpumpe für die Bremsen und Klimakompressor.

Die im Kraftstoff chemisch gebundene Energie muß im Motor zunächst in Wärme und Druck und dann in Bewegungsenergie umgewandelt werden. Das bringt Verluste mit sich. Einige davon sind grundsätzlicher Natur: Auch die beste thermische Maschine kann die durch den Carnot-Wirkungsgrad gesetzten Grenzen nicht überschreiten. Der größere Teil der Verluste ist aber durch die unvermeidlichen Unzulänglichkeiten der praktischen Realisierung bedingt und kann durch Verfeinerung der Technik reduziert werden. Ein Teil der Abwärme kann zwar nicht für den eigentlichen Zweck, den Antrieb des Autos, genutzt werden, aber er ist nützlich, um das Fahrzeug zu beheizen oder den Katalysator auf der erforderlichen Betriebstemperatur zu halten.

Neben den naturgesetzlichen Grenzen jeder thermischen Maschine (ausdrückt durch den Wirkungsgrad des theoretischen Prozesse η_{th}) unterliegt der Wirkungsgrad eines Motors weiteren Einschränkungen. Sie ergeben sich aus Imperfektionen der realen Prozesse. Zur einfacheren Analyse kann man unterscheiden:

- den Brennstoffumsetzungsgrad η_B als ein Maß für die Güte der Verbrennung des Kraftstoffs
- den Gütegrad des Ladungswechsels η_{gLW}, der die Art der Bewegung des Gemisches, dessen Reibung und Aufheizung, ... beschreibt,
- den Gütegrad des Hochdruckprozesses η_{gHD}, der z.B. die Eigenschaften realer Gase, die Wandwärmeverluste im Brennraum, die Trägheit bei den Transportvorgängen, ... berücksichtigt
- den mechanischen Wirkungsgrad des Motors η_m, der die mechanische Reibung in den Komponenten des Motors beschreibt.

Der Gesamtwirkungsgrad eines Motors ergibt sich damit als Produkt der verschiedenen Einzelfaktoren zu

$$h_e = h_B \times h_{th} \times h_{gLW} \times h_{gHD} \times h_m$$

Sie werden im folgenden etwas näher betrachtet.

Sehr gute Ottomotoren erreichen heute bei Abstimmung auf $\lambda = 1$ bei einem typischen Teillastbetriebspunkt (p_{me} = 2 bar, n = 2000 min^{-1}) einen Verbrauch von ca. 400 g/kWh. Ein ebenfalls sehr guter, kleiner Diesel erreicht unter 330 g/kWh. Der energetische Verbrauch des Diesels ist also um ca. 18% geringer. Allerdings ist auch der maximal erzielbare Mitteldruck und damit die Leistungsdichte bei einem frei saugenden Diesel um 20–25% geringer. Für vergleichbare Fahrleistungen muß daher der Hubraum größer gewählt werden. Das Gewicht eines Diesels ist schon bei einem Kleinwagen um ca. 50 kg höher als das eines leistungsgleichen Benzinmotors. Außerdem verlangt das höhere Geräuschniveau des Diesels zusätzliche schalldämmende Maßnahmen, die ebenfalls Gewicht und damit Mehrverbrauch bedingen. Der effektive Vorteil des Diesels fällt daher deutlich kleiner aus, als es alleine aus dem Vergleich der motorischen Eigenschaften zu erwarten wäre[12].

---

[12] C. Bürstle, W. Schultz, „Das Porsche-Konzept zum optimierten kleinvolumigen Ottomotor", 17. Int. Wiener Motorensymposium, 25.-26.4.1996

4.2.1 Ottomotoren

Unter den Antrieben für Pkw haben sich weltweit mit großem Abstand (Marktanteil ca. 90%) die Viertakt-Ottomotoren durchgesetzt[13]. Sie bieten heute die beste Kombination von Komfort, Leistungsdichte, Sparsamkeit und Kosten. Seit ihrer Erfindung im Jahre 1876 haben sie eine stetige Weiterentwicklung durchgemacht[14]. Verstärkt nach Einführung der Katalysator-Pflicht zunächst in den USA, dann auch in Japan, Europa und anderen Ländern wurden dabei enorme Fortschritte bezüglich der Emissionen, aber auch bei Leistungsverhalten, Verbrauch, Zuverlässigkeit und Kosten erreicht. Dennoch haben sie immer noch ein großes Potential für weitere Verbesserungen, das mit zunehmender Nachfrage und abnehmenden Kosten für technische Maßnahmen kontinuierlich erschlossen wird[15].

In Europa, USA, Japan und vielen anderen Märkten kommen fast nur noch Motoren mit Abgasreinigung zum Einsatz. Der 3-Wege-Katalysator hat sich dafür als bei weitem effizienteste Technik durchgesetzt. Er erzwingt aber die Verwendung eines genau stöchiometrisch eingestellten Gemisches und erlaubt es nicht, den Motor im verbrauchsgünstigsten Bereich mit Luftüberschuß zu betreiben.

Die Gemischbildung heutiger Ottomotoren erfolgt außerhalb des Brennraums in den Saugrohren. Der früher übliche Vergaser kann den heutigen Anforderungen an die Genauigkeit der Kraftstoffzumessung nicht mehr genügen. Kleinere Katalysator-Motoren werden vielfach mit einer Single-Point-Einspritzung ausgerüstet, d.h. mit nur einer Einspritzdüse für alle Zylinder. Für Fahrzeuge der höheren Leistungsklassen kommt fast immer die sequentielle Einspritzung mit zylinderindividueller Zumessung des Kraftstoffs zur Anwendung. Sie bietet in Kombination mit einer ausgefeilten Datenerfassung (Luftmengenmesser, beheizte λ-Sonde, Klopfsensoren) die Möglichkeit einer feinfühligen Regelung und erlaubt den Ausgleich von kleinen Unterschieden zwischen den Zylindern. Durch eine Vielzahl von Einzelmaßnahmen, die alleine oder in Kombination eingesetzt werden, wird ein hoher Gebrauchsnutzen, ein moderater Kraftstoffverbrauch, die Einhaltung der Emissionsgrenzwerte und eine hohe Wirtschaftlichkeit sichergestellt[16].

Potentiale für weitere Verbesserungen des motorischen Prozesses liegen vor allem im Ladungswechsel. Darunter versteht man die Zufuhr des Kraftstoff-Luft-Gemisches

---

13 Hohe Marktanteile von Diesel-Pkw sind eine Besonderheit weniger europäischer Länder. Sie wird vor allem durch eine Besteuerungspraxis verursacht, die Dieselkraftstoff wesentlich besser stellt als Benzin.

14 Einen Überblick über die geschichtliche Entwicklung der Pkw-Motoren aus der Sicht von Autoentwicklern gibt G. L. Rinschler, T. Asmus (Chrysler), „Powerplant perspectives“, Automotive Engineering, Part I: April 1995, S. 37–42, Part II: Mai 1995, S. 37–41, Part III: Juni 1995, S. 33–46, .

15 Einen zusammenfassenden Überblick über die einzelnen technischen Potentiale gibt F. Pischinger (FEV), „Entwicklungsrichtungen in der Motorentechnik für 2001“, 12. Int. Wiener Motorensymposium 25.-26.4.1991.

16 Überblicke über die vielfältigen Zusammenhänge und Lösungsansätze geben:
R. J. Tabacynski (Ford, USA), „Future Directions for Spark-Ignition Engine Design and Research“, XXV. FISITA Kongress, 17.–21.10.1994 in Peking, SAE 945005 und
O. Glöckler, N. F. Brenninger (Robert Bosch GmbH), „Beitrag der Motorsteuerung für Ottomotoren zur Senkung des Kraftstoffverbrauchs“, Stuttgarter Symposium 1995 Kraftfahrwesen und Verbrennungsmotoren, 20.–22.2.1995, M 16.1–M 16.15

zu den einzelnen Zylindern und deren Entleerung nach erfolgter Verbrennung. Zugleich soll im Zylinder eine definierte Strömung erzeugt werden, um eine optimale Verbrennung bei minimaler Abgasemission und geringstem Kraftstoffverbrauch zu realisieren. Für diese Vorgänge stehen bei hoher Drehzahl pro Arbeitsspiel jeweils nur ca. 10 ms zur Verfügung. Es handelt sich also um die Gestaltung eines komplexen, gasdynamischen Vorgangs. Erste Schritte in diese Richtung wurden mit Schaltsaugrohren, differenzierten Sauganlagen u.ä. bereits in großer Serie realisiert.

Der Ladungswechsel wird ganz wesentlich über die Ventilsteuerzeiten beeinflußt, d.h. durch den Ablauf des Öffnens und Schließens der Ein- und Auslaßventile. Bisher werden fast ausschließlich Systeme verwendet, bei denen Tellerventile durch Nokkenwellen betätigt werden. Die Ventilsteuerzeiten sind dabei durch die Form der Nokken und die Mechanik der Ventilbetätigung (Tassenstößel, Schlepphebel, Kipphebel) für alle Drehzahl- und Lastbereiche in gleicher Weise festgelegt. Eine Optimierung ist daher nur für einen Teil des Anforderungsspektrums möglich. So wird entweder die maximale Leistung oder der minimale Verbrauch angestrebt. Eine wesentliche Verbesserung kann durch Variabilitäten in der Ventilsteuerung realisiert werden. Dabei werden im Idealfall die Steuerzeit und die Ventilöffnung für die Ein- und Auslaßventile getrennt für jeden Betriebspunkt optimal eingestellt. Bei Mehrventilmotoren können sogar die beiden oder drei Einlaßventile je nach Kennfeldpunkt unterschiedlich geöffnet und geschlossen werden, um definierte Strömungsverhältnisse zu erzeugen. Die Drosselklappe kann bei einem vollvariablen Ventiltrieb theoretisch entfallen, weil die Dosierung der angesaugten Gemischmenge über die Ventilsteuerung erfolgen kann. Auch die vollständige Abkoppelung einzelner Zylinder vom Ladungswechsel (Zylinderabschaltung) im Teillastbetrieb wäre möglich. Entsprechende Versuchsmotoren wurden realisiert[17]. Es wurden Kraftstoffeinsparungen von 10–15% nachgewiesen wobei gleichzeitig die Rohemissionen erheblich sanken. Der bauliche Aufwand für vollvariable Ventiltriebe ist jedoch sehr groß; eine Serieneinführung ist derzeit nicht absehbar.

Weniger aufwendige, aber auch weniger wirkungsvolle Systeme wurden aber bereits in großer Zahl untersucht[18] und teilweise in Serie gebracht. Ein Beispiel ist VANOS von BMW, bei dem eine Verschiebung der Ventilöffung des Einlaßventils relativ zum oberen Totpunkt der Kolbenbewegung durch Verdrehung der Nockenwelle realisiert wird. Das VTEC-System von Honda realisiert den Wechsel zwischen zwei (in Zukunft auch drei) Nockenformen und kann damit außer den Steuerzeiten auch den Ventilhub verändern. Einige weitere Systeme sind bereits auf dem Markt. Es ist zu vermuten, daß teilweise variable Ventiltriebe in den nächsten Jahren eine immer größere Verbreitung finden werden.

---

[17] Eine mögliche Technik verwendet individuelle, elektromagnetische Aktuatoren für jedes einzelne Ventil. Die FEV hat entsprechende Entwicklungen durchgeführt. Anbieter eines ähnlichen Systems ist die Fa. Aura (ohne Autorenangabe, „Electromagnetic Valve System Makes its SAE Debut", WEVTU 22 (1996) 5).

[18] Einen Überblick über ca. 40 verschiedene, technische Lösungen geben T. Ahmad, M. A. Theobals (GMC), „A Survey of Variable-Valve-Actuation Technology", SAE 891674.
Eine Zusammenfassung gibt außerdem C. Gray (Ricardo), „A Review of Variable Engine Valve Timing", SAE 880386.

Weitere Potentiale können grundsätzlich durch Betriebspunktverlagerung (Antriebsstrangmanagement, Zylinderabschaltung), Verdichtungserhöhung und Entdrosselung (z.B. durch Abgasrückführung) erschlossen werden. Tabelle 4.5 zählt einen Teil der Möglichkeiten auf. Ein Beispiel für das Potential der Betriebspunktverlagerung bieten Konzepte für turboaufgeladene Ottomotoren, die durch Verkleinerung des Hubraums spezifisch[19] höher belastet und daher häufiger in verbrauchsgünstigen Drehzahl-Last-Bereichen betrieben werden. Damit sind Verbrauchsverbesserungen um 15% in Serienfahrzeugen nachgewiesen worden[20].

Tabelle 4.5. Möglichkeiten zur Verbesserung des Wirkungsgrades von Ottomotoren durch Maßnahmen am motorischen Prozeß[21]

Methode	Ziel	Technische Lösung
Qualitätsregelung	Verringerung der Ladungswechselarbeit	Direkteinspritzung, Ladungsschichtung
Gemischvorwärmung	Verringerung der Ladungswechselarbeit	Vorwärmung durch Abgas über Wärmetauscher, AGR (nicht im ganzen Kennfeldbereich möglich)
Variable Ventilsteuerzeiten	Verringerung der Ladungswechselarbeit, günstigerer Verlauf des Drehmomentes	variabler Ventiltrieb
Variable Verdichtung	Verringerung der Expansionsverluste	verstellbarer Kolben (verstellbare Nebenkammer)
Variabler Hubraum	höherer Mitteldruck der arbeitenden Zylinder	Zylinderabschaltung mit/ohne mechanische Stillegung

4.2.1.1 Ottomotoren mit geregeltem Katalysator

Nahezu alle derzeit angebotenen Pkw mit Ottomotoren reinigen ihre Abgase unter Verwendung von 3-Wege-Katalysatoren und erreichen dadurch sehr gute Abgaswerte. Sie müssen dazu mit einem stöchiometrischem Kraftstoff-Luft-Gemisch betrieben werden, das genau so viel Luft enthält, wie zur Verbrennung des Kraftstoffs erforderlich ist, aber nicht mehr und nicht weniger. Betriebswarme, nicht gealterte 3-Wege-Katalysatoren erreichen Umsetzungsgrade von über 95% für die Stickstoffoxide und das Kohlenmonoxid ebenso wie in Summe für die unverbrannten Kohlenwasserstoffe[22]. Für die verschiedenen Kohlenwasserstoffe ergeben sich dabei aber je nach ihren

[19] Ausgedrückt durch den Quotienten Drehmoment zu Hubraum

[20] H. Demel (Audi), „Möglichkeiten zur Erfüllung der Anforderungen im Jahr 2001", 12. Int. Wiener Motorensymposium 25.-26.4.1991
Testbericht „Audi A4 1,8T", Automobil Revue 36/1995 vom 31.8.1995
P. Langen, J. Mallog, M. Theissen, R. Zielinski (BMW), „Aufladung als Konzept zur Verbrauchsreduzierung", MTZ 54 (1993) 10, S. 522–533
C. Brüstle, N. Hemmerlein, P.-F. Küper (Porsche), „Hat der Turbo-Benziner Zukunft?", Automobil Revue 26/1995 vom 22.6.1995

[21] Angelehnt an P. Walzer, P. Adamis, H. Heinrich, V. Schumacher (VW), „Variable Steuerzeiten und variable Verdichtung beim Ottomotor", MTZ 47 (1986) 1, S. 15–20

[22] J. Liebl, M. Klüting, G. Thiel, C. Luttermann (BMW), „Gemischbildung – eine Systemkomponente künftiger Emissionskonzepte", MTZ 56 (1995) 7/8, S. 390–396

chemischen Eigenschaften unterschiedliche Reaktionsraten. Während die ungesättigten Moleküle besser reagieren, erweisen sich Benzol und vor allem Methan als beständiger[23].

Wesentlich höher als bei normaler Betriebstemperatur sind die Emissionen unmittelbar nach dem Kaltstart. So entstehen mehr als 80% der limitierten Emissionen im amerikanischen Stadtfahrzyklus FTP-75 innerhalb der ersten ca. 180 s, bevor der Katalysator die erforderliche Betriebstemperatur von 350 °C erreicht hat[24]. Daher wird intensiv nach Wegen gesucht, die ein schnelleres Anspringen des Katalysators ermöglichen. Ein relativ einfacher Ansatz besteht im Einblasen von Luft in den Auspuffkrümmer (Sekundärlufteinblasung). Sie hilft, die dort verbliebenen Kohlenwasserstoffe zu oxidieren; die dabei zusätzlich entstehende Wärme führt zum schnelleren Anspringen des Katalysators (nach 60 s statt nach 100 s). Eine noch schnellere Katalysatoraufheizung innerhalb weniger Sekunden erreicht man mit speziellen elektrischen oder kraftstoffgespeisten Heizungen. Minderungen der Emissionen um weitere 90% gegenüber Motoren ohne Katalysatorheizung wurden nachgewiesen[25, 26].

Bei einem anderen Ansatz zur Minderung der Kaltstartemissionen wird versucht, die Kohlenwasserstoffe etwa während der ersten Minute nach dem Anlassen aus dem Abgas herauszufiltern und zu speichern. Erst danach werden sie wieder freigesetzt und finden einen inzwischen betriebswarmen Katalysator vor. Bei einer anderen Lösung werden alle Abgase zunächst gespeichert und nach kurzer Zeit erneut dem Motor zugeführt und gelangen dann in die inzwischen betriebswarme Abgasanlage. In ersten Tests gelang es, die Emissionen eines Autos mit einem 3,8 l Motor auf 0,03 g/mile, d.h. um 88% abzusenken, bzw. die ULEV-Grenzwerte zu unterschreiten[27]. Es bleibt abzuwarten, ob sich dieses Potential auch unter Serienbedingungen realisieren läßt.

Alle diese Techniken erfordern einen relativ großen Entwicklungs- und Teileaufwand mit entsprechend höheren Kosten. Teilweise ist auch zusätzlicher Einbauraum

---

[23] P. Kohoutek, H. P. Lenz, C. Cozzarini (TU Wien), „Einfluß der Gesetzgebung auf die Pkw-Emissionen von limitierten und nicht limitierten Abgaskomponenten", 17. Internationales Wiener Motorensymposium, 25.- 26.4 1996, VDI Fortschrittsberichte Nr. 267
Es wird über eine Umsetzungsrate für Methan von ca. 50% berichtet.

[24] P. Klotzbach, H.-D. Herzog (Pierburg), „Sekundärlufteinblasung, ein Beitrag zur Emissionsreduzierung", 4. Aachener Kolloquium Fahrzeug- und Motorentechnik, 1993

[25] M. Theissen, P. Langen, J. Mallog, R. Zielinski (BMW), „Katalysatoraufheizung als Schlüssel zur weiteren Emissionsminderung", 4. Aachener Kolloquium Fahrzeug- und Motorentechnik, 1993;
F. Terres, D. Froese (Gillet), „Der EHC – das richtige System für kommende Emissionsgrenzwerte?", MTZ 56 (1995) 9, S. 486–487;
E. Otto, W. Held, A. Donnerstag, P. F. Küper, B. Pfalzgraf, A. Wirth, „Die Systementwicklung des elektrisch heizbaren Katalysators – E-Kat für die LEV / ULEV- und EU III-Gesetzgebung", MTZ 56 (1995) 9, S. 488 -498.

[26] Als erstes (Klein-) Serienfahrzeug wird der Alpina B12 seit Dezember 1995 mit einem kleinen, elektrisch beheizten Metall-Katalysator in jedem der beiden Abgasstränge ausgerüstet, die nacheinander aufgeheizt werden. Die Heizdauer beträgt 11 s pro Heizkatalysator bei einem Strom von 200 A aus der Bordbatterie. Die Anspringzeit wird dadurch auf wenige Sekunden verkürzt. Die EURO-II Grenzwerte werden bei CO um > 80%, bei HC um > 50% unterschritten. (Auto Motor Sport 20/1995 vom 22.9.1995, MTZ 56 (1995) 10, S. 582)

[27] Notiz in WEVTU, 15.3.1996
I. Morton, „Saab Puts Start-up Emissions in a Bag", Automotive News Europe, 29.4.1996: Die ULEV-Werte wurden bei ersten Prinzipversuchen deutlich unterschritten.

erforderlich. In allen Fällen steigen Komplexität und Gewicht. Nach heutigem Wissen muß man das für große und schwere Fahrzeuge in Kauf nehmen, um die ULEV-Grenzwerte einhalten zu können. Bei leichteren Fahrzeugen und kleineren Motoren reichen aber bereits Maßnahmen zur Verminderung der Rohemissionen in Verbindung mit einem schnell anspringenden, konventionellen Katalysator und einer besonders präzisen Motorsteuerung aus.

Angesichts des großen technischen Aufwands bei der Abgasnachbehandlung muß vom Gesetzgeber immer geprüft werden, ob die damit verbundenen Kosten gerechtfertigt sind, wenn man sie gegen den Nutzen abwägt. Dabei muß auch geprüft werden, ob es nicht an anderen Stellen Möglichkeiten gibt, die dieselbe ökologische Wirksamkeit mit billigeren Mitteln erreichen. Um denselben Entlastungseffekt für die Umwelt zu erzielen, den der Ersatz eines Fahrzeugs ohne Katalysator durch eines mit erreicht, müssen ungefähr zwanzig Katalysatorfahrzeuge durch solche mit Superkatalysator verdrängt werden. Es ist daher viel kosteneffizienter, alte Fahrzeuge mit hohen Emissionen stillzulegen, als ohnehin bereits saubere Neufahrzeuge durch strengere Vorschriften noch sauberer zu machen.

4.2.1.2 Magerbetrieb von Ottomotoren

Ein großes Potential zur Minderung des Kraftstoffverbrauchs von Ottomotoren kann durch den Übergang zum Magerbetrieb wieder erschlossen werden. Diese Betriebsweise mit homogenem Gemisch, das deutlich mehr Luft enthält, als zur stöchiometrischen Verbrennung erforderlich wäre, war allgemeine Praxis, solange die Abgasgrenzwerte noch mit rein motorischen Maßnahmen erfüllt werden konnten. Mit der Einführung von Abgasgrenzwerten, die nur mit 3-Wege-Katalysator und stöchiometrischem Gemisch zu erreichen waren, wurde vom Gesetzgeber bewußt eine Verschlechterung des Verbrauchs um ca. 5–7% in Kauf genommen. Durch vielfältige Maßnahmen wurde dieser Mehrverbrauch inzwischen wieder mehr als kompensiert. Das Potential der Verbrauchsminderung durch Magerbetrieb ist aber auf dem inzwischen erheblich verbesserten Niveau weiter vorhanden.

Noch weitergehende Verbrauchssenkungen als mit homogenen, mageren Gemischen sind mit Ladungsschichtung zu erreichen. Eine präzise gesteuerte Gasdynamik beim Ladungswechsel muß dabei sicherstellen, daß stets ein zündfähiges Gemisch in der Umgebung der Zündkerze vorliegt. In der Vergangenheit wurden bereits viele Ansätze zur Realisierung von Magerkonzepten mit äußerer Gemischbildung untersucht. Damit ist ein λ bis zu 2,2 erreichbar.

Noch größere Vorteile hat die Direkteinspritzung, d.h. die Bildung des Gemisches erst im Brennraum. Damit werden λ-Werte von über 3 bis über 5 zugänglich. Die Direkteinspritzung vermeidet alle Probleme, die mit der Kraftstoffaufbereitung im Saugrohr unvermeidlich verbunden sind. So können sich Wandfilme aus flüssigem Kraftstoff, der dadurch unkontrolliert ins angesaugte Gemisch gelangen kann, überhaupt nicht bilden. In ihrer weitestgehenden, aber auch aufwendigsten Form ermöglicht die Direkteinspritzung zusammen mit einer variablen Ventilsteuerung zumindest in weiten Bereichen des Kennfeldes eine reine Qualitätsregelung, und damit den Verzicht auf die Drosselklappe. So werden die damit zusammenhängenden Wirkungsgradverluste vermieden. Der erforderliche Einspritzdruck liegt bei 70–100 bar. In Verbindung mit einer erhöhten Verdichtung sind Verbrauchsminderungen um bis zu 25% zu erreichen[28]. Sie müssen aber mit deutlich höheren Kosten erkauft werden. Der energetische Verbrauch sinkt unter das Niveau heutiger IDI-Diesel; der DI-Diesel hat aber noch einen Vorsprung.

Eine Benzindirekteinspritzung wurde für Pkw erstmals im 2-Zylinder 2-Takt-Motor (0,5 l) mit zunächst 20 PS des Gutbrot Superior von 1952 realisiert. Zuvor gab es bereits Anwendungen in Flugzeugmotoren.

Bei geschichteter Ladung liegen die Rohemissionen an Kohlenmonoxid, Kohlenwasserstoffen und Stickstoffoxiden deutlich unter denen bei stöchiometrischem Betrieb. Die Erfüllung der gesetzlichen Grenzwerte erfordert aber eine noch stärkere Absenkung. 3-Wege-Katalysatoren können wegen des Sauerstoffüberschusses im Abgas nicht verwendet werden. Oxidationskatalysatoren vermindern zwar CO und HC, nicht aber die Stickstoffoxide. Deren Beseitigung wird damit – wie beim Diesel – zum Hauptproblem. DeNOx-Katalysatoren, die in der Lage sind, in Anwesenheit von Sauerstoff Stickstoffoxide zu reduzieren, sind daher ein wichtiges Entwicklungsziel. Aussichtsreich erscheinen derzeit Katalysatoren auf Zeolith-Basis. Sie haben im Labor einen Umsetzungsgrad von 50% und mehr erreicht. Ihre breite Serieneinführung scheint aber unter US-amerikanischen und europäischen Zulassungsbedingungen noch nicht möglich zu sein. Als bisher größter Magermotor wird von Toyota in Japan ein 1,8 l Motor mit Mager-Katalysator angeboten. Sonst sind bisher nur leichte, relativ schwach motorisierte Fahrzeuge mit Magermotor (bis 1,5 l) auf dem japanischen Markt.

Ein anderer Ansatz zur Senkung der Emissionen von Benzindirekteinspritzern unter die gesetzlichen Grenzwerte nutzt die Speicherfähigkeit von manchen Katalysatormaterialien: Die Stickstoffoxide werden zunächst chemisch gebunden, während der Motor mager betrieben wird. Sobald das Speichervermögen erschöpft ist, wird der Motor für kurze Zeit fett gefahren und mit dem dann stark reduzierenden Abgas das gebundene NO_x zu N_2 und CO_2 umgewandelt. Solche Konzepte scheinen (noch?) nicht die europäischen und US-amerikanischen Abgastests erfüllen zu können, für Japan hat Mitsubishi die Einführung eines DI-Ottomotors aber für 1996 angekündigt[29]. Ein dritter Weg ermöglicht die Reduzierung der Stickstoffoxide durch das gezielte Zuführen eines chemischen Reduktionsmittels wie Harnstoff in den Katalysator. Diese Technik hat sich in Kraftwerken seit Jahren bewährt und wird u.a. von Siemens für den Einsatz in Lkw entwickelt. Es ist jedoch schwierig, auch die vergleichsweise geringen und in der Menge stark schwankenden Abgase eines Automotors auf diese Weise zu reinigen.

---

[28] K.-H. Naumann (VW) lt. mot vom 2.8.1995 bezogen auf den DI-Ottomotor im Vergleich zum Ottomotor mit Saugrohreinspritzung im Betrieb mit l = 1.

[29] Es handelt sich um einen 1,8l R4-Motor für den Mitsubishi Galant mit einer Verdichtung von 12 : 1; der Verbrauch im japanischenTestzyklus ist um 25% verbessert, der Leerlaufverbrauch um 40%. Die Mehrkosten werden mit 346 US $/E angegeben (K. A. McCann, „MMC Ready with First DI Gasoline Engine", WEVTU, 1.6.1995).
Subaru hat einen DI-Benzin-Boxermotor für 1998/99 angekündigt; er soll eine Verbrauchssenkung um 20% ermöglichen (Autotechnik 4/1996).

Neben den skizzierten Verbesserungen an den grundlegenden, motorischen Prozessen werden zahlreiche Detailmaßnahmen zur Verbesserung der Wirtschaftlichkeit und zur Minderung der Emissionen untersucht. So können z.B. die Kolben aus reinem Kohlenstoff hergestellt werden. Damit wurden Verbesserungen der Kaltstartemissionen bei Kohlenwasserstoffen im FTP-75 Test um bis zu 40% (gesamter Test – 25%) nachgewiesen. Der Grund dafür liegt in einer Reduzierung des Feuerstegvolumens während der Warmlaufphase; mit konventionellen Kolben erfordern die unterschiedlichen Wärmedehnungen im kalten Zustand die Berücksichtigung eines größere, mechanischen Spiels als bei dem neuen Material[30].

Ein erhebliches Potential ist auch in einer noch differenzierteren, adaptiven Regelung der Motorfunktionen zu sehen. Sie setzt eine weiter verbesserte Erfassung des Motorzustandes (z.B. über die kontinuierliche, zylinderindividuelle Messung des Verbrennungsdruckverlaufes) und der momentanen Emissionen voraus. Bisher fehlen noch die technischen Voraussetzungen zur Umsetzung dieser Möglichkeiten in der Serie.

Die verschiedenen Firmen setzen die Schwerpunkte bei ihren Weiterentwicklungen der Motortechnik ganz unterschiedlich. Sie orientieren sich dabei natürlich an den Erwartungen ihrer Kunden, aber daneben spielen auch Landes- oder Firmen-spezifische Traditionen eine Rolle. Beispiele für Sonderwege sind der von Mazda propagierte Miller-Motor[31], die 5-Ventil-Motoren von Audi, die Magermotoren von Honda, die Turbomotoren von Saab, die Reihen-Sechszylinder von BMW. Vor allem in Europa hat sich daneben eine Tradition von Diesel-Pkw entwickelt, die natürlich einen starken Anreiz zur Verbesserung des Ottomotors beim Verbrauch unter Beibehaltung seiner Vorteile bei Komfort, Geräusch und Kosten darstellt. Es bleibt spannend, die weitere Entwicklung zu beobachten. Sie wird mit Sicherheit zu einer Vielzahl von Konzepten führen, die sich alle durch einen erheblich verbesserten Kraftstoffverbrauch auszeichnen werden und dabei natürlich alle Emissionsauflagen erfüllen.

4.2.2 Dieselmotoren

Dieselmotoren haben sich wegen ihres günstigen Verbrauchs als Antrieb für Lkw und schwere Maschinen überall durchgesetzt. So verbraucht heute ein voll beladener, moderner 40-Tonner im Fernverkehr ca. 32 l/100 km. Auf einer Langstrecken-Rekordfahrt mit optimierten Fahrzeugen wurden im Sommer 1995 sogar schon 25 l/100 km erreicht und gleichzeitig die ab 1996 geltenden EURO-II Grenzwerte für Lkw eingehalten[32]. Noch Mitte der 60er Jahre lag der Verbrauch schwerer Lkw bei

---

[30] M. Krämer, S. Pischinger, F. Wirbeleit, L. Mikulic (Daimler Benz), „Reduzierung der Abgasemissionen bei verbrauchsgünstigen Motorkonzepten“, 4. Aachener Kolloquium Fahrzeug- und Motorentechnik, 1993

[31] K. Hatamura, T. Goto, M. Hitomi, H. Obe (Mazda), „Development of Automotive Miller Cycle Gasoline Engine“, XXV. FISITA Kongress, 17.–21.10.1994 in Peking, SAE 945008

[32] K. Schubert (MAN), „Er wird der Sparmeister bleiben“, Süddeutsche Zeitung vom 24.1.1996.

rund 50 l/100 km, obwohl die Leistungsfähigkeit der Fahrzeuge bei weitem geringer und ihre Emissionen weit höher waren[33].

Inzwischen haben Dieselmotoren auch beim Pkw weltweit einen Anteil von ca. 10% an den 32 Mio. jährlich produzierten Fahrzeugen. Zumindest für Europa, wo schon bisher etwa 70% der Gesamtproduktion ihre Abnehmer finden, werden noch weitere, erhebliche Steigerungen ihres Marktanteils vorausgesagt[34].

In der überwiegenden Zahl werden für Pkw indirekt einspritzende Diesel (IDI) verwendet. Bei ihnen wird der Kraftstoff zur besseren Gemischaufbereitung in eine Vor- oder Wirbelkammer eingespritzt. Von dort strömt das bereits brennende Gemisch in den eigentlichen Brennraum. Moderne IDI-Dieselmotoren wie der BMW 6-Zylinder erreichen im Bestpunkt einen Verbrauch von 235 g/kWh, das entspricht einem energetischen Wirkungsgrad von 36%; sie haben – außer beim Kaltstart – nahezu das Geräuschverhalten von Ottomotoren erreicht[35].

Seit 1990 erobern sich die aus dem Nutzfahrzeugbau seit langem bekannten, direkt einspritzenden Dieselmotoren auch im Pkw immer größere Marktanteile[36]; er wird für 2000 auf 25–30% geschätzt[37]. DI-Diesel verzichten auf die Vorkammer und spritzen den Kraftstoff direkt in den Brennraum. Dadurch vermeiden sie u.a. die Überströmverluste und erreichen dadurch im Vergleich zum IDI-Diesel einen um 15–20% besseren Wirkungsgrad. Allerdings ist die für die Aufbereitung des Gemisches und die Verbrennung zur Verfügung stehende Zeit noch kürzer als bei IDI-Dieseln. Dadurch steigen die Spitzendrücke im Zylinder und mit ihnen die Belastung des Triebwerks. Die Geräuschentwicklung und die Emissionen an Stickstoffoxiden nehmen zu. Auch die Gefahr der Partikelbildung wird größer[38].

Moderne DI-Diesel für Pkw sind durch einen tiefen, im Kolben angeordneten Brennraum, eine Mehrstrahl-Einspritzdüse und einen Einspritzdruck von über 800 bar gekennzeichnet. Für eine saubere Verbrennung ist eine definierte Luftbewegung im Zylinder erforderlich (Drall); sie wird im Einlaßkanal erzeugt. Überwiegend werden DI-Diesel mit Turboaufladung gebaut.

Neben dem Vorteil eines deutlich besseren Verbrauchs hat der DI-Diesel auch Nachteile gegenüber dem IDI:

- Höhere Herstellkosten durch Hochdruckeinspritzung, Mehrstrahldüse, Abgasrückführregelung, höheren Anspruch an die Fertigungsgenauigkeit

[33] C. Bader (MB), „Emissionsfreie Nutzfahrzeuge – Positives Image, negative Wirtschaftlichkeit", 6. Int. Automobiltechnisches Symposium, SAE Landesgruppe Schweiz/Schweizerische Automobiltechnische Gesellschaft, Wil, 10.5.1996

[34] R. Cichocki, P. Herzog, F. Schweinzer (AVL List GmbH), „Entwicklungsergebnisse an direkteinspritzenden Dieselmotoren", Automobil Revue 29/1995 vom 13.7.1995

[35] F. Anisits, „Hat der Dieselmotor mit direkter Einspritzung eine Chance, in größerem Rahmen in Personenwagen eingeführt zu werden?", 4. Int. Automobiltechnisches Symposium „Dieselmotor 2000", SAE Landesgruppe Schweiz/Schweizerische Automobiltechnische Gesellschaft, Wil, 22.4.1994

[36] Pioniere waren dabei 1987 Fiat mit dem Croma Tdi und 1990 Audi mit einem 2,5 l R5-Motor. VW kam kurz danach mit einem 1,9 l R4. Bisher bieten außerdem Rover (1995, 620 SDi) und Mercedes (1995, E 290 D) eigene DI-Diesel in Pkw an.

[37] R. Cichocki et al., siehe Fußnote 34

[38] G. Hack, „Direkt-Mandat", Auto Motor Sport 18/1995 vom 25.8.1995 gibt einen nicht zu technischen Überblick.

- Drehzahl bisher niedriger begrenzt als bei IDI
- Höheres Geräuschniveau durch härtere Verbrennung
- Geringere Abwärme im Kühlwasser, deswegen fehlt bei Teillast Heizleistung; u.U. muß eine Zusatzheizung vorgesehen werden
- Größere Bauhöhe durch steile Einlaßkanäle und die mittige Lage der Einspritzdüsen
- Höherere NO_x- und Partikelemissionen
- Begrenzung auf relativ große Einzelhubräume (u.a. wegen der geringen erforderlichen Einspritzmenge pro Arbeitsspiel)

Die Ziele für die Weiterentwicklung des DI-Diesel orientieren sich an der Überwindung der bisherigen Nachteile:

- Elektronisch gesteuerte Hochdruckeinspritzung zur Verminderung von Emissionen und Geräusch
- Vielzylindrige kleine Motoren (Ziel: Einzelhubraum von 250–300 cm^3)[39]
- 4-Ventiler mit mittiger Einspritzdüsenlage
- Abgasturbolader mit variabler Turbinengeometrie[40]
- Entfeinerung in fertigungstechnischer Hinsicht zur Senkung der Kosten

Zentrales Anliegen ist die optimale Aufbereitung des Kraftstoff-Luft-Gemisches im Zylinder. Feinste Kraftstofftröpfchen ermöglichen eine gleichmäßige und saubere Verbrennung. Leider hängt die Kraftstoffaufbereitung bei den heutigen Einspritzsystemen vom Betriebszustand des Motors ab. Speziell im unteren Teillastbereich liegen ungünstige Verhältnisse vor, weil geringe Kraftstoffmengen bei geringem Pumpendruck nur schlecht zerstäubt werden. Ein großes Verbesserungspotential bietet hier die Hochdruckeinspritzungmit Common Rail ($p > 1.000$ bar)[41] und Viellochdüsen. Wünschenswert wäre ein Einspritzdruck von über 2.000 bar, da dann die Verbrennung nahezu rauchlos abläuft. Dieses Ziel dürfte aus Aufwandsgründen zunächst unerreichbar sein. Ein anderer Ansatz zur Verbesserung der Zerstäubungsgüte liegt in der Verwendung von Düsen mit variablem Querschnitt bei 1.000 bar[42].

Die neuen Einspritzsysteme bieten auch die Möglichkeit, den Einspritzverlauf und damit den Brennverlauf elektronisch zu steuern; damit ergeben sich interessante Möglichkeiten zur Senkung der Emissionen und zur Reduktion des Geräuschpegels. Weitere Entwicklungen sind im Gange und werden sicher in den nächsten Jahren zu erheb-

---

[39] S. Pischinger, F. Duvinage, S. Weber (Mercedes Benz), „Der 4-Zylinder DE-Dieselmotor mit 1 l Hubvolumen – Vision oder Realität?", 17. Int. Wiener Motorensymposium, 25.-26.4.1996
R. Rinolfi,R. Imarisio (Fiat), „The Potentials of Third Generation Direct Injection Diesel Engines for Passenger Cars", 6. Int. Automobiltechnisches Symposium, Gemeinschaftstagung SAE-CH/SATG, Wil, 10.5.1996

[40] Der Audi A6 TDI mit variablen Leitschaufeln am ATL erreicht im Vergleich zum selben Modell mit konventionellem ATL eine Steigerung der Leistung um 15 kW auf 81 kW bei einem um 0,6 l/100 km auf 5,8 l/100 km verringerten Drittelmixverbrauch (Auto Motor Sport 20/95 vom 22.9.1995).

[41] K. Egger, P. Reisenbichler, R. Leonhard (Bosch), „Common-Rail-Einspritzsysteme für Dieselmotoren", Automobil Revue 14/1995 vom 30.3.1995

[42] R. Schwartz, „Entwicklung von Dieseleinspritztechnik – eine technische und wirtschaftliche Herausforderung", 4. Aachener Kolloquium Fahrzeug- und Motorentechnik, 1993

lich verbesserten DI-Dieseln führen, die ihr volles Potential am besten in Kombination mit verbesserten Kraftstoffen ausspielen können.

Der Vergleich eines optimierten 4-Ventil-Versuchsmotors mit einem leistungsgleichen 2-Ventil-DI-Diesel zeigt ein Potential für eine weitere Reduzierung des Verbrauchs um 14%. Davon kann man 5% auf den besseren Wirkungsgrad der 4-Ventil-Anordnung zurückführen, während sich 9% durch eine Verringerung des Hubraums von 1,9 l auf 1,5 l ergeben, die infolge der höheren Leistungsdichte des optimierten Systems möglich wurde[43].

Weiteres Potential wird in der Wassereinspritzung gesehen; sie ermöglicht die Absenkung der Emissionen von Stickstoffoxiden um zwei Drittel bei einer Verbrauchsverbesserung um 5%[44]. Auch die selektive Adsorption von Stickstoffoxiden aus dem Abgas und ihre anschließende „Verbrennung" im Motor wird untersucht und scheint nach ersten Forschungsergebnissen beträchtliches Potential zu bieten; eine Verminderung der NO_x um 50% wurde bereits erreicht, 95% werden für möglich gehalten[45].

An Forschungsmotoren konnte bereits gezeigt werden, daß Fahrzeuge bis zu ca. 1.400 kg mit DI-Diesel, Turboaufladung und Ladeluftkühlung durchaus Abgaswerte erreichen können, die den erwarteten, künftigen EURO-III Grenzwerten entsprechen. Allerdings ist dazu u.a. der Einsatz einer elektronischen Einspritzregelung, einer kennfeldgesteuerten AGR und eines Oxidationskatalysators unabdingbar. Die weitere Entwicklung wird wahrscheinlich auch für schwerere Fahrzeuge die Einhaltung der Grenzwerte ermöglichen[46].

Die bei Ottomotoren so nützlichen variablen Ventiltriebe sind bei Dieselmotoren viel weniger wirkungsvoll[47] und auch schwerer zu realisieren[48].

4.2.3 Andere Motorkonzepte

Es wurden und werden immer wieder Versuche gemacht, neben den heute marktbeherrschenden 4-Takt-Otto- und -Dieselmotoren andere Konzepte zu entwickeln. In wenigen Fällen wurden sie auch am Markt angeboten. Ein Beispiel dafür ist der Wankelmotor, der sich jedoch trotz seiner bestechend einfachen Mechanik wegen deutlicher Nachteile beim Verbrauch und beim Abgas nicht durchsetzen konnte und heute weltweit nur noch in einem Fahrzeug eingesetzt wird. Ein anderes Beispiel ist die Gasturbine, die erstmals 1950 von Rover in einem Pkw vorgestellt wurde; sie hat bis-

[43] F. Pischinger (FEV), „Vehicle Engine Development Trends under Future Boundary Conditions", XXV. FISITA Kongress, 17.–21.10.1994, Peking, SAE 945001

[44] M. Krämer et al., siehe Fußnote 30

[45] Ohne Autorenangabe, „Drastische Verringerung von Stickoxid in Aussicht gestellt", Handelsblatt, 2.1.1996: Bericht über Forschungsarbeiten bei Daimler Benz.

[46] R. Cichocki et al., siehe Fußnote 34

[47] C. Gray, siehe Fußnote 18

[48] Die hohe Verdichtung hat bei Dieselmotoren einen viel geringeren Freigang zwischen Ventilen und Kolben im Bereich der OT zur Folge als bei Ottomotoren.

her u.a. wegen ihres viel zu hohen Verbrauchs überhaupt keine Verbreitung gefunden. Die Forschungsarbeiten an fahrzeugtauglichen Gasturbinen werden aber fortgesetzt[49].

Beträchtliche Aufmerksamkeit finden immer wieder die Zweitaktmotoren. Wegen ihres besonders einfachen Aufbaus werden sie millionenfach in Kleinantrieben von der Motorsäge über Außenbordmotoren bis zum Motorrad verwendet. Im anderen Extrem, bei den langsamlaufenden Schiffsdieseln (ca. 75 U/min) der Bauarten MAN-B&W und Sulzer erreichen sie bei Leistungen von bis zu 3,5 MW pro Zylinder Wirkungsgrade von über 50% und verbrennen dabei minderwertiges, nur erwärmt überhaupt pumpbares Schweröl als Kraftstoff (Hub ca. 3000 mm, Bohrung ca. 800 mm). Im Pkw-Bereich sind Zweitaktmotoren aber mit dem Aussterben der letzen Wartburg, Trabant, DKW und des Saab 96 bei den Pkw vollständig verschwunden.

Zweitaktmotoren unterscheiden sich von den 4-Takt-Motoren durch die Art ihres Ladungswechsels. Während bei ersteren für jeden der Vorgänge

Ausaugen des Gemisches
Verdichten des Gemisches
Expandieren der verbrennenden Gase
Ausschieben des Abgases

ein eigener Takt zur Verfügung steht, erfolgt beim Zweitakter das Ausströmen des Abgases unmittelbar anschließend an die Expansion, während sich der Kolben noch im Bereich des unteren Totpunktes bewegt. Gleichzeitig erfolgt das Einspülen von frischem Gemisch bzw. von Luft. Es handelt sich also um einen gasdynamischen Vorgang, der viel schwerer zu beherrschen ist als beim 4-Takter. Andererseits ermöglicht das Zweitaktverfahren pro Umdrehung der Kurbelwelle doppelt so viele Arbeitsspiele wie ein 4-Takter. Damit ergeben sich eine größere Laufruhe und eine höhere Leistungsdichte.

Die meisten heute realisierten 2-Takter verwenden die Kolbenunterseite und das Kurbelgehäuse als Pumpe, von der verdichtetes Gemisch über die Spülschlitze in der Zylinderwandung in den Brennraum geliefert wird. Bei einfachen Motoren gelangen so bis zu 35% des Gemisches unverbrannt ins Abgas. Dagegen sind die Emissionen von Stickstoffoxiden wegen der mageren Betriebsweise relativ niedrig.

Das Umweltbundesamt schätzt, daß Zweitakt-Motorräder noch ca. fünfmal mehr Kohlenwasserstoffe emittieren als ein Pkw ohne Katalysator. Es gibt in Deutschland für Mofas, Mopeds und Motorräder nur eine veraltete Abgasnorm aus dem Jahre 1989 (ECE R47). Eine Verschärfung wird von der EU in zwei Stufen geplant. Erst in der letzten Stufe wird – voraussichtlich ab 1999 – näherungsweise das bei Pkw seit langem obligatorische technische Niveau – Katalysator oder äquivalente Abgastechnik – erreicht. In Österreich, der Schweiz und auch Taiwan müssen diese Fahrzeuge bereits

[49] M. Watanabe, H. Ogiyama, Y. Uchiyama (verschiedene japanische Forschungszentren), „The Current Satus of the CGT R&D Programm in Japan", Proc. Ann. Automotive Technology Development Contractor's Meeting 1992, Dearborn, 2.–5.11.1992, S. 1–9
S. B. Kramer (DOE), P. T. Kerwin, T. N. Strom (NASA), „Automotive Gas Turbine Program Overview", Proc. Ann. Automotive Technology Development Contractor's Meeting 1992, Dearborn, 2.–5.11.1992, S. 239–240 (kaum technische Details; sieben weitere, ausführliche Artikel über spezielle Aspekte im selben Tagungsband)

seit längerem mit einem Katalysator ausgestattet sein. Für die Begrenzung der Emissionen von handgeführten Maschinen, Bau- und Landmaschinen existieren in der EU bisher nur unverbindliche Empfehlungen[50].

Mit innerer Gemischbildung[51] und einer verbesserten Schmierung können die Rohemissionen von 2-Takt-Motoren an Kohlenwasserstoffen und Kohlenmonoxid ganz erheblich vermindert werden. Weitere Verbesserungen sind durch den Ersatz der Kurbelkastenpumpe durch ein externes Spülgebläse und verbesserte Ladungswechselprozesse erzielbar. Eine Abgasnachbehandlung mit einem Oxidationskatalysator ist – wie bei allen Magerkonzepten – möglich. Allerdings werden durch diese Maßnahmen die früher so einfachen 2-Takt-Motoren ebenfalls zu hochkomplizierten Maschinen und verlieren dadurch einiges von ihrer Attraktivität. Es bleibt noch abzuwarten, ob durch solche technische Weiterentwicklungen das Otto-Zweitakt-Verfahren auch für Pkw-Motoren wieder interessant wird[52]. Analoge Überlegungen gibt es zum Diesel-Zweitaktmotor für Kfz[53].

4.3 Verbesserungen am Antrieb unabhängig vom Motorkonzept

Unabhängig vom Verbrennungsprozeß können zahlreiche weitere Verbesserungen im Umfeld des Motors den Kraftstoffverbrauch und die Emissionen mindern helfen. Es bieten sich die folgenden Ansatzpunkte an:

- Vermeidung von Energieverlusten durch geschicktes Management des Motors und der Nebenaggregate
- Minderung der Reibung
- Zeitlich versetzte Nutzung von Abwärme mit Hilfe von Wärmespeichersystemen
- Bremsenergierückgewinnung

Ein spektakuläres Beispiel aus der jüngeren Vergangenheit ist die Start-Stop-Automatik, wie sie von VW als Golf Ecomatic von 1993 bis 1995 angeboten wurde. Ihre Grundidee besteht darin, den Verbrennungsmotor immer dann vollständig auszu-

---

[50] M. Boeckh, „Grenzwerte für Zweiräder stehen noch immer aus", Handelsblatt, 14.6.1995

[51] K.-K. Emmenthal, H. Schäpertöns, W. Oppermann (VW), „Die Emission des modernen Zweitakt-Motors im Vergleich zum Viertakt-Motor", VDI-Berichte 1066, 1993
W. Heimberg (Ficht), „Elektronisch gesteuerte Hochdruck-Einspritzung für die Direkteinspritzung bei Zweitakt-Ottomotoren", MTZ 56 (1995) 7/8, S. 386–388

[52] J. Mallog, M. Theissen, E. Heck (BMW), „2-Takt-Motor – Antriebskonzept der Zukunft?", VDI-Berichte 1066, 1993: Die Autoren beurteilen die Chancen des Zweitaktmotors im Pkw pessimistisch.
Einen optimistischeren Ausblick geben z.B. das Ingenieurbüro AVL (AVL Focus 5/1993), die Firma Orbital (z.B. „Formel Zwei", Bericht über einen 2-Takt-R6-Motor mit externem Spülgebläse, mot 11/1995; „Orbital 2-Stroke Passes CARB ULEV", Bericht über ein Versuchsfahrzeug auf Basis Ford Fiesta, WEVTU, 15.3.1995).

[53] G. Karl, L. Mikulic, J. Schommers, W. Freiß (Daimler Benz), „Abgas, Verbrauch, Leistung, Komfort – wo liegen die Chancen und Risiken für einen modernen Pkw-Zweitakt-Dieselmotor?", VDI-Berichte 1066, 1993
B. Brooks, „AVL's 60-hp 2-stroke diesel sparks interest" WEVTU, 15.3.1996
R. Knoll, P. Prenninger, G. Feichinger (AVL), „2-Takt-Prof. List Dieselmotor, der Komfortmotor für zukünftige kleine Pkw", 17. Int. Wiener Motorensymposium, 25.-26.4.1996

schalten, wenn keine Antriebsleistung benötigt wird. Der Motor steht also schon dann, wenn der Fahrer für eine gewisse Zeit (> 1,5 s) vom Gas geht oder bremst. Im dichten Stadtverkehr konnten so Verbrauchssenkungen um bis zu 25% ebenso wie erhebliche Emissionsminderungen nachgewiesen werden[54]. Im gemischten Stadtverkehr wurde noch ein Minderverbrauch von 15% erzielt[55]. Bei größeren Anteilen von Landstraßen- und Autobahnverkehr sind die Einsparungen geringer, weil die Lastwechsel und vor allem die Leerlaufanteile stark abnehmen. Das Verhalten des Motors ist zunächst ungewohnt für den Fahrer. Trotz aller Vorzüge hat sich das Konzept am Markt nicht durchsetzen können; die Produktion ist 1995 nach 4.106 Einheiten ausgelaufen[56 57]. Es bleibt abzuwarten, ob verbesserte Konzepte dieser Art mehr Akzeptanz beim Kunden finden werden.

Ein ähnlicher Grundgedanke liegt dem Konzept einer teilweisen Motorstillegung zugrunde. Dabei wird ein Teil des Motors abgekoppelt und vollständig stillgelegt, wenn die Leistungsanforderung entsprechend gering ist. Der stillgelegte Teil wird aber weiterhin über das Kühlwasser warm gehalten. Bei höherer Leistungsanforderung wird er wieder zugeschaltet. Solche Konzepte bieten sich vor allem für große Motoren an, bei denen bei niedrigen Lasten viel Leistung alleine zur Überwindung der Reibung aufgewandt werden muß. Theoretisch ist daher eine große Verbrauchssenkung möglich. Sie geht noch weit über die hinaus, die mit Zylinderabschaltung zu erreichen ist, bei der nur der Ladungswechsel unterbunden wird (siehe Seite 28). Die technische Realisierung solcher Konzepte ist sehr aufwendig; eine Umsetzung in Serienprodukte ist allenfalls langfristig zu erwarten.

Der derzeit wahrscheinlich wichtigste Ansatz zur Verminderung des Verbrauchs versucht, den Motor möglichst häufig im Bereich des besten Wirkungsgrades zu betreiben. Das läßt sich am besten mit einem kontinuierlich verstellbaren Getriebe (CVT-Getriebe) realisieren. Zusätzlich ist ein „elektronisches Gaspedal" erforderlich. Der Fahrer übermittelt dabei durch die Stellung des Gaspedals seinen Wunsch nach mehr oder weniger Antriebsmoment an das Motormanagement. Dort werden Getriebe und Motor so gesteuert, daß diesem Wunsch genau entsprochen wird. Es besteht also keine direkte Kopplung mehr zwischen Gasgestänge und Drosselklappe. Allerdings kann es dabei zu einem ungewohnten akustischen Eindruck kommen. Mehr Gas bedeutet in einem solchen System nicht unbedingt höhere Motordrehzahl.

Ein beträchtlicher Teil der Motorleistung muß für die Überwindung der mechanischen Reibung im Motor aufgewandt werden. Ihre Verminderung erfordert eine Vielzahl von Einzelmaßnahmen. Großes Potential bietet der Übergang von Gleit- auf Roll-

---

[54] E. Schuster, E.-O. Pagel (Audi), „Die Stop-Start-Anlage", ATZ 83 (1981) 4, S. 153–154
H. Westendorf, U. Zahn, P. Greve (VW), „Elektronisch geregelte Kupplung für Energie-Sparkonzepte", 4. Aachener Kolloquium Fahrzeug- und Motorentechnik, 1993

[55] J. Stratmann, „Wer spart mehr?", ADAC motorwelt 2/94; H. Sauer, „Gut in Schwung, Test des VW Golf Diesel Ecomatic", Auto Motor Sport 25/1993

[56] P. Brückner, „Golf Ecomatic: Ende", Automobil Revue 29.9.1995.
Das geplante Produktionsvolumen lag bei 16.000–20.000 E/a.

[57] Es mag aber auch eine Rolle gespielt haben, daß aus demselben Haus eine für viele Nutzer noch attraktivere Alternative angeboten wurde: Der Golf TDI. Er erreicht bei höherer Leistung im gemischten Betrieb mit Landstraßen- und Autobahnanteilen noch günstigere Verbrauchswerte und kostet nur wenig mehr.

reibung, wie er im Ventiltrieb der BMW 4-Zylindermotoren realisiert ist[58]. Eine noch weitergehende Reibungsminderung kann durch den Einsatz von Wälz- statt Gleitlagern im Kurbeltrieb erreicht werden. Er würde sich vor allem auf den Leerlaufverbrauch sehr positiv auswirken. Bisher stehen aber sowohl Funktions- (u.a. Dauerhaltbarkeit, hoheres Geräuschniveau) als auch Kostenprobleme einer Einführung entgegen. An einem konkreten Beispiel wurde gezeigt, daß mit systematischer Feinabstimmung und Optimierung die Reibung eines 1,6 l 4-Ventil-Motors um 23% gesenkt werden kann (–8% Verbrauch im ECE-Stadtfahrzyklus); ein weiteres Potential von ca. 20% kann durch eine Kombination von vielen, teilweise sehr aufwendigen Einzelmaßnahmen erschlossen werden. Insgesamt würden diese Maßnahmen zu einer Verbrauchssenkung um 14% gegenüber dem heutigen Serienzustand führen[59].

Erhebliche Verbesserungen bei der Reibung werden auch von keramischen Bauteilen im Ventiltrieb erwartet, die sich derzeit im Versuchsbetrieb befinden[60]. Die vor Jahren vorhandenen, euphorischen Erwartungen an einen umfassenden Einsatz von Keramik im Motor sind jedoch mittlerweile einer nüchternen Einschätzung gewichen. Den „adiabaten Motor" wird es nicht geben, weil er weder von den Werkstoffen her beherrscht wird noch thermodynamisch die in ihn gesetzten Erwartungen erfüllen kann.

Weitere Wirkungsgradsteigerungen und Emissionsminderungen sind mit einem verbesserten Wärmemanagement zu erzielen. Kennfeldgesteuerte Lüfter sind bereits in Serie. Weitere Verbesserungen werden mit der Phasenwechsel-Kühlung (PWK) erreicht. In beiden Fällen wird die Temperatur des Kühlwassers angehoben. Die PWK gewährleistet außerdem eine homogenere Temperaturverteilung ohne überhitzte Stellen und mindert so die Klopfgefahr. Die Antriebsleistung für die Kühlwasserpumpe kann reduziert werden. In der Summe ist eine Senkung des Verbrauchs um ca. 5% im FTP-75 Zyklus möglich[61]. Eine deutliche Verbesserung im Kurzstreckenverkehr bringen auch Latentwärmespeicher, die beim Kaltstart innerhalb von Sekunden für betriebswarmes Kühlwasser und Schmieröl sorgen.

[58] R. Flierl, J. Berthold, P. Eckert, G. Walther, „Der reibungsoptimierte Ventiltrieb des neuen BMW-Vierzylinder-Motors", 4. Aachener Kolloquium Fahrzeug- und Motorentechnik, 1993
R. Flierl, F. Kramer, H. Rech, T. Scherer, U. Stanski, „Optimierung des BMW Vierzylinder-Vierventilmotors", MTZ 56 (1996) 1, S. 658–665

[59] F. Pischinger, siehe Fußnote 43

[60] H. Gasthuber, R. Krebser (Daimler Benz), „Using Ceramics for Mass Reduction in Valve Train", 4th Int. Symp. Ceramic Materials and Components for Engines, Göteborg, 1991
R. Hamminger, J. Heinrich (Hoechst CeramTec), „Entwicklung von keramischen Hochleistungsventilen aus Siliziumnitrid für Verbrennungsmotoren und einige praktische Straßenerfahrungen", MRS Fall Meeting 1992
F. Klocke, M. Hilleke, V. Sinhoff (RWTH Aachen), „Hochleistungskeramik im Automobilbau – nur eine Vision?", VDI-Z Spezial Ingenieur-Werkstoffe, Sept. 1995
ohne Autorenangabe, „Studie zur Bewertung von Keramikventilen in Verbrennungskraftmaschinen", Engineering Partners, Sonderausgabe von ATZ und MTZ 95/96, S. 30–32.

[61] Patrick Müller, Peter Müller, E. Heck, W. Sebbeße (BMW), „Verdampfungskühlung – eine Alternative zur Konvektionskühlung?", MTZ 56 (1995) 12, S. 714–721

Tabelle 4.6. Einfluß von Nebenaggregaten auf den Verbrauch am Beispiel eines BMW 525ix, gemessen unter sonst identischen Bedingungen auf einem Rollenprüfstand[62]

	Verbrauch in l/100 km		
	ohne Nebenverbraucher	mit Klimaanlage	mit Klimaanlage und Lichtmaschine bei Nennleistung
90 km/h konstant	7,89	8,94 + 13%	9,76 + 24%
120 km/h konstant	9,80	10,75 + 10%	11,22 + 15%
europäischer Stadtzyklus (EUDC)	10,95	12,43 + 14%	14,10 + 32%
FTP-75 Zyklus	12,77	13,68 + 7%	15,92 + 25%

Ein Teil der Motorleistung muß auch für den Antrieb von Nebenaggregaten wie Motorlüfter, Lichtmaschine, Hydraulikpumpe für die Servolenkung, Kompressor der Klimaanlage aufgewandt werden. Diese „parasitären" Verbraucher erhöhen vor allem im Leerlauf und bei niedriger Last den Verbrauch erheblich (siehe Tabelle 4.6). Es gibt daher eine Vielzahl von Ansätzen zu Verbesserungen in diesem Bereich. Ein Beispiel sind neue, effizientere Klimakompressoren. Der Einsatz einer elektrischen Servolenkung an Stelle einer hydraulischen kann den Verbrauch eines Kleinwagen um ca. 6% senken[63]. Mit einem zweistufig schaltbaren Antrieb können die Nebenaggregate mit besserem Wirkungsgrad betrieben werden. Dadurch können Verbrauchssenkungen bis zu 2,6% erreicht werden; sie werden allerdings mit einer relativ aufwendigen Technik erkauft[64].

Vor allem im Stadtverkehr könnte theoretisch durch Bremsenergierückgewinnung eine erhebliche Verbrauchsminderung erzielt werden. Genaue Untersuchungen am Beispiel des Elektrofahrzeugs BMW E1 haben gezeigt, daß für Fahrzeuge mit Heckantrieb je nach Fahrzyklus eine Verbrauchsminderung von maximal 15% zu erreichen ist. Bei Frontantrieb steigt dieser Betrag bis auf ca. 20%[65]. Bei Verbrennungsmotoren ist Bremsenergierückgewinnung aber sehr schwierig zu realisieren, obwohl immer wieder Konzepte vorgestellt werden. Rein mechanische Lösungen – z.B. mit Kreisel- oder Hydraulikspeichern – sind sehr aufwendig. Für Elektro- und Hybridfahrzeuge, die ohnehin einen elektrochemischen oder elektromechanischen Energiespeicher brauchen, sind schon praktikable Lösungen realisiert worden.

---

[62] H. Wallentowitz, M. Crampen (RWTH), „Einfluß von Nebenaggregaten auf den Kraftstoffverbrauch bei unterschiedlichen Fahrzyklen", ATZ 96 (1994) 11, S. 643–644

[63] D. Holt, „Electric Power Assist Steering", Automotive Engineering, März 1996, S. 14: Angaben für den Opel Corsa.

[64] T. Esch, T. Saupe, E. Fahl, F. Koch (FEV), „Verbrauchseinsparung durch bedarfsgerechten Antrieb der Nebenaggregate", MTZ 55 (1994) 7/8, S. 416–431

[65] R. Müller, J. Niklas, K. Scheuerer (BMW), „The Braking System Layout of Electric Vehicles – Example BMW E1", SAE 930508

4.4 Die voraussichtliche Verbrauchsentwicklung für Pkw

Die oben beschriebenen Möglichkeiten – und viele weitere – für die weitere Absenkung des Verbrauchs von Pkw werden derzeit intensiv auf ihre Eignung untersucht. Dabei muß nicht nur der Nachweis der grundsätzlichen technischen Machbarkeit geführt werden. Es muß darüber hinaus sichergestellt werden, daß sich die jeweilige Technik serienmäßig produzieren läßt. Das erfordert eine präzise Beherrschung des Produktionsprozesses. Die Toleranzen müssen auch bei den unvermeidlichen Fehlereinflüssen einer Großserie so gering bleiben, daß die sichere Funktion der Technik gewährleistet werden kann. Außerdem muß sichergestellt sein, daß auch nach jahrelangem Betrieb bei unter Umständen schlechter oder fehlerhafter Wartung und bei Verwendung von Kraft- und Betriebsstoffen, deren Eigenschaften gerade noch den Normen entsprechen, keine Fehler auftreten. Um diesen Randbedingungen stets gerecht zu werden, müssen erhebliche Entwicklungsanstrengungen unternommen werden. Mit dem Nachweis der Funktion in einem oder wenigen Prototypen ist es bei weitem nicht getan. Es ist daher zu vermuten, daß sich nur wenige der oben beschriebenen Techniken letztlich tatsächlich durchsetzen werden.

Ein anderer sehr wichtiger Aspekt ist die Leistungsfähigkeit der Fahrzeuge. Die Kunden sind heute nur sehr selten bereit, zugunsten eines niedrigeren Verbrauchs Einschränkungen bei Gebrauchseigenschaften hinzunehmen. Die Anstrengungen der Hersteller richten sich daher darauf, Verbrauchssenkungen bei mindestens gleich bleibenden Fahrleistungen zu erzielen. Bild 4.2 zeigt, daß dieser Zielkonflikt durchaus gelöst werden kann.

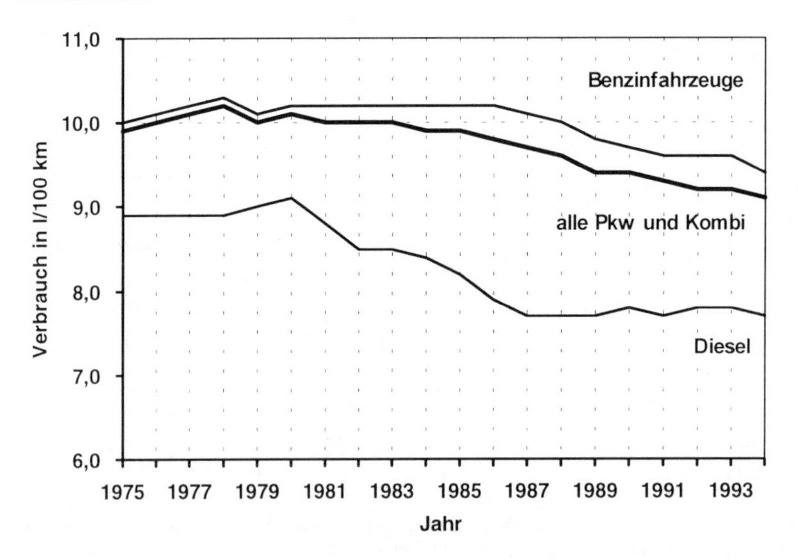

Bild 4.1. Entwicklung des Verbrauchs der gesamten deutschen Flotte an Pkw und Kombi[66].

[66] DIW, „Verkehr in Zahlen", 1995: Reichhaltige Datensammlung, die im Auftrag des BMV jährlich herausgegeben wird.

Wenn heute auch nicht mit Sicherheit gesagt werden kann, welche Techniken im Einzelnen das Rennen machen werden, erscheint es doch als sehr wahrscheinlich, daß der Verbrauch neuer Pkw im langjährigen Mittel mit einer Rate von ca. 2% p.a. weiter sinken wird. Gleichzeitig werden die Gebrauchseigenschaften verbessert, der Komfort gesteigert, die Sicherheit weiter erhöht werden. Die Kosten für die Verbraucher werden trotz dieser Verbesserungen der technischen Inhalte der Fahrzeuge kaum steigen, in manchen Klassen möglicherweise sogar sinken.

Eine weitere Beschleunigung der Entwicklung hin zu immer sparsameren Fahrzeugen würde sich bei steigenden Kraftstoffpreisen von alleine einstellen. Allerdings benötigt die Industrie ca. acht Jahre, um sich auf breiter Basis auf neue Anforderungen einstellen zu können. Dieser lang erscheinende Zeitraum ergibt sich aus den Laufzeiten der einzelnen Fahrzeugmodelle, die nicht ohne große Verluste wesentlich verkürzt werden können. Noch wichtiger ist aber, daß die Mannschaften für die Fahrzeugentwicklung und für die Produktionsvorbereitung in den einzelnen Unternehmen einen schnelleren Rhythmus nicht bewältigen könnten. Dies gilt natürlich noch verstärkt für technisch besonders anspruchsvolle Projekte, wie es wesentlich sparsamere Fahrzeuge sein müßten.

Damit die Verbesserungen an den Neuwagen sich auch in einer entsprechenden Senkung des Gesamtverbrauchs auswirken, müssen ältere Fahrzeuge möglichst rasch durch neue ersetzt werden. Das gilt natürlich in gleicher Weise für neue Sicherheitstechniken wie Airbags, ABS, ASC und für die Abgastechnik. Diese Notwendigkeit eines relativ schnellen Austausches steht in einem latenten Gegensatz zur Forderung, Industrieprodukte langlebiger zu gestalten, um den Ressourceneinsatz zu begrenzen. Die Lösung kann nur in einer möglichst Recycling-freundlichen Gestaltung der Produkte bestehen. Auch auf diesem Gebiet sind in den letzten Jahren erhebliche Fortschritte erzielt worden.

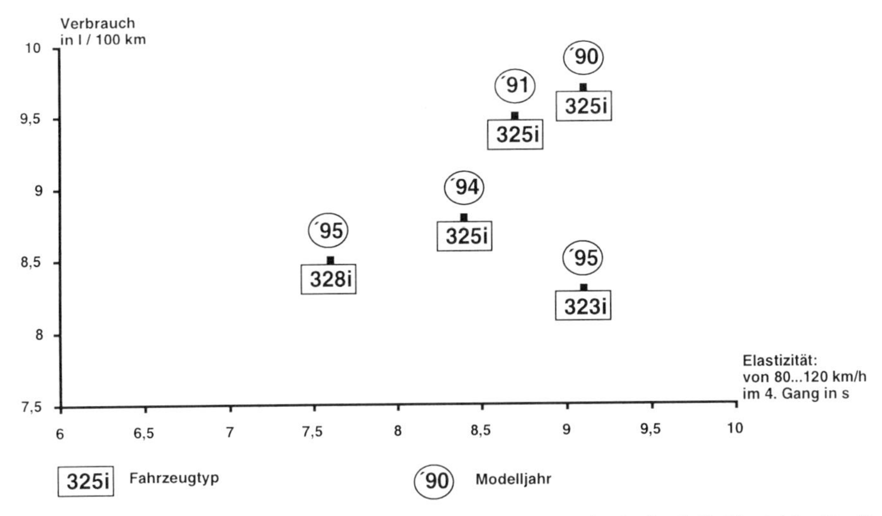

Bild 4.2. Die Entwicklung von Verbrauch und Fahrleistung – ausgedrückt durch die Elastizität, d.h. die Zeit für die Beschleunigung 80–120 km/h – für das jeweilige Spitzenmodell der 3er Baureihe von BMW

4.5 Das 3 l-Auto und andere Minimalverbrauchskonzepte

Im Rahmen der Diskussion um die Reduzierung des Kraftstoffverbrauchs werden häufig Extrembetrachtungen angestellt, d.h. es werden theoretisch oder praktisch die Bestwerte für alle Einflußgrößen angenommen bzw. realisiert, die gerade noch als vertretbar gelten können. Aus einer solchen Untersuchung von F. Piech stammt der Zielwert für einen Verbrauch von 3 l/100 km für ein Mittelklassefahrzeug[67], der mittlerweile einen gewissen Symbolgehalt in der öffentlichen Diskussion gewonnen hat.

Piech's Untersuchung ging von einem Audi 80 mit einem Verbrauch von 8,2 l/100 km (im DIN-1/3-Mix) aus. Es erwies sich, daß alleine durch motorische Maßnahmen im Minimum ein Verbrauch von 5,4 l/100 km zu erreichen wäre. Daher muß zusätzlich die Technik des gesamten Fahrzeugs radikal überarbeitet werden. Durch eine Aluminiumkarosserie und weitere Leichtbaumaßnahmen an Ausstattung, Motor, Kraftübertragung und Fahrwerk soll die Möglichkeit geschaffen werden, bei unveränderten Fahrleistungen mit kleineren, leichteren Motoren und Komponenten auszukommen. Insgesamt wäre so eine Gewichtsminderung um 30–35% zu erzielen. Außerdem sollen Luft- und Rollwiderstände konsequent vermindert werden. So sinkt die Summe aller Fahrwiderstände um 35%. Zusammen mit einem DI-Diesel ergäbe sich für ein entsprechend optimiertes Fahrzeug ein Verbrauch von 3,3 l/100 km. Weitere Verbesserungen am Motor bringen theoretisch die 3,0 l/100 km in Reichweite.

Technisch sind 3 l-Autos machbar. Allerdings entsprechen diese Prototypen bisher nicht der oben gestellten Forderung, daß alle Funktionen eines heute üblichen Mittelklassefahrzeugs erfüllt werden können. Sie sind zudem nicht wirtschaftlich, weil die hohen Kosten für das Ausreizen der Technik bis an den Rand des derzeit Machbaren durch die geminderten Kraftstoffkosten nicht amortisiert werden können. Ausgeführte Versuchsfahrzeuge machen dies deutlich. Im Opel Corsa Eco 3 wurde das Gewicht mit Hilfe vieler Kohlefaserteile gesenkt, wie sie aus dem Rennsport bekannt sind. Zusätzlich wurden Scheiben aus Polycarbonat sowie Aluminium- und Titanteile verwendet. Das Gewicht konnte so auf 720 kg reduziert werden (Serie: 945 kg). Als Antrieb dient ein R4-DI-Diesel mit 1,7 l Hubraum, 4-Ventiltechnik und Turboaufladung (ohne Ladeluftkühlung) mit 46 kW. Mit rollwiderstandsminimierten Reifen und einem Luftwiderstandsbeiwert von $c_x = 0{,}295$ erreicht das Fahrzeug im Drittelmix 3,4 l/100km (90 km/h 2,6 l/100 km, 120 km/h 3,6 l/100 km, Stadtverkehr 4,0 l/100 km). Die Abgasgrenzwerte nach EURO-II werden eingehalten[68]. Mit weiteren Verbesserungen speziell am Motor wären wohl auch die 3 l/100 km zu erreichen. Aber an diesem Beispiel erkennt man deutlich, welch großer technischer Aufwand für die Realisierung von Minimalverbrauchskonzepten getrieben – und vom Kunden letztlich bezahlt – werden muß.

Die Diskussion um das 3 l-Auto hat sicherlich dazu beigetragen, daß die entsprechenden Bemühungen vieler Hersteller intensiviert wurden. Schwerpunkte sind beim Leichtbau und bei der Entwicklung kleiner DI-Diesel zu erkennen. Allerdings wird

[67] F. Piech (Audi), „3 Liter /100 km im Jahr 2000?“, ATZ 94 (1992) 1, S. 20–23

[68] C. Becker, „Jede Menge Kohle“, Bericht über den Opel Eco 3, Auto Motor Sport 19/1995 vom 8.9.1995

langfristig auch kleinen Ottomotoren eine gute Chance eingeräumt. VW hat für 2000 ein Fahrzeug mit einem Gesamtgewicht von 780 kg angekündigt. Es soll 280 kg Aluminium, 210 kg Kunststoffe, 110 kg Stahl, 70 kg Magnesium und 110 kg andere Materialien enthalten. Eines der Modelle der neuen Golf 4-Baureihe soll ein „echtes 3 l-Auto" sein[69]. Allerdings muß man alle diese Fahrzeuge dem Kleinwagensegment zurechnen; das Ziel, ein vollwertiges Mittelklassefahrzeug auf dieses Verbrauchsniveau zu bringen, ist noch nicht in Sichtweite.

Viel wichtiger als die Jagd nach möglichst niedrigen Verbrauchswerten bei einzelnen Modellen ist die Absenkung der mittleren Verbräuche aller neuen Fahrzeuge. Hier sind in der Vergangenheit bereits erhebliche Fortschritte erzielt worden. Dieser Trend wird sich sicher noch verstärkt weiter fortsetzen. So hat BMW angekündigt, daß es etwa ab 2000 keine Limousine mehr im Angebot haben wird, die im DIN 1/3-Mix mehr als 10 l/100 km verbraucht. Dies soll bei unveränderter Modellpalette erreicht werden. Parallel dazu wird der Verbrauch quer durch die Modellpalette abgesenkt, ohne dabei die gewohnten Funktionen der Fahrzeuge irgendwie zu beeinträchtigen (siehe Abbildungen 4.1 und 4.2) .

Exkurs

Beipiele für experimentelle Minimalverbrauchskonzepte I

Volkswagen Öko-Polo

Konzept:	4 Sitzer der unteren Fahrzeugklasse Konventionelle Stahlblech-Karrosserie Verzicht auf Ausstattung
Antrieb:	DI-Dieselmotor mit 2 Zylindern in Reihe und einfach gekröpfter Kurbelwelle, 858 cm^3, automatisch zuschaltender, mechanischer Kompressor (G-Lader), Ladeluftkühlung, kennfeldgesteuerte AGR Leistung 40 PS Ausgleichswelle, Vollkapselung Schwung-Nutz-Automatik mit Abschaltung des Motors im Stand und bei Schub
Fahrwerk:	Konventionelles Frontantriebsfahrwek
Fahrleistungen:	v_{max} = 139 km/h Beschleunigung 0–100 km/h: 23,6 s
Verbrauch:	1,7–3,0 l/100 km
Bewertung:	Hohes Geräuschniveau, hohe Kosten (1988: 18–20.000 DM)

[69] I. López bzw. G. Larsson (VW) lt. Handelsblatt, 5.12.1995

Exkurs

Beipiele für experimentelle Minimalverbrauchskonzepte II

Renault Vesta

Die französiche Agence pour les Economies d'Energie begann 1979 ein groß angelegtes Forschungsprogramm mit dem Ziel, bis 1988 serientaugliche Fahrzeugkonzepte mit Verbräuchen unter 3 l/100 km zu entwickeln. Es resultierte zunächst in den Forschungsfahrzeugen Renault EVE und Peugeot VERA. In einer zweiten Phase entstanden der Renault Vesta und der Peugeot ECO 2000 (staatliche Förderung für Phase II: 170 Mio. Ffr).

1. Fahrzeugkonzept des Renault Vesta II:

Konzept:	3-türige Limousine, 2+2 Sitzer
Karrosserie:	Leichtbaukonstruktion unter Verwendung von hochfesten Stählen, extrem dünne Scheiben, Kunststoff-Bodengruppe, Dach aus Polyuretan-Sandwich mit Glasfaserverstärkung, Verzicht auf Teile der gewohnten Ausstattung $c_x = 0,19$
Antrieb:	Ottomotor mit 3 Zylindern in Reihe, 716 cm^3, Verdichtung 10,5 Doppelzündung, doppelte, geheizte Ansaugkanäle, automatische Regelung von Kühlluft, Kühlwasserpumpe und Heizung; elektronisch gesteuerte Lichtmaschine Leistung: 20 kW bei 4.250 min^{-1} Drehmoment: 56 Nm bei 2.250 min^{-1}
Fahrwerk:	Luftfederung, Absenkung bei Geschwindigkeit über 100 km/h
Gewicht:	leer 475 kg
Fahrleistungen	$v_{max} = 140$ km/h Beschleunigung 0–100 km/h: 18 s
Verbrauch	2,05 l/100 km bei 90 km/h 2,73 l/100 km bei 120 km/h 3,66 l/100 km bei ECE-Stadtzyklus km/h 2,81 l/100 km nach Din 1/3 Mix 1,94 l/100 km bei einer Rekordfahrt von Paris nach Bordeaux mit zwei Personen.
Bewertung:	U.a. wegen mangelnder passiver Sicherheit so nicht zulassungsfähig. Hohe Kosten durch teuere Werkstoffe und Techniken. Dauerfestigkeit des Motors problematisch. Hohes Geräuschniveau

4.6 Überlegungen zur Wirtschaftlichkeit

Die oben aufgeführten Möglichkeiten zur Verminderung des Kraftstoffverbrauchs erfordern alle eine wesentliche Weiterentwicklung der bisherigen Technik. Teilweise beruhen sie auf neuen, üblicherweise teureren Materialien und Fertigungsprozessen. Diese Kosten müssen im Preis für die Fahrzeuge an die Kunden weitergegeben werden. Daraus ergibt sich eine natürliche Grenze für die Umsetzung neuer Techniken in die Großserie.

Der Kraftstoffverbrauch ist schon immer ein wichtiges Argument im Wettbewerb der Automobilhersteller gewesen. Daher sind alle Maßnahmen, die einem durchschnittlichen Kunden heute einen Minderverbrauch ermöglichen, soweit ausgeschöpft, wie sich ihre Mehrkosten im Fahrzeugpreis weitergeben lassen. Die Grenze, bis zu der dies möglich ist, läßt sich leicht errechnen: Ein wirtschaftlich rechnender Kunde wird höchstens so viel zusätzlich in ein verbrauchsgünstigeres Fahrzeug investieren, wie er über die Lebensdauer des Fahrzeugs gerechnet an Kraftstoff einsparen kann. Daraus ergibt sich bei einem Benzinpreis von 1,70 DM/l ein zulässiger Mehrpreis von ca. 1.800 DM für einen Minderverbrauch von 1 l/100 km[70]. Diese Überlegung liest sich sehr theoretisch. Die Erfahrung zeigt aber, daß solche Preisdifferenzen z.B. beim Vergleich von Diesel- und Ottomotor-Fahrzeugen tatsächlich auftreten. Bei Befragungen von Kunden wird eher eine noch niedrigere Zahlungsbereitschaft bekundet[71]. Damit sind der Umsetzbarkeit vieler technisch durchaus machbarer Lösungen enge wirtschaftliche Grenzen gesetzt.

In Kenntnis dieser Logik bemühen sich alle Fahrzeughersteller kontinuierlich um verbesserte Verbräuche. Dabei nutzen sie die stetige Weiterentwicklung der Technik, um die richtigen Lösungen herauszuselektieren und sie dabei gleichzeitig von Generation zu Generation kostengünstiger zu machen. Waren z.B. früher variable Ventilsteuerungen nur in einigen Spitzenmodellen zu kaufen, finden sie derzeit den Weg in die gehobenen Massenprodukte. Langfristig werden sie in den meisten Ottomotoren zu finden sein. Die Hersteller sehen und ergreifen also die Chance, Einsparungsmöglichkeiten zu marktgängigen Kosten zu realisieren.

---

[70] Mit 8% abdiskontierter Barwert der über zehn Jahre eingesparten Benzinausgaben bei einer Fahrleistung von 15.000 km/a.

[71] Für ein 3 l-Auto wird von 80% der Befragten die Bereitschaft zu Zahlen eines Mehrpreises von bis 1.000 DM (26%) , bis 3.000 DM (40%) und über 3.000 DM (14%) genannt (Leserumfrage in mot, 16.9.1995).

5 Alternative Energieträger und Antriebssysteme: Gestern, heute, morgen

„As it looks at present, it would look more likely that they will be run by a gasoline or naptha motor of some kind. .... It is quite possible, however, that an electric storage battery will be discovered which will prove more economical ...“

THOMAS A. EDISON, 1895

Es ist immer wieder versucht worden, Energieträger zur Praxisreife zu entwickeln, die nicht auf der Chemie der Kohlenwasserstoffe beruhen. Die beiden technisch am weitesten entwickelten sind der Elektroantrieb und der Wasserstoffantrieb. Große Hoffnungen für die Zukunft werden auch auf Brennstoffzellen gesetzt. Daneben gab und gibt es eine Vielzahl von weiteren Bemühungen, andere als die gewohnten Kraftstoffe einzusetzen. Häufig entstanden diese Konzepte in Notzeiten, manchmal zur Erfüllung ungewöhnlicher Einsatzzwecke. Die genannten Techniken werden hier nur exemplarisch und kurz vorgestellt, weil sie nicht in den Markt eingeführt werden können, ohne daß dazu zuvor erhebliche Vorleistungen in der Infrastruktur erbracht werden.

5.1 Elektrofahrzeuge

Seit Beginn der Motorisierung des Straßenverkehrs wurden immer wieder Versuche unternommen, elektrochemische Energiespeicher in Verbindung mit Elektromotoren einzusetzen. Nach zunächst großen Erfolgen (gemessen in Marktanteilen, die absoluten Stückzahlen waren damals noch klein) in der Anfangszeit des Automobils verdrängte der Hubkolbenmotor dieses Konzept fast vollständig. Erst mit dem Aufkommen neuer Batterietypen sahen einige Unternehmen der Autoindustrie wieder eine Chance für die Elektrotraktion und nahmen die Entwicklung wieder auf[1].

Neben ihrer lokalen Emissionsfreiheit liegt der wichtigste Vorteil elektrischer Antriebe darin, daß sie nicht auf eine bestimmte Primärenergie angewiesen sind. Sie beziehen ihre Energie in Form von Strom aus dem Netz und profitieren damit von der nach Energieträgern breit diversifizierten Stromerzeugungsstruktur[2]. Bei einer nichtlokalen Betrachtung müssen sie sich aber die bei der Stromerzeugung entstehenden Emissionen zurechnen lassen.

---

[1] H.-H. Braess, K.-N. Regar, „Electrically Propelled Vehicles at BMW – Experience to Date and Development Trends“, SAE 910245
D. Reister, K.-N. Regar, „Von der Änderung von Serienfahrzeugen zur zielgerichteten Entwicklung -"BMW Konzept für Elektrofahrzeuge“, VDI-Berichte 1020, 1992

[2] Einen Sonderfall stellt das Zink-Luft-Batteriesystem dar. Es handelt sich dabei um eine Primärbatterie, d.h. sie kann nicht wieder aufgeladen werden. Statt dessen muß die Zn-Elektrode aus der Batterie entnommen und in einer speziellen Anlage unter Energieaufwand regeneriert werden (A. Prassek, „Moderne Batteriesysteme auf dem Prüfstand“, 4. Aachener Kolloquium Fahrzeug- und Motorentechnik, 1993).

Die lokale Emissionsfreiheit war der wichtigste Grund für die kalifornische Gesetzgebung, durch die die Entwicklung von Elektrofahrzeugen in den letzten Jahren erheblichen Nachdruck bekam. Das California Air Resource Board (CARB) verlangte, daß die großen Autoanbieter auf dem kalifornischen Markt ab 1998 einen Anteil von 2% ZEV's (Zero Emission Vehicles) an ihren Verkäufen erreichen müssen[3]. Bis zum Jahre 2003 steigt dieser Anteil auf 10% und trifft dann alle Anbieter. Die US-Bundesstaaten Massachusetts und New York haben diese Regelung übernommen[4]. Nach heutigem technischem Wissen sind ZEV's nur als Elektrofahrzeuge realisierbar[5]. Das kalifornische Gesetzeswerk ist weltweit ohne Parallele. Es hat eine enorme Bindung an F&E-Kapazität und -Mitteln zur Folge und stellt einen industriepolitischen Eingriff des Staates von erheblicher Bedeutung dar. Angesichts der enormen technischen Probleme wurden die ursprünglichen Ziele inzwischen durch das CARB wieder aufgeweicht. Bis 2003 sollen ZEV's nun nur auf freiwilliger Basis auf den Markt gebracht werden. Für 2003 wird aber an der 10%-Verpflichtung festgehalten.

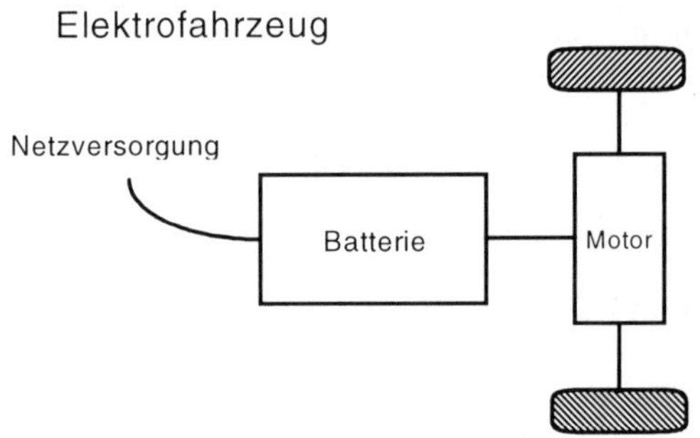

Bild 5.1. Funktionsschema eines Elektroantriebs

In Frankreich wird seit langen Jahren konsequent die Substitution von fossilen Energieträgern durch Kernenergie verfolgt. Dazu wird jetzt auch der Weg einer systematischen Förderung von Elektrofahrzeugen beschritten. So zahlt der Staat jedem Käufer eines Elektroautos eine Prämie von 5.000 Ffr, während der nahezu monopolistische Stromversorger Électricité de France dem Hersteller bzw. Importeur für jedes abgesetzte Fahrzeug 10.000 Ffr beisteuert. Der Preis für einen Renault Clio Electrique liegt bei 25.000 DM (83.200 Ffr), für einen Peugeot 106 bei 23.500 DM und für einen Citroen AX sogar nur bei 18.500 DM. Zu diesen Anschaffungskosten kommen Leasinggebühren für die NiCd-Batterie in Höhe von 800 Ffr (270 DM) pro Monat; der Preis der Batterie läge bei 18.000 DM. Die Energiekosten belaufen sich auf lediglich rund 3 DM pro 100 km. Außerdem dürfen die Elektrofahrzeuge in vielen Städten (u.a. in Paris) kostenlos parken und es braucht für sie keine Fahrzeugsteuer entrichtet wer-

[3] 1998 wären Chrysler, Ford, General Motors, Honda, Mazda, Nissan und Toyota betroffen gewesen. Diese Firmen hätten zunächst ca. 22.000 ZEV's pro Jahr absetzen müssen.

[4] Nach dem Clean Air Act haben die einzelnen US-Bundesstaaten das Recht, entweder die Grenzwerte der Bundesgesetzgebung zu fordern oder die deutlich strengeren, kalifornischen Regelungen als Ganzes zu übernehmen.

[5] Streng genommen handelt es sich also nicht um „Zero Emission“ sondern um „Local Zero Emission“ oder noch besser um „Emission Elsewhere“

den. Mit diesen Maßnahmen sollen 7.000 Elektrofahrzeuge innerhalb von 18 Monaten ihre Käufer finden. Das Programm wurde am 1. Juli 1995 gestartet[6]. Bis zum Juli 1996 wurden jedoch erst 1.400 Elektrofahrzeuge verkauft, davon nur ca. 100 an private Kunden[7]. Offensichtlich reichen also die Vergünstigungen in den Augen der Kunden nicht aus, um sie über die vergleichsweise geringen Fahrleistungen (v_{max} ca. 90 km/h) und die geringe Reichweite von weniger als 80 km hinweg sehen zu lassen. Es bleibt abzuwarten, ob das Programm auf längere Sicht und bei besserer Gewöhnung der Kunden an diese speziellen Produkte erfolgreicher werden wird.

Mit den besten verfügbaren Batterien und Motoren sowie mit einem ausgeklügelten Energiemanagement können reine Elektrofahrzeuge wie der BMW E1 heute Reichweiten von ca. 150 km im FTP-75 Zyklus erreichen[8]. Die häufig genannten, deutlich höheren Reichweiten beziehen sich meist auf Fahrten bei konstanter, niedriger Geschwindigkeit (BMW E1 bei 50 km/h: 220 km) und vernachlässigen die im praktischen Einsatz unvermeidlichen Nebenverbraucher (Heizung, Lüftung, Bordnetz, Instrumentenkombi, Radio,...).

Auch die Möglichkeit, beim Bremsen einen Teil der Bewegungsenergie über den Elektromotor, der auch als Generator betrieben werden kann, zurückzugewinnen, führt im FTP-75 Zyklus nur zu einem Gewinn an Reichweite von ca. 10%. Bei mehr Stop-and-Go können sich auch deutlich höhere Werte ergeben[9]. Für das Laden der Batterie aus dem normalen 230 V Netz werden mehrere Stunden benötigt; mit leistungsfähigeren Anschlüssen und Ladegeräten und bei ausreichender Kühlung der Batterie kann diese Zeit auf ca. 0,5–1 h verkürzt werden. Es gibt außerdem vor allem in Japan Bemühungen, den Innenwiderstand von Blei- und NiCd-Batterien so zu verringern, daß eine 40%-Ladung innerhalb von Minuten möglich wird[10, 11].

Die Achillesferse der Elektrofahrzeuge besteht in der schlechten Speicherbarkeit des Stroms. Alle bisher zur Verfügung stehenden Batterietypen weisen im Vergleich zu Kraftstoffen geringe Leistungs- und Energiedichten auf. Zudem sind sie bisher sehr teuer[12]. Daher werden derzeit vor allem in den USA aber auch in der EU und in Ja-

---

6 Ohne Autorenangabe, „Frankreich zahlt Prämien für Elektroautos", Die Welt, 10.7.1995
H. A., „E-Förderung", Automobil Revue 3/1996 vom 18.1.1996

7 C. Sator, „Trotz Prämie will kaum jemand ein Elektro-Auto", Frankfurter Rundschau, 3.8.1996

8 K. Faust, A. Goubeau, K. Scheuerer, „Das BMW Elektrofahrzeug E1", ATZ 94 (1992) 7/8, S. 358–364
K. Scheuerer, V. Schindler, K. Faust, „Derzeitiger Stand der Entwicklung bei Elektro-PKW's am Beispiel des BMW E1", Elektrizitätswirtschaft 91 (1992) 10, S. 593 -597

9 R. Müller, J. Niklas, K. Scheuerer, „The Braking System Layout of Electric Vehicles – Example BMW E1", SAE 930508
Bei Frontantrieb kann aufgrund der Bremskraftverteilung bis zu 20% der Bremsenergie zurückgewonnen werden. Allerdings haben solche Fahrzeuge gegenüber heckangetriebenen Nachteile bei der Traktion.

10 K. Ledjeff, „Batterien für Elektrofahrzeuge im Vergleich", VDI-Berichte 1020, 1992

11 Im Rahmen des Großversuchs mit Elektrofahrzeugen auf der Insel Rügen erreichte ein Opel Astra Impuls 3 mit NiCd-Batterie durch mehrmaliges Schnelladen eine Fahrstrecke von 400 km in 12 Stunden (Pressemitteilung der Projektleitung anläßlich der IAA 1995).

12 Bleibatterien 300 DM/kWh, Schätzung für Serie mit 50.000 E/a 200 DM/kWh;
NiCd derzeit 1.000 DM/kWh, bei Serie 600 DM/kWh bei im Vergleich zu Bleibatterien deutlich längerer Lebensdauer (Ledjeff, a.a.O.)

pan[13] große Anstrengungen zur beschleunigten Entwicklung von Batterien unternommen. Speziell der Forschungsverbund USABC[14] investiert erhebliche Mittel und hat sich die in Tabelle 5.1 gezeigten Ziele gesetzt.

Tabelle 5.1. Ziele des USABC für die Batterieentwicklung[15]

	kurzfristig	langfristig
Energiedichte	80–100 Wh/kg	200 Wh/kg
Leistungsdichte	150–200 W/kg	400 W/kg
Zyklenfestigkeit	600	1.000
Lebensdauer	5 a	10 a
Kosten	< 220 DM/kWh	150 DM/kWh

Es bleibt abzuwarten, ob die jetzt mit Hochdruck betriebenen Entwicklungen zu attraktiven Lösungen führen werden und sich am Markt durchsetzen können. Schnelle „technische Durchbrüche" sind nicht zu erwarten, weil Batterien leider in vielen ihrer Eigenschaften nicht zeitraffend getestet werden können, wie dies bei anderen Fahrzeugkomponenten übliche Praxis ist. Um ihre wahre Leistungsfähigkeit experimentell nachzuweisen, muß eine größere Anzahl von Batterien einer realistischen Zahl von Lade-Entlade-Zyklen unterworfen werden. Für den Nachweis einer Lebensdauer von z.B. fünf Jahren muß demnach fünf Jahre lang getestet werden. Änderungen an der Batteriekonstruktion, die während dieser Zeit z.B. zur Verbesserung der Fertigungstechnik gemacht werden, können Einfluß auf die Lebensdauer haben und erfordern eigentlich einen neuen Langzeittest. Es ist daher schwer, die für eine Großserie unabdingbare Sicherheit über die Langzeiteigenschaften zu erhalten[16].

Auf der anderen Seite ist die Errichtung einer Produktionsanlage für Stückzahlen im Bereich von 10.000–40.000 Batterien pro Jahr die Voraussetzung für eine wesentliche Senkung der Stückkosten. Eine solche Anlage erfordert aber Investitionen in der Größenordung von 100 Mio. DM. Sie kann daher nur errichtet werden, wenn an der Qualität der Produkte und an ihrer Absetzbarkeit kein Zweifel besteht. Der kalifornische Markt für ZEVs würde – wenn das Gesetz tatsächlich durchgesetzt würde – an-

---

[13] Im Rahmen des vom MITI koordinierten Programms zur Entwicklung von Lithium-Hochenergiebatterien LIBES werden innerhalb von zehn Jahren rund 14 Mrd. Yen aufgewandt (EU-Kommission, SEK(96) 501; Ratsdok. 6022/96).

[14] USABC US Advanced Battery Consortium: Ein 1993 gegründeter Forschungszusammenschluß von General Motors, Ford und Chrysler mit Unterstützung durch die amerikanische Bundesregierung. Es werden innerhalb von vier Jahren Mittel in Höhe von 262 Mio. US $ aufgewandt (EU-Kommission, SEK(96) 501; Ratsdok. 6022/96).

[15] Mit der NaNiCl-Hochtemperatur-Batterie sind erreicht: Energiedichte 100 Wh/kg, Leistungsdichte 150 W/kg, Laufleistung 111.000 km in 3,5 Jahren (Pressemitteilung der Projektleitung des Elektrofahrzeug-Großversuchs auf Rügen anläßlich der IAA 1995).

[16] Dies wird auch von der Batterieindustrie so gesehen (C.-H. Dustmann (AEG Anglo Batteries), „The Current Status of Battery Development: The AEG Perspective", Vortrag anläßlich der Tagung „The Future of the Automobile", Amerika Haus Frankfurt, 28.-29.11.1995).
Die derzeit leistungsfähigste Traktionsbatterie wird von der Firma AEG Anglo American auf einer Pilotlinie mit einer Produktionsrate von einer pro Tag gebaut; es ist also noch eine Verhundertfachung der Produktion erforderlich (Pressemitteilung der Projektleitung des Elektrofahrzeug-Großversuchs auf Rügen anläßlich der IAA 1995).

fänglich bei ca. 20.000 Batterien pro Jahr liegen. Daraus folgt, daß weltweit wahrscheinlich nur eine, allenfalls zwei Produktionsanlagen für Batterien entstehen werden und daher eine Auslese unter den Typen stattfinden muß.

Auf der anderen Seite ist der Aufwand zur Entwicklung von Elektromotoren vergleichsweise klein. Während für einen neuen Verbrennungsmotor einschließlich der Produktionsvorbereitung mehrere hundert Millionen Mark aufgewendet werden müssen, kostet dieser Schritt für einen E-Motor „nur" einige zehn Millionen DM.

Bisher wurden Elektrofahrzeuge fast ausschließlich als Umbauten konventioneller Fahrzeuge realisiert. Für den Zweck der Entwicklung und Erprobung der Antriebskomponenten ist das ausreichend. Das volle Potential dieser speziellen Antriebstechnik kann aber nur mit speziell dafür ausgelegten Fahrzeugen ausgeschöpft werden. Entsprechende Entwicklungen sind z.B. von BMW mit dem E1 in mehreren Entwicklungsstufen und von General Motors mit dem Impact vorgestellt worden. Die Wirtschaftlichkeit solcher Projekte leidet – auch wenn man die Batterietechnik nicht mitbetrachtet – sehr unter der voraussichtlich zunächst nur geringen, absetzbaren Stückzahl. Deshalb wurden für den BMW E1 Techniken verwendet, die im Vergleich zu konventionellen Fahrzeugen nur sehr niedrige Einmalaufwände für Produktionswerkzeuge und Fabrikanlagen erfordern[17]. Trotz aller Anstrengungen der Entwickler war aber eine wirtschaftliche Fertigung bei den erwarteten Stückzahlen nicht realisierbar. Beschlüsse zur Serienproduktion sind daher bisher nicht gefallen bzw. im Fall des GM Impact wieder zurückgenommen worden[18].

Ein Ausweg aus der Kostenklemme wird in der Verwendung von „Plattformen" gesucht. Das sind Fahrzeuge, die konventionell auf den Produktionsanlagen und mit der Technik bestehender Baureihen ohne Antriebskomponenten aber mit den erforderlichen Umbauten an der Karosserie gefertigt und dann separat ausgerüstet und fertiggestellt werden. Die Kunst der Konstrukteure besteht nun darin, diese Fahrzeuge so zu gestalten, daß sie als Elektrofahrzeuge mit völlig neuen Eigenschaften erkannt werden können und für die Kunden attraktiv werden.

Elektrofahrzeuge eignen sich wegen ihrer Emissionsfreiheit, aber noch mehr wegen ihrer Geräuscharmut und ihrer zu Gelassenheit anregenden, dem Stop-and-Go-Verkehr gut angepaßten, gleichmäßigen Leistungsentfaltung mit hoher Anfahrbeschleunigung besonders gut als Stadtfahrzeuge oder besser als Fahrzeuge für die Benutzung in städtischen Agglomerationen und in deren Umfeld. Dort spielt auch die beschränkte Reichweite keine so entscheidende Rolle wie bei Benutzung im ländlichen Bereich oder im Reiseverkehr. Die prinzipbedingten Nutzungseinschränkungen werden Elektrofahrzeuge allerdings ganz überwiegend zu Zweitwagen machen. Nach Lö-

---

[17] V. Schindler, „Zwei Konzepte für kleine Fahrzeuge bei BMW", in H. Appel (Hrsg.) „Stadtauto – Mobilität, Ökologie, Ökonomie, Sicherheit", Vieweg 1995, S. 127–144

[18] GM-Chairman R. B. Smith lt. E. Behrendt, „Das GM-Elektroauto kommt!", Automobil Revue 18/1990 vom 26.4.1990
A. Taylor, „Why Electric Cars Make no Sense", Fortune, 26.6.1993.
1996 wurde von GM bekanntgegeben, daß der auf dem Impact beruhende EV1 in kleiner Serie produziert und von 25 Händlern der Marke Saturn in Kalifornien (Los Angeles, San Diego) und Arizona (Phoenix, Tucson) zu Leasing-Raten vermietet werden soll, die einem Preis von ca. 50.000 DM entsprechen würden. Er soll von einer 500 kg schweren Blei-Batterie versorgt werden (WEVTU, 15.1.1996).

sung der beschriebenen technischen und wirtschaftlichen Probleme werden sie aufgrund ihrer speziellen Produkteigenschaften – kaum jedoch wegen ökologischer Vorteile – einen Markt finden. Er wird allerdings noch auf lange Sicht eng begrenzt bleiben.

Falls alle Abläufe in der Entwicklung ohne Zeitverzüge z.B. durch technologische Probleme durchlaufen werden können, sind Elektrofahrzeuge mit fortgeschrittenen Batterien etwa ab 2000/2001 reif für die Produktion in kleiner Serie[19].

Exkurs

Die Natrium-Nickelchlorid-Batterie

Im geladenen Zustand besteht die Zelle aus einer negativen Natrium-Elektrode in einem Gehäuse aus Stahl, das zugleich den negativen Pol der Zelle darstellt. Die positive Elektrode bildet festes Nickelchlorid und Nickel. Sie wird durch einen Leiter kontaktiert. Zwischen den Elektroden befindet sich ein fester, keramischer Elektrolyt. Um den Kontakt jederzeit sicherzustellen, enthält die Zelle oberhalb der positiven Elektrode etwas geschmolzenes Salz.

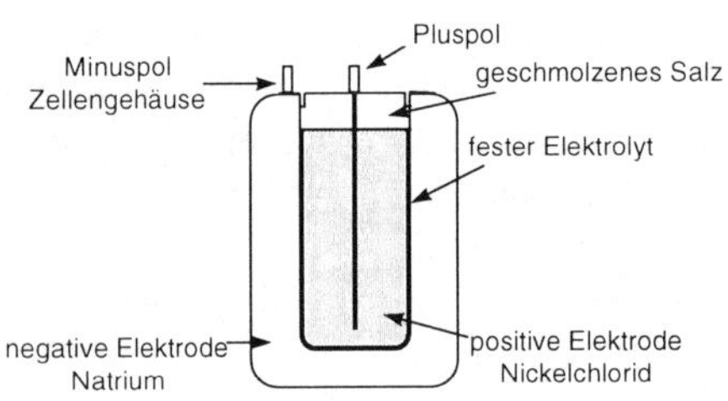

Die Zellreaktionen sind

bei Entladung	$NiCl_2 + 2\,Na$	$\rightarrow$	$2\,NaCl + Ni$
bei Ladung	$2\,NaCl + Ni$	$\rightarrow$	$NiCl_2 + 2\,Na$

Im entladenen Zustand enthält die Zelle also Kochsalz und Nickel. Die Zellspannung beträgt offen 2,58 V bei 300 °C. Zum Erreichen der für Elektrofahrzeuge erforderlichen Betriebsspannung werden einige Dutzend Zellen in Serie geschaltet. Sie werden durch Glimmerplättchen gegeneinander isoliert.

Um die Betriebstemperatur von 270–350 °C ohne zu große Wärmeverluste aufrecht zu erhalten, werden die Zellen in einem thermisch sehr gut isolierten Gehäuse untergebracht, das zugleich einen guten mechanischen Schutz bietet. Bei längeren Standphasen wird die Batterie beheizt; bei hoher Belastung muß überschüssige Wärme durch ein Kühlsystem abgeführt werden.

	Luftkühlung	Ölkühlung
spezifische Energie	88 Wh/kg	90 Wh/kg
spezifische Leistung	77 W/kg	130 W/kg

Es wurde ein gutmütiges Verhalten sowohl bei Fehlbedienungen wie Überladung als auch bei schwersten Unfällen mit Aufbrechen des Gehäuses nachgewiesen.

---

[19] Battery Advisory Panel des CARB, „Performance and Availability of Batteries for Electric Vehicles – Progress Report", Public Workshop on Technological Progress of Zero-Emission Vehicles, Los Angeles, 11.–12.10.1995

5.2 Hybridantriebe

Mit Hybridantrieben wird versucht, die prinzipiellen Nachteile sowohl des ausschließlichen Antriebs mit einem Verbrennungsmotor als auch des reinen Elektroantriebes zu vermeiden und die jeweiligen Vorteile möglichst geschickt miteinander zu kombinieren. Es sind dabei viele verschiedene Zusammenstellungen der Aggregate möglich. Man unterscheidet zwei grundlegende Konzepte:

- Serielle Hybridantriebe
- Parallele Hybridantriebe

5.2.1 Serielle Hybridantriebe

Beim seriellen Hybrid wird das Fahrzeug wie beim reinen Elektrofahrzeug über einen oder mehrere (z.B. einen pro Rad) Elektromotoren angetrieben. Der erforderliche Strom wird von einer Batterie bereitgestellt, die ihrerseits bei Bedarf von einem Generator nachgeladen werden kann, der seinerseits von einem Verbrennungsmotor angetrieben wird. Der Elektromotor in Verbindung mit der Batterie muß so ausgelegt sein, daß er allen Leistungsanforderungen gerecht werden kann, die sich aus dem geforderten Fahrprofil ergeben. Er muß also auch schnelle Drehmomentänderungen und hohe Spitzenbelastungen bei Beschleunigungen erzeugen können. Dagegen muß der Verbrennungsmotor nur im zeitlichen Mittel die Leistung bereitstellen, die aus der Batterie entnommen wird. Die Batterie wirkt wie ein Puffer und koppelt ihn von den transienten Betriebszuständen weitgehend ab. Er kann daher abgas- und verbrauchsorientiert gefahren werden. Zur Vermeidung von Umwandlungsverlusten wird ein möglichst großer Teil der elektrischen Leistung direkt, d.h. ohne Zwischenschaltung der Batterie, vom Generator zum Fuhrmotor geleitet.

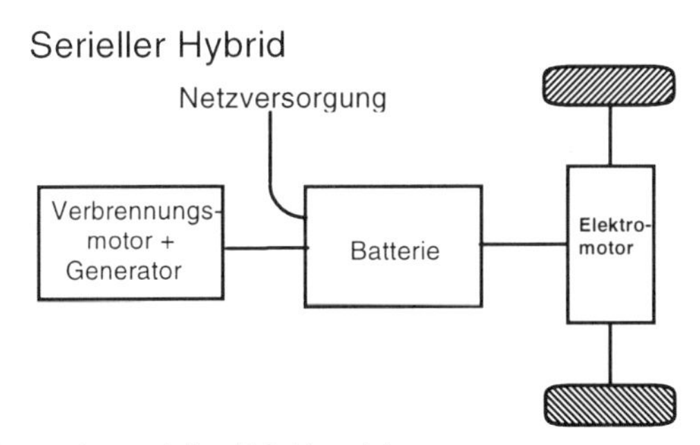

Bild 5.2. Funktionsschema eines seriellen Hybridantriebs

Das Konzept des seriellen Hybrids kann in mehrere Richtungen optimiert werden. Eine Variante ist im Grunde ein Elektrofahrzeug, dessen Reichweite lediglich durch einen Verbrennungsmotor z.B. für Überlandfahrten gesteigert wird (range extender). Die Batterie ist groß ausgelegt, um für den Betrieb in sensitiven Zonen eine ausreichende emissionsfreie Reichweite zu gewährleisten. Der Verbrennungsmotor wird i.w. zwischen den Zuständen „aus" und „ein" hin- und hergeschaltet; Leerlauf oder schwache Lasten treten bei ihm ebensowenig auf wie schnelle Übergänge zwischen unterschiedlichen Leistungsanforderungen. Er kann daher leichter auf geringen Verbrauch und minimale Emissionen optimiert werden als der Motor in einem konventionellen Antrieb, der im gesamten Leistungsspektrum vom Leerlauf bis zu den höchsten Lasten und Drehzahlen arbeiten muß. Seine Leistung ist so bemessen, daß eine Überlandfahrt mit einer Geschwindigkeit von ca. 130 km/h möglich ist; dafür ist eine Leistung von 15–20 kW erforderlich.

Eine andere Auslegungphilosophie für serielle Hybridantriebe geht davon aus, daß normalerweise der Verbrennungsmotor über den Generator die Grundlast der Betriebsenergie deckt. Der Elektromotor hat aber eine höhere maximale Leistung als der Generator. Die Batterie dient als Quelle und – beim regenerativen Bremsen (siehe Kapitel 5.1 „Elektrofahrzeuge") – als Senke für kurzzeitige Spitzenleistungen zusätzlich zur Leistung, die der Verbrennungsmotor bereitstellt. Sie muß daher nur eine relativ geringe Energiemenge speichern, soll aber sehr hohe Leistungen abgeben und aufnehmen können. Die emissionsfreie, rein elektrische Reichweite solcher Fahrzeuge ist meist gering (deutlich unter 50 km). Für solche Anwendungen werden anstelle von Batterien auch Schwungradspeicher[20] und Kondensatorbänke mit extrem großen Kapazitäten untersucht (super capacitors).

Auch Fahrzeugkonzepte ganz ohne Speicher für elektrische Energie sind untersucht worden; die elektrischen Maschinen stellen in diesem Fall eine Art Getriebe (Kennungswandler) dar[21]. Sie bieten vor allem die Chance, die Aggregate im Auto viel freier anzuordnen und auf elektronischem Wege anzusteuern. Dadurch werden ganz neue Optimierungsspielräume geschaffen.

Bei eingehenden Untersuchungen hat sich gezeigt, daß mit seriellen Hybridantrieben eine erhebliche Absenkung der Emissionen bis deutlich unter das kalifornische ULEV-Niveau möglich ist. Zudem bieten sie die Möglichkeit, wie Elektrofahrzeuge zeitweilig emissionslos zu fahren. Wesentliche Vorteile beim Verbrauch konnten bisher nicht nachgewiesen werden. Die theoretischen Vorteile des besseren Energiemanagements werden in der Praxis durch die Verluste beim vielfachen Wandeln der Energie in der Kette mechanisch – elektrisch – Speicherung – elektrisch – mechanisch und durch das höhere Fahrzeuggewicht mehr als aufgewogen. Ein wichtiger Nachteil muß in der relativ großen Komplexität des Systems und den sich daraus ergebenden hohen Kosten gesehen werden. Das Fahrverhalten und insbesondere die Geräuschkulisse sind infolge des nicht vorhersehbaren Zu- und Abschaltens des Verbrennungsmotors gewöhnungsbedürftig.

Serielle Hybride bieten auch die Möglichkeit, Gasturbinen im Kfz einzusetzen, die als Direktantriebe nur als sehr aufwendige Zwei- oder Dreiwellenkonstruktionen in

---

[20] Ein Bus mit seriellem Hybridantrieb wird beschrieben in R. Zelinka (MAN), P. Erhart, „Stadtomnibus mit dieselelektrischem Antrieb und Schwungradspeicher", 4. Aachener Kolloquium Fahrzeug- und Motorentechnik, 1993.
Ein Konzeptfahrzeug für einen 15 t-Lkw mit einer Gasturbine (110 kW) und einem E-Motor (142 kW) mit einer NiMH-Batterie von 72 kWh hat Volvo vorgestellt (Automobil Revue 37/1995 vom 7.9.1995).

[21] G. Wulff, G. Reusing, S. Schiebold, D. Bauch (Fichtel & Sachs), „Integration von elektrischen und mechanischen Antriebskomponenten", 4. Aachener Kolloquium Fahrzeug- und Motorentechnik, 1993

Frage kommen[22]. Auch Stirlingmotoren können verwendet werden. In beiden Fällen können Mängel in den dynamischen Eigenschaften der Kraftmaschinen durch das Zusammenspiel mit dem elektrischen System ausgeglichen werden. Zudem läßt die kontinuierliche Verbrennung besonders günstige Emissionen erwarten. Sogar die Erreichung des kalifornischen Equivalent Zero Emission Standards (EZEV) scheint mit katalytischen Brennern und sauberen Brennstoffen erreichbar.

In jüngster Zeit wird von einigen Autoren der serielle Hybridantrieb als Antrieb eines „Hypercar" propagiert. Mit Hilfe einer Ultra-Leichtbautechnik (400 kg), eines extrem geringen Luftwiderstands ($c_x < 0{,}15$) und durch Bremsenergierückgewinnung soll ein 4–5-Sitzer einen Verbrauchszielwert von 1,5 l/100 km noch unterschreiten[23]. Bei genauerer Betrachtung erweist sich der Grundgedanke als korrekt: Leichtbau ermöglicht eine Reduktion der Antriebsleistung und damit erneut Leichtbau. Für die von den Vertretern der Hypercar-Idee vorgelegten Verbrauchsangaben werden jedoch alle Basisdaten extrem optimistisch abgeschätzt. Eine Realisierung dieser Technik dürfte mit den heutigen technischen Möglichkeiten selbst bei einem handgefertigten, einzelnen Versuchsmuster sehr schwierig sein, für das Kosten keine Rolle spielen; eine Umsetzung in eine große Serie ist noch auf lange Zeit auszuschließen.

5.2.2 Parallele Hybridantriebe

In parallelen Hybridantrieben werden der Verbrennungsmotor und eine elektrische Maschine über ein – vorzugsweise stufenloses – Getriebe parallel geschaltet[24]. Die elektrische Maschine kann sowohl als Motor als auch als Generator betrieben werden. Die Betriebsstrategie kann nun so optimiert werden, daß der Verbrennungsmotor immer in einem verbrauchs- oder emissionsgünstigen Bereich gehalten wird. Die dabei jeweils zuviel oder zuwenig erzeugte mechanische Energie wird durch die elektrische Maschine abgenommen und in der Batterie gespeichert oder aus ihr entnommen und ins Getriebe eingespeist. Für ein hohes Beschleunigungsvermögen steht die Summe der Leistung aus beiden Maschinen zur Verfügung. Der Verbrennungsmotor kann daher kleiner als bei einem konventionellen Antrieb ausgelegt werden. Seine spezifische Belastung ist entsprechend höher, er arbeitet auch dadurch sparsamer. Allerdings können auf diese Weise keine hohen Dauerleistungen realisiert werden, weil dafür die Batterie nicht ausgelegt werden kann. Die Dauerhöchstgeschwindigkeit ist damit auf

[22] L. Svantesson, „A Comprehensive Environmental Concept for Future Family Cars", Proceedings of the Int. Conf. on Hybrid Drive Trains for Automobiles, 1993 (Beschreibung des Volvo ECC Konzeptfahrzeugs)

[23] E. U. von Weizäcker, A. B. Lovins, L. H. Lovins, „Faktor vier: Doppelter Wohlstand – halbierter Naturverbrauch. Der neue Bericht an den Club of Rome", Droemer Knaur, München, 1995, ISBN 3-426-26877-9

[24] Das ist die Zweiwellenlösung. Es ist auch die Variante des Parallel-Hybrid mit einer Welle, aber Kupplungen zwischen Verbrennungmotor und elektrischer Maschine und zwischen elektrischer Maschine und Radantrieb bzw. Getriebe möglich.
Eine sehr einfache Variante ist der Antrieb einer Achse mit dem Verbrennungsmotor und der anderen mit dem Elektromotor (Audi Duo). Dieses Konzept ist eher eine Addition als eine Synthese beider Antriebe.

das durch die Leistung des Verbrennungsmotors gegebene Maß beschränkt (z.B. 130 km/h). Über die elektrische Maschine ist regeneratives Bremsen möglich. Mit dieser Technik ist es nach Modellrechnungen möglich, im Vergleich zu einem konventionellen Fahrzeug gleicher Größe ohne Einbußen an Beschleunigungsvermögen und Agilität Kraftstoffeinsparungen von bis zu 10% zu realisieren. Sowohl die Batterie als auch die elektrische Maschine können nur einen Teil der Gesamtleistung dekken. Ein rein elektrischer Betrieb ist daher zwar möglich, aber nur mit wesentlich verringerten Fahrleistungen. Die emissionsfreie Reichweite liegt bei ca. 30 km[25].

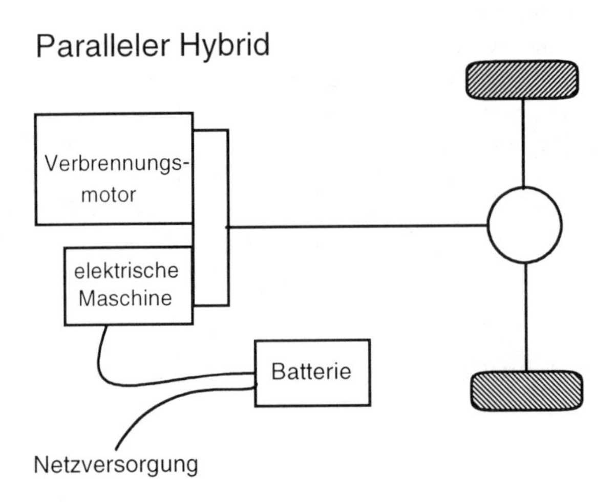

Bild 5.3. Funktionsschema eines parallelen Hybridantriebs

Parallele Hybridantriebe sind regelungstechnisch eher noch schwieriger zu handhaben als serielle Hybride. Das akustische Verhalten ist durch das nicht ohne weiteres vorhersehbare Ein- und Ausschalten des Verbrennungsmotors gewöhnungsbedürftig. Es zeigt sich auch hier, daß die Batterietechnik den wesentlichen technischen Engpaß darstellt. Die erfoderliche spezifische Leistung ist etwa doppelt so hoch wie beim reinen Elektroantrieb. Die hohen Lade- und Entladeleistungen werden von den heute verfügbaren Batteriesystemen (Pb/PbS, NiCd) noch nicht dauerhaft verkraftet. Deutliche Verbesserungen erwartet man sich von den neuen Nickel-Metallhydrid- Batterien.

Alle Hybridkonzepte mit Speicher für elektrische Energie bieten die Chance, den Bedarf an Kraftstoffen auch durch Nutzung von Strom aus dem Netz zu senken. Wegen der kleineren Batterien sind ihre Möglichkeiten dazu aber geringer als die von reinen Elektrofahrzeugen. Hybridkonzepte kann man sich auf der Basis aller im folgenden dargestellten Kraftstoffe vorstellen (siehe Kapitel 6).

---

[25] Ein ausgeführter Parallelhybrid wird beschrieben in W. Buschhaus, U. Eggert, „Das Konzept des leistungsorientierten FORD-Hybridantriebs", 4. Aachener Kolloquium Fahrzeug- und Motorentechnik, 1993

5.3 Brennstoffzellen

Brennstoffzellen setzen die chemisch gebundene Energie (Bildungsenthalpie) von Brennstoffen auf direktem, elektrochemischem Weg in elektrische Energie um. Oxidation und Reduktion sind dabei örtlich getrennt. Brennstoffzellen sind keine thermischen Maschinen; die Beschränkung des Wirkungsgrades durch der Carnot-Prozeß gilt für sie nicht. Theoretisch kann man von ihnen daher die maximal mögliche Ausnutzung der in den verwendeten Kraftstoffen gespeicherten Energie erwarten[26].

Ihre erste wichtige Anwendung haben Brennstoffzellen seit 1963 in den amerikanischen Gemini- und Apollo-Raumfahrtprojekten gefunden. Außerdem gibt es militärische Nutzungen z.B. in U-Booten. Über Prototypen von Brennstoffzellen-Kleinkraftwerken ist bereits mehrfach berichtet worden. Bereits 1965 stellte General Motors auch ein Fahrzeug mit Wasserstoff-Brennstoffzelle vor („Electrovan"). Bisher leiden jedoch alle Systeme unter den sehr hohen Anlagekosten, die u.a. durch die Verwendung von Edelmetallen für die Anoden und Kathoden bedingt sind[27].

Derzeit werden vor allem vier verschiedene Brennstoffzellen-Systeme entwickelt:

- Die phosphorsaure Brennstoffzelle (PAFC) mit hochkonzentrierter Phosphorsäure als Elektrolyt mit einer Betriebstemperatur von bis zu 200 °C;
- Die Polymermembran Brennstoffzelle (PEMFC) mit ionenleitenden Kunststoffmembranen mit einer Arbeitstemperatur bis 100 °C.
- Die MCFC-Brennstoffzelle mit geschmolzenen Karbonaten als Elektrolyt.
- Die SOFC-Brennstoffzelle mit einem ionenleitenden festen Elektrolyten aus Zirkondioxid.

Die Wirkungsgrade der heutigen Brennstoffzellen liegen ohne Berücksichtigung der betriebsnotwendigen Nebenverbraucher wie Lüfter, Pumpen usw. zwischen 40% für Niedertemperatur-Syteme und 60% für Hochtemperatur-Zellen. Für die Anwendung im Kfz kommt nur die PEMFC und allenfalls die PAFC in Betracht; bei den anderen Typen ist die Arbeitstemperatur zu hoch.

Als Brennstoff zur Umsetzung an den Elektroden kommen derzeit nur Wasserstoff und Sauerstoff in Frage. Nur für die Hochtemperatur-Zellen wird die Chance gesehen, auch Methanol oder Erdgas direkt nutzen zu können.

---

[26] Eine knappe Übersicht über den Stand der Technik gibt die Artikelserie in Spektrum der Wissenschaft, Juli 1995:
W. Gajewski, „Die Brennstoffzelle – ein wiederentdecktes Prinzip der Stromerzeugung", S. 88–92
K.-D. Kreuer, J. Maier, „Physikalisch-chemische Aspekte von Festelektrolyt-Brennstoffzellen", S. 92–97
U. Benz, M. Reindl, W. Tillmetz, „Brennstoffzellen mit Polymermembranen für mobile Anwendungen", S. 97–104
D. Bevers, K. Bolwin, E. Gülzow, „Optimierung von Gasdiffusionselektroden", S. 105–107
W. Winkler, „Konzepte für Kraftwerke mit oxidkeramischen Brennstoffzellen", S. 107–109

[27] A. Lezuo (Siemens), H. Knappstein (Tyssengas), U. Langnickel (GEW), H. Nymoen (Ruhrgas), „Brennstoffzelleneinsatz im Mehr-MW-Heizkraftwerk", Energiewirtschaftliche Tagesfragen 45 (1995) 9, S. 585–590 berichten über eine Machbarkeitsstudie für ein 1,5 MW Kraftwerk. Die grundsätzliche Realisierbarkeit scheint geklärt, die wirtschaftliche Umsetzung einer PAFC-Anlage erfordert noch 5-10 Jahre Entwicklungszeit.

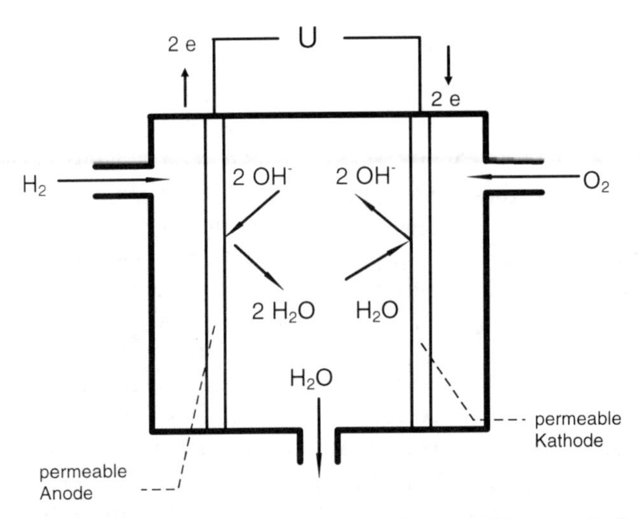

Bild 5.4. Funktionsschema einer Wasserstoff-Sauerstoff-Brennstoffzelle mit wässriger Kalilauge als Elektrolyt (AFC Alkaline Fuel Cell, nach[28])

Einfacher zu betreiben als Wasserstoff-Sauerstoff-Brennstoffzellen wären Anlagen mit Luft als Oxidationsmittel und einem Kohlenwasserstoff als Reduktionsmittel. So wird z.B. der Ansatz verfolgt, Methanol als Energieträger zu verwenden, diesen aber im Fahrzeug katalytisch zu reformieren, um Wasserstoff zu gewinnen. Das kann durch die Reaktion

$$CH_3OH + H_2O \rightarrow CO_2 + 3\ H_2$$

erreicht werden. Diese Reaktion ist endotherm; die notwendige Wärme wird durch katalytisches Verbrennen eines Teils des Wasserstoffs bereitgestellt[29]. Da ein Reformer erhebliche Platzbedarf hat, ist eine Unterbringung im Fahrzeug schwierig. Es ist daher noch weniger als bei der Brennstoffzelle alleine abzusehen, ob sich diese Technik durchsetzen kann.

Brennstoffzellen können bisher nur bedingt transient, d.h. mit schnell wechselnden Lasten, betrieben werden. Außerdem sind sie bezogen auf ihre maximale Leistung teuer. Daher werden Kombinationen mit Batterien bzw. Schwungradspeichern untersucht, in denen die Brennstoffzelle relativ klein ausgelegt werden kann. Es ergeben sich ganz ähnliche Kombinationsmöglichkeiten wie bei den Hybridfahrzeugen (siehe oben Kapitel 5.2 „Hybridantriebe“).

Fahrzeuge mit Brennstoffzellen-Antrieb mit dem Brennstoff Wasserstoff werden in Kalifornien als ZEV eingestuft. Mit Kohlenwasserstoffen und Reformer werden sie wahrscheinlich die ULEV-Grenzwerte unterschreiten und gleichzeitig deutliche Verbrauchsverbesserungen gegenüber heutigen Antrieben erzielen. Allerdings sind in bei-

---

[28] J. Fricke, W. L. Borst, „Energie – Ein Lehrbuch der physikalischen Grundlagen“, 2. Auflage, Oldenbourg-Verlag 1984

[29] B. Ganser, B. Höhlein, C. B. von der Decken, „Das Umweltpotential von Methanol für Brennstoffzellen in Fahrzeugantrieben“, VDI-Berichte 1020, 1992

den Fällen noch eine ganze Reihe technischer Probleme zu lösen. Die wichtigsten davon sind:

- Sicherstellung der Betriebssicherheit nicht nur unter Laborbedingungen, sondern im Feld
- Verringerung von Größe und Gewicht auf für Kfz vertretbare Dimensionen
- Reduzierung der Kosten
- Verbesserung der Toleranz gegen Verunreinigungen im Kraftstoff und in der angesaugten Luft.
- Im Falle der Brennstoffzelle mit Reformer müssen die erwarteten Verbrauchs- und Emissionswerte noch praktisch nachgewiesen werden.

Bis vor kurzem benötigten Versuchfahrzeuge noch den Laderaum eines Kleintransporters, um eine Brennstoffzelle mit 30 kW Dauerleistung unterzubringen[30]. Mittlerweile wurde von Daimler-Benz mit dem NECAR II ein Prototyp mit erheblich verringertem Platzbedarf vorgestellt. Es gelang, die Leistungsdichte der Brennstoffzelle von 21 kg/kW im vorherigen Versuchsfahrzeug auf 6 kg/kW zu verbessern[31]. Die Entwickler gaben aber dennoch noch kürzlich einen Zeitraum von ca. 15 Jahren an, in dem sie das Volumen um den Faktor vier bis fünf verkleinern und das Gewicht von 800 kg auf 200 kg reduzieren wollen[32].

Die Problematik der Dauererprobung teilen die Brennstoffzellen mit den Batterien. Es ist zu vermuten, daß sie trotz ihrer interessanten Möglichkeiten noch eine lange Entwicklungszeit benötigen, bis sie serienmäßig in Kfz eingesetzt werden können. Ihre Einführung wird vermutlich mit stationären Anlagen beginnen, dann zu Lokomotiven oder Triebwagen übergehen und erst danach die Straßenfahrzeuge erreichen.

„Ich glaube, daß eines Tages Wasserstoff und Sauerstoff, aus denen sich Wasser zusammensetzt, allein oder zusammen verwendet eine unerschöpfliche Quelle von Wärme und Licht bilden werden ...“

JULES VERNE, „Die geheimnisvolle Insel“, 1874

5.4 Wasserstoff

Wasserstoffmotoren sind heute die einzigen Verbrennungsmotoren, in deren Abgas weder CO_2 noch CO noch unverbrannte Kohlenwasserstoffe (außer geringste Mengen aus dem Schmieröl) vorkommen. Zudem entstehen nur ganz geringe Mengen an NO_x. Das Unterschreiten der strengsten Abgasgrenzwerte ist möglich. Auch die kalifornischen Equivalent Zero Emissions Standards (EZEV) können erreicht werden.

---

[30] T. Klaiber, K. E. Noreikat (Daimler Benz), „Brennstoffzelle, der alternative Fahrzeugantrieb?“, Stuttgarter Symposium Kraftfahrwesen und Verbrennungsmotoren, 20.–22.2.1995, Band 1: Motoren, S. M 3.1–M3.15

[31] D. Zoia, „Fuel cells taking big leap to smaller size at MB“, WETVU, 1.6.1996

[32] T. Klaiber (Daimler Benz) nach Automobil Revue 31/1995 vom 27.7.1995.
Die Fa. Ballard Power Systems, Vancouver, berichtet, sie habe mit einer PEM-Brennstoffzelle eine Leistungsdichte von 1.000 W/l erreicht (Electric Vehicle Online Today vom 6.10.1995).

Wasserstoff kann aus allen Primärenergien erzeugt werden. Besonders die Vorstellung, nicht-fossile, solare oder nukleare Energien dafür zu nutzen, bietet die Perspektive zu einer weitgehend umweltneutralen Fahrzeugtechnik.

Aus diesen Gründen untersucht eine Reihe von Automobilherstellern die Verwendung von Wasserstoff als Kraftstoff. BMW hat sich auf diesem Gebiet seit Jahren besonders engagiert und bereits vier Generationen von Wasserstoff-Versuchsfahrzeugen auf der Basis der jeweils aktuellen Modelle der laufenden Baureihen aufgebaut und eingehend erprobt[33]. Dazu wird auch der weltweit einzige Prüfstand genutzt, der speziell für den Betrieb mit flüssigem Wasserstoff eingerichtet wurde. Mercedes Benz hat ebenfalls Nutzfahrzeuge und Pkw mit Wasserstoff-Hubkolbenmotoren entwickelt und u.a. im Rahmen eines von der Bundesregierung geförderten, großen Projektes erprobt. Auch MAN hat einen Bus mit Wasserstoffantrieb gebaut und erprobt. Seit 1991 stellte Mazda mehrere Prototypen mit Wasserstoff-Wankelmotor und Hydridspeicher vor[34].

Wasserstoff ist in einem sehr weiten Bereich für das Mischungsverhältnis ($1 \leq \lambda \leq 7$) im Motor zündfähig[35]. Das bietet die Möglichkeit einer Qualitätsregelung wie beim Dieselmotor. Bei magerem Betrieb können sehr niedrige NO_x-Emissionen auch ohne Abgasnachbehandlung erzielt werden. Ein Nachteil dieser Auslegung ist aber die relativ geringe spezifische Leistung, die nur etwa auf dem Niveau von Saug-Dieseln liegt. Im Vergleich zu einem Benzinmotor erfordert gleiche Leistung daher einen größeren Hubraum oder der Motor muß aufgeladen werden[36].

Tabelle 5.2. Emissionen eines Wasserstoff-Ottomotors für einen Bus im Vergleich zu den zulässigen Emissionen nach den geplanten EURO-III für Busse im 13-Stufen-Test[37]

in g/kWh	EURO-III Grenzwerte	Wasserstoffmotor MAN H2866UH gemessene Werte	Erdgasmotor MAN gemessene Werte
Kohlenwasserstoffe	0,6	0,04	0,2
Kohlenmonoxid	2,0	0,00	1,0
Stickstoffoxide	5,0	0,4	1,0

[33] K.-N. Regar, C. Fickel, K. Pehr, „Der neue BMW 735i mit Wasserstoffantrieb", VDI-Berichte 725, 1989
K.-N. Regar, W. Strobl, R. Heuser, „Pkw-Antriebe mit Elektro- und Wasserstoffspeicher (Stand der Entwicklungen und Perspektiven)", 2. Aachener Kolloquium Fahrzeug- und Motorentechnik, 1989

[34] Automobil Revue 46/1995 vom 9.11.1995
T. Teramoto, Y. Takamori, K. Morimoto, „Hydrogen Fuelled Rotary Engine", XXIV. FISITA Congress, London, 7.–11.6.1992, IMechE C389/233, 925011
Bereits früher wurden Arbeiten zu dem Thema bei der FEV durchgeführt: H. Stutzenberger, V. Boestfleisch, R. v. Basshuysen, F. Pischinger, „Die Eignung des Kreiskolbenmotors für den Betrieb mit Wasserstoff", MTZ 44 (1983) 12, S. 499–504

[35] F. Schäfer, R. van Basshuysen, „Schadstoffreduzierung und Kraftstoffverbrauch von Pkw-Verbrennungsmotoren", Springer, 1993, ISBN 3-211-82485-5

[36] W. Strobl, E. Heck (BMW), „Wasserstoffantrieb und mögliche Zwischenschritte", VDI-Tagung „Wasserstoffenergietechnik IV", 17./18.10.1995

[37] R. Rupprecht (MAN), „Entwicklungen im Busbereich – Aspekte des Umweltschutzes und der Wirtschaftlichkeit", Jahrestagung des Verbandes Deutscher Verkehrsunternehmen '95, ISBN 3-87094-743-8

Die Gemischbildung erfolgt bei den bisher intensiv untersuchten Motorkonzepten im Saugrohr. Die innere Gemischbildung, bei der kryogener, d.h. tiefkalter Wasserstoff eingespritzt wird, bietet interessante Potentiale, ist aber technisch deutlich schwieriger[38] und noch nicht sehr weit entwickelt.

Als Druckgas kann Wasserstoff nicht effizient gespeichert werden. Sogar bei einem Druck von 200 bar erreicht der Anteil des gespeicherten Gases nur etwa 1% des Speichergewichtes. Dennoch werden Druckspeicher vor allem für Busse untersucht[39].

Ähnliche Verhältnisse sprechen auch gegen die in Deutschland intensiv untersuchte Speicherung in $FeTiH_2$-Verbindungen. Dabei wird ausgenutzt, daß gewisse Legierungen bei Kontakt mit Wasserstoff ein Hydrid bilden und damit Wasserstoff in fester Form binden können. Bezogen auf das Gesamtgewicht des Speichers kann etwa 1 Gew.-% Wasserstoff gespeichert werden, allerdings ist die Sicherheit gegenüber Druckgas deutlich verbessert. Die Möglichkeit eines sicheren Betriebs von Fahrzeugen wurde in umfangreichen Feldtests nachgewiesen[40].

Die Speicherung durch Hydrierung von Toluol zu Methylcyklohexan (MCH) und Dehydrierung zur Freisetzung des Wasserstoffs vor Gebrauch im Fahrzeug ist ebenfalls untersucht worden[41]. In Japan wird die Verwendung der Stoffpaarung Cyklo-Hexan / Benzol für denselben Zweck verfolgt[42]. Diese Technik wurde in Laborversuchen und einzelnen Fahrzeugen demonstriert. Auch für solche Verfahren sind die Voraussetzungen für mobile Anwendungen aufgrund der hohen Massen der Trägermaterialien und der Dehydrierungsanlage ungünstig. Dennoch sind ganze Energieszenarien um diese Idee herum aufgebaut worden. Sie haben u.a. eine saisonale Speicherung von solarem oder mit Wasserkraft erzeugtem Wasserstoff zum Inhalt. Im Rahmen des Eureka-Projektes HYPASSE – Hydrogen Powered Applications Using Seasonal and Weekly Surplus Electricity – ist dieser Gedanke kürzlich neu aufgegriffen worden[43].

---

[38] W. Strobl, W. Peschka, „Liquid Hydrogen as a Fuel of the Future for Individual Transport", Proc. 6th World Hydrogen Conference, Wien, 1986
W. Strobl, W. Peschka, „Forschungsfahrzeuge mit Flüssigwasserstofftechnik", VDI-Berichte 602, 1987
D. Reister, W. Strobl (BMW), „Entwicklungsstand und Perspektiven des Wasserstoffautos", VDI-Berichte 912, 1992

[39] J. Ziegler, M. Krämer (Daimler Benz), „Wasserstoffprojekt HYPASSE", Stuttgarter Symposium Kraftfahrwesen und Verbrennungsmotoren, 20.–22.2.1995, Band 1: Motoren, S. M 4.1–M 4.10

[40] O. Bernauer, „Metallhydridtechnik", VDI-Berichte 602, 1987
K. Feucht, R. Povel, W. Gelse (Mercedes Benz), „Wasserstoffantrieb für Kraftfahrzeuge", VDI-Berichte 602, 1987
TÜV Rheinland e.V. (Hrsg.), „Alternative Energien für den Straßenverkehr – Wasserstoffantrieb in der Erprobung", Abschlußdokumentation des Projektbereiches „Wasserstofftechnologie", Verlag TÜV Rheinland, 1989

[41] H.-U. Huss, „Indirekte Nutzung von Elektrizität im Verkehr mittels Wasserstoff", VDI-Berichte 725, 1989

[42] Japan Industrial Journal, 16.6.1994

[43] N. F. Grünenfelder, T. Schucan (PSI), „Seasonal Storage of Hydrogen in Liquid Organic Hydrides: Description of the Second Prototype Vehicle", Int. J. Hydrogen Energy 14 (1989) 8, S. 579–586
S. Stucki, T. Schucan (PSI), „Speicherung und Transport von Wasserstoff in Form organischer Verbindungen", VDI Berichte 1129, 1994, S. 175–194

Ein viel besseres Verhältnis von gespeicherter Menge zu Systemgewicht und -volumen als mit allen bisher diskutierten Möglichkeiten kann mit flüssigem Wasserstoff erreicht werden. In dieser Form kann Wasserstoff in zylindrischen, doppelwandigen, Vakuum-superisolierten Tanks bei einer Temperatur von 20 K (–253 °C) gespeichert werden. Trotz der Isolation dringt in geringem Umfang Wärme in den Tank ein und führt zur Verdampfung von Wasserstoff. Nach drei Tagen Stillstand wird der maximale Tanküberdruck von 5 bar erreicht und Wasserstoff muß abgeblasen werden; diese Verluste belaufen sich auf weniger als 2% pro Tag[44]. Sie treten überhaupt nicht auf, wenn das Fahrzeug regelmäßig betrieben und dabei der verdampfte Wasserstoff im Motor genutzt wird. Zukünftige Weiterentwicklungen richten sich auch darauf, die Form des Tanks flexibler zu halten, um eine effizientere Unterbringung im Fahrzeug ähnlich wie bei Benzintanks zu ermöglichen[45].

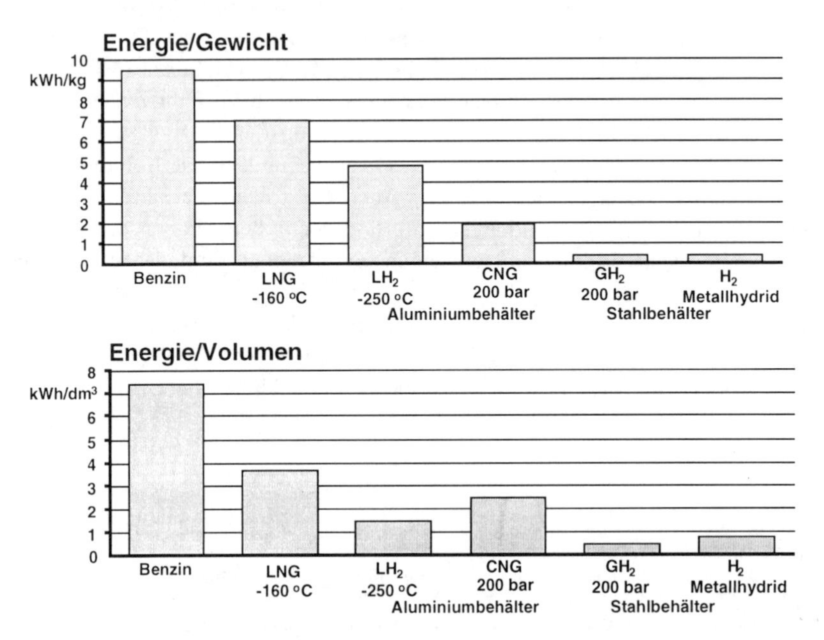

Bild 5.5. Speicherdichte bezogen auf Masse bzw. Volumen für unterschiedliche Wasserstoff-Speichertechniken im Vergleich zu komprimiertem Erdgas (CNG), verflüssigtem Erdgas (LNG) und Benzin

Verluste von Wasserstoff durch Lecks müssen sorgfältig vermieden werden. Angesichts der enormen Diffusionsfähigkeit dieses kleinsten aller Moleküle muß absolute Dichtigkeit erreicht werden. Die Zahl der Verbindungen in Leitungen usw. muß daher so klein wie möglich gehalten werden. Etwa doch entweichendes Gas darf sich im Auto nicht ansammeln können, um der Bildung von explosionsfähigen Gasnestern vorzubeugen. Die Tanks werden systematisch auch in extremen Szenarien auf ihre Si-

[44] Bei großen Lagertanks liegen die Verluste nur bei ca. 0,3 Vol-%/d. (M. Wanner, H. Gutowski, „Anlagen zur Wasserstoffverflüssigung und deren Komponenten", VDI-Berichte 725, 1989)

[45] W. Strobl, E. Heck, siehe Fußnote 36

cherheitseigenschaften hin untersucht und optimiert. Es wurde nachgewiesen, daß alle Sicherheitsanforderungen erfüllt werden können[46].

Der Tankvorgang muß automatisiert ablaufen, da eine außerordentlich gut wärmeisolierte Verbindung zwischen Tanksäule und Fahrzeugtank geschaffen, verdampfender Wasserstoff abgesaugt und das Eindringen von Sauerstoff zuverlässig vermieden werden muß. Noch komplizierter wird der Tankvorgang, wenn der Tank sich nicht auf Betriebstemperatur befindet, sondern zunächst abgekühlt werden muß[47]. Daher werden wahrscheinlich Tankroboter eingesetzt werden müssen. Entsprechende Vorarbeiten sind seit Jahren in Zusammenarbeit von BMW mit Mineralöl- und Roboterfirmen im Gange[48].

Tabelle 5.3. Kenngrößen unterschiedlicher Speichersysteme für Wasserstoff [49]

Speicherkonzept	Speicherkapazität				Bemerkungen
	g H_2/kg	MJ/kg	g H_2/l	MJ/l	
Druckgas					
Stahlflasche	14	1,68	14	1,68	200 bar
Al-GFK-Behälter	24	2,88	14	1,68	200 bar, mit Glasfasern bewickelte Al-Flasche
Al-Aramid-Behälter	29	3,45	20,8	2,88	300 bar, mit Aramid bewickelte Al-Flasche
Verbundbehälter	82	9,84	14	1,68	200 bar, mit Kevlar bewickelter Kugelbehälter mit Stahl-Liner
Hydrid-Speicherung					
Fe-Ti-Hydrid	12	1,44	24	2,88	Rohrbündel, 50 bar
Mg-Hydrid	27	3,24	24	2,88	
Flüssig-Speicherung	166	19,92	27	3,24	superisolierte Behälter, 2 bar Überdruck

Wasserstoff ist ungiftig und geruchlos. Flüssiger Wasserstoff wird vor allem in der Raumfahrt in Kombination mit flüssigem Sauerstoff als hochenergetischer Brennstoff für Raketen in großen Mengen routinemäßig gehandhabt. Im Freien brennt er durch Deflagration rasch und ohne wesentlichen Druckaufbau ab. Es können sich keine flächenhaft brennenden Herde bilden. In geschlossenen Räumen kommt es dagegen zur

[46] K. Pehr (BMW), „Aspects of Safety and Acceptance of LH2 Tank Systems in Passenger Vehicles", 10th World Hydrogen Energy Conference, 20.–24.6.1994, Cocoa Beach
K. Pehr (BMW), „Experimentelle Untersuchungen zum Worst-Case-Verhalten von LH2-Tanksystemen", VDI-Berichte 1201, 1995

[47] A. Szyszka, J. Tachtler, „Flüssiger Wasserstoff fürs Automobil", Energie 44 (1992) 12, S. 32–41

[48] R. Henke, „Der stählerne Tankwart", Bericht über Serviceroboter, Bild der Wissenschaft, 6/1995
Bericht in Die Welt, 7.9.1995: „Ein Roboter als Tankwart dient dem Umweltschutz"
Bericht in Handelsblatt, 13.9.1995: „Roboter füllt Sprit automatisch ein"

[49] R. Ewald, „Kryogene Speichertechnik für Flüssigwasserstoff", VDI-Berichte 602, 1987
J. Zieger, (Daimler Benz), „Hypasse-Hydrogen Powered Applications Using Surpluses of Electricity", SAE 952261, SAE Brazil 95 Mobility Technology Conf., Sao Paulo, 2.-4.10.1995

Detonation mit hohem Zerstörungspotential. Ansammlungen von Wasserstoff in hoch gelegenen, nach oben verschlossenen Gebäudeteilen müssen daher vermieden werden. Wegen der enormen Diffusionsfähigkeit von Wasserstoff ist die Gefahr aber sehr gering, daß solche Unfallabläufe überhaupt eintreten können.

Tabelle 5.4. Eigenschaften des gasförmigen und flüssigen Wasserstoffs

Molmasse	2,016 g/mol
Siedepunkt bei 1,013 bar	20,38 K
Gasdichte	
bei 20,4 K	1,34 kg/m^3
bei 273 K	0,089 kg/m^3
Dichte (flüssig)	0,071 kg/l
Verdampfungsenthalpie	436 kJ/kg
entspricht	31,8 kJ/l
Unterer Heizwert	120 MJ/kg
entspricht	8,52 MJ/l LH2
entspricht	10,8 MJ/Nm^3

Bei BMW wird in der bisher letzten Entwicklungsstufe in einem Fahrzeug der 7er Reihe ein Tank mit 140 l Inhalt und einem Gewicht von 60 kg verwendet. Das Auto kann damit ca. 300 km weit gefahren werden. Mit speziell für LH2 ausgelegten Fahrzeugen werden Reichweiten von über 500 km für erreichbar gehalten. Der Tank ist an der am besten geschützten Stelle im Fahrzeug über der Hinterachse untergebracht.

Die bisherigen Versuchsfahrzeuge sind für den Betrieb alternativ mit Wasserstoff, verflüssigtem Erdgas und Benzin ausgelegt. Im Wasserstoffbetrieb wird im gesamten Betriebsbereich eine Qualitätsregelung mit Luftüberschuß realisiert. Wegen des geringeren Gemischheizwertes ist damit eine Leistungseinbuße gegenüber einem Benzinfahrzeug von über 40% verbunden. Ein 6-Zylinder-Motor mit 2,8 l Hubraum erreicht ca. 80 kW. Für den Benzinbetrieb bleiben der Tank, die gesamte Kraftstoffanlage inklusive der elektronisch geregelten Drosselklappe und des Einspritzsystems und vor allem die Katalysatoranlage unverändert erhalten. Die motor- und fahrzeugseitigen Potentiale zur Optimierung eines reinen Wasserstoffbetriebs können so natürlich nicht ausgeschöpft werden. Dafür sind Probleme aufgrund eines zu spärlichen Tankstellennetzes nicht zu erwarten, weil immer auf Benzin ausgewichen werden kann.

Die gesamten Anschaffungs- und Betriebskosten für ein bivalent genutztes Fahrzeug mit Anteilen von 50% Benzin- und 50% Wasserstoffbetrieb wurden um ca. 60% höher als die eines sonst gleichen Fahrzeugs mit reinem Benzinbetrieb eingeschätzt. Allerdings wurde unterstellt, daß der flüssige Wasserstoff nicht der Mineralölsteuer unterliegen wird[50].

[50] D. Reister, W. Strobl (BMW), „Entwicklungsstand und Perspektiven des Wasserstoffautos", VDI Berichte 912, 1992. Der Preis für LH2 wurde mit 0,50 DM/kWh abgeschätzt; das entspricht einem benzinäquivalenten Preis von 4,6 DM/l. Die Wasserstoffkosten haben in diesem Szenario einen Anteil von ca. 25% an den jährlichen Gesamtkosten der Fahrzeughaltung.

5.5 Vergleichende Bewertung von Elektro- und Wasserstoffantrieb

Sowohl die Elektrofahrzeuge als auch die Wasserstoffantriebe haben bereits heute den Vorteil der Unabhängigkeit von bestimmten Primärenergien. In beiden Fällen ist es möglich, jeden Energieträger von der Sonnenenergie über Wasserkraft und Biomasse bis zu Erdgas, Kohle und Kernenergie zur Strom bzw. Wasserstofferzeugung einzusetzen. Dabei kann das Elektroauto von einer gut ausgebauten, zuverlässigen Infrastruktur profitieren, die in jedem Gebäude relativ leistungsfähige Netzanschlüsse bereitstellt. Sie muß nur stellenweise ergänzt und auf die neuen Anforderungen hin erweitert werden (Anschlüsse in größeren Garagen und auf Parkplätzen, Schnelladestationen). Engpässe in der Stromerzeugung und -verteilung sind auch bei sehr optimistischen Annahmen zur Entwicklung des Fahrzeugbestandes noch lange nicht zu erwarten.

Für Wasserstoff stehen dagegen bisher Produktionseinrichtungen nur für den jetzigen Industriebedarf zur Verfügung. Sie beruhen überdies überwiegend auf fossilen Rohstoffen – Erdöl und Erdgas – und nur zu einem ganz geringen Teil auf Elektrolyse von Wasser mittels regenerativ erzeugtem Strom (siehe Kapitel 7.6 „Die Gewinnung von Wasserstoff"). Gravierender ist jedoch das Fehlen einer Infrastruktur zur Verteilung, Lagerung und Betankung. Der Umgang mit flüssigem Wasserstoff ist noch ausschließlich Sache von Spezialisten. Hier sind noch erhebliche Vorarbeiten zu erbringen.

Auf der fahrzeugtechnischen Seite hat der Wasserstoffantrieb dagegen schon eine hohe Reife erreicht. Es ist wahrscheinlich möglich, innerhalb von ca. fünf Jahren erste serienfähige Lösungen darzustellen, die praktisch keine Nutzungseinschränkungen im Vergleich zu konventionell angetriebenen Fahrzeugen aufweisen. Hier liegt der Elektroantrieb noch etwas zurück; zwar scheinen kleine Serien relativ kurzfristig möglich, aber es ist noch fraglich, ob Fahrzeugkonzepte, die für breite Kundenkreise attraktiv sind, bis 2000 tatsächlich verfügbar sein können. Anders sieht es nur für spezielle Anwendungen wie Stadtfahrzeuge aus. Wichtigster Engpaß ist die Batterie, deren immer noch nicht endgültig einschätzbarer und teilweise unbefriedigender Entwicklungsstand auch die weitere Entwicklung des Hybridantriebs behindert.

Für den Antrieb mit einer Brennstoffzelle müssen sowohl die Bereitstellung der Kraftstoffe als auch die eigentliche Fahrzeugtechnik noch als weitgehend ungelöst gelten. Eine Markteinführung ist daher noch lange nicht zu erwarten.

Vermutlich wird zunächst der Elektroantrieb eine kleine Marktnische finden. Entscheidend dafür wird es sein, ob es der Autoindustrie gelingt, ein Produkt anzubieten, daß für spezielle Zwecke einfach besser ist, als ein konventionell angetriebenes Fahrzeug. Sowohl der Hybridantrieb als auch der Wasserstoffantrieb werden erst nach 2000 ihren Markt dort finden, wo besondere Ansprüche an die Emissionsarmut gestellt werden.

Alle „Alternativen" werden sich mit deutlich weiterentwickelten, „konventionellen Antrieben" messen müssen. Man kann geradezu von einem Wettbewerb sprechen, bei dem die „Alternativen" die konkrete Vision verkörpern, deren Realisierung dann aber überwiegend doch mit konventioneller Technik erfolgt, deren Eigenschaften ebenfalls noch ganz erheblich verbessert werden können.

5.6 Ungewöhnliche Kraftstoffe

In Zukunft werden die konventionellen Kraftstoffe mehr und mehr weiterentwickelt werden und sich damit zu petrochemisch erzeugten Stoffen wandeln, die nur noch wenig mit dem naturlich entstandenen Stoffgemisch Rohöl zu tun haben, aus dem sie erzeugt wurden. Wenn man dieser These folgt, dann kann man sich eine Fülle von weiteren, chemisch synthetisierten Substanzen als Energieträger vorstellen. Neben Benzin und Diesel und den bisher aufgeführten Alternativen sind dann zahlreiche Flüssigkeiten und Gase, aber auch Feststoffe als Kraftstoffe für mobile Anwendungen denkbar. Zunächst kommt eine große Zahl von Kohlenwasserstoffen in Betracht. Dabei kann man sowohl an technisch reine Substanzen wie Methanol denken als auch an mehr oder weniger gut definierte Gemische unterschiedlicher Stoffe wie LPG. Diese Energieträger werden in Kap. 6 „Das Potential der Kohlenwasserstoffe" näher betrachtet.

Grundsätzlich kommen aber auch Stoffe als Energieträger in Betracht, die nicht auf der Chemie des Kohlenstoffs beruhen, d.h. energiereiche, anorganische Substanzen. Wenn sie bei der Energieumsetzung im Fahrzeug gasförmige Reaktionsprodukte bilden, die an die Luft abgegeben werden, sind alle Verbindungen denkbar, die aus den Elementen Wasserstoff, Stickstoff, Sauerstoff und Kohlenstoff zusammengesetzt sind. Als Beispiele seien Ammoniak – NH_3 – und Hydrazin – $H_2N\text{-}NH_2$ – genannt.

Außerdem kommen viele Hetero-Verbindungen von Kohlenstoff mit Stickstoff, Sauerstoff und Wasserstoff in Frage. Eine weiter Variante können Lösungen von Kohlenwasserstoffen in Ammoniak sein, z.B. von Methanol oder Ethanol.

5.6.1 Stickstoffverbindungen als Kraftstoffe

Ammoniak hat eine hohe Oktanzahl von etwa 130, ist also im Prinzip ein guter Ottokraftstoff. Tatsächlich wurde die Eignung von Ammoniak als Kraftstoff für Hubkolbenmotoren, Gasturbinen und Brennstoffzellen bereits mehrfach geprüft und nachgewiesen.

Bei Verwendung im Dieselprozeß muß ein Zündstrahl oder eine Glühkerze für die notwendige Zündfreudigkeit sorgen. Bei Experimenten wurde leider relativ viel unverbranntes und stark riechendes Ammoniak im Abgas gefunden. Der thermische Wirkungsgrad konnte im Vergleich zu Diesel erheblich verbessert werden. Weitere Verbesserungen wären mit speziell auf Ammoniak abgestimmten, fremdgezündeten Motoren mit höherer Verdichtung möglich[51].

[51] T. J. Pearsall (Continental Aviation), C. G. Garabedian (US Army), „Combustion of Anhydrous Ammonia in Diesel Engines", SAE 670947
K. Bro, P. S. Pedersen (TU Dänemark), „Alternative Diesel Engine Fuels: An Experimental Investigation of Methanol, Ethanol, Methane and Ammonia in a DI Diesel Engine with Pilot Injection", SAE 770794

Tabelle 5.5. Eigenschaften von Ammoniak und Hydrazin[52]

		Ammoniak NH_3	Hydrazin $H_2N\text{-}NH_2$
Molekulargewicht	g/mol	17,03	32,05
Dichte als Gas bei 1,013 bar	kg/m³	0,77	
Siedepunkt bei 1,013 bar	°C	–33,4	113,5
Dichte als Flüssigkeit am Siedepunkt	kg/l	0,67	1,00
Dampfdruck bei 25 °C	bar	10,02	
Bildungsenthalpie bei 25 °C (Gas)	kJ/mol	–45,94	+ 95,4
Bildungsenthalpie bei 25 °C (Flüssigkeit)	kJ/mol		+ 50,6
Heizwert	MJ/kg	18,6	18,1
Heizwert bezogen auf den flüssigen Zustand	MJ/l	11,2	18,1

Ähnlich wie aus Methanol kann auch aus Ammoniak durch thermische Zersetzung Wasserstoff gewonnen werden:

$$NH_3 \rightarrow 2\ N_2 + 3\ H_2$$

Auch hier kann grundsätzlich die Abwärme von Motorabgasen genutzt werden, um die notwendige Reaktionsenergie bereit zu stellen. Bei Kombination mit einer Brennstoffzelle ist es außerdem von Vorteil, daß kein Kohlenmonoxid oder ein anderes Katalysatorgift gebildet wird, wie dies z.B. beim Steam Reforming von Methanol geschehen kann. Eine genauere Untersuchung hat denn auch ergeben, daß sich Ammoniak in Verbindung mit einer alkalischen Brennstoffzelle hinsichtlich seiner Speicherdichte durchaus mit konventionellen Kraftstoffen und Methanol messen kann[53].

Heute wird Ammoniak – wie Methanol – überwiegend via Steam Reforming und anschließender Synthese aus Erdgas gewonnen. Der Energieaufwand für die Herstellung ist mit rund 29 MJ/kg für beide Substanzen etwa gleich groß; auch bezogen auf den Heizwert ergeben sich keine großen Unterschiede. Die Kosten für beide Prozesse liegen in ähnlicher Größenordnung[54]. Allerdings ist die Handhabung von Methanol deutlich einfacher als die von Ammoniak, das wie ein Flüssiggas bei moderatem Druck (bis ca. 30 bar) gespeichert werden muß.

Auch das US-amerikanische Militär hat die Verwendung von Ammoniak neben Wasserstoff, Hydrazin und Wasserstoffperoxid als Kraftstoffe für Hubkolbenmotoren und Gasturbinen geprüft. Ausgangspunkt der Überlegungen war die Feststellung, daß bei einem kriegerischen Konflikt mehr als 65% aller Nachschubmengen auf Kraftstoffe entfallen. Es wurde daher das Konzept entwickelt, mittels mobiler Kernreaktoren verbrauchernah energiereiche Stoffe aus Wasser und Luft zu erzeugen. Die Gebrauchseigenschaften von Ammoniak wurden als durchaus den Anforderungen ent-

[52] J. Ahrendts, H. D. Baehr, „Thermodynamische Eigenschaften von Ammoniak", VDI-Forschungshefte 596, 197
D. R. Lide (Hrsg.), „Handbook of Chemistry and Physics", 74th Edition, 1993–1994 Edition, CRC Press, ISBN-0-8493-0474-1

[53] R. Metkemeijer, P. Achard (École des Mines, Paris), „Comparison of Ammonia and Methanol Applied Indirectly in a Hydrogen Fuel Cell", Int. J. Hydrogen Energy, 19 (1994) 6, S. 535–542

[54] R. Metkemeijer, P. Achard, siehe Fußnote 53

sprechend eingestuft. In der Summe der Eigenschaften wurde aber Kohlenwasserstoffen der Vorzug gegeben[55].

Ammoniak ist ein hervorragendes Lösungsmittel für viele Kohlenwasserstoffe. Auch Substanzen, die bei Umgebungstemperatur und -Druck gasförmig sind, können in flüssigem NH_3 in großer Menge gebunden werden. Dies hat zu Versuchen geführt, Ammoniak zu nutzen, um sonst schwer handhabbare Stoffe wie Acetylen (Ethin) oder auch Ethan speicher- und transportierbar zu machen. Eine Lösung von 22 Gew.-% C_2H_2 in 78 Gew.-% NH_3 wurde 1941 in Frankreich von den Firmen l'Air Liquide und Solex als Ottokraftstoff untersucht. Es wurden dazu Druckflaschen mit einem maximal zulässigen Druck von 30 bar benutzt. Der Brennwert der Lösung liegt bei 25,5 MJ/kg. Auf dem Prüfstand ergab sich bereits ohne Änderungen am eigentlichen Motor ein um 6% geringerer, energetischer Verbrauch. Mit einem angepaßten Motor wären sicher noch bessere Ergebnisse möglich. Ein Citroen CV 11 und ein Lastwagen wurden mit gutem Erfolg mit dem neuen Kraftstoff betrieben. Eine breite Anwendung hat er aber nicht gefunden[56].

Hydrazin wird als Raketentreibstoff verwendet. Als Kraftstoff für Hubkolbenmotoren ist es wegen seiner relativ hohen Toxizität und seiner vermuteten Kanzerogenität wohl nur sehr eingeschränkt tauglich. Untersuchungen zur motorischen Verbrennung von Hydrazin scheint es bisher nicht gegeben zu haben. Die Verwendung in Brennstoffzellen wurde aber untersucht.

5.6.2 Metalle als Energieträger

Noch viel größer würde die Auswahl der möglichen Energieträger, wenn die Verbrennungsprodukte nicht über den Auspuff an die Umgebung abgegeben, sondern im Fahrzeug zur späteren Entsorgung gelagert würden. Besonders günstig wären dann Brennstoffe, deren Endprodukte fest oder flüssig sind. Es wäre z.B. möglich, feinstes Eisen-, Aluminium- oder Magnesiumpulver zu verbrennen. Aus der Schweißtechnik ist gut bekannt, daß durch Verbrennen von Aluminiumpulver sehr hohe Temperaturen erzeugt werden können. Dem Aluminium beigefügtes Eisenoxid kann so reduziert werden und den Schweißspalt schließen. In der Ariane 5 Rakete dient eine Mischung aus Ammoniumperchlorat, Polybutadien und Aluminiumpulver als Brennstoff der Booster-Triebwerke. Magnesium entzündet sich an Luft schon ab 500 °C und verbrennt mit blendend hellem Licht zu einem feinen Magnesiumoxid-Pulver; auf diesem Effekt beruhten die Blitzlichter in den Anfangsjahren der Photographie. Feinst verteiltes Eisen reagiert spontan mit dem Sauerstoff der Luft und verbrannt zu Fe_2O_3. Man nennt es deswegen pyrophor. Auch andere Metalle eignen sich grundsätzlich als

---

[55] T. J. Pearsall, C. G. Garabedian, siehe Fußnote 51
R. D. Quillian, D. D. Weidhunter (US Army), „Application of Hydrogen Energy to Ground Vehicles", T. N. Veziroglu (Hrsg.), Hydrogen Energy, Teil B, New York, Plenum Press, 1975, S. 1021–1026

[56] G. Claude, „Un Nouveau Succédané de l'Essence: L'Ammoniaque Acétylénée" und M. Gobert, „L'Ammoniac Acétylénée", Journal de la Société des Ingénieurs de l'Automobile", Juni 1941, S. 55–63

Energiespeicher. Besonders günstige Energiedichten lassen sich mit Lithium, dem leichtesten Metall überhaupt, erreichen. Leider läßt es sich deutlich schwerer handhaben als Aluminium, Magnesium oder Eisen.

Brennstoffe mit festen Verbrennungsprodukten eignen sich kaum als Kraftstoffe für Motoren mit innerer Verbrennung; es käme zu erheblicher Reibung mit starkem Verschleiß. Auch die Versuche, langsam laufende Dieselmotoren mit Kohlenstaub oder Mischungen von Kohlenstaub mit Schweröl zu betreiben, wurden trotz gewisser Erfolge mittlerweile aufgegeben. Daher kommen nur Kraftmaschinen mit äußerer Verbrennung in Frage. Dazu gehören z.B. die klassischen Dampfprozesse oder der Stirlingprozeß. Auch die Gasturbine kann mit geschlossenem Arbeitsmittelkreislauf und äußerer Verbrennung gestaltet werden. Die Verwendung von Gasturbinen mit offenen Kreislauf setzt dagegen eine äußerst wirksame Abtrennung der festen Verbrennungsprodukte vom heißen Arbeitsgas voraus, da es sonst zu Korrosion kommen müßte. Für große, stationäre Anlagen wie GuD-Kraftwerke mit Kohlevergasung wird dieser Weg beschritten.

Im Zusammenhang mit diesen anorganischen Brennstoffen ist es interessant, daß auch bereits die Vorstellung formuliert wurde, wie das bei der Verbrennung von Benzin entstehende Kohlendioxid an Bord eines Fahrzeugs an Metalle chemisch gebunden und dann zentral entsorgt werden könnte[57]. Das Metall würde dabei zunächst als Speicher für Wasserstoff und später für Kohlendioxid dienen.

Aluminium weist als Energiespeicher attraktive Kennwerte auf. Der Energieinhalt liegt bezogen auf das Gewicht bei 31 MJ/kg und ist damit vergleichbar mit dem von Kohle. Bezogen auf das Volumen übertrifft der Energieinhalt von Aluminium mit 84 MJ/l den aller Kohlenwasserstoffe um mehr als das doppelte. Allerdings müßte ein Teil dieses Vorteils wieder geopfert werden, wenn ein feines Aluminiumpulver als Brennstoff dienen soll, da das Schüttgewicht des Pulvers weit unter dem spezifischen Gewicht des kompakten Metalls liegt. Der Energieaufwand für die Erzeugung von Aluminium aus Tonerde liegt bei 13,5–15 kWh. Er muß zum größten Teil in Form von Elektrizität für die Elektrolyseanlage bereitgestellt werden. Man kann also bezogen auf die zur Produktion eingesetzte Energie etwa 64% an Nutzenergie gewinnen. Wenn man die notwendige Primärenergie ermitteln will, muß die Stromerzeugungsstruktur berücksichtigt werden; entsprechende Kennwerte würden daher eine große Bandbreite aufweisen. Es ist aber auch ohne quantitative Analyse klar, daß die Verwendung von Aluminium als Brennstoff nur dann ökologisch vorteilhaft ist, wenn der Strom praktisch emissionsfrei erzeugt werden kann. Gerade bei Aluminium ist dies häufig der Fall, weil vielfach billige Wasserkraft genutzt wird.

Die Nutzung von Aluminium als Brennstoff ist am schweizerischen Paul Scherrer Institut bereits experimentell untersucht worden. Dazu wurde ein herkömmlicher Heizungsbrenner auf ein Gemisch aus Luft und einem feinen Aluminiumpulver umgerüstet. Es konnte eine stabile Verbrennung über einen großen Lastbereich nachgewiesen werden. Die Zündung erfolgte über einen elektrischen Funken. Allerdings war die Bildung von Stickstoffoxiden wegen der hohen Flammentemperatur hoch. Auch die

[57] W. Seifritz, „Partial and Total Reduction of CO_2 Emissions of Automobiles Using CO_2-Traps“, Int. J. Hydrogen Energy 18 (1993) 3, S 243–251

Handhabung des fein verteilt anfallenden Aluminiumoxids machte noch Probleme[58]. Weitere Entwicklungsschritte müßten sich daher auf die Senkung der Flammentemperatur richten. Möglicherweise eignet sich eine Form der Abgasrückführung dazu. Außerdem muß ein automatischer Abzug der Asche aus dem Brennraum sichergestellt werden.

Tabelle 5.6. Eigenschaften von Metallen[59]

		Li Lithium	Mg Magnesium	Al Aluminium	Fe Eisen
Molekulargewicht	g/mol	6,94	24,31	26,98	55,8
Dichte bei 20 °C	g/cm^3	0,53	1,74	2,70	7,87
Schmelzpunkt	°C	181	650	660	1.538
Siedepunkt	°C	1.342	1.090	2.519	2.861
Produkt der Verbrennung		Li_2O	MgO	Al_2O_3	Fe_2O_3
Bildungsenthalpie des Verbrennungsproduktes	kJ/mol	–597,9	–601,6	–1,675,7	–824,2
Heizwert	MJ/kg	43,1	24,7	31,1	7,39
Heizwert	MJ/l	22,8	43,1	83,8	58,1

Der zur Aufrechterhaltung der Verbrennung nötige Sauerstoff kann grundsätzlich nicht nur durch Zuführung von Luft bereitgestellt werden. Es ist auch möglich, ihn zuvor in – nahezu – reiner Form zu gewinnen[60]. Damit wäre das Problem der NO_x-Bildung an der Wurzel gelöst; als Verbrennungsprodukt bliebe alleine festes Aluminiumoxid (oder Magnesiumoxid) zurück, das gefahrlos gehandhabt und entsorgt werden kann[61].

Die Metalle können in der bekannten Weise aus reichlich vorhandenen Rohstoffen gewonnen werden. Dazu kann jede Art von Primärenergie eingesetzt werden. Um ein leicht brennbares Medium zu erzeugen, müssen die Metalle in fein zerstäubter Form hergestellt werden. Die Methoden dazu sind in anderem Zusammenhang bereits im Einsatz. So wurde die Technik des Sprühkompaktierens entwickelt, mit der aus einem Strahl feinen Metallpulvers computergesteuert nahezu ohne Nacharbeit komplizierte Werkstücke aufgebaut werden können. Um die Bildung von passivierenden Oxidschichten oder gar eine Selbstentzündung auszuschließen, müssen die Metallpulver unter einer Schutzgasatmosphäre gespeichert und gehandhabt werden; man kann sich dazu geschlossene, pneumatische Systeme vorstellen.

---

58 R. Weber, „Versuche beweisen die prinzipielle Eignung – Prototyp-Brenner heizt mit Aluminium als Energiequelle", VDI-Nachrichten 45 (1991) 2, S. 19 vom 11.1.1991: Bericht über Arbeiten am Paul Scherrer Institut (PSI), Schweiz.

59 „Handbook of Chemistry and Physics", siehe Fußnote 52

60 In ganz anderem Zusammenhang wurde die Verwendung von äußerst kompakt bauenden Sauerstoff-Filtern zur Anreicherung von Sauerstoff in einem Gasgemisch vorgeschlagen: D. Winter, „Oxygen Sieve: More Power, Combustion", WEVTU, 15.3.1996

61 MgO wird sogar als Arzneimittel gegen Magenübersäuerung verwendet. Al_2O_3 ist auch als Schleifmittel (Korund) und – in einkristalliner Form – als Saphir und Rubin bekannt.

Aufgrund vieler positiver Eigenschaften von Aluminium als Energieträger wird gelegentlich die Meinung vertreten, es sei dem Wasserstoff als künftiger Energieträger deutlich überlegen. Es wurden daher schon umfangreiche Szenarien für eine künftige Energiewirtschaft entwickelt, in der der „werkstofflichen Speicherung“ von Energie eine Schlüsselstellung eingeräumt wird[62].

Einen ganz anderen Weg zur Nutzung von Metallen als Energieträger stellen Primärbatterien dar, in denen Metalle elektrochemisch oxidiert werden. Es gab für Aluminium mehrere Ansätze in diese Richtung; mittlerweile ist es darum wieder still geworden. Näher an einer praktischen Umsetzung ist die Verwendung von Zink. Der Deutsche Postdienst läßt derzeit eine größere Zahl von Zustellfahrzeugen mit Zink-Luft-Batterien der Firma Electric Fuel ausstatten. Sie beziehen ihre elektrische Antriebsenergie aus der Reaktion von Zink mit Luft. Wenn das Zink verbraucht ist, wird es durch frisches ersetzt. Das oxidierte Material kann in einer Wiederaufarbeitungsanlage unter Energieaufwand regeneriert werden. Ein grundsätzlich ähnliches Verfahren wird vom US-amerikanischen Lawrence-Livermore-Laboratory verfolgt.

Eine sehr langfristige Vision könnte also durchaus einen Motor mit einem Kraftstoff beinhalten, der

- mit regenerativer oder nuklearer Energie gewonnen wird,
- leicht über beliebig lange Zeit gelagert werden kann,
- unter Nutzung von Luftsauerstoff verbrannt oder elektrochemisch oxidiert wird,
- bei dessen Verbrennung keinerlei gasförmige Produkte frei werden, also insbesondere auch keine Luftschadstoffe und keine klimawirksamen Gase
- dessen Verbrennungsprodukt als Asche gefahrlos deponiert werden kann.

5.7 Bewertung

Wie die Beispiele in diesem Kapitel zeigen, gibt es eine Vielzahl von möglichen Lösungen für die Versorgung mobiler Verbraucher mit Energie. Sie sind hier bei weitem nicht erschöpfend aufgezählt. Wir haben auch noch längst nicht alle denkbaren Varianten untersucht. Zur Lösung unserer aktuellen Probleme ist es nicht erforderlich, auf solche ungewohnten Techniken überzugehen. Dennoch sollten wir sie erkunden.

Es hat sich in der Vergangenheit gezeigt, daß die Problemlagen sich schnell wandeln können. Einmal zwang eine extreme Versorgungskrise zu heute abenteuerlich anmutenden Ansätzen. Man denke an die Holzvergaserautos, die im Deutschland der Kriegszeit in recht großer Zahl im Einsatz waren, oder an die Lösung von Acetylen in Ammoniak, wie sie im besetzten Frankreich des Kriegsjahres 1941 mit einigen Hoffnungen untersucht wurde. Selbst der Antrieb von Flugzeugen mit Kohlestaubfeuerun-

[62] K. Jopp, „Werkstoff in der Flambierpfanne“, highTech, August 1991, S. 80–81: Bericht über Arbeiten am PSI.

gen wurde damals ernsthaft erwogen[63]. Einige Jahre später erwarteten Landschaftsschützer ein Ende des Baus von Wasserkraftwerken von der neu aufkommenden Kernenergie. Ein anderes Mal wurde die Abhängigkeit von den Ölimporten als unerträglich empfunden und stark auf Kohle und Kernenergie gesetzt. Dann kamen Luftschadstoffe in den Vordergrund des Interesses und ihre Verminderung setzte auch die Einführung neuer Kraftstoffqualitäten (bleifrei) voraus. Wenig später sind es nicht mehr hauptsächlich die klassischen Schadstoffe, deren Wirkungen Maßnahmen herausfordern, sondern ein natürlicher Bestandteil der Atmosphäre, das Kohlendioxid, wird als gefährlich für das Klima erkannt.

Es ist offenbar nicht möglich, solche Schwerpunktverschiebungen verläßlich zu prognostizieren. Selbst die Schlußfolgerungen hochkarätig besetzter Beratungsgremien lesen sich im sicheren Abstand von zwanzig Jahren manchmal kurios. So bezweifelte noch 1977 das „Advisory Council on Energy Conservation“ der britischen Regierung die Notwendigkeit, die Emission von Stickstoffoxiden durch Autos zu limitieren; dies sei ein spezifisch kalifornisches Problem. Auch die Reduzierung des Bleigehaltes von Kraftstoffen auf unter 0,4 g/l wurde nicht für sinnvoll erachtet[64]. Beide Maßnahmen führten mit der damaligen Technik zu einer Erhöhung des Ölverbrauchs. Dies war damals der wichtigere Aspekt. Wir sind heute kaum besser in der Lage, verläßliche Prognosen über einen Zeitraum von zwanzig oder mehr Jahren abzugeben. Daher ist es gefährlich, ausschließlich auf einige wenige Lösungen zu setzen.

Um so wichtiger ist es, viele unterschiedliche Wege in die Zukunft zu erkunden und dabei auch Ungewohntes zu denken und zu tun. Die meisten dieser Wege werden nicht im industriellen Maßstab beschritten werden. Dennoch müssen wir sie zumindest in ihren Grundzügen kennen. Ihr größter Wert liegt darin, daß es sie gibt und daß sie durch ihre bloße Existenz als Meßlatte für die Verbesserung des Bestehenden dienen können.

Leider werden bisher solche sehr langfristigen Möglichkeiten nicht in der eigentlich notwendigen Breite untersucht. Ein beträchtliches Augenmerk finden infolge der kalifornischen Gesetzgebung Elektro- und Hybridfahrzeuge. In deutlich geringerem Umfang wird von der Industrie an Antrieben auf der Basis von Wasserstoff mit Verbrennungsmotoren und Brennstoffzellen gearbeitet. Alle anderen Möglichkeiten werden nur verstreut, an Hochschulen und Instituten untersucht. Meistens kommt dabei nicht die „kritische Masse“ an Forschern und Mitteln zusammen, die eine verläßliche Aussage über Chancen und Risiken zuläßt. Angesichts der Bedeutung des Verkehrssektors für das Florieren einer hochentwickelten, immer stärker arbeitsteiligen

---

[63] Es handelte sich um die Messerschmidt Me 264 „Amerika-Bomber“, einen interkontinentalen Bomber. Für ihn wurde neben dem konventionellen Antrieb mit vier Kolbenmotoren, wie er im fliegenden Prototypen realisiert worden ist, auch ein Antrieb mit einer 6.000 PS Dampfturbine projektiert, die auf zwei Propeller arbeiten sollte. Als Brennstoff war eine Mischung aus 65% Kohle und 35% Schweröl vorgesehen. Der Prototyp wurde 1944 vor seinem Erstflug durch einen Luftangriff zerstört (K. Kens, H. J. Nowarra, „Die deutschen Flugzeuge 1933–1945“, 2. Auflage, J. F. Lehmann's Verlag, München, 1964; W. Green, „War Planes of the Second World War, Vol. 10, Bombers and Reconnaissance Aircraft“, MacDonald, London, 1968).

[64] Advisory Council on Energy Conservation, Paper 5, „Road Vehicle and Engine Design: Short and Medium Term Energy Considerations“, London, Her Majesty´s Stationary Office, 1977, ISBN 0 11 410297 X

Weltwirtschaft, der Bedeutung des Straßenfahrzeugbaues speziell für Deutschland und des klar vorwettbewerblichen Charakters solcher Untersuchungen nimmt es Wunder, daß solche Forschungen nicht die erforderliche – vergleichsweise geringe – Förderung erfahren. Vor allem in den USA scheint man dieses Problem deutlicher erkannt zu haben. Dort wird im Rahmen des „Program for a New Generation of Vehicles" (PNGV) der groß angelegte Versuch gemacht, modernste Techniken aus der Raumfahrt- und Rüstungstechnik für die Entwicklung von Pkw nutzbar zu machen. Damit sollen einmal Fahrzeuge mit deutlich verringertem Energieverbrauch entwickelt werden. Außerdem soll ausdrücklich die Wettbewerbsfähigkeit der amerikanischen Autoindustrie gestärkt werden.

Angesichts unseres mangelnden Wissen über zukünftige Schwerpunktsetzungen und Problemlagen muß an die Politik die Forderung gerichtet werden, technologieneutrale Randbedingungen zu definieren. Jeder, noch so gut gemeinte, politische Eingriff in technische Details kann sich hemmend auf die tatsächliche Entwicklung auswirken oder gar eine falsche Richtung begünstigen. Ein extremes Beispiel dafür sind die grotesk langhubigen Motorkonstruktionen, die dort entwickelt wurden, wo der Zylinderquerschnitt als Besteuerungsgrundlage gewählt wurde[65]. Ähnlich offensichtlich sind die Fehlsteuerungen durch die unterschiedliche Besteuerung von Diesel und Ottokraftstoff. Sie macht es erforderlich, für Fahrzeuge mit Dieselmotor eine höhere Kfz-Steuer als für Benzinfahrzeuge zu erheben. Dadurch sind Diesel für kleine, tendenziell weniger genutzte Fahrzeuge zu teuer. Das 3 l-Auto kann so kaum durchgesetzt werden[66]. Es ist zu befürchten, daß die derzeit stark diskutierte Besteuerung der Kohlendioxidemissionen aus dem Auspuff ebenfalls zu falschen Signalen führen wird. Biokraftstoffe würden benachteiligt, denn sie haben nur bei Betrachtung der gesamten Kette von der Erzeugung der Biomasse bis zum Verbrauch im Auto Vorteile, nicht jedoch im Auto selber. Dagegen würde die Verwendung von Methanol begünstigt, denn es setzt am Auspuff weniger CO_2 frei. In der gesamten Kette stiegen aber – z.B. bei Herstellung aus Kohle – die Emissionen. Daher muß an die Politik appelliert werden, bei ihren Festlegungen Gleiches gleich zu behandeln und die Systemgrenzen für Eingriffe so groß zu wählen, daß ein Abschieben von Problemen in vor- oder nachgelagerte Bereiche nicht begünstigt wird.

Angesichts der erheblichen, gewollten und wegen der zahlreichen Zielkonflikte leider häufig auch ungewollten Auswirkungen, die politische Entscheidungen auf die Kraftstoff- und Automobilwirtschaft haben, sollte der Dialog zwischen den verschiedenen beteiligten Partnern auf eine neue Basis gestellt werden. Wir brauchen ein konstruktives, sachverständiges und permanentes Gespräch der Beteiligten über die künftig einzuschlagenden Wege.

---

65 O. v. Fersen (Hrsg.), „Ein Jahrhundert Automobiltechnik – Personenwagen", VDI Verlag, Düsseldorf, 1986, ISBN 3-18-400620-4, S. 107 und 695

66 Derzeit wird eine auf maximal 1.000 DM begrenzte, befristete Steuerbefreiung für „3-Liter-Autos" diskutiert (exakt: Für Fahrzeuge mit einer Emission von weniger als 90 g CO_2/km).

6 Das Potential der Kohlenwasserstoffe

„Ich habe einige Hoffnung, den schrecklichen Rauch, der von den Feuermaschinen herrührt, los zu werden. Einige Versuche, die ich gemacht habe, versprechen guten Erfolg."

JAMES WATT in einem Brief an Dr. Luc, 10.9.1785[1]

Als Energieträger für den Straßenverkehr werden bisher fast ausschließlich Benzin und Diesel in mehreren Qualitäten eingesetzt. Diese Kraftstoffe sind gemeinsam mit den Motoren und der Infrastruktur Schritt für Schritt immer weiter verbessert worden. Dabei waren ständig schärfer werdende und auch immer wieder wechselnde Anforderungen zu erfüllen. Anfangs ging es darum, einigermaßen standardisierte Qualitäten auf den Markt zu bringen. Außerdem war die Ausbeute an Kfz-tauglichen Kraftstoffen bei der Verarbeitung des Rohöls zu verbessern. Dann traten Qualitätsforderungen wie Kaltstartverhalten, Vermeidung von Ablagerungen, Verträglichkeit mit Materialien, Verbesserung der Klopffestigkeit bzw. der Zündwilligkeit, Vorbeugen gegen Verschleiß z.B. an Ventilen in den Vordergrund. Später kamen unterschiedliche Umweltanforderungen dazu. Auch auf die neuesten Randbedingungen aus dem Umweltbereich kann durch „Verfeinerung" der Rezepturen noch besser eingegangen werden. Dieser Prozeß ist bereits im Gange. Beispiele sind die schwefelarmen Dieselkraftstoffe und das benzolreduzierte Super Plus.

Weitere, teilweise noch größere Potentiale zur Verbesserung der Emissionen und des Verbrauchs wurden für einige bisher wenig gebräuchliche Kraftstoffe nachgewiesen. Der Betrieb von Verbrennungsmotoren mit Methanol, Methan, Gemischen aus schwereren Alkanen (Ethan, Propan, Butan) und Dimethylether führt zumindest in bestimmten Teilbereichen zu wesentlichen Verbesserungen gegenüber Benzin und Diesel. Die Annahme liegt daher nahe, daß es eine ganze Reihe von reinen Substanzen bzw. wohldefinierten Gemischen aus Kohlenwasserstoffen gibt, die sich noch besser als unser heutiges Benzin bzw. Diesel für die Verbrennung in speziell dafür abgestimmten Motoren eignen.

In diesem Kapitel werden die Möglichkeiten zur Verbesserung der Energie- und Emissionsprobleme im Transportsektor durch die Verwendung der verschiedenen Kraftstoffe auf Kohlenstoffbasis erläutert. Dabei wird speziell auf die entsprechenden Potentiale „neuer" Kraftstoffe hingewiesen.

---

[1] zitiert nach C. Matschoss, „Geschichte der Dampfmaschine", Berlin, 1901, Gerstenberg Reprint 1977, ISBN 3-8067-0720-0

6.1 Verbesserungen an den konventionellen Kraftstoffen: Benzin und Diesel

Benzin und Diesel werden bis heute ganz überwiegend durch das Auftrennen der natürlich vorkommenden Gemische von Kohlenwasserstoffen, den Rohölen gewonnen. Zusätzliche Mengen werden durch das Spalten großer Kohlenwasserstoffmoleküle mittels Hydrocracking (abbauender Hydrierung), Reformieren usw. hergestellt (weitere Einzelheiten in Kapitel 7.1 „Der konventionelle Weg: Kraftstoffe aus Erdöl")[2]. Normgerechte Kraftstoffe werden durch Mischen verschiedener Stoffströme in der Raffinerie erzeugt. Teilweise werden petrochemische Produkte wie MTBE zur Einstellung bestimmter Eigenschaften hinzugefügt. Im Ergebnis stellen sich Benzin und Diesel bis heute als relativ grob über die Definition von Dichtebereichen, Siedekurven, Dampfdruck, Angaben zur Klopffestigkeit bzw. Zündwilligkeit usw. definierte Gemische von 200–300 verschiedenen Kohlenwasserstoffen dar. Ihre tatsächliche Zusammensetzung darf in weiten Grenzen schwanken, solange einige Minimal- bzw. Maximalwerte nicht über- bzw. unterschritten werden (Benzol, Schwefel, Blei, Halogene usw.)[3]. Diese Normen sind weltweit nicht einheitlich. In der Motorentwicklung muß auf diese Situation Rücksicht genommen und auch das unbemerkte oder absichtliche Tanken „schlechter" Qualitäten bei der Auslegung der Motoren und bei ihrer Abstimmung mit bedacht werden. Daraus ergeben sich zwangsläufig erhebliche Sicherheitsmargen. So muß heute leider ein Teil der eigentlich möglichen Effizienz der Serienmotoren zugunsten garantierter Betriebssicherheit auch bei Verwendung schlechter Kraftstoffe unter schlechten Betriebsbedingungen geopfert werden.

6.1.1 Ottokraftstoffe

In umfangreichen Versuchsreihen hat sich gezeigt, daß enger spezifizierte Kraftstoffe deutliche Verbesserungen in der motorischen Verbrennung ermöglichen. Bei Ottokraftstoffen kann durch relativ moderate Veränderungen der Zusammensetzung und der physikalisch-chemischen Kenngrößen eine Minderung der Emissionen von Kohlenmonoxid um 29%, von unverbrannten Kohlenwasserstoffen um 18% und von Stickstoffoxiden um 16% erreicht werden[4]. Ein niedriger Schwefelgehalt führt bei Fahrzeugen mit Katalysator zu einer Reduzierung aller limitierten Schadstoffe. Als

---

[2] Eine gut lesbaren Überblick über das gesamte Thema gibt „Das Buch vom Erdöl", herausgegeben für BP von K. P. Harms, 715 S, Hamburg 1989, ISBN 3-921174-10-4

[3] Siehe z.B. die DIN-Normen 51 600 für verbleiten und DIN 51 607/DIN EN 228 für bleifreien Ottokraftstoff bzw. DIN 51 601 für Dieselkraftstoff.

[4] Dies wird erreicht durch Reduzierung des Benzolgehaltes auf 1,6%, mit einem Aromatengehalt von ca. 33 Gew.-%, einer Verschiebung des T90-Punktes auf 150 °C, einer Erhöhung des Dampfdruckes auf 69 kPa, einer Reduzierung des Schwefels auf 63 ppm und mit einer Zugabe von 15 Gew.-% MTBE (W. Drechsler (UBA), „Auswirkungen emissionsarmer Kraftstoffe", MTZ 55 (1994) 7, S. 414–415).
Dem Trend nach ähnliche, aber quantitativ abweichende Ergebnisse wurden von Mercedes Benz und Shell veröffentlicht (W. Lange, A. Reglitzky, M. Gairing, D.-H. Hüttebräucker, R. Kemmler., „Einfluß von Ottokraftstoff-Komponenten auf die Abgasemission von Mercedes-Benz-Pkw-Motoren", MTZ 56 (1995) 5, S.264 ff).

Ursache wird der Wegfall der sonst schleichend eintretenden Vergiftung des Katalysators durch Schwefel vermutet[5].

Die Emissionen von Benzol aus Ottomotoren werden – wie die aller anderen Kohlenwasserstoffe – durch den 3-Wege-Katalysator sehr wirksam vermindert. Weitere Verbesserungen sind durch benzolreduzierte Kraftstoffe möglich. Die europäische Norm läßt derzeit noch bis zu 5 Vol.-% Benzol im Benzin zu. Auf dem deutschen Markt wird dieser Grenzwert bei weitem nicht ausgeschöpft (siehe Tabelle 6.1). Mittlerweile wird Benzin in Super Plus Qualität mit unter 1 Vol.% Benzol angeboten, der zudem auch unverbleit für alle, auch älteren Fahrzeuge tauglich ist. Damit besteht die Möglichkeit, auch die Emissionswerte von Fahrzeugen ohne Katalysator positiv zu beeinflussen.

Das Umweltbundesamt UBA schätzt, daß durch weitere Verbesserungen der Kraftstoffrezeptur Verminderungen der Emissionen von Kohlenwasserstoffen aus Ottomotoren um bis zu 30%, von Benzol um bis zu 50% und von Stickstoffoxiden um etwa 10% erreichbar sind[6]. Allerdings ist dafür ein erheblicher Mehraufwand in den Raffinerien erforderlich. Zur Einstellung der normgerechten Klopffestigkeit müssen ca. 15% MTBE zugesetzt werden. Die Mehrkosten werden auf ca. 6 Pf/l geschätzt, das entspricht einer Erhöhung des Raffinerie-Abgabepreises ohne Versteuerung um ca. 25%. Etwa zwei Drittel dieser Kostenmehrungen entfallen alleine auf das erforderliche MTBE[7].

Angesichts dieser Potentiale verlangt die kalifornische Abgasgesetzgebung auch einen Beitrag zur Minderung der Emissionen durch Verbesserung der Kraftstoffe (reformulated gasoline). Die besonders anspruchsvolle, letzte Stufe der US-Abgasgesetzgebung – ULEV – kann zumindest für schwere Fahrzeuge wahrscheinlich nur mit solchen wesentlich verbesserten Kraftstoffen mit noch vertretbarem, fahrzeugseitigem Aufwand erfüllt werden.

In Kalifornien darf Ottokraftstoff nur 40 ppm Schwefel enthalten. In den anderen Bundesstaaten der USA ist der Schwefelgehalt von normgerechtem Ottokraftstoff allerdings erst bei 1.000 ppm limitiert. Dieser Grenzwert wird gelegentlich auch ausgenutzt; ca. 10% aller geprüften Benzine wiesen außerhalb von Kalifornien mehr als 750 ppm Schwefel auf, im Durchschnitt lag der Schwefelgehalt bei 350 ppm. Diese sehr hohen Schwefelanteile führen natürlich zur Vergiftung der Katalysatoren und damit zu vermehrten Emissionen. Außerdem können sie erhöhten Verschleiß in den Motoren zur Folge haben. Auf der anderen Seite verursacht eine gründlichere Entschwefelung höhere Verarbeitungskosten, die in den USA in Relation zu den extrem niedrigen Benzinpreisen um 1,3 US $/gal (50 Pf/l) für durchaus bedeutsam gehalten werden.

---

[5] A. A. Reglitzky, H. Schneider, H. Krumm „Chancen zur Emissionsverminderung durch konventionelle und alternative Kraftstoffe", VDI-Berichte 1020, 1992

[6] W. Drechsler (UBA), „Auswirkungen veränderter Ottokraftstoffe auf die Abgasemissionen und die Raffinerien", Erdöl Erdgas Kohle 111 (1995) 1, S. 4–7

[7] W. Drechsler (UBA), „Bewertung innovativer Entwicklungen bei Kraftstoffen aus Umweltsicht", in „Kraftstoffe und Umwelt – ein Mineralölforum der Veba Öl AG", Königswinter, 2.11.1995

Tabelle 6.1. Eigenschaften von bleifreien Ottokraftstoffen auf dem deutschen Markt, Mittelwerte für Sommerqualitäten. Ab Herbst 1995 bieten Aral und Shell Super Plus Benzin mit einem von ca. 2% auf < 1% reduzierten Benzolgehalt an (Grenzwert 5%).

		Normal	Super	Super Plus
Dichte	kg/l	0,75	0,76	0,77
Oktanzahl	ROZ	94	96	99
	MOZ	83	85	88
Bleigehalt	g/l	0,001	0,001	0,001
Schwefelgehalt	mg/kg	275	135	65
Benzolgehalt	Vol.-%	1,7	2,2	2,0
Aromaten	Vol.-%	31	38	43
Olefine	Vol.-%	18	10	4
MTBE	Vol.-%	0,5	1,6	6,9
Methanol	Vol.-%	0,0	0,1	0,0
gebundener Sauerstoff	Gew.-%	0,12	0,38	1,26
Dampfdruck (Reid)	kPa	65	65	66

Tabelle 6.2. Erhöhung der Verarbeitungskosten durch die Absenkung des Schwefelgehaltes in Ottokraftstoff nach Angaben aus der US-Ölindustrie[8]

Absenkung des Schwefelgehaltes	zusätzliche Kosten	
	US c/gal	Pf/l
von 1.000 ppm auf 350 ppm	2	0,8
von 350 ppm auf 150 ppm	2	0,8
von 150 ppm auf 40 ppm	5	1,9

Ein sehr wichtiges Qualitätsmerkmal von Ottokraftstoffen ist die Klopffestigkeit. Sie wird zunächst einmal durch die Mischung unterschiedlich klopffester Produkte aus den einzelnen Verarbeitungsstufen einer Raffinerie zum Endprodukt „Benzin" definiert. In der Regel kann damit aber noch nicht die geforderte Oktanzahl erreicht werden. Daher müssen dem Benzin spezielle Chemikalien zugesetzt werden, die den Verbrennungsprozeß im Zylinder so beeinflussen, daß es nicht zum Klopfen kommt. Dazu eignet sich eine große Zahl von Substanzen. Über Jahrzehnte wurden Bleiverbindungen verwendet. Sie wurden bei uns mittlerweile weitgehend verdrängt. Damit wird die weitere Freisetzung des giftigen Schwermetalls Blei vermieden. Außerdem werden Abgaskatalysatoren durch Blei in kurzer Zeit vergiftet und damit unwirksam.

Die Bleizusätze wurden als Antiklopfmittel teilweise durch Methyl-Tertiär-Butylether (MTBE) ersetzt. MTBE ist eine farblose Flüssigkeit mit der Dichte 0,74 kg/l. Es hat die Struktur $(H_3C)_3C\text{-}O\text{-}CH_3$, die Elementarzusammensetzung ist C 68,2%, O 18,2%, H 13,6%. Der Siedepunkt liegt bei 55 °C. MTBE wird in relativ einfacher Weise aus Isobuten und Methanol hergestellt. Ein Zusatz von bis zu 15%

[8] B. Brooks, „High-Sulfur Fuel Concerns BMW", WEVTU, 1.12.1995, S. 3

MTBE zu Ottokraftstoffen reduziert die Kohlenmonoxid- und Kohlenwasserstoffemissionen, ohne die Stickstoffoxide zu erhöhen. Allerdings steigen die Aldehyd-Werte leicht an[9]. Auch Ethyl-Tertiär-Butyether (ETBE) und Tertiärer Amylether (TAME) werden in geringem Umfang als Antiklopfmittel verwendet.

Auch die Verwendung von Ferrocen wurde eingehend untersucht. Mit einer Zugabe von 30 g/t Benzin (entspricht 20 mg/l) können die Oktanzahlen um 0,5 MOZ bzw. 0,7 ROZ erhöht werden. Die bei Verwendung von handelsüblichen Kraftstoffen sonst auftretende Alterung des Abgaskatalysators konnte wesentlich verzögert werden. Es konnten keine toxischen oder kanzerogenen Wirkungen des Abgases infolge der Ferrocen-Beimischung zum Kraftstoff festgestellt werden[10].

Eine alternative Möglichkeit zur Verbesserung der Klopffestigkeit von Benzin ist die Beimischung von Gemischen von C_1-C_5-Alkoholen. Solche Kraftstoffe wurden in den 80er Jahren in Italien als Superfuel E bereits in größerem Umfang angeboten. Mittlerweile setzt sich die Meinung durch, daß MTBE die bessere Lösung ist. Wesentliche Gründe dafür sind[11]:

- Der Gehalt an niederen Alkoholen macht solche Mischungen anfällig gegen Entmischung. Dies gilt vor allem dann, wenn der Wassergehalt nicht bei nahezu Null gehalten werden kann.
- Die Alkoholmischungen sind in der Herstellung teurer als Methanol.
- MTBE hat insgesamt die besseren Eigenschaften.

6.1.2 Dieselkraftstoffe

Infolge der extrem mageren Verbrennung emittieren Diesel nur wenig Kohlenmonoxid und Kohlenwasserstoffe. Bei ihnen stehen die Bestandteile von Stickstoffoxiden und Partikeln im Abgas im Vordergrund. Auch diese Emissionen können durch besseren Kraftstoff positiv beeinflußt werden. Es hat sich gezeigt, daß eine Absenkung des Schwefelgehaltes auf 0,05 Gew.-% zu deutlich geringeren Partikelemissionen beiträgt. Außerdem kann mit einer besseren Wirksamkeit eines Oxidationskatalysators gerechnet werden, da die Schwefelvergiftung weitgehend entfällt. Der genannte Grenzwert für den Schwefelgehalt wurde von der EU ab dem 1.10.1996 verbindlich festgelegt (Richtlinie 93/12/EU; Norm EN 590); derzeit gilt noch ein Höchstwert von

[9] A. A. Reglitzky, H. Schneider, H. Krumm (Shell) „Chancen zur Emissionsverminderung durch konventionelle und alternative Kraftstoffe“, VDI-Berichte 1020, 1992

[10] A.-W. Preuss, „Ferrocen – ein Kraftstoff-Additiv von Veba Öl“ und U. Heinrich (FHI für Toxikologie und Aerosolforschung), „Vergleichende Untersuchung zur gesundheitlichen Wirkung der Abgase aus der Verbrennung von Ottokraftstoff mit und ohne Ferrocen“, in „Kraftstoffe und Umwelt – ein Mineralölforum der Veba Öl AG“, 2.11.1995, Königswinter

[11] G. A. Mills (Univ. Delaware), „Status and Future Opportunities for Conversion of Synthesis Gas to Liquid Fuels“, Fuel 73 (1994) 8, S 1243–1279
D. Williams (Ass. Octel), M. W. Vincent (BP), „Past and Anticipated Changes in European Gasoline Octane Quality and Vehicle Performance“, XXIV. FISITA Congress, London, 7.–11.6.1992, IMechE C389/065, 925007

0,2 Gew.-%[12]. Der Schwefelgehalt von derzeit – 1995 – auf dem Markt angebotenem Diesel schwankt je nach Jahreszeit und Anbieter zwischen 0,04% und 0,27%., die Cetanzahl zwischen 49 und 57. Die Einhaltung des neuen Grenzwertes erfordert erhebliche Investitionen in den europäischen Raffinerien, die mit Anlagen für die Hydrierung des Schwefels zu Schwefelwasserstoff und dessen Abtrennung ausgestattet werden müssen. Sie belaufen sich auf ca. 1,5 Mrd. DM[13]. Die Kraftstoffmehrkosten werden auf ca. 2 Pf/l geschätzt.

Die weltweit schärfsten Grenzwerte für den Schwefelgehalt von Dieselkraftstoffen gelten in Schweden. Es werden dort drei Qualitäten angeboten. Sie werden unterschiedlich besteuert, um einen Anreiz zur Verwendung der besonders sauberen Qualitäten zu geben[14]:

Klasse I	0,001% S	Steuer 46 Pf/l
Klasse II	0,005% S	Steuer 52 Pf/l
Klasse III	0,2 % S	Steuer 57 Pf/l

Mittlerweile wird auch in Deutschland von einigen Landesregierungen die Einführung einer Dieselqualität mit maximal 0,001% Schwefel unter der Bezeichnung „Citydiesel" gefordert; ihre Verwendung soll mit Steuervergünstigungen gefördert werden[15]. Die Mineralölindustrie beziffert die erforderlichen Investitionen für die Absenkung des Schwefelgehaltes auf dieses Niveau mit 25 Mrd. DM[16].

Bei der Einführung von schwefelarmem Diesel haben sich in der Schweiz einige Schwierigkeiten im Fahrzeugbetrieb ergeben. Es gab stellenweise Heißstartprobleme. Außerdem traten Schwierigkeiten mit der Schmierung an Einspritzpumpen auf. Mittlerweile wurden Feinabstimmungen an den Kraftstoffqualitäten vorgenommen, die die Probleme beseitigen sollen. Dieses Beispiel zeigt, daß selbst scheinbar geringfügige Veränderungen der Kraftstoffqualitäten größter Sorgfalt bedürfen, um nachteilige Erscheinungen im Alltagsbetrieb auszuschließen[17].

Mit einem optimierten Dieselkraftstoff mit besonders hoher Cetanzahl ohne Schwefel und ohne Aromaten konnte in Versuchen die Partikelemission im Vergleich zu einem Normkraftstoff noch stärker um bis zu 50% gesenkt werden. Ähnliche Ver-

---

12 Dieselkraftstoff für Binnenschiffe gilt im Sinne dieser Regelung nicht als Diesel sondern als Gasöl und darf weiter 0,2 Gew.-% Schwefel enthalten (Sachverständigenrat für Umweltfragen, „Umweltgutachten 1996", Bundestagsdrucksache 13/4108, Randziffer 460).

13 K.-P. Schug, VEBA Öl, lt. P. Frei, „Diesel am Wendepunkt", Bild der Wissenschaft, 10/1995

14 Antwort der Bundesregierung auf eine Kleine Anfrage „Besteuerung von Dieselkraftstoff", Drucksache 13/554 vom 15.2.1995
0,02% S für Klasse II lt. IEA/OECD, „Car and Climate Change" Paris 1993

15 Land Baden-Württemberg, „Entwurf eines Gesetzes zur Kennzeichnung und steuerlichen Förderung von umweltfreundlichen Kraftstoffen (UmKraftG)", Bundesratsdrucksache 651/95 vom 10.10.1995. Es wird gleichzeitig eine Cetanzahl von mindestens 55 und eine Dichte von 840 kg/m^3 gefordert. Der Steuervorteil für „Diesel extra schwefelarm" soll 3 Pf/l betragen. Auch benzolarmer Ottokraftstoff mit Benzol < 1 Vol.%, Aromaten < 30 Vol.-%, Schwefel < 0,01 Gew.-%, Dampfdruck < 60 kPa soll – wie beim Diesel – *durch höhere Besteuerung der bisherigen Qualitäten* um 3 Pf/l begünstigt werden. Für die ersten drei Jahre ist sogar eine Spreizung um 6 Pf/l für Diesel und Ottokraftstoff vorgesehen.

16 M. Krüper (Veba Öl), Ansprache beim Mineralölforum „Kraftstoffe und Umwelt" der Veba Öl AG, Königswinter, 2.11.1995

17 Automobil Revue 35/1995 vom 25.8.1995

besserungen wurden bei Kohlenwasserstoffen und Kohlenmonoxid beobachtet, während die Stickstoffoxide mehr oder weniger unverändert blieben. Leider ist dieser Kraftstoff derzeit nicht in großer Menge herstellbar[18].

Tabelle 6.3. Mittelwerte von Eigenschaften des Dieselkraftstoffs auf dem deutschen Markt (Sommerqualität)

Dichte	kg/l	0,84
Gehalt an		
Monoaromaten	Gew.-%	20
Aromaten, gesamt	Gew.-%	26
Schwefel	Gew.-%	0,15
Cetanzahl		52

Das Ausmaß der Verbesserungen der Emissionskennwerte ist von der Art des Motors abhängig. Für die kleinen Pkw-Diesel haben sich bisher etwas andere Wirkungen veränderter Kraftstoffrezepturen gezeigt als für die Motoren von Nutzfahrzeugen. Möglicherweise muß man langfristig für die verschiedenen Anwendungen unterschiedliche Dieselqualitäten anbieten.

Wenn es nicht gelingt, durch die Optimierung der Verbrennungsprozesse in Kombination mit verbesserten Kraftstoffen die Emission von Ruß und anderen Partikeln genügend zu senken, müssen Rußfilter als End-of-the-Pipe-Technik eingesetzt werden. Sie halten die Partikel zuverlässig zurück, setzen sich allerdings dabei allmählich zu und erhöhen dadurch den Abgasgegendruck so stark, daß der Motor nicht mehr wie gewohnt arbeiten kann oder gänzlich seinen Dienst versagt. Durch periodisches Aufheizen über die Zündtemperatur des Ruß kann ein Rußfilter wieder freigebrannt werden. Das erfordert eine aufwendige Technik. Bei Linienbussen werden teilweise bereits zweiflutige Filter eingesetzt, von denen immer einer im Betrieb ist, während der andere regeneriert wird. Eine wesentliche Verbesserung wäre erreicht, wenn die Verbrennung des Ruß im Filter schon bei üblichen Betriebstemperaturen stattfände. Um dies zu erreichen, werden verschiedene, katalytisch wirksame Kraftstoffzusätze unter-

[18] F. Anisits, O. Hiemesch (BMW), W. E. A. Dabelstein, J. Cooke, M. Mariott (Shell), „Der Kraftstoffeinfluß auf die Abgasemissionen von Pkw-Wirbelkammermotoren", MTZ 52 (1991) 5, S. 242–249.
Möglicherweise ist die Ursache für die Verbesserung in der Partikelemission nicht primär in der Erhöhung der Cetanzahl, sondern in der damit verknüpften Verminderung der Poly-Aromaten zu suchen (M. Gairing, W. Lange, A. Le Jeune, D. Naber, A. Reglitzky, A. Schäfer., „Der Einfluß von Kraftstoffeigenschaften auf die Abgasemissionen moderner Dieselmotoren von Daimler Benz", MTZ 55 (1994) 1, S. 8–16).
Ein beträchtliches Potential zur Emissionssenkung bietet auch die Beimischung von bis zu 40% n-Butanol zum Dieselkraftstoff (J. Bredenbeck, H. Pucher, „Einsatz von n-Butanol als Kraftstoffkomponente", MTZ 53 (1992) 2, S. 74–78).

sucht[19]. Ihre jeweilige Wirkung auf Umwelt und Gesundheit gilt aber noch nicht als abschließend geklärt, so daß Prognosen zu ihrem breiten Einsatz schwierig sind. Für Pkw haben sich Rußfilter bisher nicht durchgesetzt; sie können inzwischen auch die scharfen EURO-II Anforderungen alleine mit motorischen Maßnahmen erfüllen.

6.2 Methanol

Methanol ist der einfachste Alkohol. Es hat die Struktur CH_3OH und die Elementarzusammensetzung

Kohlenstoff	37,5 Gew.-%
Sauerstoff	50,0 Gew.-%
Wasserstoff	12,5 Gew.-%.

Es wurde früher aus Holz gewonnen und wird daher auch „Holzgeist“ genannt (Zur Herstellung von Methanol siehe Kapitel 7.5 „Die Herstellung von Kraftstoffen aus Synthesegas“).

Methanol kann als Kraftstoff für Verbrennungsmotoren eingesetzt werden. Es erfüllt viele der oben angeführten Forderungen an einen „idealen Kraftstoff“:

- Hoher Siedepunkt
- Geringer Dampfdruck
- Relativ hoher Heizwert
- Hohe Dichte

Es ist allerdings giftig (tödliche Dosis 10–75 g); es wird auch über die Haut aufgenommen[20]. Die Gefährdung ist aber nicht größer als bei heutigen Kraftstoffen. Methanol löst viele Kunststoffe und Mineralsalze und erfordert daher eine angepaßte Werkstoffauswahl. Es gilt wegen seiner Mischbarkeit mit Wasser und seiner biologischen Abbaubarkeit als wenig wassergefährdend[21].

6.2.1 Flüssiges Methanol als Ottokraftstoff

Wasserfreies Methanol kann mit Benzin in jedem Verhältnis gemischt werden. Eine Beimischung bis 15% ist ohne größere Anpassungen an den Fahrzeugen und Motoren möglich. Allerdings muß das Kraftstoffsystem dafür geeignet sein (Auswahl von

---

[19] Die Fa. Rhône-Poulenc hat dazu eine Cer-Verbindung entwickelt; erforderliche Menge 150 g pro Tonne Diesel.
Bei Daimler-Benz werden Zusätze von Natrium- bzw. Lithium-Tertiärbutanolat untersucht (P. Frei, „Diesel am Wendepunkt“, Bild der Wissenschaft 10/1995; M. Schweres, „Eine Frage des Alles oder Nichts“, Süddeutsche Zeitung, 4.9.1995).
Von Veba Öl wurde die Verwendung von Ferrocen eingehend untersucht. Die Temperatur für die Regeneration des Rußfilters konnte auf 200–300 °C gesenkt werden. Es wurden 60 g/t Diesel benötigt (A.-W. Preuss, siehe Fußnote 10)

[20] Römpps Chemie-Lexikon, 8. Auflage, 1987, Stichwort „Methanol“

[21] Ullmanns Encyklopädie der technischen Chemie, 4. Auflage, Band 16 Stichwort „Methanol“, Weinheim, Verlag Chemie, 1973

Materialien, insbesondere Kunststoffen). Außerdem müssen Lackflächen, die mit Kraftstoff in Berührung kommen können, besonders geschützt werden. Der Dampfdruck des Gemisches sinkt unter den von reinem Benzin. Kraftstoffe dieser Art waren bereits auf dem Markt. So hat die Firma Atlantic Richfield in den USA jahrelang ein Gemisch von Benzin, Methanol und Tertiärem Butylalkohol unter dem Namen Oxinol verkauft[22].

Bei höheren Anteilen von Methanol an einem Mischkraftstoff mit Benzin trägt die hohe Verdampfungswärme zur Absenkung der Verbrennungsspitzentemperatur und damit zur Absenkung der NO_x-Rohemissionen bei[23]. Sie erschwert aber den Kaltstart; durch Beimischung von wenig Benzin, iso-Pentan oder Dimethylether (10–15%) kann dieses Problem gelöst werden. Die einfache Molekularstruktur des Methanol ohne Kohlenstoff – Kohlenstoff – Bindung führt im Vergleich zu Benzin zu einer schnelleren Verbrennung.

Der geringere Heizwert von Methanol hat eine Speicherdichte zur Folge, die nur 48% derer von Benzin beträgt. Bei unverändert angenommenem, energetischem Verbrauch ergibt sich also bei gleichem Tankinhalt eine auf die Hälfte reduzierte Reichweite.

Die Kohlenwasserstoffemissionen von stöchiometrisch betriebenen Methanolmotoren mit 3-Wege-Katalysator sind deutlich günstiger als bei Betrieb mit Benzin (–40% für ein M85 Fahrzeug im FTP-75 Test[24]); noch stärker als ihre Menge ist ihr photochemisches Potential und damit ihr Beitrag zur Ozonbildung verringert. Die Stickstoffoxid- und die Kohlenmonoxidemissionen sinken ebenfalls (-10% bzw.–5%). Um auch die Kaltstartemissionen auf ein akzeptables Maß zu begrenzen, müssen aber besondere Maßnahmen ergriffen werden[25]. Die Aldehyd-Emissionswerte sind höher als bei Benzinmotoren und erfordern u.U. einen besonders schnell anspringenden, motornahen Vorkatalysator[26]. Der motorische Wirkungsgrad steigt im Vergleich zu Benzinbetrieb; Drehmoment und Leistung werden bei M85 um ca. 11% verbessert. Im ECE-1/3-Mix wurde von mehreren Autoren über eine Senkung des energetischen Verbrauchs von ca. 8% mit Flexible-Fuel-Fahrzeugen, d.h. mit einer für Benzin optimierten Verdichtung, berichtet[27].

Die meisten der heute diskutierten Antriebskonzepte mit Methanol erlauben den Betrieb mit beliebigen Mischungen des Alkohols mit Benzin. Solche Flexible-Fuel-Konzepte tragen der Tatsache Rechnung, daß es derzeit und in der übersehbaren Zukunft keine ausgebaute Infrastruktur gibt, die ein Tanken von Methanol an jeder Tankstelle erlaubt. Diese Auslegung führt jedoch auf der anderen Seite zu technischen Kompromissen, die sich negativ auf den Verbrauch und den technischen Aufwand für den Motor – und damit auf die Kosten – auswirken.

---

[22] G. A. Mills, siehe Fußnote 11

[23] Dieser Vorteil geht weitgehend wieder verloren, wenn die höhere Klopffestigkeit zu einer Steigerung des Verdichtungsverhältnisses genutzt wird.

[24] W. Muhl, H. Petra, „Flexibler Benzin-Methanol-Mischbetrieb", ATZ 94 (1992) 2, S. 80–86

[25] H. Menrad, G. Decker, K. Weidmann, „Alcohol Fuel Vehicles of Volkswagen", SAE 820968

[26] D. Hüttebräucker, M. Stotz, P. Weymann, D. Scherenberg, „Das Flexible-Fuel-Konzept von Mercedes Benz", VDI-Berichte 1020, 1992

[27] W. Muhl, H. Petra, a. a. O.
H. Richter (Porsche), „Energieverbrauch und Abgasemissionen", MTZ 54 (1992) 5, S. 232 ff.

Tabelle 6.4. Eigenschaften von Methanolkraftstoffen für Ottomotoren[28]

		Benzin Super	reines Methanol	M30	M50	M85
Dichte	kg/m^3	750	795	760	771	791
Heizwert	MJ/kg	43,5	19,7	36,5	29,8	20,7
stöchiometrischer Luftbedarf	kg/kg	14,7	6,5	12,7	10,1	7,3
Gemischheizwert	MJ/m^3	3,75	3,44	3,69	3,58	3,49
Klopffestigkeit	ROZ	98	115	101	107	>110
Siedetemperatur	°C	30...180	65	30...160	30...140	30...120
Verdampfungswärme	kJ/kg	420	1.119	560	770	1.014
Dampfdruck nach Reid	bar	0,78	0,33	0,88	0,8	0,44
C/H-Verhältnis nach Gewicht		6,87	3	6,09	5,09	3,7

Wenn man auf die Möglichkeit zum Flexible-Fuel-Betrieb verzichtet, ergeben sich zusätzliche Optimierungsspielräume. Bei einer konsequenten Auslegung des Motors auf technisch reines Methanol kann ein optimiertes Aufladekonzept und eine erhöhte Verdichtung (ε = 12–13) realisiert werden. Für ein solches Konzept wurde eine Verbesserung des energetischen Verbrauchs um 20% bei gleichzeitiger Steigerung von Drehmoment und Leistung in derselben Größenordnung nachgewiesen. Aus diesem Grund wird Methanol seit Jahrzehnten gerne als Kraftstoff für Rennmotoren eingesetzt, wenn dies vom jeweiligen Reglement erlaubt wird.

Tabelle 6.5. Verbrauch und Emissionen für ein Flexible-Fuel-Methanolauto und das entsprechende Benzinauto (Chrysler LeBaron mit 2,2 l Turbomotor, Klopfregelung, LLK und geregeltem Katalysator, 1989)[29]

		Methanol (M85)	Benzin
Leistung	kW	130[a]	112
Drehmoment	Nm	278	255
Verbrauch City	l/100 km	18	11
	MJ/km	3,0	3,6
	%	82	100
Verbrauch Highway	l/100 km	12	8
	MJ/km	2,0	2,6
	%	75	100
HC	g/mile	0,17	0.36
CO	g/mile	1,7	2,9
NO_x	g/mile	0,21	0,36

[a] Mit reinem Methanol (M100) sind 150 kW möglich

[28] W. Muhl, H. Petra, siehe Fußnote 24
[29] ohne Autorenangabe, „Chrysler Tests Methanol-Powered Cars ...", WETVU, 1.6.1989

Bei konsequenter Umsetzung der hohen Klopffestigkeit von Methanolkraftstoff zur Erhöhung der Aufladung und bei gleichzeitiger Reduzierung des Hubraums auf gleiche Leistung wie bei einem Benzinmotor wird eine Verringerung der CO_2-Bildung im Fahrzeug um 30% und in der Kette von der Erzeugung des Methanol aus Erdgas bis zur Verbrennung von 20% im Vergleich zum Benzinbetrieb erwartet[30].

Mit Methanol können Ottomotoren auch sehr mager betrieben werden[31]. Nach Lösung des Problems des Mager-Katalysators liegt darin ein weiteres Potential zur Verbrauchs- und Emissionsverbesserung im Vergleich zum Benzin. Allerdings scheint dessen Entwicklung für Methanol noch schwieriger zu sein als für Benzin, da sich die kurzkettigen Kohlenwasserstoffe schwerer katalytisch oxidieren lassen[32].

6.2.2 Flüssiges Methanol als Dieselkraftstoff

Methanol kann auch im Dieselmotor eingesetzt werden. Der sehr schlechten Zündwilligkeit des Methanol muß dabei durch spezielle Maßnahmen Rechnung getragen werden. Dazu eignet sich z.B. eine Glühkerze, die eine heiße Fläche bereitstellt, an der sich das Gemisch entzünden kann. Ein anderer Ansatz ist die Wahl einer extrem hohen Verdichtung. Auch durch ein Brennverfahren mit einem Zündstrahl aus Dieselkraftstoff oder durch Beimischung von Zündbeschleunigern zum Kraftstoff (z.B. DME)[33] kann die geringe Cetanzahl ausgeglichen werden.

Mit solchen Konzepten können auch bei Betrieb mit Methanol die für Diesel typischen guten Wirkungsgrade erreicht werden. In einem turboaufgeladenen 1,9 l R4-Motor mit einer Leistung von 66 kW lag er im gesamten Kennfeld um 3–7% besser als beim mager betriebenen Methanol-Ottomotor und erreichte bei einer Verdichtung von 1 : 22 im Bestpunkt 42%. Es besteht durchaus die Chance, mit einem Methanol-Dieselmotor mit einem Oxidationskatalysator und elektronisch gesteuerter Einspritzung in relativ leichten Pkw auch die kalifornischen ULEV-Grenzwerte einhalten zu können[34, 35].

---

[30] H. Richter, N. H. Huynh, E. Krickelberg, H. Schulz, „Erfahrungen im Hause Porsche mit Methanol-Kraftstoffen", VDI-Berichte 1020, 1992

[31] F. Schäfer, R. van Basshuysen, „Schadstoffreduzierung und Kraftstoffverbrauch von Pkw-Verbrennungsmotoren", Springer, Wien – New York, 1993, ISBN 3-211-82485-5
G. Höchsmann, D. Gruden, „Alkohole als alternative Kraftstoffe – Entwicklung des Porsche ‚Flexible-Fuel-Fahrzeugs' ", Automobilindustrie 1/89, S. 21–27
H. Menrad, G. Decker, K. Weidmann, „Alcohol Fuel Vehicles of Volkswagen", SAE 820968

[32] Das BMFT hat in den Jahren 1984–1989 ein umfangreiches Forschungsprogramm zur Verwendung von M100-Kraftstoffen bis hin zu Flottentests gefördert.

[33] Es ist auch schon vorgeschlagen worden, zur Erleichterung des Kaltstarts im Fahrzeug DME aus Methanol zu erzeugen (G. A. Mills, siehe Fußnote 11).

[34] B. Bartunek, N. Schorn (FEV), „Utilisation of Methanol in DI Passenger Car Engines", ISATA 1993, 93EL056
Ähnlich vorteilhafte Daten werden berichtet von P. Zelenka, P. Kapus (AVL), „Development and Vehicle Application of a Multi-Fuel DI-Alcohol Engine", XXIV. FISITA Congress, London, 7.–11.6.1992, IMechE C389/065, 925007

[35] Es gibt Autoren, die für einen konsequent auf Methanol ausgelegten, 4-sitzigen Pkw mit quasi-adiabatem Dieselmotor, Start-Stop-Automatik und stufenlosem Getriebe eine Verminderung des Verbrauchs um 60–80% für möglich halten (C. L. Gray, J. A. Alson (EPA), „Ein Plädoyer für das Methanol-Auto", Spektrum der Wissenschaft, Januar 1990, S. 74–81).

6.2.3 Die Vergasung von Methanol

In einer weiteren Variante zur Verwendung von Methanol als Kraftstoff wird vorgeschlagen, den Alkohol im Fahrzeug zunächst zu Synthesegas umzusetzen und erst dieses dem Motor zur Verbrennung zuzuführen. Dazu eignen sich mehrere Prozesse. Einmal ist eine rein thermische Zersetzung möglich. Es entsteht Synthesegas mit der Zusammensetzung $CO + 2\ H_2$. Bei einem Druck von 1 bar ist dazu eine Temperatur von ca. 180 °C erforderlich. Dieser Wert nimmt zu, wenn der Druck erhöht wird, bei dem der Prozeß ablaufen soll. Bei 10 bar werden ca. 330 °C für eine Umsetzung von über 95% des Methanols benötigt

Auch die Verwendung des Steam Reforming Prozesses zur Erzeugung eines wasserstoffreichen Gases ist möglich. Es ersteht dabei ein Gas mit der Zusammensetzung $CO_2 + 3\ H_2$. Der Prozeß bietet sich vor allem für die Versorgung von Brennstoffzellen mit reinem Wasserstoff an. Allerdings müssen dabei die Reste an CO im Produktgas nahezu auf Null verringert werden, da sonst der Katalysator der Brennstoffzelle vergiftet würde.

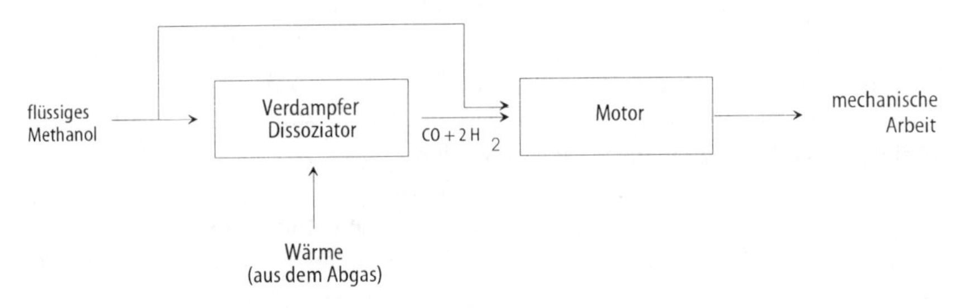

Bild 6.1. Vergasung von Methanol mit Abgaswärme

Beide Verfahren können heute durch Verwendung von maßgeschneiderten Katalysatoren wesentlich effizienter gestaltet werden. Auf diesem Gebiet wurde nach den Ölkrisen intensiv gearbeitet, man hat dabei erhebliche Verbesserungen erzielt[36]. In kleinerem Umfang wurden die Forschungen inzwischen mit Blick auf die Versorgung von Brennstoffzellen wieder aufgenommen.

Die Vergasung des Methanols vor der Verbrennung hat zwei Vorteile. Einmal ist der Heizwert des Synthesegases höher als der des Methanol (siehe Tabelle 6.6). Die zusätzliche Energie muß bei ca. 300 °C als Wärme zugeführt werden und kann aus dem Abgas entnommen werden. Man erreicht also eine indirekte Nutzung der Auspuffabwärme, in gewissem Sinn wird also die Wirkung eines „chemischen Abgasturboladers" erzielt.

[36] H. Yoon, M. R. Stouffer, P. J. Dudt, F. P. Burke, G. P. Curran (Conoco), „Methanol Dissociation for Fuel Use", Energy Progress 5 (1985) 2, S. 78–83

Tabelle 6.6. Energiegewinn bei der endothermen Dissoziation und dem Steam Reforming von Methanol (Enthalpien in MJ, jeweils bezogen auf 1 kg Methanol)

	endotherme Dissoziation	Steam Reforming
in MJ/kg	Vergasung zu $CO + 2\ H_2$	Vergasung zu $CO_2 + 3\ H_2$
Heizwert des flüssigen Methanols	19,7	19,7
Energiegewinn durch Verdampfung des Methanol	1,1	1,1
Energiegewinn durch Verdampfung des Wassers	–	1,4
Heizwert der Produkte	23,4	22,7
gesamter Gewinn in%	19	15

Bei einem Kaltstart kann man die Zeit, bis der Motor genügend Abwärme für die Vergasungsreaktion liefert, mit Synthesegas überbrücken, das mittels partieller Oxidation von Methanol gewonnen werden kann. Durch die Verbrennung eines Teils des Methanols sind die dabei ablaufenden Prozesse teilweise exotherm. Bei entsprechender Reaktionsführung braucht also Wärme weder zu- noch abgeführt werden, es wird aber auch kein Energiegewinn erzielt.

Ein weiterer Vorteil liegt in der Chance, Synthesegas praktisch ohne Emission von Kohlenwasserstoffen zu verbrennen. Im Abgas kommen neben Kohlendioxid und Wasser nur Kohlenmonoxid und Stickstoffoxide vor. Auch in Kombination mit einem konventionell mit flüssigem Kraftstoff arbeitenden Motor kann die Vergasung daher Vorteile zur Vermeidung der Kaltstartemissionen bieten.

Die Nachteile dieser Vergasungsverfahren liegen in der komplizierten und schweren Anlagentechnik, dem schwierigen Instationärverhalten des Gaserzeugers und dem geringeren Gemischheizwert. Daher könnte eine Kombination der Verwendung von flüssigem und vergastem Methanol interessant sein. Vergastes Methanol würde dann einmal für den Kaltstart zur Vermeidung der hohen Kohlenwasserstoffemissionen verwendet. Außerdem würde immer dann Gas genutzt, wenn es die Dynamik des Vergasers und die Leistungsanforderung des Fahrers zuläßt. Werden diese Grenzen überschritten, wird zusätzlich oder alternativ flüssiges Methanol eingespritzt (siehe Abbildung 6.1).

Es gibt aber auch Ansätze zur Verbesserung des Instationärverhaltens von Methanolvergasern. In einem Fall wird dazu die notwendige Energie nicht thermisch, sondern über eine Plasmaentladung eingekoppelt[37]. Möglicherweise werden sich aus diesen Ansätzen langfristig interessante Antriebe entwickeln lassen.

Angesichts ihrer Komplexität wird sich die Vergasungstechnik vermutlich zunächst für Stationärmotoren oder überwiegend stationär betriebene Fahrzeugmotoren z.B. in schweren Lkw eignen.

[37] C. J. O'Brian, S. Hochgreb, A. Rabinovich, L. Bromberg, D. R. Cohn (MIT), „Hydrogen Production via Plasma Reformers", IECEC 96182

Tabelle 6.7. Wirkungsgradverbesserungen bei Verwendung von dissoziiertem Methanol in Ottomotoren im Vergleich zu konventionellen Benzin- bzw. Methanolmotoren[38]

	Verbesserung bei Nutzung von dissoziiertem Methanol relativ zu	
	Benzin	flüssigem Methanol
Magerbetrieb	20–30%	20%
höhere Kompression	11%	–
Abwärmenutzung im Verdampfer	6%	–
Abwärmenutzung im Dissoziationsreaktor unter vollständig endothermen Bedingungen	14%	14%
Summe	40–60%	20–35%

6.3 Ethanol

Ethanol ist die chemische Norm-Bezeichnung für den üblichen „Alkohol" (Äthanol, Weingeist, Branntwein, ...). Er hat die Struktur CH_3-CH_2-OH und die Elementar-Zusammensetzung

Kohlenstoff	52,2 Gew.-%
Sauerstoff	34,8 Gew.-%
Wasserstoff	13,0 Gew.-%.

Aus dem Heizwert von 26,8 MJ/kg und der Dichte von 0,79 kg/l ergeben sich 65% der Speicherdichte von Benzin. Bei gleichem Tankvolumen ist die Reichweiteneinbuße also geringer als bei Methanol. Der Siedepunkt liegt bei 78 °C, die Verdampfungswärme bei 904 MJ/kg. Die hohe Oktanzahl von ROZ 108 kennzeichnet Ethanol als sehr guten Ottokraftstoff.

In der Tat ist der Gebrauch von Ethanol als Kraftstoff so alt wie der Ottomotor selbst: Nikolaus Otto betrieb seinen ersten Motor mit reinem Alkohol. Schon 1907 veröffentlichte das US Landwirtschaftsministerium einen Bericht mit dem Titel „Use of Alcohol and Gasoline in Farm Engines"[39].

Die motorischen Eigenschaften von Ethanol sind ähnlich denen von Methanol. Wasserfrei kann es mit Anteilen von bis zu 22% mit Benzin gemischt werden; auf Klopfverbesserer kann dann verzichtet werden. Bei Verwendung von reinem Alkohol sind die Kaltstarteigenschaften noch schlechter als bei Methanol; dem Kraftstoff muß eine leichter flüchtige Komponente beigegeben oder aus einem separaten Tank gezielt zudosiert werden. Das Potential zur Verbesserung der Rohemissionen scheint etwas geringer als bei Methanol. Statt vermehrter Formaldeyd-Rohemissionen treten erhöhte Acetaldehyde auf[40].

---

[38] H. Yoon, siehe Fußnote 36

[39] W. A. Scheller, B. J. Mohr (Univ. Nebraska), „Gasoline does, too, mix with alcohol", Chemtech, Oktober 1977, S. 616–623

[40] H. Menrad, siehe Fußnote 31

Ethanolmotoren werden in Brasilien seit Ende der 80er Jahre in großer Serie produziert und verkauft. In den 70er Jahren hatte die brasilianische Regierung unter dem Eindruck der Ölpreiskrisen das Proálcool-Programm ins Leben gerufen. Die Gewinnung von Alkohol aus Zuckerrohr wurde in großem Umfang begünstigt. Seit 1984 wurden die Subventionen wieder reduziert, die Erzeugung stagniert seither. Mitte der 80er Jahre waren bis zu 95% der in Brasilien neu zugelassenen Fahrzeuge mit Motoren für wasserfreies Ethanol ausgerüstet; mittlerweile ist ihr Anteil wieder stark geschrumpft. In Brasilien wird E95 verwendet, d.h. Ethanol mit einer Beimischung von 5% Benzin. Daneben wird dem normalen Benzin ein Anteil von bis zu 22% Ethanol beigemischt. Das brasilianische Programm kann immer noch mit Abstand als die weltweit größte Anstrengung gelten, nicht-fossile Kraftstoffe für den Transportsektor verfügbar zu machen (siehe Kap. 7.4.3.1 „Das brasilianische Proálcool-Programm").

In den USA wird in erheblichem Umfang Ethanol aus Getreide gewonnen. Ca. 3 Mrd. l werden jährlich im Verhältnis 1 : 9 mit Benzin gemischt und als Gasohol verkauft. Dafür werden Subventionen in der Größenordnung von 0,25 DM/l aufgewandt[41] (siehe Kapitel 7.4.3.3 „Ethanolkraftstoff aus Getreide").

In Schweden wird bereits reines Ethanol als Kraftstoff für Stadtbusse eingesetzt. In Stockholm sind 82 davon in Betrieb. Das Ethanol wird derzeit aus spanischem Wein gewonnen. Das ist innerhalb der EU deutlich billiger als Importe z.B. aus Rußland. Spanien muß ohnehin seine jährliche Weinproduktion von 36,7 Mio. hl auf 29,2 Mio. hl reduzieren und kann somit theoretisch ca. 170 Mio. l Ethanol (äquivalent zu ca. 110 Mio. l Benzin oder 3,8 PJ) ohne zusätzliche Ackerflächen bereitstellen[42].

6.4 DME als Dieselkraftstoff

Dimethylether (DME) ist der einfachste Ether. Es handelt sich um ein Gas mit der Strukturformel $H_3C\text{-}O\text{-}CH_3$ und der elementaren Zusammensetzung

Kohlenstoff	52,1 Gew.-%
Sauerstoff	34,7 Gew.-%
Wasserstoff	13,1 Gew.-%

DME weist keine Kohlenstoff – Kohlenstoff – Bindung auf. Er kann unter geringem Druck verflüssigt werden (Siedetemperatur -24,9 °C). DME muß unter Normalbedingungen auf ca. 5 bar, bei Motorraum-Temperatur auf 15–30 bar verdichtet werden, um das Auftreten von Dampfblasen sicher zu verhindern. Das Kraftstoffsystem ist dem von Flüssiggas ähnlich. Die Energiedichte liegt bei 28,8 MJ/kg bei einer Dichte der Flüssigkeit von 0,67 kg/l. Ohne Berücksichtigung der Druckspeichertechnik erreicht die volumenbezogene Energiedichte 54% des Wertes von Dieselkraftstoff.

H. Heinrich et al., „Alternative Kraftstoffe – Chancen und Risiken aus der Sicht von Volkswagen", VDI-Berichte 1020, 1992

[41] J. J. MacKenzie, „Reducing U.S. Reliance on Imported Oil – An Assessment of Alternative Transportation Fuels", World Resources Institute, 1990

[42] „Ökobusse fahren mit Vino", Frankfurter Allgemeine Zeitung, 28.10.1995

DME ist gegenüber den üblichen Materialien in Kraftstoffsystemen und Motoren nicht korrosiv (Ausnahme: Einige Elastomere). Er wirkt weder toxisch noch karzinogen. DME wird derzeit in beträchtlichem Umfang als Treibgas für Aerosole in Spraydosen verwendet (ca. 150.000 t/a).

Neue Untersuchungen haben gezeigt, daß DME sehr vorteilhaft als Kraftstoff für Dieselmotoren eingesetzt werden kann. Die hohe Cetanzahl (55–60) führt zu guten Selbstzündungs- und Kaltstarteigenschaften. Der Sauerstoffanteil bewirkt eine nahezu rußfreie Verbrennung, so daß großer Spielraum für die Optimierung der NO_x-Emissionen (u.a. über hohe AGR-Raten), des Verbrauchs und des Verbrennungsgeräusches bleibt. Die veröffentlichen Resultate an umgebauten, direkt einspritzenden Lkw-Motoren ohne Katalysator oder Rußfilter zeigen, daß bei gleichem energetischem Verbrauch wie bei heutigen Dieseln für freisaugende und aufgeladene Motoren NO_x-Emissionen von 2–4 g/kWh bei einer Geräuschentwicklung auf dem Niveau von Ottomotoren erreicht wurden. Eine weitere Absenkung auf 1,3 g/kWh wird für möglich gehalten. Gleichzeitig kann der Verbrauch – energetisch gerechnet – um bis zu 10% abgesenkt werden. Hochrechnungen auf der Basis gemessener Werte ergaben, daß die ab 1998 gültigen, kalifornischen ULEV-Werte für Medium Duty Vehicles deutlich unterschritten werden können. Dasselbe gilt für die Einhaltung der europäischen Grenzwerte[43].

Bei speziell für DME entwickelten Motoren kann der Druck im Einspritzsystem auf 250 bar gesenkt werden. Das ist ein niedriger Wert im Vergleich zu heute in Entwicklung befindlichen DI-Motoren mit Einspritzdrücken um die 1.000 bar. Damit scheinen bei DME-Motoren Kostensenkungen möglich, die zumindest einen Teil der Mehrkosten des Druckgassystems für die Speicherung ausgleichen.

Vorhandene Konstruktionen für Ottomotoren können im Prinzip auf DME umgestellt werden. Der Verbrennungsspitzendruck kann auch mit DME bei ca. 70 bar gehalten werden und die Spitzentemperatur bleibt ebenfalls unverändert, so daß keine größere Veränderung des Motorblocks erforderlich ist. Der Hubraum müßte allerdings um ca. 10% vergrößert werden, um dasselbe Drehmoment zu erhalten. Eine Einspritzanlage für Drehzahlen bis 5.500 min^{-1} wird derzeit entwickelt. Mit AGR und einem Oxidationskatalysator kann auch ein Pkw die ULEV-Grenzwerte einhalten[44]. Ein erster Feldtest ist für 1997 in Kalifornien in Planung[45].

Die Dichte des gasförmigen DME ist 1,62mal größer als die von Luft; es können sich also in Geländesenken, tiefen Gebäudeteilen ohne ständigen Luftaustausch o.ä. „DME-Seen“ mit potentiell gefährlichen Eigenschaften bilden. Vermutlich werden

[43] T. Fleisch, C. C. McCarthy, A. Basu, C. Udovich, P. Charbonneau, W. Slodowske, S.-E. Mikkelsen, J. McCandless., „A New Clean Diesel Technology: Demonstration of ULEV Emissions on a Navistar Diesel Engine Fueled with Dimethyl Ether“, SAE 950061
P. Kapus, H. Ofner., „Development of Fuel Injection Equipment and Combustion System for DI Diesels Operated on Dimethyl Ether“, SAE 950062
J. B. Hansen, B. Voss, F. Joensen, I. D. Sigurdardottir, „Large Scale Manufacture of Dimethyl Ether – a New Alternative Diesel Fuel from Natural Gas“, SAE 950063

[44] Für Pkw sind die ULEV-Grenzwerte schwerer zu erreichen als für Transporter bzw. Lkw.

[45] B. Brooks, „Gasoline Engine Production Could be Converted for DME“, Bericht über ein Gespräch mit Dr. P. Meurer, AVL, WEVTU, 15.4.1995
B. Brooks, „DOE Funds DME Fuel-Injection Development“, WEVTU, 15.12.1995

daher DME-Fahrzeuge ebenso wie LPG-Fahrzeuge nicht in Tiefgaragen parken dürfen. Ob bei Tunneldurchfahrten eine besondere Gefahr besteht, wird noch zu prüfen sein.

6.5 DMM als Dieselkraftstoff

Das Southwest Research Institute (Texas) hat eine größere Zahl von Kohlenwasserstoffen als potentielle neue Dieselkraftstoffe untersucht und dabei Dimethoxymethan (DMM) als interessantesten Kandidaten herausgefiltert[46]. DMM ist unter dem Trivialnamen „Methylal" bekannt und hat die Zusammensetzung $H_3CO\text{-}CH_2\text{-}OCH_3$. Das Molekulargewicht beträgt 76,09, die Dichte 0,86 kg/l, die Siedetemperatur 41 °C. Der Stoff wird heute u.a. zum Entparaffinieren von Mineral- und Schmierölen und bei der Herstellung von Kunstharzen und Klebstoffen eingesetzt. Der Geruch ist fruchtig. Der MAK-Wert liegt mit 3.100 mg/m^3 recht hoch[47]. DMM wurde auch bereits als Narkosemittel untersucht[48].

Da DMM einen Siedepunkt oberhalb der Umgebungstemperatur hat, kann es im wesentlichen wie Diesel gehandhabt werden. Drucktanks sind nicht erforderlich. Die Cetanzahl von DMM liegt bei 50. Der Heizwert liegt um den Faktor 1,8 unter dem von Diesel. Aufgrund von theoretischen Überlegungen (keine Kohlenstoff – Kohlenstoff – Bindung, hohe Cetanzahl) werden niedrige Emissionen erwartet; Messungen sind noch nicht bekannt.

DMM kann grundsätzlich aus Erdgas hergestellt werden. Über effiziente, großtechnische Umwandlungsprozesse und deren Kosten ist jedoch bisher nichts bekannt.

Die Cetanzahl von DMM ist zu niedrig, um diesem Stoff einen wesentlichen Vorteil gegenüber verbesserten, konventionellen Kraftstoffen einzuräumen. Eine wesentliche Bedeutung wird er daher nicht gewinnen können.

6.6 LPG als Ottokraftstoff

Autogas oder Liquefied Petroleum Gas (LPG) besteht aus Propan und Butan mit einem nominellen Verhältnis von 50:50, das aber je nach Gegend und Jahreszeit variieren kann. Es fällt bei der Erdölförderung als Begleitgas, bei der Förderung von Erdgas und im Raffinerieprozeß an. LPG kann unter mäßigem Druck (5–10 bar) verflüssigt werden.

Im Vergleich zu Benzinfahrzeugen ohne Katalysator haben bereits bivalente LPG-Fahrzeuge deutlich verringerte Emissionen: Die Stickstoffoxide liegen um ca. 20% günstiger, die Kohlenwasserstoffe um den Faktor 2–3. Benzol tritt im Abgas praktisch nicht auf. Dies war – neben der reichlichen Verfügbarkeit als Raffinerie-Nebenpro-

[46] B. Brooks, „Research Intensifying for Synthetic Diesel Fuels", Bericht über ein Gespräch mit T. Ryan, SWRI, WEVTU, 1.4.1995
[47] Römpps Chemie-Lexikon, 8. Auflage, 1987, Stichwort „Methylal"
[48] Ullmanns Encyklopädie der technischen Chemie, 4. Auflage, Bd. 7, Stichwort „Aldehyde, aliphatische"

dukt – auch der Grund, warum die niederländische Regierung die Verwendung von LPG gefördert hat. Die derzeit gültigen und erst recht künftig weiter verschärfte Grenzwerte können jedoch auch bei Verwendung von LPG nur mit Katalysator erreicht werden.

Mit geregeltem Katalysator sind die limitierten Emissionen niedriger als die von Benzinfahrzeugen. Ihr photochemisches Potential ist deutlich geringer. Da Aromaten und auch gesättigte Ringstrukturen im Kraftstoff praktisch nicht vorkommen, wird Benzol so gut wie gar nicht emittiert. Die CO_2-Emissionen der reinen Verbrennung sind wegen des besseren C/H-Verhältnisses günstiger. Motorleistung und energetischer Kraftstoffverbrauch sind jeweils um ca. 5% geringer als bei Benzinbetrieb.

Die Klopfneigung von LPG ist wesentlich geringer als die von Benzin. Das erlaubt bei konsequenter Auslegung des Motors und Verzicht auf den alternativen Benzinbetrieb eine höhere Verdichtung. LPG-Motoren können daher verbrauchsgünstiger gestaltet werden. Dies gilt verstärkt, wenn auch die größere Abmagerungsfähigkeit von LPG genutzt wird. Allerdings ist dabei zur Einhaltung der Emissionsgrenzwerte die Kombination mit einem Mager-Katalysator erforderlich. An dessen Entwicklung wird derzeit weltweit intensiv gearbeitet. Er steht aber noch nicht in einer Form zur Verfügung, die für eine Serie geeignet ist.

Tabelle 6.8. Stoffwerte von Erdgas- und Flüssiggas-Bestandteilen

		Methan	Ethan	Propan	iso-Butan
		CH_4	$H_3C\text{-}CH_3$	$H_3C\text{-}CH_2\text{-}CH_3$	$H_3C\text{-}C(CH_3)\text{-}CH_3$ (mit CH_3 oben und unten am mittleren C)
Heizwert	MJ/kg	50,0	47,5	46,3	45,6
	MJ/l			23,6	26,4
Dichte als Gas, 0 °C, 1 bar	kg/m³	0,72	1,36	2	2,7
Dichte relativ zu Luft		0,56	1,05	1,54	2,09
Dichte als Flüssigkeit	kg/l			0,51	0,58
Siedetemperatur bei 1 bar	°C	–161	–88	–43	–10
Molekulargewicht	g/mol	16	30	44	58
Kohlenstoffgehalt	Gew.-%	75	80	82	83
Wasserstoffgehalt	Gew.-%	25	20	18	17
Oktanzahl	ROZ	130		111	94

Heutige LPG-Fahrzeuge entstehen durch Umbau von Benzinfahrzeugen und sind stets bivalent ausgerüstet. Durch einfaches Umschalten kann auch während der Fahrt von Benzinbetrieb auf LPG-Betrieb gewechselt werden. Die geringere Flächendeckung von LPG-Tankstellen ist daher kein Problem für die Besitzer. Allerdings wird der Optimierungsspielraum durch eine enge Auslegung alleine auf LPG anstelle von Benzin dabei nicht genutzt. Zudem müssen im Auto zwei Tankanlagen mitgeführt werden; das nutzbare Volumen – meistens der Kofferraum – wird entsprechend reduziert und das Fahrzeuggewicht erhöht. Die Umbaukosten liegen in der Größenordnung von 2.500–3.000 DM.

Seit Mitte 1996 bietet Renault als erster Hersteller LPG-Fahrzeuge in Dual-Fuel-Technik ab Werk an. Der Mehrpreis liegt bei ca. 4.000 DM und umfaßt neben der zusätzlichen Tankanlage auch einen motornahen Vorkatalysator, der zu einer Senkung der Emissionen deutlich unter das EURO-II Niveau beiträgt. Sogar die besonders anspruchsvollen, kalifornischen ULEV-Grenzwerte werden von dem relativ kleinen und leichten Renault Clio 1,4 ohne größere technische Änderungen um die Hälfte unterschritten. Die Steuer auf LPG wurde in Frankreich ab 1996 so weit gesenkt, daß ein Preis von 2,5 Ffr/l erreicht wird. Damit könnten LPG-Fahrzeuge zu einer attraktiven Alternative für der Betrieb in immissionsbelasteten Gebieten werden[49].

In Deutschland wird LPG als Kraftstoff nur wenig eingesetzt. Mangelnde Verfügbarkeit und die hohe Nachfrage nach Flüssiggas aus dem Wärmemarkt lassen derzeit auch kaum eine Ausweitung des Einsatzes zu, obwohl auch bei uns die steuerlichen Bedingungen wegen der günstigen Emissionskennwerte ab dem 1.1.1996 durch eine Senkung der Mineralölsteuer von früher 612,50 DM/t (13,2 DM/GJ) auf 241,00 DM/t (5,2 DM/GJ) deutlich verbessert worden sind. Allerdings ist offenbar für die Zukunft mit einer Vergrößerung des Angebotes zu rechnen, weil mehr und mehr auch die Begleitgase mancher Erdölvorkommen wirtschaftlich verwertet werden. Es bleibt abzuwarten, ob diese Konstellation auch bei uns zu einer zunehmenden Verwendung von LPG führen wird. Als Anwender kämen insbesondere Flottenbetreiber in Frage, deren Fahrzeuge in hoch belasteten Gebieten bewegt werden müssen, also Stadtbusse, Lieferwagen, Kommunalfahrzeuge, Taxis aber auch Privatfahrzeuge.

Tabelle 6.9. Wirtschaftlichkeit von LPG-Dual-Fuel-Fahrzeugen ausgedrückt in jährlich erforderlicher Fahrleistung zur Erzielung von Kostengleichstand mit einem Benzinfahrzeug[50]

Niederlande	23.000 km/a
Italien	16.000 km/a
Frankreich	45.000 km/a

In anderen Ländern wurden für LPG schon früher günstige wirtschaftliche Randbedingungen geschaffen. Speziell in den Niederlanden und in Italien steht viel Autogas aus den vergleichsweise zahlreichen Raffinerien zur Verfügung. Dort sind recht beträchtliche Anteile von auf LPG umgerüsteten Fahrzeugen speziell bei Betreibern von Fahrzeugflotten zu beobachten. In den Niederlanden werden ca. 650.000 Fahrzeuge von 2.100 Tankstellen versorgt[51].

[49] R. Johnson, „Renault to offer LPG conversions", Automotive News Europe, 24.6.1996, S. 12

[50] J. van der Weide, J. J. Seppen, B. Hollemans (TNO), „Alternative Kraftstoffe in den Niederlanden: Hintergründe, Erfahrungen, neue Entwicklungen", VDI-Berichte 1020, 1992
Angabe für Frankreich gültig für die Kraftstoffpreise vor der Steuersenkung.

[51] J. van der Weide et al., siehe Fußnote 50

6.7 Erdgas als Kraftstoff

Der einfachste gesättigte Kohlenwasserstoff – Methan CH_4 (C 75%, H 25%) – ist von seinen verbrennungstechnischen Eigenschaften her ein fast idealer Ottokraftstoff (ROZ 130). Leider liegt er nur bei unter -161 °C in flüssiger Form vor und läßt sich – anders als LPG – nicht bei moderaten Drücken verflüssigen. Seine Speicherung erfordert daher besonderen Aufwand. Methan ist der Hauptbestandteil des Erdgases, das somit in fast unveränderter Form als Kraftstoff verwendet werden kann.

Gegenüber dem Betrieb mit Benzin führt die Verwendung von Erdgas zu einer geringeren Leistungsfähigkeit des Fahrzeugs. Dazu tragen die folgenden Einflüsse bei[52]:

- Mehrgewicht durch die Gasanlage
- Niedrigere Gemischheizwert im Normzustand –10%
- Wärmere Füllung durch die notwendige Beheizung des Gases –1%
- Entfall der Gemischkühlung durch Benzinverdampfung –2%
- Entfall der Vollastanreicherung –2%

Der energetische Verbrauch von Erdgasmotoren ist um ca. 5% geringer als bei Benzinbetrieb, wobei der Vorteil infolge sinkender Drosselverluste mit abnehmender Last zunimmt. Im praktischen Betrieb wird dieser Vorteil durch das höhere Fahrzeuggewicht wieder kompensiert.

Das günstige Kohlenstoff-Wasserstoff-Verhältnis des Methan führt zu einer entsprechenden Absenkung der Kohlendioxidemission direkt aus der Verbrennung. Ein Kubikmeter Erdgas, wie er aus Rußland nach Deutschland geliefert wird, hat einen Heizwert von 35,9 MJ, das entspricht energetisch 1,13 l Benzin bzw. 1,00 l Diesel. Bei seiner Verbrennung werden 2,0 kg CO_2/Nm^3 freigesetzt. Bei Benzin hat die Verbrennung der energetisch äquivalenten Menge die Emission von 2,6 kg CO_2 und bei Diesel von 2,7 kg zur Folge (ohne die indirekten Emissionen aus der Kette von der Förderung bis zum Tank)[53].

Um die Emissionen bei Verwendung unterschiedlicher Kraftstoffe zutreffend vergleichen zu können, müssen möglichst ähnliche Fahrzeuge herangezogen werden. Auf dieser Basis werden von einem CNG-Fahrzeug gegenüber einem mit Benzinantrieb 18–21% weniger CO_2 emittiert (siehe Tabelle 6.10). Gegenüber einem Diesel beträgt die Reduzierung 8–11%. Für andere Erdgasqualitäten ergeben sich nur geringfügig ungünstigere Vergleichswerte.

Für eine korrekte Bewertung des Treibhauspotentials – denn nur darauf hat das Kohlendioxid einen Einfluß – muß zusätzlich zum CO_2 das freigesetzte Methan betrachtet werden. Dessen Treibhauspotential liegt beim 21-fachen derselben Masse von CO_2-Molekülen. Aus dem Kraftstoffsystem entweicht weder im Fahrzeug noch an der Tankstelle Methan. Die Hochdrucksysteme kann man als hermetisch dicht betrachten. Die Emissionen von unverbranntem Methan aus dem Auspuff müssen unterhalb der

[52] J. Emonts, J. Scholten, O. Stiegler, „BMW – Erdgasfahrzeuge in Serienqualität, Technik und Perspektiven", 17. Int. Wiener Motorensymposium, 25.- 26.4 1996, VDI Fortschrittsberichte Nr. 267

[53] Dichte GUS-Erdgas H: 0,731 kg/Nm^3, CO_2-Freisetzung 55 kg/GJ

gesetzlichen Grenzwerte für Kohlenwasserstoffemissionen liegen; damit ist der Beitrag der Methan-Emissionen aus dem Fahrzeug zum Treibhauseffekt gering[54].

Tabelle 6.10. Vergleich der Antriebe mit Benzin-, Diesel- und Gasantrieb hinsichtlich ihrer CO_2-Emissionen für drei nahezu leistungsgleiche BMW-Fahrzeuge. Andere vorgelagerte Emissionen wie die Verluste bei Förderung und Transport oder – im Falle der flüssigen Kraftstoffe – in der Raffinerie sind nicht enthalten.

		Benzin 316i	Diesel 318 tds	Erdgas 316g
Leergewicht	kg	1.140	1.270	1.225
Sitzplätze		5	5	2
Zuladung	kg	460	385	
Tankvolumen Benzin	l	52	52	52
Tankvolumen Erdgas	Nm^3	–	–	18
max. Leistung	kW	75	66	64
bei	U/min	5.500	4.400	5.500
max. Drehmoment	Nm	150	190	127
bei	U/min	3.900	2.000	3.900
max. Geschwindigkeit	km/h	188	175	177
Beschleunigung 0–100 km/h	s	12,3	13,9	15,6
Beschleunigung 80–120 km/h	s	12,2	13,1	16,5
Verbrauch ECE 1/3 Mix	l/100 km	7,4	5,9	–
	Nm^3/100 km	–	–	6,6
direkte CO_2-Emission	kg CO_2/100 km	17,6	15,6	13,1
indirekte CO_2-Emission durch Strom für Kompressor	kg CO_2/100 km	0	0	0,8–1,4
gesamte CO_2-Emission (ohne Energiegewinnung und Verteilung)	kg CO_2/100 km	17,6	15,6	13,9–14,4
CO_2-Emission bezogen auf das Dieselfahrzeug	%	113	100	89–92

[54] Der maximalen Differenz bei den CO_2-Emissionen im Vergleich zum Diesel von 1,7 kg/100 km entspricht eine maximal zulässige Steigerung der CH_4-Emission um 0,8 g/km. Dieser Wert muß schon wegen der gesetzlichen Emissionsgrenzwerte deutlich unterschritten werden.
Bezogen auf das im Motor verbrannte Gas ergibt sich ein maximal zulässiger Anteil von 1,7%, der in der Kette von der Förderung bis zum Auto unverbrannt verloren gehen darf, um keine Verschlechterung der klimarelevanten Emissionen zuzulassen. Dieser Betrag erhöht sich entsprechend, wenn die vorgelagerten Emissionen der Benzin- bzw. Dieselerzeugung aus Erdöl berücksichtigt werden. Für russisches Erdgas werden die Verluste bei der Förderung und in der Pipeline im Bereich 2,9–6,6% geschätzt. Für Gas aus westeuropäischer Produktion liegen sie um ca. eine Größenordnung niedriger (W. Zittel, „Methane Emissions from Russian Gas Supply and Measures to Control them", in Proc. Conf. „Non-CO_2 Greenhouse Gases", Maastricht 13.–15.12.1993, ISBN 0-7923-3043-9, S 329–334). Deutschland bezieht etwa ein Drittel seines Gasbedarfs aus Rußland.

Der Einsatz von Erdgas führt zu einer ganz erhebliche Verbesserung bei den Emissionen von reaktiven, unverbrannten Kohlenwasserstoffen. Damit ist auch das photochemische Potential der Emissionen deutlich geringer (-80% sowohl im Vergleich zum Benzin- als auch zum Dieselmotor). Zudem tritt das als lufthygienisch als besonders kritisch betrachtete Benzol praktisch nicht in Erscheinung. Im Vergleich zum Diesel sind auch die NO_x-Emissionen reduziert. Partikel treten natürlich praktisch nicht auf. Die derzeitig geltenden Emissionsgrenzwerte EURO-II werden weit unterschritten (siehe Tabelle 6.11). Für die von BMW serienmäßig angebotenen Flexible-Fuel-Fahrzeuge 316g und 518g wurde auch die dauerhafte Einhaltung der besonders strengen kalifornischen ULEV-Grenzwerte nachgewiesen[55]. Selbst die Erreichung der nochmals erheblich schärferen Grenzwerte für Equivalent Zero Emission Vehicles (EZEV) erscheint zumindest für leichtere Fahrzeuge nicht ausgeschlossen. Erdgasfahrzeuge können daher bezüglich ihrer Emissionen nahezu mit Elektro- oder Hybridfahrzeugen verglichen werden. Angesichts dieser Vorteile eignet sich Erdgas besonders gut zur Verwendung als sehr sauber verbrennender Kraftstoff in höher belasteten Gebieten wie z.B. Innenstädten, in denen der Luftaustausch durch enge Straßenschluchten stark behindert ist.

Bei konsequenter Auslegung auf Erdgas als alleinigen Kraftstoff können im Vergleich zu Dual-Fuel-Lösungen erhebliche Verbesserungen des Verbrauchs erzielt werden. Die motorische Verbrennung von Erdgas verläuft auch bei sehr geringen Lasten deutlich stabiler als bei Benzin. Eine Kaltstartanreicherung ist nicht erforderlich. Transiente Lastzustände können ebenfalls ohne Anreicherung gefahren werden; das trägt vor allem zu einer Reduzierung des Stadtverbrauchs bei. Auch variable Ventilsteuerungen können in einem weiteren Bereich realisiert werden; es besteht nie die Gefahr, daß bereits verdampftes Benzin beim Ladungswechsel wieder auskondensiert.

Die Möglichkeit eines extrem mageren Betriebes mit $\lambda = 1{,}6$ wurde bereits demonstriert. Dabei konnten zumindest in den angegebenen Lastpunkten deutlich reduzierte Rohemissionen registriert werden (CO –98%, HC –12%, NO_x –51%, CO_2 –21% gegenüber stöchiometrischem Betrieb). Leider sind allein damit die NO_x-Grenzwerte noch nicht einzuhalten. Die Abgaszusammensetzung liegt aber außerhalb des Wirksamkeitsfensters eines geregelten Katalysators. Erst bei erfolgreicher Entwicklung eines Mager-Katalysators sind ein extrem magerer Betrieb mit Gas und damit die volle Ausschöpfung des technischen Potentials zukünftig realisierbar[56].

Auch im Dieselprozeß kann Erdgas verbrannt werden. Allerdings muß wegen der schlechten Zündfähigkeit des Gases dabei eine Glühkerze oder ein Zündstrahl eingesetzt werden. Ziel der noch laufenden Entwicklungen ist es, dennoch denselben Wirkungsgrad wie mit Diesel zu erreichen[57]. Solche Motoren kommen wahrscheinlich zunächst in stationären Anlagen und dann in Linienbussen zum Einsatz. Auf absehbare Zeit wird aber in Fahrzeugen der Gas-Ottomotor bei weitem dominieren.

---

[55] J. Emonts et al, siehe Fußnote 52

[56] Y. Yamamoto, K. Sato, S. Matsumoto, S. Tsuzuki (Honda), „Study of Combustion Characteristics of Compressed Natural Gas as Automotive Fuel", SAE 940761

[57] Ohne Autorenangabe, „Lifting the Flap on Cat's Engine Innovations", Marine Engineers Review, März 1993, S. 44–45 berichtet über entsprechende Arbeiten bei Caterpillar.

6.7.1 Komprimiertes Erdgas

Eine Möglichkeit zur Speicherung von Gas besteht in der Verwendung von Druckbehältern. Dazu wird Erdgas in Kompressorstationen auf einen Druck von ca. 200 bar gebracht (CNG Compressed Natural Gas). Im Fahrzeug werden entsprechende Drucktanks erforderlich. Dieses System muß natürlich absolut dicht ausgeführt werden; Gasverluste aus dem Kraftstoffsystem der Autos sind daher kein Problem.

Erdgas-Pkw werden heute meistens durch nachträglichen Umbau von Benzinfahrzeugen dargestellt. Als erster Pkw-Hersteller bietet BMW solche bivalenten Fahrzeuge mit CNG- und Benzinanlage seit Ende 1995 serienmäßig an. In diesen Fahrzeugen mit der Bezeichnung 316g und 518g werden 80 l Tanks mit einem Gasinhalt von 18 Nm^3 verwendet. Beim 316g wird eine Stahlflasche, beim 518g eine aus Verbundmaterial verwendet. Das Mehrgewicht der Fahrzeuge gegenüber der Basisversion für Benzinbetrieb liegt bei 85 bzw. 105 kg[58] [59].

Tabelle 6.11. Emissionen von CNG-Fahrzeugen, Mittelwerte über ca. 20 verschiedene Fahrzeuge[60]. Siehe auch Tabelle 5.2 auf Seite 62

		Grenzwerte		Meßwerte	
				Gewicht der Fahrzeuge	
		US-FTP	ULEV	1.600 kg	1.800 kg
No_x	g/km	0,62	0,12	0,21	0,16
CO	g/km	2,11	1,06	0,81	0,22
HC	g/km	0,25	0,025[1]	0,21[2]	0,06[2]
NMHC	g/km	0,12	0,03	< 0,02	< 0,01

[1] nur NMOG
[2] incl. Methan

Zur Betankung können Kleinkompressoren eingesetzt werden, die das komprimierte Gas direkt in den Fahrzeugtank fördern. Eine Zwischenspeicherung in einem Hochdrucktank wird dadurch vermieden. Solche „Fuel-Maker" oder Slow-Fill-Stationen haben den Vorteil, mit relativ geringem Aufwand dezentral überall dort einsetzbar zu sein, wo ein Gasanschluß zugänglich ist. Allerdings haben sie Tankzeiten von mehreren Stunden zur Folge. Investitions- und Betriebskosten für den Fuel-Maker sind hoch. Diese Lösung lohnt sich nur in Ausnahmefällen.

[58] Die Gewichtsdifferenz gegenüber dem 518g ergibt sich durch den Entfall der hinteren Sitzbank beim 316g und unterschiedliche Ausführung der Tanks.

[59] A. Hämmerl, F. Kramer, P. Langen, G. Schulz, T. Schulz, „BMW-Automobile für den wahlweisen Benzin- oder Erdgasbetrieb", ATZ 97 (1995) 12, S. 800–810
Emonts et al, siehe Fußnote 52
Ford baut ab 1996 einen pickup und einen van mit dual fuel Technik und eine Limousine, die ausschließlich für CNG-Betrieb ausgerüstet ist (WEVTU, 15.12.1995).
Ab Ende 1997 will Honda im Werk Ohio einen 1,6 l Civic mit Erdgasantrieb nach dem dual fuel Konzept bauen (Automotive International, 22.11.1995).

[60] J. van der Weide et al., siehe Fußnote 50

Für eine breitere Anwendung von Erdgasfahrzeugen ist die Errichtung von öffentlichen Tankstellen notwendig, die aus dem Leitungsgas Druckgas erzeugen und in Speichern vorrätig halten. Mit solchen Quick-Fill-Stationen ist ein Tankvorgang ähnlich dem mit Benzin gewohnten möglich. Allerdings muß immer eine formschlüssige, hochdruckdichte Verbindung zwischen Tanksäule und „Einfüllstutzen" über einen entsprechenden Schnellverschluß hergestellt werden.

Der Bedarf an elektrischer Energie für das Befüllen eines Tanks mit 18 Nm^3 Volumen bei 200 bar beläuft sich je nach Kompressortechnik und Vordruck des Gases auf 4–7 kWh[61].

Bisher gibt es in Deutschland ca. 500 Fuel-Maker. Nur etwa 40 Tankstellen sind bisher im Betrieb oder für die nächste Zeit geplant. Sie versorgen bisher rund 1.000 CNG-Fahrzeuge[62].

Bei der Auslegung der Fahrzeuge muß auf die geringe Dichte von Erdgastankstellen Rücksicht genommen werden. Auf dem Markt für Pkw sind daher ausschließlich Dual-Fuel-Fahrzeuge, d.h. zusätzlich zur konventionellen Kraftstoffversorgung mit Benzin ist ein Druckgassystem installiert. Die Motorsteuerung erkennt, welcher Kraftstoff zugeführt wird, und verwendet die entsprechenden Kennfelder. Mit dieser Auslegung ist eine volle Ausnützung der verbrennungstechnischen Eigenschaften des Erdgases nicht möglich, da die Grundauslegung (Verdichtung, Ventilsteuerzeiten usw.) durch den Benzinbetrieb bestimmt bleiben. Die Leistung der Fahrzeuge bleibt im Erdgasbetrieb wegen der durch das angesaugte Erdgasvolumen geringeren Zylinderfüllung hinter der im Benzinbetrieb zurück. Zudem verursacht das doppelte Kraftstoffsystem höhere Kosten und kostet viel Platz im Fahrzeug. Ein nächster, logischer Schritt ist daher die Konzeption von ausschließlich für Erdgas ausgelegten Fahrzeugen. Bei hinreichender Akzeptanz der Dual-Fuel-Fahrzeuge ist in einigen Jahren mit entsprechend optimierten Angeboten zu rechnen.

Die Qualität des über das Leitungsnetz angebotenen Erdgases schwankt je nach Herkunft und Betriebsweise in relativ weiten Grenzen. So wird in manchen Teilnetzen bis zu 20% LPG zur Spitzenlastdeckung beigemischt[63]. Es kommt sogar vor, daß Teilnetze während Wartungsarbeiten oder Leitungsumstellungen für Wochen mit Gemischen aus LPG und Luft beschickt werden. Für stationäre Anwendungen erwächst daraus kein Problem. Anders liegen die Verhältnisse bei Fahrzeugen. Hier ist entweder eine engere Eingrenzung der Brennstoffeigenschaften im Sinne einer Standardisierung erforderlich oder die Fahrzeuge müssen die Gasqualität erkennen können (und auf der motorischen Seite auf den schlechtesten Fall ausgelegt werden) oder sie können nur im Gebiet einer definierten Gasqualität benutzt werden. Diese Fragen werden derzeit zwischen den beteiligten Firmen diskutiert.

---

[61] Die direkten CO_2-Emissionen der Stromerzeugung unter Berücksichtigung der tatsächlichen Kraftwerknutzungsgrade und der eingesetzten Brennstoffe liegen in Deutschland bei 583 g/kWh.

[62] Ohne Autorenangabe, „Erst Erdgas, dann Wasserstoff", Erdöl Erdgas Kohle 112 (1996) 3, S. 105–106

[63] DVGW-Regelwerk, „Gasbeschaffenheit – Technische Regeln", Arbeitsblätter G 260/I und II. Flüssiggas kann oberhalb von 3–4 bar auskondensieren.

CNG-Autos sind wegen der aufwendigen Technik im Kraftstoffsystem deutlich teuerer als herkömmliche Fahrzeuge. Bei BMW liegt der Mehrpreis bei 7.000 DM; andere Firmen verlangen ähnliche Aufpreise. Zudem verursacht die Kompression des Erdgases auf über 200 bar und die Speicherung dieses Druckgases an den Tankstellen höhere Kosten als bei Benzin oder Diesel. Daher sind Erdgasfahrzeuge auf staatliche Unterstützung angewiesen. In Deutschland wurde ab 1996 für einen Zeitraum von fünf Jahren der Steuersatz für Erdgas als Kfz-Kraftstoff von ursprüngliche 47,60 DM/MWh auf den von der EU festgelegten Mindeststeuersatz von 18,70 DM/MWh reduziert. In den USA wurde die Einführung von Erdgasfahrzeugen durch Freibeträge bei der Einkommenssteuer gefördert (2.000 US $ an Bundessteuern, ca. 3.000 US $ zusätzlich in Kalifornien[64]). Mit solchen staatlichen Förderungen ist CNG für einige Flottenbetreiber eine auch wirtschaftlich interessante Alternative geworden. Man wird in der Zukunft sicher zunehmend Erdgasfahrzeuge im Straßenbild von Städten sehen.

Für Nutzfahrzeuge, die z.B. von einem Flottenbetreiber immer in einem bestimmten Gebiet eingesetzt werden, lohnt sich auch die Umstellung auf reinen Erdgasbetrieb ohne die Möglichkeit, alternativ Benzin oder Diesel verwenden zu können. Speziell für Busse machen sich das wesentlich geringere Motorgeräusch und die fast geruchsneutralen, unsichtbaren, partikelfreien Abgase als zusätzliche Vorteile bemerkbar. Die Emissionsgrenzwerte nach EURO-III werden deutlich unterschritten. Allerdings haben die CNG-Busse energetisch betrachtet einen Nachteil von 25–30%. Er wird vor allem durch den schlechteren Teillast-Wirkungsgrad des stöchiometrisch betriebenen, nicht aufgeladenen Ottomotors im Vergleich zu einem aufgeladenen DI-Diesel verursacht. Auch das hohe Gewicht der zahlreichen Druckgasflaschen trägt dazu bei. Durch die kürzlich beschlossene, günstigere steuerliche Behandlung des Erdgases wird dieser Nachteil bei den Kraftstoffkosten ausgeglichen. Es bleiben aber dennoch erhöhte Kosten für die Infrastruktur und durch den Fahrzeugmehrpreis. CNG-Busse werden inzwischen serienmäßig angeboten[65].

6.7.2 Verflüssigtes Erdgas

Eine alternative Möglichkeit zur Speicherung von Methan in Form von Druckgas bietet die Verflüssigung bei einer Temperatur unter –161 °C zu LNG (Liquefied Natural Gas). Der Kraftstoff ist dann nahezu drucklos in einem sehr gut isolierten Tank speicherbar. Wegen der höheren Temperatur und der größeren Verdampfungsenthalpie von Methan ist der Druckanstieg im Tank durch verdampfende Flüssigkeit beim Fahrzeugstillstand geringer als beim Wasserstoff. Die dennoch anfallende Gasmenge muß

---

[64] WEVTU, 15.12.1995

[65] Z.B.: Niederflur-Bus NL 232 CNG von MAN mit 170 kW R6-Motor mit geregeltem 3-Wege-Katalysator, Reichweite 320 km mit 840 Nm^3 Erdgas. Die Druckbehälter sind auf dem Dach untergebracht. Der Mehrpreis gegenüber einem Dieselfahrzeug mit 380.000 DM liegt 60.000 DM (R. Rupprecht (MAN), „Entwicklungen im Busbereich – Aspekte des Umweltschutzes und der Wirtschaftlichkeit“, Jahrestagung des Verbandes Deutscher Verkehrsunternehmen '95, ISBN 3-87094-743-8)

entweder verbraucht werden oder sie wird gefahrlos abgefackelt. Bei normaler Benutzung des Fahrzeugs – mehr als eine Fahrt pro Woche – sind keine Nachteile gegenüber konventionellen Kraftstoffen zu erwarten[66].

Die Verflüssigung von Erdgas erfolgt nach vorheriger Reinigung und Abtrennung höherer Kohlenwasserstoffe im allgemeinen bei einem Druck von ca. 40 bar durch stufenweise Abkühlung mit Kältemittelkreisläufen. Der Energiebedarf der Verflüssigung liegt bei 10–15% des eingesetzten, gereinigten Gases und wird i.w. für den Antrieb der Kältemittelverdichter benötigt[67].

Es wird weltweit eine Reihe von großen Verflüssigungsanlagen betrieben, um Erdgasvorkommen auf dem Seeweg zu vermarkten, die per Pipeline nicht erschlossen werden können. Der gesamte Erdgasbedarf Japans (56,8 Mrd. Nm^3) wird auf diese Weise gedeckt. Weltweit wurden 1994 88 Mrd. Nm^3 Erdgas als LNG gehandelt. Ein weiterer, erheblicher Anstieg wird vor allem für Südostasien erwartet. Es gibt weltweit elf Ladeterminals in acht Ländern und vierundzwanzig Entlade- und Verdampfungsanlagen in elf Ländern.[68]. Derzeit wird Deutschland nicht mit solchem LNG versorgt. Die einzige wesentliche LNG-Anlage bei uns wird von den Technischen Werken Stuttgart betrieben, um in Schwachlastzeiten Erdgas aus dem Netz entnehmen und speichern zu können, das bei Spitzenlast wieder verdampft und ins Netz zurückgeführt wird.

Derzeit wird LNG in Deutschland nur in geringen Mengen nachgefragt und von den Flüssiggasfirmen (Linde, Air Liquide, Air Products, Messer Griesheim) zu Preisen von 1,20–2,40 DM/l verkauft. Die Kosten einer Verflüssigungsanlage für 5–6.000 l/d werden auf ca. 750.000 DM geschätzt (ohne Tanklager). In Japan betragen die Kosten für LNG frei Entladehafen ca. 4,4 DM/GJ[69].

Bei der Einführung von Gasantrieben wird man für eine längere Zeit von einen Nebeneinander von CNG und LNG ausgehen müssen. Die Tankstellen sollten daher möglichst so ausgelegt werden, daß sie beide Formen anbieten können. Dazu bietet sich ein Ausgehen von LNG an, das in Tankfahrzeugen angeliefert und in hochisolierten Tanks gelagert werden kann. Diese Technik ist aus der Kältegasindustrie gut bekannt. CNG würde dann in der Tankstelle durch Verdampfen von LNG unter Druck erzeugt werden.

Für die Verflüssigung muß Erdgas ohnehin von Beimischungen und höheren Kohlenwasserstoffen gereinigt werden, um Verstopfungen von Leitungen durch Gefrieren von höheren Kohlenwasserstoffen u.ä. zu vermeiden. Die Verwendung von LNG hat daher den zusätzlichen Vorteil, daß eine enge Standardisierung der Gasqualität ohne jeden Zusatzaufwand möglich wird. Dies öffnet – wie oben beschrieben – zusätzliche Möglichkeiten für eine Optimierung der motorischen Verbrennung.

---

66 W. Strobl, E. Heck (BMW), „Wasserstoffantrieb und mögliche Zwischenschritte", VDI-Tagung „Wasserstoffenergietechnik IV", 17.-18.10.1995

67 H. Schaefer, VDI-Lexikon Energietechnik, VDI-Verlag, Düsseldorf 1994, Stichwort „Erdgasverflüssigung"

68 BP Statistical Review of World Energy 1995
Ohne Autorenangabe, „Großer Bedarf an Tankern für Erdgas", Deutsche Verkehrs-Zeitung, 4./6.4.1996

69 BP Statistical Review of World Energy 1995

Die fahrzeugseitige Tanktechnik für LNG ist bei BMW aus den Arbeiten zum Wasserstoffauto bereits gut bekannt. Bei den bisherigen Versuchsfahrzeugen wird dazu ein zylindrischer Tank hinter den Rücksitzen über der Hinterachse untergebracht. Der Kofferraum muß dazu verkleinert werden. Bei künftigen Mono-Fuel-Konzepten könnte der konventionelle Benzintank entfallen. Weiterentwicklungen richten sich insbesondere auf eine bessere Integration des LNG-Tanks in das Fahrzeug, um die bisherigen räumlichen Nachteile zu vermeiden. Er würde eine stärker prismatische Form erhalten und im Bereich des Benzintanks und des – dann eventuell entbehrlichen – Reserverades untergebracht werden. Diese Tanktechnik kann später nahezu unverändert auch für LH2 eingesetzt werden. In diesem Sinne stellt LNG einen Zwischenschritt bei der Entwicklung von Fahrzeugen mit Flüssigwasserstoff als Energieträger dar. Seit 1995 wird bei BMW ein Versuchsfahrzeug mit LNG-Antrieb betrieben.

6.8 Rapsöl und Rapsölmethylester

Eine Reihe von Pflanzen sind in der Lage, Öle zu erzeugen, die auch als Motorkraftstoffe in Betracht kommen. Dazu gehören Soja, Baumwolle, Sonnenblumen, Erdnüsse, Raps, Lein, Sesam, Rizinus usw. In Europa ist Raps die wichtigste Ölpflanze.

Leistung und Wirkungsgrad von Dieselmotoren sinken bei der Verwendung von rohem Rapsöl leicht ab. Die Emissionen an CO und HC steigen deutlich an, insbesondere die von Aromaten. Dasselbe gilt auch für die Partikel. Während der Laufzeit stellen sich in der Regel bald weitere Verschlechterungen ein. Die Kraftstoffilter setzten sich innerhalb kurzer Zeit mit Schleim zu. Im Tank können sich Pilze bilden, die sich dann im gesamten Kraftstoffsystem verbreiten. Der Kaltstart ist nur mit besonderen Maßnahmen möglich. Unterhalb von ca. –10 °C verfestigt sich das Öl zu einer margarineähnlichen Substanz. Ein Einsatz im Pkw scheidet damit aus. Auch Beimischungen von Rapsöl zu Diesel haben sich nicht bewährt[70].

Einen Ausweg bietet die Umesterung der rohen Pflanzenöle. Durch Zugabe von Methanol und in Anwesenheit eines Katalysators entstehen ein Gemisch aus Glycerin und Wasser und ein Gemisch aus Ester und Alkohol. Nach Abtrennung des überschüssigen Alkohols durch Destillation erhält man Rapsölmethylester (RME, auch RÖME). Ganz analog kann man auch andere Pflanzenöle zu PME verestern.

RME kann grundsätzlich in Dieselmotoren eingesetzt werden. Allerdings enthält es etwas Methanol, das nicht ausreagiert ist (ca. 0,3%). Daher müssen bei der Materialauswahl für Teile, die mit Kraftstoff in Berührung kommen, einige Besonderheiten beachtet werden. Der Gemischheizwert von RME entspricht etwa dem von Diesel. RME hat wegen der verringerten Viskosität im Vergleich zu rohem Rapsöl ein verbessertes Kaltstartverhalten. Bis ca. –8 °C ist der Betrieb ohne besondere Maßnahmen möglich, bei tieferen Temperaturen sind Additive erforderlich. Auch die Verkokungsneigung ist deutlich verbessert. An das Schmieröl werden besondere Forderungen ge-

[70] K. Weidmann, H. Heinrich, „Einsatz von Kraftstoffen aus nachwachsenden Rohstoffen im VW/Audi Dieselmotor", VDI-Berichte 1020, 1992: Bericht über eigene Untersuchungen und über solche, die im Rahmen eines BMFT-Projektes bei Porsche durchgeführt wurden.

stellt, um eine Verschlechterung der Viskosität zu vermeiden. Mit RME verlieren konventionelle Pkw-Diesel nur geringfügig an Drehmoment und Leistung. Der niedrigere Heizwert (infolge des Sauerstoffgehaltes) wird durch die höhere Dichte teilweise ausgeglichen, so daß der volumetrische Verbrauch sich nur wenig verschlechtert. Der energetische Mehrverbrauch liegt bei ca. 3,5%. Im FTP-75 Zyklus sinken die Emissionen an CO, HC (und zwar besonders der polyzyklischen, aromatischen Kohlenwasserstoffe (PAK)) und Ruß signifikant, dagegen steigen die NO_x und die Aldehyde an. Leider steigt auch das für den Abgasgeruch wesentliche Acrolein deutlich an. Mischungen von RME mit Diesel sind in weiten Grenzen möglich[71]. Vermutlich sind durch eine Anpassung der Motoren an RME noch Verbesserungen bei Verbrauch und Emissionen zu erreichen. Der geringe Schwefelgehalt im Abgas erleichtert den Einsatz von Oxidations-Katalysatoren.

Tabelle 6.12. Eigenschaften von Rapsöl und RME im Vergleich zu Diesel[72]

		Diesel	Rapsöl heißgepreßt hexan-extrahiert wasserentschleimt	RME
Dichte	kg/l	0,83–0,85	0,92	0,87
Flammpunkt	°C	> 55	200	55–170
CFPP	°C	–24	+ 18	< –12
Viskosität	mm²/s	3–8	69	6–8
Cetanzahl		> 50	44	52–56
Heizwert	MJ/kg	42,8	37,2	37,1
Minimaler Luftbedarf	kg/kg	14,57	12,4	12,53
Gemischheizwert	MJ/m³	3,56		3,53
Elementaranalyse:	% C	86,3	77,6	77,0
	% H	13,7	11,7	12,1
	% O	< 0,03	10,5	10,9
	mg/g P	–		50
	% S	< 0,3	< 0,01	< 0,01

Entscheidende Voraussetzung für einen breiteren Einsatz von RME ist eine gleichbleibende Qualität. Insbesondere müssen die Gehalte von Glycerin, Triglyceriden und Alkoholen eng begrenzt werden. Außerdem muß der Wassergehalt gering sein, damit auch ohne Einsatz von Bioziden biologisches Wachstum im Kraftstoffsystem ausge-

[71] K. Weidmann (VW), „Betriebserfahrungen beim Einsatz von rapsölstämmigen Kraftstoffen in Dieselmotoren", VDI-Berichte 1126, 1994
S.-O. Koßmehl, K. Weidmann (VW), „Erfahrungen mit Kraftstoffen aus Rapsöl für Diesel-Personenkraftwagen", Internationales Verkehrswesen 48 (1996) 4, S. 33–38

[72] K. Weidmann, H. Heinrich, a.a.O.
M. Wörgetter, J. Schrottmaier, „Pilotprojekt Biodiesel", VDI-Bericht 1020, 1992: Bericht über ein österreichisches Forschungsprojekt.
R. May, U. Hattingen, C. Birkner, H. U. Adt, „Neuere Untersuchungen über die Umweltverträglichkeit und die Dauerstandfestigkeit von Vorkammer- und direkteinspritzenden Dieselmotoren beim Betrieb mit Rapsöl und Rapsölmethylester", VDI-Bericht 1020, 1992.

schlossen bleibt. Derzeit sind Bemühungen um eine europäische Normung im Gange. In Österreich und Deutschland bestehen bereits Vornormen; auch in der EU wurde das Normverfahren eingeleitet.

Viele Hersteller von landwirtschaftlichen Maschinen haben Freigaben für RME erteilt[73]. Da RME sich im Boden innerhalb von zwanzig Tagen zu 98% abbaut, ist es gerade für diese Zwecke auch besonders gut geeignet. Auch für einige Nutzfahrzeuge werden Umrüstsätze angeboten, allerdings schreibt z.B. MAN dann auf die Hälfte verkürzte Ölwechselintervalle vor.

Derzeit bieten in Deutschland ca. 300 Tankstellen RME an. Die Preise liegen meistens geringfügig über denen für Dieselkraftstoff.

6.9 Bewertung der verschiedenen Optionen

Kurz und mittelfristig geben uns die enormen Fortschritte der Fahrzeug- und Motorentechnik in Kombination mit Verbesserungen der flüssigen Kohlenwasserstoffe Benzin und Diesel die Zuversicht, daß alle heute formulierten Luftqualitätsziele mit sicherem Abstand eingehalten werden können. Der Beitrag des Pkw-Verkehrs zu lokalen Luftverschmutzungen wird dann ebenso wie der zur Bildung von bodennahem Ozon keine signifikante Rolle mehr spielen. Diese Entwicklung kann – und sollte – in besonders belasteten Gebieten durch den vermehrten Einsatz von Erdgas- und LPG-Fahrzeugen noch unterstützt werden. Fahrzeugkonzepte mit anderen „alternativen Kraftstoffen" wie Alkoholen und DME könnten ebenfalls zur weiteren Verbesserung der Situation beitragen, sie sind aber aus lufthygienischer Sicht in Europa nicht unbedingt erforderlich. Auch für die baldige Einführung von Elektro- oder Wasserstoffantrieben besteht aus dieser Sicht kein Zwang.

Zur Linderung der Treibhausproblematik stehen uns ebenfalls alle notwendigen technischen Mittel zur Verfügung. Die wichtigsten sind:

- Vermeidung von überflüssigem Verkehr und besseres Management des Verkehrs durch breite Anwendung der Informations- und Kommunikationstechnik (Parksuchverkehr, Stauvermeidung, Lkw-Leerfahrten usw.)
- Sparsamere Autos
- Kraftstoffe aus nicht-fossilen Rohstoffen

Die Reihenfolge, in der die Maßnahmen oben aufgeführt sind, gibt auch eine Einschätzung ihrer Kostenrelationen wieder.

Methoden der Telematik können mit vergleichsweise geringen Mitteln installiert und rasch wirksam werden. Ihre Beitrag zur Senkung des tatsächlichen Verbrauchs kann beträchtlich sein. Eine Studie von BMW hat ergeben, daß in Deutschland jährlich ein Mehrverbrauch von bis zu 12 Mrd. l Kraftstoff durch Staus und schlechten Verkehrsfluß auftritt.

Eine breite Durchsetzung sparsamerer Fahrzeuge ist an die Wiederbeschaffungszyklen gebunden. Es sollte daher alles vermieden werden, was zu einer Verzögerung

[73] M. Wörgetter, a.a.O.

bei der Beschaffung von neuen Fahrzeugen führt. Eine Kaufsteuer oder eine Normverbrauchsabgabe auf Neufahrzeuge, wie sie in Österreich erhoben wird, sind daher genau die falschen Mittel zur Absenkung des tatsächlichen Verbrauchs.

Eine Substitution von konventionellen Kraftstoffen ist – wie später noch eingehend besprochen wird – sicher der kostenaufwendigste Ansatz und erfordert lange Zeit zur Realisierung. Wenn Firmen diesen Weg einschlagen sollen, ist dazu eine breite Übereinstimmung über Ziele und Mittel in Öffentlichkeit und Politik erforderlich. In Anlehnung an den „Energiekonsens" kann man vom Erfordernis eines „Kraftstoffkonsens" sprechen, der auch Regelungen zur Verteilung der Kosten und anderer Lasten enthalten muß.

Dieselben Mittel, die gegen die CO_2-Emissionen wirksam sind, helfen natürlich auch gegen eine Verknappung der fossilen Energieträger. Auch das kann ein politisch wünschenswertes Ziel sein, weniger weil sie tatsächlich physisch zur Neige gehen – was für die nächsten mehr als fünfzig Jahre mit Sicherheit ausgeschlossen werden kann –, sondern weil zumindest theoretisch die Gefahr entstehen könnte, daß sie uns wegen weltpolitischer Verwerfungen nicht mehr im gewohnten Umfang zur Verfügung stehen.

In den folgenden Kapiteln wird das Schwergewicht darauf gelegt, zu zeigen,

- wie sauber verbrennende Kohlenwasserstoffe erzeugt werden können,
- wie wir uns von fossilen Energien nach und nach immer unabhängiger machen können.

7 Die Herstellung von Kraftstoffen für mobile Anwendungen

Kraftstoffe werden heute fast ausschließlich im Raffinerieprozeß aus Rohöl[1] hergestellt. Ausnahmen bilden nur die Ethanolmengen, die in einigen Ländern dem Benzin beigemischt bzw. vor allem in Brasilien als Alkoholkraftstoffe genutzt werden, geringe Mengen an Pflanzenölen und ihren Estern, geringe Mengen des Oktanzahlverbesserers MTBE und von Mitteldestillaten, die aus Erdgas synthetisiert werden, und die Produkte aus der Kohleverflüssigung in Südafrika.

Diese Ausnahmen sind zwar bezogen auf die Größe des Weltmarktes vollkommen unbedeutend. Sie zeigen aber bereits, daß wir für die künftige Versorgung mit flüssigen Kraftstoffen nicht zwingend auf das Rohöl als energetische und materielle Basis angewiesen sind. Es gibt durchaus zahlreiche andere Möglichkeiten, Kraftstoffe herzustellen. Einige Prozesse der chemischen Verfahrenstechnik, die von Kohle oder Erdgas ausgehen, und einige biotechnische Verfahren sind großtechnisch erprobt. Die geringe quantitative Bedeutung dieser Alternativen zeigt aber auch, daß sie unter den derzeitigen Bedingungen nur in besonderen politischen oder ökonomischen Situationen wirtschaftlich sinnvoll sind.

Grundsätzlich sind wir zur Herstellung von Kraftstoffen nicht einmal auf die natürlich vorkommenden Kohlenwasserstoffe in Form von Erdöl, Erdgas, Kohle oder auch Biomasse angewiesen. Mit den Mitteln der chemischen Technologie kann man buchstäblich aus allen kohlenstoff- und wasserstoffhaltigen Materialien Kraftstoffe herstellen. Als Ausgangsstoffe eignen sich fossile und biogene Materialien genauso wie anorganische. Unter den vielen möglichen Rohstoffen ist Erdöl lediglich ein besonders billiger und besonders bequem und einfach weiter zu verarbeitender Ausgangsstoff.

Im folgenden werden die wichtigsten Möglichkeiten für die Herstellung von Kraftstoffen aus Erdöl, Erdgas und Kohle zusammen mit den gewinnbaren Potentialen vorgestellt. Dabei werden vor allem solche ausführlicher diskutiert, die nicht vom Erdöl ausgehen. In einem anschließenden Kapitel wird dann über Möglichkeiten berichtet, nicht-fossile Energien in den Prozeß der Erzeugung von Kraftstoffen einzukoppeln.

Als weitere Möglichkeit werden biotechnische Prozesse vorgestellt. Unter ihnen hat bisher die Extraktion von Ölen aus entsprechenden Pflanzen und deren Weiterverarbeitung z.B. zu „Biodiesel" und die Vergärung von zucker- oder stärkehaltigen Biomassen zu Alkohol industrielle Reife gewonnen. Interessant ist aber auch die Nutzung von Biomasse als Ausgangspunkt für thermochemische Verfahren.

---

[1] Fossiles Öl wird Erdöl genannt, solange es sich im Boden befindet. Vom Augenblick der Förderung an wird es zum Rohöl.

7.1 Der konventionelle Weg: Kraftstoffe aus Erdöl

Die industrielle Förderung von Erdöl setzte 1860 ein und nahm danach einen raschen Aufschwung (siehe Bild 7.1). Heute tragen Erdölprodukte in Deutschland mit 40,2% zum gesamten Primärenergieverbrauch bei. Etwa zwei Drittel davon werden im Inland aus importiertem Rohöl hergestellt. Der Rest wird in der Form unterschiedlicher Fertigprodukte importiert. Der Anteil der eigenen Ölförderung ist unbedeutend (siehe Tabelle 7.1). Ähnliche Werte gelten für die meisten europäischen Ländern.

Tabelle 7.1. Aufkommen und Verwendung von Mineralöl in Deutschland in Jahr 1995 in Mio. t[2]

+	Inlandsförderung	3,0
+	Rohöleinfuhr	100,6
+	Einfuhr von Mineralölprodukten	43,3
+	sonstiges Aufkommen (Bestandsveränderungen, statistische Differenzen, ...)	2,8
=	Aufkommen	149,7
–	Exporte	14,1
–	Bunkerungen seegehender Schiffe	2,1
=	Primärenergieverbrauch	133,5
–	Raffinerie-Eigenverbrauch	6,4
–	Verarbeitungsverluste	0,5
=	Inlandsabsatz	126,6

7.1.1 Die Verfügbarkeit von Erdöl

Die weltweiten, sicher gewinnbaren Reserven an Erdöl belaufen sich auf 137 Mrd. t (183 TWa). Bei einem jährlichen Verbrauch von 3,2 Mrd. t (siehe Bild 7.1) errechnet sich daraus eine statische Reichweite von 40–45 Jahren; bei Berücksichtigung der bei Anwendung unkonventioneller Fördertechniken gewinnbaren Mengen steigt sie auf ca. 100 Jahre an. Trotz stetig zunehmenden Verbrauchs haben die bekannten Reserven durch Neufunde und verbesserte Gewinnungsmethoden Jahr für Jahr weiter zugenommen. Alleine seit 1981 ist die Schätzung der sicher gewinnbaren Reserven um ca. 47 Mrd. t erhöht worden (siehe Bild 7.2). In derselben Zeit sind außerdem 42 Mrd. t Öl gefördert worden. Offensichtlich orientieren die Ölgesellschaften ihre Bemühungen um die Exploration neuer Ölfelder und bei der Entwicklung neuer Gewinnungstechniken an der voraussichtlichen Nachfrage. Dies bestimmte bisher die Angabe der gewinnbaren Reserven mehr als die Geologie. Man kann daher spekulieren, daß die Grenze, die durch geologische Faktoren festgelegt wird, noch lange nicht erreicht ist. Geologen gehen aber davon aus, daß etwa 80% des Gesamtpotentials an konventionell zu gewinnendem Öl bereits nachgewiesen sind[3].

[2] H.-W. Schiffer (Rheinbraun), „Deutscher Energiemarkt '95", Energiewirtschaftliche Tagesfragen 46 (1996) 3, S. 150–163

[3] K. Hiller (Bundesanstalt für Geowissenschaften und Rohstoffe), „Erdöl: Globale Vorräte, Ressourcen, Verfügbarkeiten", Energiewirtschaftliche Tagesfragen 45 (1995) 1, S. 699–708

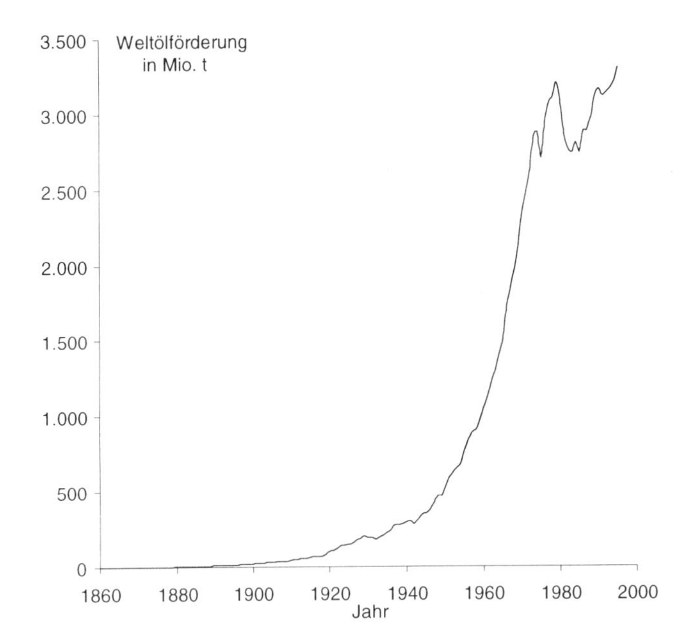

Bild 7.1. Weltölförderung seit 1860[4]

Außer den Vorräten an konventionell förderbarem Erdöl gibt es enorme Vorkommen an „unkonventionellen" Erdölen, z.B. in der Form von Ölschiefern und Ölsanden. Sie sind in den genannten Zahlen noch nicht enthalten, weil sie nur mit relativ großem Aufwand zu gewinnen sind. Die Schätzungen sind unsicher, weil einerseits nach diesen Reserven noch wenig exploriert wurde und andererseits die Techniken zu ihrer Gewinnung nur teilweise bekannt bzw. großtechnisch entwickelt sind. Intensive Bemühungen zur Gewinnung von Öl aus Ölsanden und Ölschiefern wurden zwar im Zuge der Ölkrisen begonnen, nach dem Rückgang der Ölpreise auf das frühere Niveau aber fast vollständig wieder eingestellt. Man kann also durchaus annehmen, daß noch erhebliche Vorräte gefunden bzw. einer wirtschaftlichen Nutzung zugänglich gemacht werden können. Es besteht daher derzeit kein Anlaß, eine physische Verknappung des Rohölangebotes zu erwarten.

Wenn es in der Vergangenheit zu Engpässen bei der Versorgung mit Rohöl gekommen ist, war das immer politisch bedingt. Diese Risiko ist auch weiterhin gegeben. Der bei weitem überwiegende Teil der Erdölreserven konzentriert sich im arabischen Raum. Somit besteht bei politischen Umwälzungen in dieser politisch instabilen Gegend für mehr oder weniger lange Zeit durchaus die Gefahr von bedeutenden Lieferausfällen. Zudem werden derzeit die Ölvorkommen außerhalb der OPEC wesentlich stärker ausgebeutet, als es ihrem Anteil an den Reserven entspricht. Die Abhängigkeit der ölverbrauchenden Weltwirtschaft von wenigen Ländern kann daher in Zukunft wieder wachsen.

---

[4] K. Hiller, a.a.O. bringt umfassende Zeitreihen.

Tabelle 7.2. Weltweite Ölreserven nach Kategorien in Milliarden Tonnen[5]

	sicher gewinnbar	wahrscheinlich gewinnbar	insgesamt vorhanden
Rohöl	137	200	337
Ölschiefer / bituminöse Sande	86	364	450
Gesamt	223	564	787

7.1.2 Die Förderung von Erdöl

Rohöle bestehen aus Gemischen von Kohlenwasserstoffen der verschiedensten Art mit Molekulargewichten bis zu mehreren 10.000. Die chemische Zusammensetzung von Rohölen verschiedener Provenienz ist sehr unterschiedlich. Sie hängt von der Entstehungsgeschichte des Erdöls ab, die von Fundort zu Fundort verschieden verlaufen ist. Man unterscheidet grob zwei Klassen: Paraffinische und naphthenische Öle. Paraffinische Öle enthalten einen hohen Anteil an gesättigten, geraden oder verzweigten Kohlenwasserstoffen, die relativ reaktionsträge sind. Naphthenische Qualitäten weisen dagegen mehr, ebenfalls gesättigte, aber zu Ringstrukturen gebundene und reaktionsfreudigere Moleküle auf.

In der Lagerstätte und bei der Förderung sind die Rohöle häufig mit Wasser und Gasen vermischt. Es handelt sich dabei meist um leichtere Kohlenwasserstoffe wie Methan, Ethan und Propan, aber auch um CO_2 oder Stickstoff. Während der Förderung werden die Gase mit nachlassendem Druck teilweise freigesetzt. Gegebenenfalls werden sie in speziellen Anlagen noch auf dem Ölfeld abgetrennt und energetisch genutzt oder in die ölführende Schicht zurückgedrückt – „reinjiziert" –, um dort den zur Förderung erforderlichen Druck aufrecht zu erhalten. Wenn diese Möglichkeiten nicht wirtschaftlich realisiert werden können, wird das Gas noch auf dem Ölfeld verbrannt (abgefackelt) und manchmal auch einfach in die Atmosphäre entlassen. In Einzelfällen kann es sich dabei um große Mengen handeln. Für den ganzen Nahen Osten wurde die Freisetzung für 1986 auf 50 Mrd. Nm^3/a geschätzt. In Rußland waren es 1993 7,1 Mrd. Nm^3 [6]. Das IPCC – Intergovernmental Panel on Climate Change – gibt für die Freisetzung von unverbrannten Gasen bei der Ölförderung eine Größenordnung von 5–30 Mio. t/a an (siehe Tabelle 7.3).

[5] BP Zahlen aus der Mineralölwirtschaft 1995
K. Hiller, a.a.O. nennt 320 Mrd. t als Gesamtpotential an unkonventionellen Ölen. Davon seien nach subjektiver Schätzung ca. 80 Mrd. t förderbar. Andere Schätzungen weichen ganz erheblich – zumeist nach oben – davon ab.

[6] ohne Autorenangabe, „Umwelschutz in Rußland: Rückläufige Investitionen, aber zunehmende Störfallrisiken", DIW Wochenbericht 13/96 vom 28.3.1996, S. 209–217

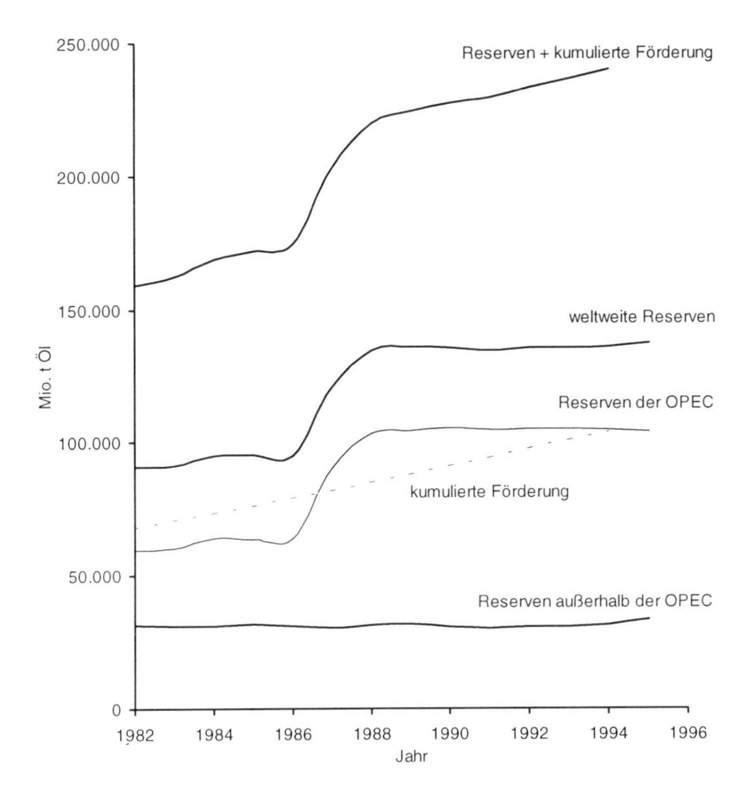

Bild 7.2. Reserven und kumulierte Förderung seit 1982 jeweils zum Ende des Jahres. Der Sprung in den 80er Jahren ergab sich durch die Neu- bzw. Höherbewertung bereits bekannter Vorkommen (Venezuela + 4,5 Mrd. t, Abu Dhabi + 8,3 Mrd. t, Irak + 7,6 Mrd. t, Saudi Arabien + 12, 1 Mrd. t)[7]

Tabelle 7.3. Anteil des abgefackelten Gases an der gesamten Gasförderung in einigen Ländern. Die weltweit insgesamt abgefackelte Menge lag 1988 bei 92 Mrd. Nm^3; 1980 waren es noch 164 Mrd. Nm^3 [8].

	1973	1988
Nigeria	99%	76%
Vereinigte Arabische Emirate	91%	8%
Irak	86%	42%
Saudi-Arabien	86%	7%
Indonesien	84%	8%
Iran	59%	10%
Libyen	34%	21%

7 K. Hiller, siehe Fußnote 3

8 A. Baumgartner (ÖMV AG), „Environmental Aspects of the Hydrocarbon Production System" OIL GAS – European Magazine 3/1993, S. 2–8

Die Dichte des stabilisierten, d.h. von leichten Gasen weitgehend befreiten Rohöls liegt zwischen 0,801 kg/l für leichte Qualitäten und 1.00 kg/l für besonders schwere. Entsprechend unterschiedlich sind die Ausbeuten an leichten Produkten bei der Destillation. Während beim leichten Rohöl der Anteil von Benzin, Naphta und Petroleum zusammen bis zu 51 Gew.-% erreicht, sind es beim schwere nur 6 Gew.-%. Für die übrigen Mengen müssen aufwendigere Verarbeitungsverfahren eingesetzt werden[9].

Tabelle 7.4. Charakteristische Analysedaten für einige in Deutschland eingesetzte Rohöle[10]

Herkunft Sorte		Nigeria Nigerian Light	Saudi-Arab. Arabian Light	Venezuela Tia Juana	Rußland Ural	Nordsee Brent
Typ		Naphthen.	Paraffin.	Naphthen.	Naphthen.	Paraffin.
Gase C_1–C_4	Vol.-%	2	1	0,2	2	2,5
Benzine C_5–C_{10}	Vol.-%	29	23	0,9	27	30
Dichte (15 °C)	kg/l	0,86	0,86	0,99	0,86	0,84
Viskosität (40°C)	mm^2/s	3,2	6	3.700	5,9	4
Schwefelgehalt	Gew.-%	0,1	1,8	2,7	1,2	0,3
Pour Point	°C	+ 6	–21	0	–9	+ 6
Koksrückstand	Gew.-%	0,95	4	11,2	3	1
Vanadiumgehalt	ppm	< 1	16	285	25	2
Natriumgehalt	ppm	5	5	10	5	< 1
Nickelgehalt	ppm	3	4	40	8	< 1
Aschegehalt	Gew.-%	< 0,01	< 0,1	< 0,1	< 0,1	< 0,01

7.1.3 Die Verarbeitung von Rohöl

Die Verarbeitung von Rohöl beruht soweit wie möglich auf dem Aufspalten des natürlichen Gemisches von Kohlenwasserstoffen. Dabei entstehen auch Teilmengen, die nicht den Markterfordernissen entsprechen. Sie werden weiterverarbeitet. Dabei versucht man zunächst mit kleineren Umbauten des molekularen Gerüstes der natürlich vorkommenden Stoffe auszukommen. Beispiele werden weiter unten bei der Beschreibung des katalytischen Reformierens genannt. Auch danach bleiben noch Reste, die nicht verarbeitet werden können. Sie werden in modernen Raffinerien in kleinste Bausteine, CO und H_2, aufgespalten, die dann als Ausgangsprodukte für chemische Synthesen oder auch zur Erzeugung des Wasserstoffs dienen können, der in einer Raffinerie benötigt wird.

Die Aufspaltung des Rohöls erfolgt mittels Destillation. Dabei werden die verschiedenen Komponenten entsprechend ihrem jeweiligen Siedepunkt und damit etwa entsprechend ihrer Größe getrennt. Es bleibt ein Rest mit Siedepunkten über 350 °C

[9] Eine nicht zu technische Übersicht über das gesamte Gebiet der Erdölgewinnung und -verarbeitung gibt „Das Buch vom Erdöl", herausgegeben von der Deutschen BP, Hamburg 1989, ISBN 3-921174-10-4

[10] K. Groth und Mitautoren, „Brennstoffe für Dieselmotoren heute und morgen", expert Verlag Böblingen, 1989

übrig. Er kann bei Normaldruck nicht weiter destilliert werden, weil sich die Moleküle bei der hohen Temperatur zersetzen würden. Um die Siedetemperatur herabzusetzen, wird er unter Vakuum destilliert. Auch dabei bleiben Rückstände, die nun eine mehr oder weniger feste Konsistenz haben. Traditionell werden sie zur Erzeugung von Marinekraftstoff oder Bitumen verwendet. In modernen Raffinerien wird ein großer Teil davon zur Gewinnung von Synthesegas durch partielle Oxidation genutzt.

Dieselkraftstoff besteht zum größten Teil aus dem „straight run", d.h. aus einer Fraktion, die sich unmittelbar beim Destillieren ergibt. Zusätzliche Dieselmengen werden durch Cracken von schwereren Fraktionen gewonnen, d.h. durch das Aufspalten größerer Moleküle[11]. Durch weitere Prozesse wie Visbreaking, Hydrocracking und Hydrotreating werden zusätzliche Mengen an leichter siedenden Produkten durch Umwandlung von schwereren Fraktionen erzeugt, die sonst nur als relativ billiges Schweres Heizöl oder als Marinekraftstoff verwendet werden könnten. Diese Prozesse erfordern erhebliche Mengen an Wasserstoff. Moderne Raffinerien nutzen daher nicht nur den bei verschiedenen Prozessen frei werdenden Wasserstoff, sondern verfügen zusätzlich über eine eigene Wasserstoffproduktion und verwerten dafür einen Teil der schweren Rückstandsöle.

Als Beispiel für die verschiedenen Prozesse zur Aufwertung von Destillaten sei hier das katalytische Reformieren von Benzin etwas näher betrachtet. Es dient dazu, aus Leichtbenzin und Naphtha hochwertige Komponenten für Ottokraftstoff zu erzeugen. Die Oktanzahl wird dabei von 40–60 ROZ auf 95–100 angehoben. Außerdem werden Benzol, Xylol und Toluol für petrochemische Zwecke gewonnen. Gleichzeitig ist der Reformer in traditionell ausgelegten Raffinerien einer der wichtigsten Erzeuger von Wasserstoff, der für die Verarbeitung schwererer Ölfraktionen ebenso benötigt wird wie für die Entschwefelung[12]. Durch das Reformieren wird ein Teil der Moleküle bei erhöhtem Druck (bis 35 bar, heute meist viel niedriger) und hoher Temperatur (450–550 °C) in Anwesenheit von Katalysatoren in seiner Struktur modifiziert[13]:

– Dehydrierung von Naphthenen zu Aromaten

cyclo-Hexan → Benzol + Wasserstoff

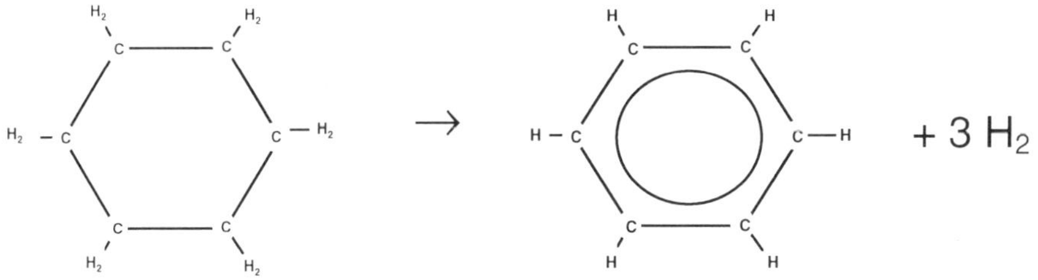

→ + 3 H_2

[11] W. Lange, H. Krumm, A. A. Reglitzky (Shell), „Möglichkeiten und Grenzen von Dieselkraftstoffen zur Minderung von Abgasemissionen", 4. Aachener Kolloquium Fahrzeug- und Motorentechnik, 1993

[12] A. M. Aitani, S. A. Ali (König Fahd Univ.), „Hydrogen Management in Modern Refineries", Erdöl und Kohle – Erdgas – Petrochemie 48 (1995) 1, S. 19–24

[13] „Das Buch vom Erdöl", siehe Fußnote 8, S. 174 ff.

– Isomerisierung von Naphtenen

Methyl-Cyclo-Pentan → Cyclo-Hexan

CH2—CH—CH3, CH2, CH2, CH2 → H2-C, H2-C, C-H2, C-H2, C-H2, C-H2 (Ring)

– Dehydrozyklisierung von Paraffinen, d.h. Bildung von Ringen aus linearen Molekülen gefolgt von der Dehydrierung zu Aromaten

n-Heptan → Methyl-Cyklo-Hexan + Wasserstoff

$CH_3\text{-}(CH_2)_5\text{-}CH_3$ → (Ring: CH3-CH, C-H2, C-H2, C-H2, C-H2, C-H2) $+ H_2$

– Hydrocracken von langkettigen Paraffinen

$C_{10}H_{22}$	+	H_2	→	C_6H_{14}	+	C_4H_{10}
Dekan	+	Wasserstoff	→	Hexan	+	Butan

Der „cut of the barrel", d.h. die konkrete, prozentuale Aufteilung der Raffinerieproduktion auf die verschiedenen Qualitäten variiert von Rohöl zu Rohöl und vor allem von Raffinerie zu Raffinerie; Tabelle 7.5 gibt einen Überblick über das Produktspektrum einer typischen, westeuropäischen Anlage. Es ist natürlich möglich, diese Produktstrukturen zu verändern. Dabei muß man aber mit erhöhtem Raffinerieeigenverbrauch rechnen. Er ist am niedrigsten, wenn das Rohöl zu etwa 38% in Benzin und 22% in Diesel umgesetzt wird. Sowohl eine Erhöhung des Benzinanteils als auch ein Steigerung des Dieselanteils führt zu einem höheren Energieverbrauch[14].

[14] D. Britton, J. Scheffer (Shell), „A comparative analysis of the total CO_2-emissions associated with the production and use of gasoline and automotive gasoil", IMechE C389 / 442, 925006, S. 35–43

Tabelle 7.5. Das Produktspektrum einer Raffinerie[15]

Fraktion	Siedebereich °C	Zusammensetzung/Verwendung
Gase	< 20	C_1–C_4 Alkane
leichtes Naphta	20–150	Hauptsächlich C_5–C_{10} Alkane und Cyklo-Alkane; Kraftstoffe und Chemierohstoffe
schweres Naphta	150–200	
Kerosin	175–275	C_9–C_{16} Verbindungen; Diesel, Heizöl, Flugzeugkraftstoff
Gasöl	200–400	C_{15}–C_{25} Verbindungen; Diesel, Heizöl
schwere Öle	350	C_{20}–C_{70} Verbindungen, schweres Heizöl, Schmierstoffe
Asphalt	Rückstände	Straßenbau

Insgesamt verbrauchen Raffinerien etwa 1 Gew.-% ihres Rohöldurchsatzes an Wasserstoff für die Raffination und die Konversion schwerer Fraktionen in Benzin und Mitteldestillate[16]. Der Energieverbrauch in der Raffinerie steigt mit dem Konversionsgrad stark an; während er ohne Konversion bei 3,8% bezogen auf den Rohöleinsatz liegt, beträgt er 10,6% für eine komplexe Anlage mit Hydrocracker und Coker[17]. In Deutschland lag er 1990 im Mittel über alle Raffinerien bei 2,4 MJ/kg. Er wurde damit gegenüber dem Zustand zu Beginn der 80er Jahre um ca. 25% reduziert. Mehr als die Hälfte dieses Raffinerieeigenbedarfs wird durch Raffineriegas gedeckt. Die CO_2-Emissionen der deutschen Raffinerien lagen 1989 bei 13,2 Mio. t. Bezogen auf den Öldurchsatz von 89,4 Mio. t ergibt sich eine spezifische CO_2-Emission von 150 kg/t[18].

[15] R. A. Sheldon, „Chemicals from Synthesis Gas", Reidel Publishing Corp., 1983

[16] G. Escher, M. Rupp (VEBA Öl), „Nachwachsende Rohstoffe für Energieerzeugung und Chemie?", Brennstoff – Wärme – Kraft 45 (1993) 9, S. 406–411

[17] K. Groth, siehe Fußnote 10
In der MIDER-Raffinerie in Leuna wird der Eigenverbrauch bei 6% liegen (C. Johner, R. Kroll, „Mitteldeutsche Erdölraffinerie Leuna 2000 (MIDER)", Erdöl Erdgas Kohle 111 (1995) 2, S. 72–76)

[18] G. F. Goethel, B.-R. Altmann (Veba Öl, DGMK), „Emissionsminderung in deutschen Raffinerien", Erdöl Erdgas Kohle 109 (1993) 5, S. 224–227

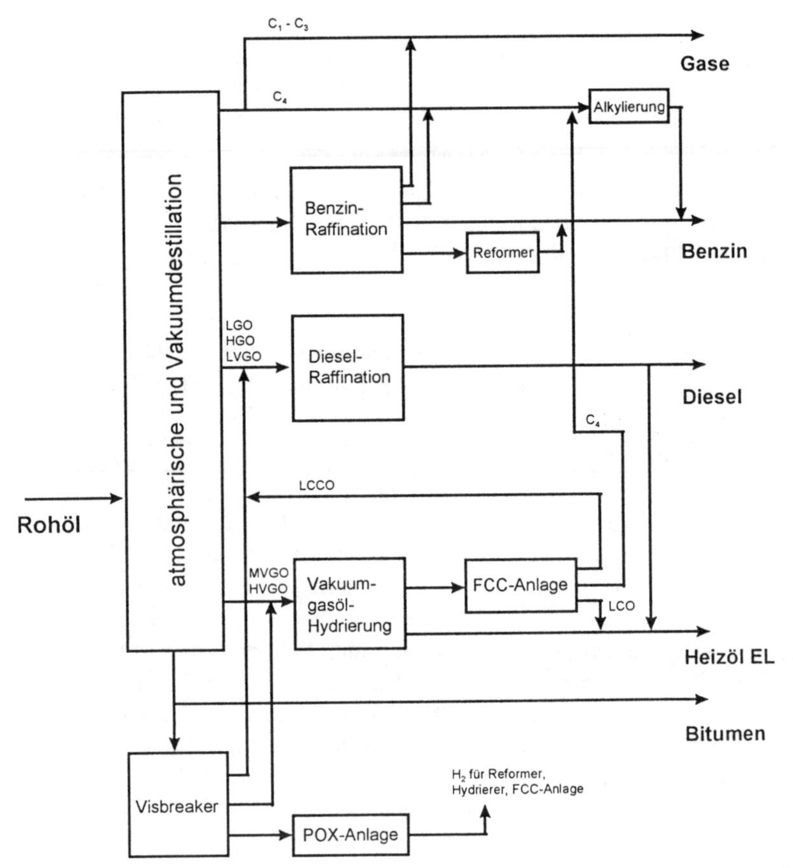

Bild 7.3. Prozeßschema einer modernen, mitteleuropäischen Raffinerie (stark vereinfacht)[19]

Der Energieverbrauch einer Raffinerie verteilt sich nicht gleichmäßig auf alle Produkte. Bei der in Deutschland eingesetzten Technik liegt der mittlere spezifische Energieverbrauch für die Herstellung einer Tonne Ottokraftstoff bei 97 kg ROE. Für dieselbe Menge Diesel müssen dagegen nur 54 kg ROE aufgewandt werden. Dieser Unterschied ergibt sich durch die unterschiedlichen Prozesse, mit denen die Bestandteile der beiden Kraftstoffe erzeugt werden (siehe Tabellen 7.7 und 7.8). Daraus kann jedoch nicht der Schluß gezogen werden, der Raffinerieeigenverbrauch könne durch eine Strategie der Maximierung des Dieselverbrauchs minimiert werden. Ein solches Vorgehen würde dazu führen, daß mehr Mitteldestillate im Hydrocracker erzeugt werden müssen. Dadurch stiege der Energieverbrauch deutlich an. Auch bei Berücksichtigung des Minderverbrauchs von Fahrzeugen mit Dieselmotor ergäbe sich in der Summe keine Verbesserung[20].

[19] C. Johner, R. Kroll, siehe Fußnote 16

[20] A. Jess (Engler-Bunte-Institut, Uni Karlsruhe), „Der Energieverbrauch zur Herstellung von Mineralölprodukten", Erdöl Erdgas Kohle 112 (1996) 5, S. 201–205

Tabelle 7.6. Ausbeutestruktur einer modernen, europäischen Raffinerie[21]

Produkt	Ausbeute Gew.-%
Propan	2
Butan	1
Naphtha	7
Ottokraftstoff	24
Flugturbinenkraftstoff	1
Dieselkraftstoff	26
Leichtes Heizöl	22
Methanol	6
Bitumen	4
Schwefel	1
Schweres Heizöl	-
Raffinerieeigenverbrauch	6
Summe	100

Tabelle 7.7. Spezifischer Energiebedarf zur Erzeugung von Ottokraftstoff[22]

Hauptkomponenten	spezifischer Energiebedarf kg ROE/t	Anteil am Ottokraftstoff Gew.-%	anteiliger spezifischer Energiebedarf bezogen auf den Ottokraftstoff kg ROE/t
Butan	81	2	1,6
Straight-run-Leichtbenzin	17	5	0,9
Isomerbenzin	95	6	5,7
Leichtbenzin vom Hydrocracker	173	2,5	4,3
Reformat aus straight-run-Benzin	81	42,8	34,7
Reformat aus Crackbenzin vom thermischen Cracker (incl. Coker und Visbreaker)	109	9	9,8
Reformat aus Crackbenzin vom Hydrotreater	225	5	11,3
FCC-Benzin	95	24	22,8
Polymerbenzin	131	0,4	0,5
MTBE	112	0,8	0,9
Alkylatbenzin	173	2,5	4,3

Auch zwischen den verschiedenen Qualitäten von Ottokraftstoff bestehen große Unterschiede bezüglich des Energieaufwandes bei ihrer Erzeugung. Hochoktaniger Kraftstoff benötigt mehr Umwandlungsprozesse als solcher mit einer niedrigen Klopffestigkeit; entsprechen höher ist der Energieaufwand. Der Verbrauchsvorteil, den

[21] C. Johner, R. Kroll, siehe Fußnote 19
[22] A. Jess, siehe Fußnote 20

Motoren mit höherer Verdichtung und damit höheren Ansprüchen an die Oktanzahl haben, muß also zuvor weitgehend bei der Erzeugung des Benzins bereits investiert werden (siehe Bild 7.4).

Die Mineralölverarbeiter unternehmen erhebliche Anstrengungen, um immer größere Anteile der primären Raffinerieproduktion zu den besonders gut verkäuflichen, hochwertigen Kraftstoffen zu verarbeiten. Ein Beispiel dafür ist der olefins-to-gasoline-Prozeß von Mobil Oil (MOG), mit dem auch Ethylen zu Benzin umgesetzt werden kann[23]. Langfristig läßt sich die Tendenz erkennen, daß Kraftstoffe immer mehr zu einem petrochemisch maßgeschneiderten Produkt werden. Durch die verschiedenen in der Raffinerie durchzuführenden Prozesse werden immer weitergehende, chemische „Umbauten" der im Rohöl vorhandenen Moleküle vorgenommen werden. Sie nähert sich dabei immer weiter einer petrochemische Verarbeitunganlage. Auch andere Energieträger wie Strom oder Prozeßwärme und andere materielle Ausgangsstoffe wie Erdgas, Kohle, Biomasse oder auch Kunststoffabfälle lassen sich grundsätzlich in diesen Prozeß einkoppeln. Die Vergasung würde dabei eine Schlüsselrolle übernehmen: Sie stellt eine Art „Allesfresser" dar, mit dem fast alle kohlen- und wasserstoffhaltigen Ausgangsmaterialien für den Raffinerieprozeß nutzbar gemacht werden können[24]. Es bleibt abzuwarten, wann und in welchem Umfang sich ändernde energiewirtschaftliche oder ökologische Randbedingungen die Anwendung solcher Prozeßschritte tatsächlich erzwingen werden.

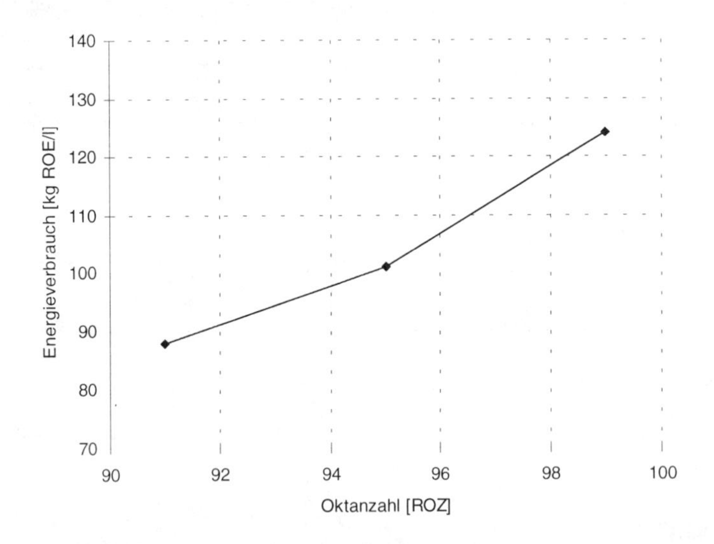

Bild 7.4. Spezifischer Energieverbrauch in der Raffinerie zur Herstellung von Ottokraftstoffen unterschiedlicher Klopffestigkeit[25]

[23] „Mobil: Badger Will Licence", Chemical Marketing Reporter, 16.4.1990, S. 21

[24] U. Graeser, W. Keim, W. J. Petzny, J. Weitkamp, „Perspektiven der Petrochemie", Erdöl Erdgas Kohle 111 (1995) 5, S. 208–217

[25] A. Jess, siehe Fußnote 20

Als Beispiel für eine Raffinerie nach modernsten Gesichtspunkten für den europäischen Markt kann die gerade im Bau befindliche Anlage in Leuna gelten. Sie wird – mit Ausnahme von Bitumen für den Straßen- und Hochbau – ausschließlich leichte Produkte erzeugen. Die Wasserstoffmengen des Reformers und anderer Prozesse konventioneller Raffinerien reichen dafür bei weitem nicht aus. Daher ist eine Anlage zur Partiellen Oxidation (POX) von schweren Rückstandsölen mit hoher Kapazität eingeplant. Die Prozesse werden gleich so ausgelegt, daß Ottokraftstoffe mit niedrigen Aromatengehalten (zunächst 35%, später < 30%) und Dieselkraftstoffe mit hohen Cetanzahlen (52, später 53) erzeugt werden können. Die Schwefelgehalte der Produkte werden sehr niedrig sein. Gleichzeitig werden die Emissionen reduziert. Sie werden bei Schwefeldioxid 0,45 kg/t betragen (Durchschnitt westdeutscher Raffinerien 0,91 kg/t; langfristiger Zielwert 0,6 kg/t). Für einen Jahresdurchsatz von bis zu 9,7 Mio. t wird eine Fläche von 160 ha benötigt; davon entfallen ca. 60% auf die Tanklager[26].

Tabelle 7.8. Spezifischer Energiebedarf zur Erzeugung von entschwefeltem Dieselkraftstoff (0.05 Gew.-% S)[27]

Hauptkomponenten	spezifischer Energiebedarf kg ROE/t	Anteil am Dieselkraftstoff Gew.-%	anteiliger spezifischer Energiebedarf bezogen auf den Dieselkraftstoff kg ROE/t
Straight-run-Mitteldestillat	33	77,1	25,4
Mitteldestillat vom Visbreaker	61	3,5	2,1
Mitteldestillat vom Coker	74	3,5	2,6
Mitteldestillat vom thermischen Cracker	61	0,8	0,5
Mitteldestillat vom Hydrocracker	173	10,8	18,7
Mitteldestillat von der FCC-Anlage	98	4,3	4,2

Natürlich sind Raffinerien angesichts ihrer riesigen Stoffdurchsätze und ihres erheblichen Eigenverbrauchs auch eine wichtige Quelle von Emissionen. Sie werden in Deutschland durch zahlreiche gesetzliche Regelungen in engen Grenzen limitiert. Das hat ein im europäischen und erst recht im weltweiten Vergleich sehr niedriges Niveau von Emissionen zur Folge. Die Kehrseite sind jedoch erhöhte Kosten, die letztlich vom Verbraucher zu tragen sind und die die Konkurrenzfähigkeit der deutschen Raffinerien belasten.

[26] C. Johner, R. Kroll, siehe Fußnote 19
[27] A. Jess, siehe Fußnote 20

Tabelle 7.9. Emissionen aus Raffinerien in verschiedenen europäischen Ländern bezogen auf den Durchsatz[28]

	Kohlen-wasserstoffe kg/t	SO_2 kg/t	NO_x kg/t
Belgien	0,36	1,64	0,36
Dänemark	k.A.	1,50	0,16
Deutschland	0,24	0,89	0,31
Frankreich	0,38	2,41	0,27
Großbritannien	0,70	1,24	0,41
Italien	0,39	2,94	0,51
Niederlande	0,19	1,25	0,35
Portugal	0,97	2,80	0,50

Die Forderung nach besonders sauber verbrennenden Kraftstoffen steht in einem latenten Zielkonflikt zur Forderung, die Emissionen von Kohlendioxid und anderen klimarelevanten Gasen (wie Methan) auch bei der Gewinnung und Verarbeitung der Kraftstoffe zu verringern. Ein Beispiel dafür ist die Reduzierung des Schwefelgehaltes im Diesel: Der im Rohöl gebundene Schwefel muß hydriert, d.h. zu Schwefelwasserstoff umgewandelt werden. Erst das so gebildete H_2S kann abgetrennt werden. Durch den größeren Wasserstoffbedarf, den höheren Prozeßdruck und längere Verweildauern für diese Entschwefelung bringt die Absenkung von den bisher üblichen, durchschnittlich 0,14% auf 0,05% eine Mehremission von Kohlendioxid in den deutschen Raffinerien von 378.000 t/a mit sich; eine weitere Absenkung auf 0,02% würde nochmals eine Steigerung um 504.000 t/a bedeuten[29]. Die Emissionen an Schwefeldioxid würden durch Diesel mit maximal 0,05 Gew.-% Schwefel um nochmals 37.000 t/a, die an Partikeln um 2.600 t/a reduziert[30]. Hier ist eine Güterabwägung seitens des Gesetzgebers erforderlich, bei der die möglichen Schäden durch die Immission von SO_2 gegen die Folgen einer möglichen Klimaveränderung durch vermehrte Emission von Kohlendioxid gegeneinander abgewogen werden müssen.

---

[28] G. F. Goethel, B.-R. Altmann, siehe Fußnote 17
[29] W. Lange, H. Krumm, A. A. Reglitzky, siehe Fußnote 11
[30] W. Lange nach Automobil Revue 31/1995 vom 27.7.1995. Insgesamt beträgt die Partikelemission in Deutschland 120.000 t/a.

Exkurs

Produkte bei der Destillation von Rohöl

In einem ersten Schritt wird Rohöl bei atmosphärischem Druck destilliert und damit in Fraktionen zerlegt, die sich durch ihre Siedetemperatur unterscheiden. Es entstehen die folgenden Produkte:

Gase
Trotz Stabilisierung auf dem Ölfeld enthalten Rohöle noch 0,5–2,5 Gew.-% leichte Kohlenwasserstoffe. Methan und Ethan werden meist als Heizgas in der Raffinerie eingesetzt, Propan und Butan nach Entschwefelung als Druckgase (z.B. LPG) verwendet.

Leichtbenzin, LDF (Siedebereich 15–70 °C)
Verwendung als Komponente des Ottokraftstoffs mit Oktanzahl 65–75 ROZ und als Einsatzstoff der petrochemischen Industrie z.B. zur Erzeugung von Ethylen und Propylen

Schwerbenzin, Straight-Run-Benzin (Siedebereich 70–150 °C)
Naphtha (Siedebereich 150–180 °C)
Weiterverarbeitung zu Kraftstoffen durch katalytisches Reformieren

Petroleum, Kerosin (Siedebereich 180–225 °C)
Verwendung als Flugturbinenkraftstoff und als Bestandteil von Dieselkraftstoff und Leichtem Heizöl

Gasöle, Mitteldestillate (Siedebereich 225–350 °C)
Hauptbestandteil von Dieselkraftstoff und Leichtem Heizöl

Atmosphärenrückstand
Hauptbestandteil von Schwerem Heizöl und von Schiffsdiesel. Weiterverarbeitung durch Destillation unter reduziertem Druck: Vakuumdestillation.

Vakuumdestillate
Weiterverarbeitung z.B. im Cracker zu leichten Qualitäten

Vakuumrückstand
Hauptbestandteil von Bitumen
Verwertung für die Erzeugung von Synthesegas durch partielle Oxidation

7.2 Thermochemische Verfahren zur Erzeugung von Kraftstoffen

Das wohl am vielseitigsten verwendbare Zwischenprodukt bei der Verarbeitung von Erdgas und Erdöl, aber auch von Kohle und grundsätzlich von jedem anderen kohlenstoffhaltigen Rohstoff ist das Synthesegas. Es eignet sich als Ausgangsmaterial für fast jede Synthese der organischen Chemie, also auch für die Herstellung von Kraftstoffen. Da dabei ein gut steuerbarer Molekülaufbau ausgehend von sehr kleinen monomeren Einheiten stattfindet, ist die Erzeugung sehr eng definierter Endprodukte möglich. Solche Verfahren bieten also die Chance, nicht mehr oder weniger zufällige Stoffgemische zu erzeugen, wie dies bei der Ölverarbeitung heute noch üblich ist, sondern präzise definierte, technisch reine Substanzen. Die Optimierung der Verbrennungseigenschaften im Motor findet damit besonders günstige Voraussetzungen.

Bis in die fünfziger Jahre wurde Synthesegas durch Vergasung von Koks oder Kohle mit Luft bzw. reinem Sauerstoff und Wasserdampf gewonnen. Eines der wichtigsten Verfahren dafür ist die Wirbelbettvergasung nach Winkler[31]. Später trat Leichtbenzin an die Stelle der Kohle. Heute geht man fast immer von Erdgas oder von den sonst kaum nutzbaren, schweren Rückstandsölen aus der Erdölverarbeitung aus. Auch aus Biomasse kann man mit bekannten Verfahren Synthesegas erzeugen; diese Möglichkeit spielt aber bisher keine praktische Rolle.

Alle diese Vergasungsreaktionen sind in der Summe endotherm, d.h. sie benötigen die Zufuhr von Energie von außen. Meistens wird dies heute durch die Verbrennung eines Teils des eingesetzten Rohstoffs realisiert; man spricht dann von einem autothermen Prozeß. Es ist aber auch möglich und großtechnisch erprobt, fremde Energie einzukoppeln (allothermer Prozeß). Sie kann z.B. aus einem Hochtemperaturreaktor gewonnen[32], durch Verbrennung eines minderwertigen Brennstoffs erzeugt (z.B. Kohle für die Wärmeerzeugung, Erdgas für die Synthesegasherstellung) oder durch Nutzung von solarer Wärme bereitgestellt werden. Ein denkbarer Weg ist auch die Nutzung elektrischer Energie.

Bei Verwendung nuklearer oder regenerativer Energien in allothermen Prozessen besteht die Chance, die Freisetzung von CO_2 bei der Herstellung der Kraftstoffe fast vollständig zu vermeiden. Das eingesetzte Öl oder Gas wird also vollständig in die Produkte umgesetzt. Bei der folgenden Darstellung wird daher zwischen der materiellen und der energetischen Basis für die Erzeugung von Synthesegas unterschieden. Mit „materieller Basis" sind die Materialien gemeint, die die notwendigen Mengen an Kohlenstoff, Sauerstoff und Wasserstoff zur Verfügung stellen. Die „energetische Basis" bilden der Energieträger, die zur Bereitstellung der notwendigen Prozeßenergie benötigt werden.

[31] Römpps Chemie-Lexikon, 8. Auflage, 1987, Stichwort „Generatorgas"
[32] H. Michaelis, „Handbuch der Kernenergie", Band 1, dtv Wissenschaft, München, 1982

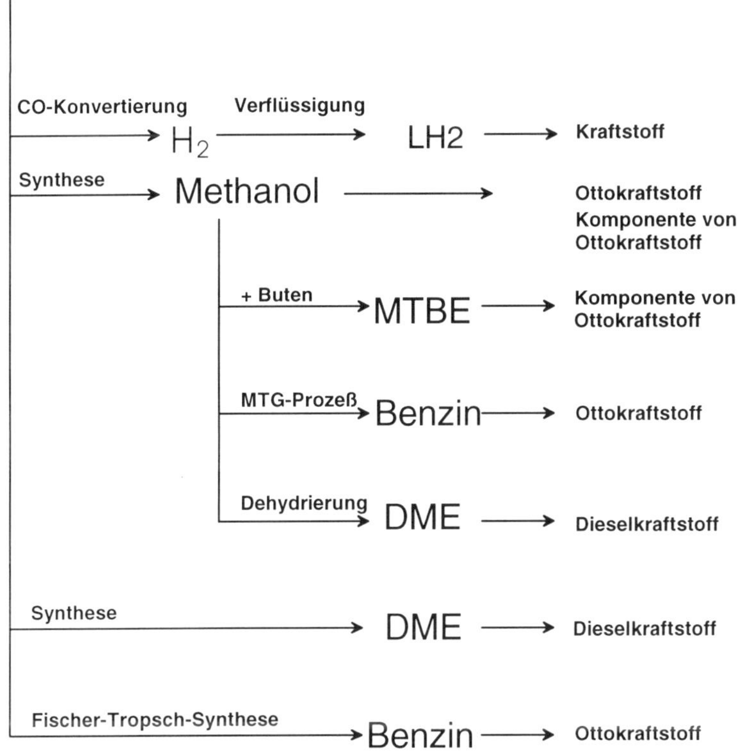

Bild 7.5. Kraftstoffe aus Synthesegas

7.2.1 Kraftstoffe aus Kohle

Kohle war der erste fossile Energieträger, der in großen Mengen zur Verfügung stand. Sie war der Brennstoff der industriellen Revolution. Auch im Verkehrssektor war die Kohle jahrzehntelang der unangefochten wichtigste Energieträger: Mit ihr wurden die Dampfkessel der Schiffe, der Eisenbahnen und auch vieler früher Autos[33] gefeuert. Mittlerweile wurde sie in dieser Rolle fast vollständig verdrängt. Selbst dort, wo noch Dampfantriebe verwendet werden, wird Heizöl dem schwerer handhabbaren, aschehaltigen, festen Energieträger als Brennstoff vorgezogen[34].

[33] Eine schöne Darstellung der Geschichte der Dampfautos findet sich in R. Krebs, „5 Jahrtausende Radfahrzeuge – Über 100 Jahre Automobil", Springer Verlag, 1994

[34] Es gab durchaus Ansätze, für die Kohle Marktanteile im Verkehrssektor zurück zu gewinnen. So ist von der Firma Tenneco Chemicals vorgeschlagen worden, aus Kohle ein feines Kohlenstoff-Pulver mit ganz geringem Schwefel, Asche und Teergehalt zu gewinnen, das als Motorkraftstoff verwendet werden sollte (Ohne Autorenangabe, „Three ideas get coal into rare fuel-jobs", Chemical Engineering 85, (1978) 15, S. 32/34). Dieser Ansatz dürfte jedoch für schnellaufende Motoren mit innerer Verbrennung völlig verfehlt sein.

Auch die Erzeugung von Synthesegas und anderer brennbarer Gasgemische beruhte zunächst auf Kohle. Ganze Städte wurden mit Stadtgas versorgt, das durch Verschwelung aus Kohle gewonnen wurde. Mittlerweile wurde sie in dieser Rolle durch das Erdgas verdrängt. Es hat aber nicht an Bemühungen gefehlt, die Konkurrenzsituation durch neue Technologien wieder zu verbessern. In Deutschland gab es in den 70er und 80er Jahren umfangreiche, öffentlich geförderte Bemühungen um verbesserte Kohlevergasungs- und Verflüssigungsanlagen. Dabei sollte auch nukleare Hochtemperaturwärme genutzt werden, um die erforderliche Prozeßwärme allotherm bereitzustellen[35]. Technisch waren diese Projekte durchaus erfolgreich; die Machbarkeit der Konzepte konnte nachgewiesen werden. Alle diese Vorhaben sind aber mittlerweile aus wirtschaftlichen Gründen weitgehend wieder eingestellt worden.

Bei uns wird Kohle heute fast ausschließlich in den Großfeuerungen der Stromerzeugung und in der Eisenschaffenden Industrie verwendet. Dort bleibt ihr wahrscheinlich auch langfristig ein stabiler, weltweit sogar stark expandierender Markt. Es bleibt abzuwarten, ob ihr ein Come Back in anderen Verbrauchssektoren gelingt; trotz vieler Bemühungen stehen die Chancen dafür nicht gut.

Die weltweiten Vorräte an Kohle sind erheblich größer als die von Erdöl oder konventionellem Erdgas. Sie verteilen sich auch anders auf die Länder der Erde als die Vorräte an Öl und Gas. Die weltweite Kohleförderung belief sich 1995 auf 3,62 Mrd. t. Sie wurde überwiegend relativ nah bei den Förderorten verbraucht. Die Mengen an international gehandelter Kohle steigen seit Jahren, sind jedoch relativ zum gesamten Verbrauch noch nicht bedeutend. Der größte Kohleexporteur ist Australien mit 136,1 Mio. t. Kohle wird in einigen Ländern in den nächsten Jahrzehnten noch erheblich stärker genutzt werden als bisher. Alleine für China wird ein Anstieg der jährlichen Förderung auf über eine Milliarde Tonnen erwartet. Diese Politik steht im Gegensatz zu den Forderungen nach einer Senkung der CO_2-Emissionen. Sie liegt aber offensichtlich im Interesse der betreffenden Länder.

In Deutschland wurde das Maximum der Kohleförderung Ende der 50er Jahre erreicht. Seitdem ist sie immer stärker durch Öl und später durch Gas verdrängt worden. Jetzt liegt die jährliche Förderung von Steinkohle noch bei 52 Mio. t. Auch diese Menge wird in den nächsten Jahren noch weiter reduziert werden müssen, denn die Förderkosten liegen um den Faktor 5–10 über denen ausländischer Anbieter. Deutsche Steinkohle muß daher mit ca. 10 Mrd. DM/a subventioniert werden[36]. Eine ähnliche Entwicklung hat sich auch in anderen „klassischen Förderländern" abgespielt. Beispiele sind Frankreich, Belgien, Großbritannien und Japan.

---

[35] W. Theimer, „Öl und Gas aus Kohle", dtv Wissenschaft, 1980

[36] ohne Autorenangabe, „Produktionsplus der heimischen Zechen bis Mitte 1995", Handelsblatt, 14.9.1995.
Die Kohleimporte beliefen sich 1994 auf 17,6 Mio. t; eine Steigerung auf ca. 20 Mio. t/a ist absehbar. Der Spotpreis für Importkohle lag 1995 bei 52 US $/t (76 DM/t); deutsche Kohle kostet ca. 280 DM/t.

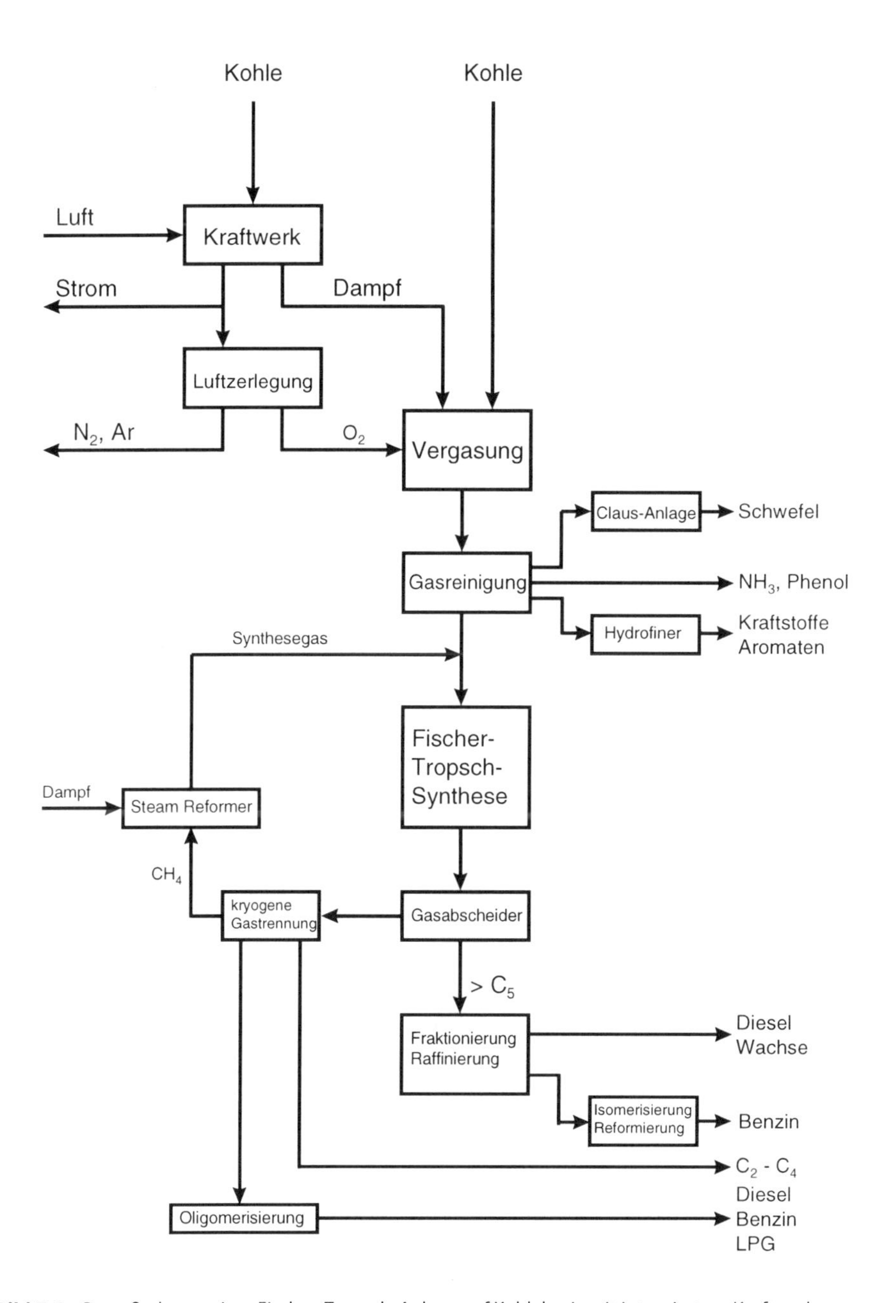

Bild 7.6. Prozeßschema einer Fischer-Tropsch-Anlage auf Kohlebasis mit integriertem Kraftwerk

Die Förderung von Kohle ist häufig mit erheblichen Eingriffen in die Natur behaftet. Die kostengünstigen Mengen werden ganz überwiegend in riesigen Tagebauen mit dem entsprechenden Landschafts„verbrauch" gewonnen. Zudem hat Kohle immer mehr oder weniger große Gehalte an unerwünschten Inhaltsstoffen wie Schwefel, Phosphor, Stickstoff, Schwermetalle usw., die abgetrennt und entsorgt werden müssen. Unter Umweltgesichtspunkten ist Kohle daher keine attraktive Basis für eine künftige Energiewirtschaft. Da die Weltmarktpreise aber niedrig sind und eine langfristig sichere Versorgung gesichert scheint, wird sie dennoch weltweit vor allem in der Stromerzeugung steigende Verwendung finden.

Vor allem in Deutschland wurden seit den 20er Jahren erhebliche Anstrengungen unternommen, um aus der reichlich vorhandenen Kohle die immer dringender benötigten, flüssigen Produkte zu gewinnen. Das Motiv war zu Beginn u.a. die Befürchtung, die Reserven an Öl würden bald erschöpft sein. Hinzu kam der Wunsch nach größerer Unabhängigkeit von Importen. Das Autarkiestreben wurde dann während des Nationalsozialismus und im Krieg zum starken Antrieb für den Aufbau großer Produktionsanlagen. So konnte sich in Deutschland auch eine auf die Rohstoffbasis Kohle ausgerichtete Chemieindustrie entwickeln. Im Ausland, vor allem in den USA wurde dagegen schon viel früher die Umstellung auf das Öl vollzogen.

Während dieser Zeit wurden zwei Prozesse zur Kohleverflüssigung entwickelt: Der Bergius-Pier-Prozeß und der Fischer-Tropsch-Prozeß (siehe Abbildung 7.7). Beide Verfahren wurden großtechnisch realisiert, verloren aber nach Kriegsende schnell wieder ihre Bedeutung. Nur in Südafrika werden immer noch große Kohleverflüssigungsanlagen auf der Basis des Fischer-Tropsch-Prozesses betrieben, dessen wichtigstes Zwischenprodukt Synthesegas ist.

Bei der Vergasung von Kohle werden die organischen Anteile des Feststoffs mit Hilfe von Vergasungsmitteln weitgehend in Gase umgesetzt. Als Vergasungsmittel wird meistens Wasser verwendet (heterogene Wasserdampf-Reaktion). Es entsteht Synthesegas. Auch die Vergasung mittels CO_2 (Boudouard-Reaktion) mit dem Produkt CO ist einsetzbar. Eine weitere Möglichkeit ist die hydrierende Vergasung unter Wasserstoffzufuhr mit dem Produkt Methan (SNG, synthetic natural gas). In diesen Prozeß wurden lange Zeit große Hoffnungen für die Sicherung der „Kohlezukunft" für die deutschen Reviere gesetzt. Nur die Wasserdampf-Reaktion ist großtechnisch in vielen Varianten relevant geworden. Sie wird derzeit in der Form des Hochtemperatur-Winkler-Verfahrens (HTW) für den Einsatz in GuD-Kohle-Kraftwerken perfektioniert[37].

Alle genannten Reaktionen sind endotherm, d.h. sie erfordern die Zuführung der notwendigen Reaktionswärme von außen. Das kann sowohl autotherm als auch allotherm erfolgen. Alle großtechnisch erprobten Verfahren arbeiten autotherm. Im halbtechnischen Maßstab wurde aber auch die allotherme Kohlevergasung in einer druckbetriebenen Wirbelschicht mit Hilfe von HTR-Wärme als grundsätzlich machbar demonstriert[38].

---

[37] GuD Gas- und Dampfkraftwerk: Kohle wird zunächst vergast, das Gas wird gereinigt und dann in der Brennkammer einer Gasturbine verbrannt. Das heiße Abgas wird in einem Dampfkessel mit Dampfturbine genutzt. Es sind Wirkungsgrade von ca. 45% zu erwarten (Z. Vgl.: Heute haben konventionelle Kohlekraftwerke Wirkungsgrade um 38%).

[38] H. Schaefer, VDI-Lexikon Energietechnik, VDI-Verlag, Düsseldorf 1994, Stichwort „Vergasung"

Exkurs

Reaktionen bei Erzeugung und Nutzung von Synthesegas

Heterogene Reaktionen Gas-Feststoff				
Heterogene Wassergasreaktion	$C + H_2O$	$\rightarrow$	$CO + H_2$	+131,3 kJ/mol [39]
Boudouard-Reaktion	$C + CO_2$	$\rightarrow$	$2\,CO$	+172,5 kJ/mol
Teilverbrennung	$C + ½\,O_2$	$\rightarrow$	CO	−110,5 kJ/mol
Verbrennung	$C + O_2$	$\rightarrow$	CO_2	−393,5 kJ/mol
Homogene Reaktionen Gas-Gas				
Wassergasreaktion	CO + H2O	$\rightarrow$	H2 + CO2	−41,2 J/mol
Methanisierung	CO + 3 H2	$\rightarrow$	CH4 + H2O	−206,1 kJ/mol
partielle Oxidation	R - CH2 - + ½ O2	$\rightarrow$	CO + H2 + R	−90 kJ/mol
Steam Reforming von Methan	CH4 + H2O	$\rightarrow$	CO + 3H2	−208 kJ/mol

Auch die Vergasung von Kohle in tiefliegenden Lagerstätten ohne Förderung, d.h. vor Ort wurde bereits untersucht und experimentell realisiert. Dazu wird ein Teil der Kohle vor Ort verschwelt. Gleichzeitig werden durch Bohrungen Vergasungsmittel zugeführt und das entstehende Schwachgas abgezogen[40].

Kohle könnte eine nahezu unbegrenzt verfügbare Basis für die Herstellung von Kraftstoffen und petrochemischen Produkten sein. Allerdings führt der hohe Kohlenstoffgehalt vor allem bei autothermen Prozessen zu erheblich steigenden CO_2-Emissionen. Bei allothermen Prozessen würde dieser Nachteil teilweise vermieden, wenn nicht-fossile Prozeßenergie eingesetzt werden kann. Eine breite Verwendung bei der Erzeugung von Kraftstoffen ist zwar theoretisch möglich, aber für die übersehbare Zukunft wohl auszuschließen.

7.2.2 Synthesegas aus Erdgas

Heute wird Synthesegas fast ausschließlich aus Erdgas und Rohöl gewonnen. Methan und in geringerem Umfang auch Naphta werden im Steam Reforming Prozeß großtechnisch zu Synthesegas gespalten[41]. Das geschieht meistens in senkrechten, von außen auf 850 °C beheizten und mit Nickelkatalysatoren gefüllten Röhren bei einem Druck von 30 bar (siehe Bild 7.7).

---

[39] Die angegebenen Energien sind Standard-Bildungsenthalpien. Zahlenwerte entnommen aus H. D. Baehr, Thermodynamik, 4. Auflage, 1978, Springer-Verlag

[40] Im Unterschied zur Nutzung von Methan, das in Kohleflözen natürlich vorhanden ist und durch geeignete Fördertechniken gewonnen werden kann (siehe dazu 7.2.2.1)

[41] H. Schaefer, VDI-Lexikon Energietechnik, VDI-Verlag, Düsseldorf 1994, Stichwort „Wasserstofferzeugung“

Man erkennt in der Schemadarstellung, daß die notwendige Prozeßenergie über einen Wärmetauscher in den Strom der Reaktanden eingekoppelt wird. Meistens wird die Wärme durch Verbrennen eines Teils des Erdgases bereitgestellt. Aber auch die allotherme Erzeugung von Synthesegas aus Erdgas wurde bereits seit 1971 von einer Arbeitsgruppe unter Führung der KFA Jülich im Langzeitbetrieb im Rahmen des Projektes zur nuklearen Fernwärme ADAM-EVA demonstriert. Die Spaltung des Erdgases in Kohlenmonoxid und Wasserstoff erfolgte dabei in einem Röhrenspaltofen. Dieses Gemisch sollte über Leitungen den Nutzern zugeführt werden. Dort sollte es katalytisch unter Wärmeabgabe wieder in Methan und Wasser zurückverwandelt werden. Das Methan hätte danach wieder zum Spaltofen zurückgeführt werden sollen; es hätte also nur die Rolle eines „Energievektors" gehabt, der selber nicht verbraucht worden wäre. Die Energie sollte aus Hochtemperaturreaktoren stammen, in denen Helium auf eine Temperatur von 950 °C aufgeheizt werden sollte. Mit diesem Wärmeträger sollte der Röhrenspaltofen von außen aufgeheizt werden. Alle wichtigen Einzelschritte dieser Prozeßkette wurden erprobt. Das Gesamtsystem wurde aber nie realisiert. Mittlerweile ist die Entwicklung der HTR-Reaktorlinie in Deutschland praktisch zum Erliegen gekommen [42].

Der andere Prozeß, mit dem heute in großem Umfang Synthesegas erzeugt wird, ist die Partielle Oxidation von Rückstandsölen aus Ölraffinerien (siehe Bild 7.8) . Diese Öle sind sonst nur schwer verwertbar.

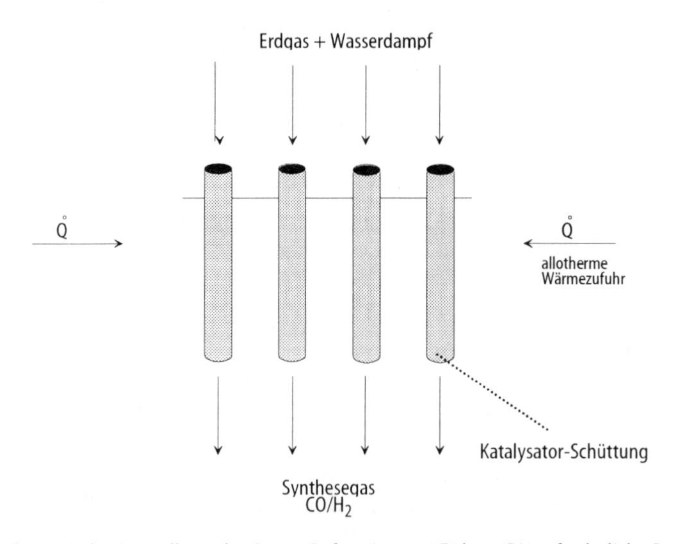

Bild 7.7. Schematische Darstellung des Steam Reforming von Erdgas. Die erforderliche Prozeßwärme wird alltherm durch Verbrennungf eines Teils des Erdgases bereitgestellt.

[42] H. Schaefer, VDI-Lexikon Energietechnik, VDI-Verlag, Düsseldorf 1994, Stichwort „Nukleare Fernenergie".
ADAM: Anlage mit drei adiabaten Methanisierungsreaktoren
EVA: Einzelrohr-Versuchsanlage
Die Versuchsanlage arbeitete mit 10 MW elektrischer Leistung und einer Heliumtemperatur von knapp 1000°C.

7.2.2.1 Die Verfügbarkeit von Erdgas

Die ersten Berichte über eine technische Verwertung von Erdgas stammen aus dem China des 3. Jahrhunderts. Damals wurde natürlich austretendes Gas zum Salzsieden verbrannt. Bereits im 16. Jahrhundert wurden ebenfalls in China die ersten Bohrungen nach Erdgas bis in eine Tiefe von 500 m niedergebracht. In größerem Stil begann die Nutzung Anfang dieses Jahrhunderts in den USA. Nach dem zweiten Weltkrieg nahm die Nutzung immer weiter zu. Aber erst als vor ca. 30 Jahren die Möglichkeit geschaffen wurde, Erdgas in Pipelines über kontinentale Entfernungen zu transportieren, begann weltweit der Siegeszug dieses Energieträgers[43]. Derzeit trägt Erdgas etwa 23% zum weltweiten Primärenergieverbrauch bei[44].

Die sicher gewinnbaren Reserven an Erdgas belaufen sich weltweit auf 147.000 Mrd. Nm^3 (150 TWa). Fast ein Viertel dieser Menge liegt Offshore, d.h. unter dem Meer. Zusätzliche Reserven werden auf 213.000 Mrd. Nm^3 geschätzt. Die größten Erdgasprovinzen sind West-Sibirien (ca. 87.000 Mrd. Nm^3) und der Nahe Osten (ca. 45.000 Mrd. Nm^3, davon Iran 21.000 Mrd. Nm^3). Die größte Einzellagerstätte ist das Katar North Dome Feld mit mehr als 7.000 Mrd. Nm^3 auf einer Fläche von 6.000 km^2. Die Menge der als sicher gewinnbar eingeschätzten Reserven hat sich seit 1970 trotz ständig steigender Förderung – bisher kumuliert 53.000 Mrd. Nm^3 für kommerzielle Nutzung und zusätzlich 7–8.000 Mrd. Nm^3 abgefackeltes Erdgas –

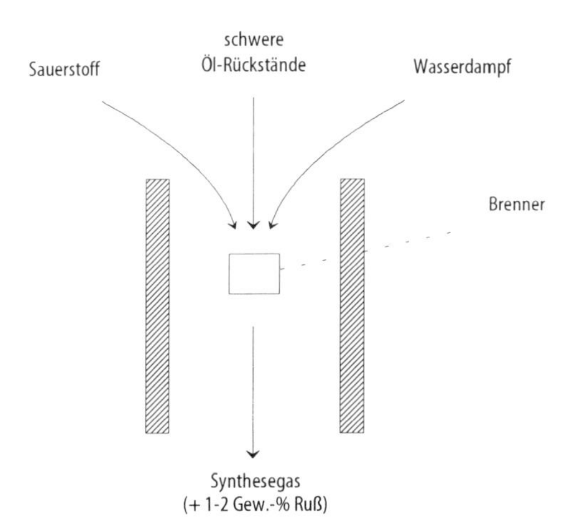

Bild 7.8. Schematische Darstellung der Erzeugung von Synthesegas durch Partielle Oxidation von schweren Rückstandsölen. Die Prozeßwärme wird autotherm durch teilweises Verbrennen des Öls bereitgestellt.

---

[43] H. Recknagel, H.-G. Fasold (Ruhrgas), „Möglichkeiten und Grenzen des Gastransports", VDI-Berichte 1129, 1994: Die Autoren geben einen Überblck über die Entwicklung von Nennweiten und Betriebsdrücken, die den kontinetalen Transport von Gas in Pipelines bei mäßigem Energieverbrauch (ca. 10% bei 6.000 km) möglich gemacht haben.

[44] G. Eickhoff, H. Rempel (Bundesanstalt für Geowissenschaften und Rohstoffe), „Weltreserven und -ressourcen beim Energierohstoff Erdgas", Energiewirtschaftliche Tagesfragen 45 (1995) 11, S. 709–716

mehr als verdreifacht. Die jährliche Förderung liegt bei 2.200 Mrd. Nm^3. Die Reichweite gemessen an den sicher gewinnbaren Vorräten beläuft sich also auf mehr als 60 Jahre[45]. Zusätzliche Ressourcen, deren Existenz nachgewiesen wurde, aber die aus technischen oder wirtschaftlichen Gründen (noch) nicht gefördert werden können, werden auf weitere 222.000 Mrd. Nm^3 geschätzt.

Der internationale Handel mit Erdgas hatte 1993 einen Umfang von 470 Mrd. Nm^3. Davon wurden rund vier Fünftel leitungsgebunden transportiert, der Rest in verflüssigter Form als LNG[46]. Es gibt auf der Erde drei große „Erdgashandelsregionen", die sich bezüglich der Größe der Vorräte und ihrer Ausschöpfung erheblich unterscheiden. Die älteste Region ist Nordamerika. Dort sind die einheimischen Vorräte schon weitgehend verbraucht. Es muß immer mehr Gas importiert werden. Allerdings setzen hier die traditionell sehr niedrigen Energiepreise Grenzen. Die zweite große Region bildet Europa mit Westsibirien und Nordafrika. Dort stehen noch erhebliche Mengen zur Verfügung. Für die Belieferung von Deutschland sind die Niederlande, Norwegen und Rußland besonders wichtig. Die dritte Region ist Südostasien mit Japan und Südkorea als den hauptsächlichen Verbrauchern. Das Gas muß dort über sehr große Entfernungen herangeführt werden, steht aber in riesigen Mengen zur Verfügung. Hohe Energiepreise erlauben auch den Aufbau einer teuren Infrastruktur.

Derzeit wird eine Vielzahl von zusätzlichen Projekten für den internationalen Handel mit Erdgas entwickelt. Zu den spektakulärsten gehören wohl die folgenden:

- Der Bau einer Erdgaspipeline von Oman nach Indien durch den Indischen Ozean in einer Tiefe von bis zu 3.300 m. Die Rohrleitung soll eine Länge von 1.200 km haben und bei einer Kapazität von 28 Mio. Nm^3/d Kosten von 3,5 Mrd. US $ verursachen[47].
- Der Bau einer mehrere tausend Kilometer langen Erdgasleitung von Ostsibirien bis ans Gelbe Meer[48].
- Der Plan eines Konsortiums, eine 8.000 km lange Gasleitung von Turkmenistan nach China und Südkorea zu bauen[48].

Es gibt wissenschaftliche Theorien, nach denen gigantische zusätzliche Mengen an Erdgas in tiefen Gesteinsschichten und in Form von Erdgashydrat vorhanden sein müßten. Die Schätzungen belaufen sich auf 10.000.000 Mrd. m^3 Erdgas. Selbst wenn davon nur ein Prozent förderbar sein sollte, ergäbe sich daraus eine Verdoppelung der heutigen Reserven[49]. Weitere große Vorkommen von Erdgas finden sich in Kohle-

---

[45] G. Eickhoff, H. Rempel, siehe Fußnote 44
A. A. Reglitzky et al. „Chancen zur Emissionsverminderung durch konventionelle und alternative Kraftstoffe", VDI-Berichte 1020, 1992

[46] G. Eickhoff, H. Rempel, siehe Fußnote 44

[47] Handelsblatt, 17.5.1995

[48] „Gaspipelines im Fernen Osten", Erdöl Erdgas Kohle 112 (1996) 7/8, S. 292

[49] G. Eickhoff, H. Rempel, a.a.O.
G. Hoffmann, J. Nixdorf (Ruhrgas), „Erdgashydrate – Erdgas in Wasserkäfigen", Erdöl und Kohle – Erdgas – Petrochemie 47 (1994) 10, S. 360 -362
Im Rahmen des internationalen Ocean Drilling Program (ODR) wird derzeit vor der US-Küste untersucht, wie Erdgashydrate gefördert werden können (Energie Spektrum 1/96, S. 8).

lagerstätten. Ihre Menge wird in der Bandbreite 93–367.000 Mrd. Nm^3 geschätzt[50]. Derzeit werden erste Versuche zur Förderung unternommen. Dazu muß die Kohle untertage hydraulisch aufgebrochen werden. In den dadurch entstehenden Gesteinsklüften kann sich das Kohlegas sammeln und dann abgepumpt werden. Ein weiteres großes, aber noch nicht quantifizierbares Potential stellen gasgesättigte Aquifere dar, d.h. Vorkommen von Tiefenwasser, in denen Methan gelöst ist.

Angesichts dieser Potentiale stellt wahrscheinlich nicht die physische Reichweite die Grenze für die Verbrennung von Erdgas dar, sondern die Umweltauswirkungen. Neben dem Erdöl steht jedenfalls ein weiterer, leicht handhabbarer Energieträger in großen Mengen zur Verfügung, aus dem auch flüssige Kohlenwasserstoffe gewonnen werden können.

7.2.2.2 Freisetzung von Erdgas

Methan als Hauptbestandteil von Erdgas ist ein sehr wirksames Treibhausgas. Auf der anderen Seite wird bei seiner Verbrennung pro Energieeinheit weniger Kohlendioxid freigesetzt als bei der von anderen Brennstoffen. Um einen positiven Effekt auf die weltweite Aufheizung der Atmosphäre zu erzielen, müssen die Verluste an unverbranntem Methan bei Förderung, Transport und Anwendung so klein wie möglich gehalten werden. Sie dürfen im Vergleich zu Heizöl höchstens 3,2% betragen, wenn keine Verschlechterung der Gesamtbilanz an Klimagasen eintreten soll[51].

Bei der Förderung von Erdgas entweichen auf gut unterhaltenen Feldern nur minimale Mengen unverbrannt in die Atmosphäre. Für die deutschen Felder wird ein Anteil von 0,16% von einer Gesamtförderung von 18 Mrd. Nm^3 angegeben[52]. Eine Studie einer Consulting-Firma bei einer großen Zahl von Gasunternehmen im Jahre 1989 hat folgende Erdgasfreisetzungen ergeben:

Bei der Förderung	0,20%
Beim Gastransport	0,13%
Bei der Gasverteilung	0,30%

Die Angaben beziehen sich auf den gesamten Gasdurchsatz[53]. Die Möglichkeiten diese Verluste noch weiter zu reduzieren, werden als gering eingeschätzt.

Für andere Fördergebiete, vor allem im subarktischen und arktischen Rußland, werden sehr viel höhere Verluste vermutet. Sie haben einerseits mit den extremen klimatischen Bedingungen zu tun, sind aber zum größten Teil durch mangelhafte Anlagentechnik und ungenügende Wartung verursacht. Sie werden bei der Förderung und

Allerdings werden die sehr hohen Schätzungen inzwischen durch andere Wissenschaftler in Zweifel gezogen („Gashydrate: „Erdgas" vom Meeresgrund", Erdöl Erdgas Kohle 112 (1996) 7/8, S. 293).

50 G. Eickhoff, H. Rempel, siehe Fußnote 44

51 Kohlendioxidfreisetzung: Heizöl 74 kg/GJ, Methan 55 kg/GJ; Treibhausfaktor von Methan 21, Heizwert 50 MJ/kg, Dichte 0,72 kg/l.

52 W.E.G. Wirtschaftsverband Erdöl- und Erdgasgewinnung, „Umweltschutz bei der Erdgasförderung", Faltblatt, November 1994

53 A. Baumgartner (ÖMV AG), „Environmental Aspects of the Hydrocarbon Production System" OIL GAS – European Magazine 3/1993, S. 2–8

beim Transport per Pipeline auf 2,9–6,6% geschätzt[54]. Das russische Umweltministerium hat für 1994 die Menge des bei 31 schweren Störfällen an Pipelines freigesetzen Erdgases auf 57 Mio. Nm^3 geschätzt[55]. Deutschland bezieht etwa ein Drittel seines Gasbedarfs aus Rußland.

Bei der Förderung von Rohöl wird in der Regel auch eine gewisse Menge an Erdgas als sogenanntes associated gas gefördert. In der Regel werden diese Mengen vor Ort verbraucht, in Gasnetze eingespeist oder in das Ölfeld reinjiziert, um dort den notwendigen Druck aufrecht zu erhalten. Auf manchen Förderfeldern ist das aber nicht möglich. Dann werden die überschüssigen Gasmengen verbrannt, „abgefackelt". (siehe auch Tabelle 7.3). Es gab bereits Pläne, diese Gasmengen zu sammeln und an Ort und Stelle in das leichter speicher- und transportierbare Methanol umzusetzen. Ähnliche Konzepte wurden für die Verwertung entlegener, sonst nicht nutzbarer Erdgasfelder untersucht. Unter anderem sind dazu schwimmende, vollkommen autarke Methanol-Fabriken untersucht worden. Solche Projekte sind bisher jedoch selten umgesetzt worden, weil Erdöl zu konkurrenzlos niedrigen Preisen in jeder gewünschten Menge zur Verfügung steht[56].

7.3 Kraftstoffe aus Kunststoffabfällen

Kunststoffe werden unter Aufwand von Energie aus Rohöl gewonnen. Deshalb werden die Massenkunststoffe Polyethylen (PE) und Polypropylen (PP) manchmal auch scherzhaft als „schnittfestes Erdöl" bezeichnet. Auch der umgekehrte Prozeß der Erzeugung von Ölprodukten aus Kunststoffen wurde bereits realisiert. Dabei kann aber nur der Heizwert des Kunststoffs zurückgewonnen werden. Viel von dem Energieaufwand, der zur Erzeugung der Kunststoffe erforderlich war, geht wieder verloren (Polypropylen: Herstellung 80 MJ/kg, Heizwert 41 MJ/kg; Polyamid: Herstellung 150 MJ/kg, Heizwert 30 MJ/kg). Eine Verwertung auf möglichst hoher Stufe ist daher aus energetischer Sicht anzustreben. Sie ist aber nicht immer möglich oder wirtschaftlich. Ein Hindernis stellt vor allem die Trennung unterschiedlicher Kunststoffabfälle und häufig auch deren Verschmutzung dar. Es werden daher derzeit verschiedene Verfahren entwickelt, mit denen aus Abfallkunststoffen durch abbauende Prozesse die monomeren Ausgangsstoffe[57] Öl und andere Kohlenwasserstoffe oder Synthesegas[58] zurückgewonnen werden können.

---

[54] W. Zittel, „Methane Emissions from Russian Gas Supply and Measures to Control Them", in Proc. Conf. „Non-CO_2 Greenhouse Gases", Maastricht 13.–15.12.1993, S. 329–334

[55] Ohne Autorenangabe, „Umweltschutz in Rußland: Rückläufige Investitionen, aber zunehmende Störfallrisiken", DIW Wochenbericht 13/96 vom 28.3.1996, S. 209–217

[56] F. Asinger, „Methanol – Chemie- und Energierohstoff. Die Mobilisation der Kohle", Springer Verlag, 1986
Das Buch enthält ausführliche, zum Teil kommentierte Literaturangaben.

[57] Aus sortenreinen Kunststoffen können sehr reine Monomere wiedergewonnen werden, aus denen der Kunststoff neu synthetisiert werden kann. Dieser Prozeß ist für das Recycling von PET-Getränkeflaschen in Entwicklung.

[58] Die Vergasung hat den Vorteil, daß eine Rückbildung von Dioxinen und Furanen wegen Sauerstoffmangels nahezu ausgeschlossen ist. Schwefelverbindungen können relativ einfach ausgewaschen werden. Die Grenzwerte der 17. Bundesimmissionsschutzverordnung werden um

Bei der BASF wurde ein Verfahren entwickelt, mit dem aus unsortiertem und verschmutztem Kunststoffabfall definierte petrochemische Produkte gewonnen werden können. Das Material wird dazu bei ca. 300 °C aufgeschmolzen. Aus dem Chlorgehalt des PVC-Anteils bildet sich Chlorwasserstoff, der absorbiert und zu Salzsäure aufgearbeitet wird. Danach wird die Schmelze bei 400 °C depolymerisiert. Aus den entstehenden Ölen und Gasen werden im Steam Cracker Naphta, Olefine, Aromaten und schwersiedende Öle gewonnen, die in der bekannten Weise in Raffinerien weiterverarbeitet werden können. Etwa 5% anorganische Reststoffe müssen deponiert werden. Die Errichtung einer Großanlage (zunächst 300.000 t/a, dann auf 150.000 t/a reduziert) war geplant[59], wurde aber wegen mangelnden Abfallaufkommens nicht realisiert; nur eine bereits bestehende Pilotanlage mit 15.000 t/a wird weiter betrieben[60].

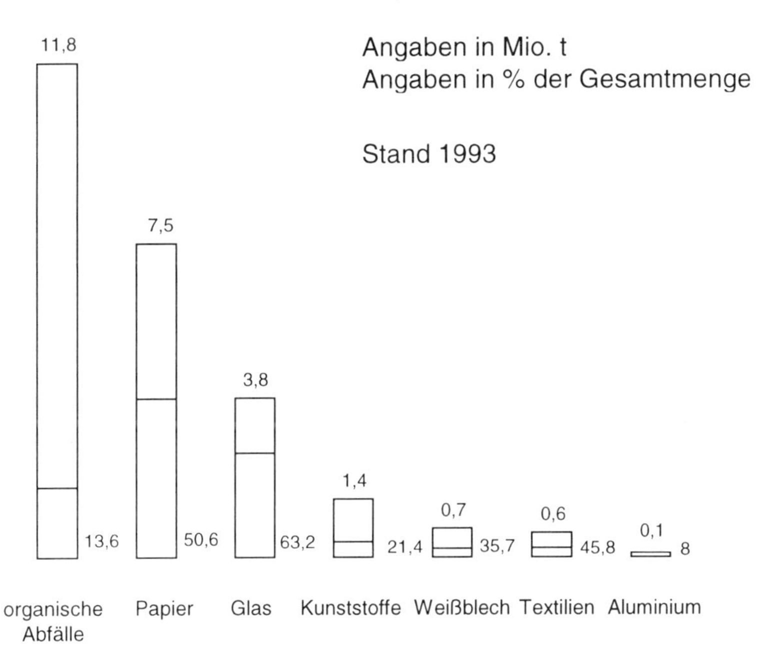

Bild 7.9. Gesamtaufkommen und Recyclingquote von Hausmüll in Deutschland

---

den Faktor 10 und mehr unterschritten. (F. Wintrich, H. Münch, M. Herbermann, „Hochtemperaturvergasung – ein thermochemisches Entsorgungs- und Verwertungsverfahren", Entsorgungspraxis 11 (1993) 11, S. 814–816; H.-K. Redepenning, P. Wenning, „Darstellung der Vergasungsverfahren", VDI-Berichte 967, 1992)

[59] M. Boeckh, „Die gewonnenen Öle und Gase zu neuen Produkten verarbeitet", Handelsblatt, 23.5.1995
Bei einer Kapazität von 300.000 t/a sollte der Preis für die Entsorgung bei 325 DM/t liegen, bei 150.000 t/a wäre er auf 550 DM/t gestiegen (M. Boeckh, „Kunststoffmüll? Ja bitte!", Bild der Wissenschaft 11/1995, S. 124–125).

[60] Es erwies sich als deutlich kostengünstiger, den Kunststoffabfall als Reduktionsmittel im Hochofenprozeß einzusetzen. Die Kosten für den Entsorger belaufen sich auf 200 DM/t angeliefertem Kunststoff; es wird erwartet, daß das Verfahren sich in Zukunft selbst trägt. Alleine im Stahlwerk Bremen sollen in Kürze > 80.000 t/a eingesetzt werden (Die Zeit, 11.8.1995; Handelsblatt, 4./5.8.1995, Bild der Wissenschaft 11/1995)

Ein für die Verflüssigung von Braunkohle in den vierziger Jahren großtechnisch realisiertes Verfahren basiert auf einer „schonenden" Auftrennung des Molekülgerüstes unter gleichzeitiger Anlagerung von Wasserstoff (hydrierende Verflüssigung). Es wurde während der siebziger Jahre weiterentwickelt. Laboruntersuchungen zeigen, daß vermischte Kunststoffabfälle, aber auch Altreifen ebenfalls durch hydrierende Verflüssigung in Öle zurückverwandelt werden können[61]. Gereinigte Kunststoffe werden dabei in heißem Öl bei 400 °C aufgeschmolzen und dann bei 480 °C mit Wasserstoff zu gasförmigen und flüssigen Produkten umgesetzt und in einer Raffinerie weiter veredelt. Auch PVC kann verarbeitet werden. Eine Versuchsanlage mit einer Kapazität von 40.000 t/a wird in Bottrop von der Ruhrkohle Öl und Gas GmbH und der VEBA Öl AG betrieben[62]. Ein weiterer Ausbau ist geplant.

Die Rheinbraun AG erzeugt mit einer ursprünglich für die Braunkohlevergasung gebauten Anlage in Berrenrath am Niederrhein aus Kunststoffabfällen Synthesegas für die Methanolproduktion im Werk Wesseling. Auch hier sind Kapazitätserweiterungen geplant[63]. Weitere Verfahren werden derzeit sowohl von wissenschaftlichen Instituten als auch von zahlreichen Firmen untersucht[64].

Über die tatsächlichen Kosten der verschiedenen Vergasungsverfahren besteht öffentlich noch keine Klarheit. Offenbar werden derzeit überwiegend „politische Preise" in der Größenordnung von 1.000 DM/t bezogen auf den angelieferten Abfall genannt[65]. Von Shell werden je nach Anlagengröße und -auslegung die vom Anlieferer zu tragenden Kosten mit 50–175 DM/t für gemischten Kunststoffabfalls beziffert[66].

Der weltweite Kunststoffverbrauch lag 1994 bei 123,2 Mio. t[67]; er wächst rasch weiter. In Europa fallen pro Jahr mehr als 13 Mio. t Plastikmüll an; ein Anstieg auf 20 Mio. t wird bis 2000 erwartet. Bisher liegt die Recyclingquote bei ca. 7%[68]. In Deutschland werden jährlich ca. 824.000 t Kunststoffverpackungen nach Gebrauch weggeworfen. Davon müssen mindestens 64% einem rohstofflichen oder werkstofflichen Recycling unterzogen werden. In Japan fallen pro Jahr ca. 6,2 Mio. t Kunst-

---

[61] H. Schaefer, VDI-Lexikon Energietechnik, VDI-Verlag, Düsseldorf 1994, Stichwort „Verflüssigung"

[62] Die Kohleölanlage Bottrop wurde von 1981–87 genutzt, um die Steinkohle-Hydriertechnik in technisch relevanter Größe zu demonstrieren. 1987 wurde die Anlage für die Verwertung von schweren Rückstandsölen und venezolanische Schweröle umgerüstet. Seit 1992 werden auch regelmäßig Altkunststoffe verwertet (R. Holighaus, K. Niemann, „Verwertung von Altkunststoffen durch Hydrierung", Kunststoffberater 4-93, S. 51 -56).

[63] M. Boeckh, a. a. O.

[64] G. Menges, J. Brandrup, „Entwicklungen beim chemischen Recycling", Kunststoffe 84 (1994) 2, S. 114–118
Ohne Autorenangabe, „Spent plastics are reformed into virgin monomer", Chemical Engineering 99 (1992) 2, S. 17 über die Kombination eines Reaktions-Extruders mit einem Vergaser.

[65] Ohne Autorenangabe, „Plastikmüll-Mangel unter Recyclern aufgeteilt", Handelsblatt, 27./28.5.1995

[66] A. Reinink, „Chemical recycling – back to feedstock", Plastics, Rubber and Composites Processing and Application 20 (1993) 20, S. 259–264

[67] Ohne Autorenangabe, „K'95 im Jahr der Konjunkturerholung", VDI-Z Spezial Ingenieur-Werkstoffe Sept. 1995

[68] A. Reinink, siehe Fußnote 66

stoffabfälle an[69]. Aufgrund dieser Mengen sind durch Kunststoffrecycling nur relativ kleine, aber dennoch nicht zu vernachlässigende Beiträge zur Deckung des Kraftstoffverbrauchs realisierbar.

7.4 Kraftstoffe aus Biomasse

Als Biomasse bezeichnet man alle Stoffe organischer Art, die aus der Biogenese entstanden sind, also die Materie und die Abfallstoffe lebender und toter Lebewesen. Dazu gehören also auch Papier, Zellstoff, Rückstände der Lebensmittelindustrie, organischer Haus- und Industriemüll. Es handelt sich also um Kohlenwasserstoffe unterschiedlicher Art mit meist hohem Wassergehalt.

Aus Biomasse können auf mehreren Wegen hochwertige Kraftstoffe gewonnen werden. Bekannte Verfahren sind die Vergärung zu Alkohol (oder zu Biogas) und die Extraktion von Inhaltsstoffen (Ölen, Fetten). Sie kann aber auch mit denselben Prozessen thermochemisch umgesetzt werden, die auch zur Verarbeitung fossiler Kohlenwasserstoffe eingesetzt werden. Grundsätzlich eignen sich dazu mehrere Verfahren. Darunter sind die wichtigsten:

- Die Gewinnung von Pyrolyseöl
- Die direkte Verflüssigung
- Die Vergasung[70]

Außerdem ist natürlich die Erzeugung von Wärme und Strom möglich, die indirekt (allotherm) bei der Erzeugung von Kraftstoffen eingesetzt werden können. Bild 7.10 und Tabelle 7.10 geben einen Überblick über die derzeit bekannten Methoden und ihre Wirkungsgrade.

7.4.1 Das energetische Potential der Biomassen

Der Bestand an Biomasse auf der Landfläche der Erde wird auf ca. 2.000 Mrd. t geschätzt. Darin sind 800 Mrd. t Kohlenstoff fixiert. Jährlich werden 150 Mrd. t Biomasse neu gebildet; dies entspricht einer gebundenen Energiemenge in der Größenordnung von 100 TWa/a oder der Hälfte der sicher gewinnbaren Erdölreserven. Der Wirkungsgrad bei der Umsetzung von Sonnenlicht in Biomasse liegt zwischen 0,55% in Waldgebieten und 0,07% in den Ozeanen. In Intensivplantagen z.B. mit Zuckerrüben steigt der Wirkungsgrad im günstigsten Fall auf über 5%[71].

---

[69] Ohne Autorenangabe, „Verwertung der Kunststoffabfälle in Japan", Gummi, Fasern, Kunststoffe 47 (1994) 8, S. 497

[70] Eine historische Anwendung etwas anderer Art waren Holzvergaser, mit denen im Fahrzeug durch Verschwelung von Holz ein Brenngas gewonnen wurde. Sie wurden während des Krieges in Deutschland in relativ großem Umfang eingesetzt. Der Holzverbrauch eines typischen Busses mit 59 kW betrug 140 kg/100km (E. Hoepke, „Hundert Jahre Omnibustechnik und Omnibusverkehr", ATZ 97 (1995) 7/8, S. 432–441).

[71] Andere Autoren geben noch höhere Zahlen an: Über 200 Mrd. t/a bzw. 175 TWa/a neu gebildete Biomasse. (P. Schnell (Zentrum für Sonnenenergie- und Wasserstoff-Forschung, Baden-Württemberg, Energieversorgung Schwaben), „Möglichkeiten der energetischen Nutzung von Biomasse", Energiewirtschaftliche Tagesfragen 45 (1995) 11, Biomasse-Spezial S. 2–12)

Diese Potentiale sind natürlich nur zu einem kleinen Teil technisch erschließbar. Die insgesamt theoretisch zur Verfügung stehende Menge an Biomasse wird aber immerhin um den Faktor 5–6 höher geschätzt als der weltweite jährliche Verbrauch an Primärenergie. Etwa 4% der Biomasseproduktion, d.h. 6 Mrd. t werden derzeit bereits von Menschen genutzt, davon ca. 1% für energetische Zwecke (überwiegend Feuerholz), ca. 1% für rohstoffliche Verwendungen (Papier, Holzprodukte ...) und ca. 2% für Nahrungs- und Futtermittel. Biomasse dürfte in den nächsten Jahrzehnten die bei weitem ergiebigste Form unter den „Energiealternativen" sein

Tabelle 7.10. Realisierbare Potentiale an erneuerbaren Energien weltweit[72]. Die Angaben müssen als grobe Schätzwerte gelten.

Energieform	realisierbares Potential TWa/a
Biomasse	5,1
Wasserkraft	1,5
Windenergie	1,0
geothermische Energie	1,0
direkte Solarwärme	0,9
thermische Meeresenergie	0,5
Gezeitenenergie	< 0,1
Meeresströmung, Wellen	gering

In der EU müssen bis zum Jahre 2000 ca. 15 Mio. ha landwirtschaftlicher Nutzfläche aus der Nahrungsmittelproduktion herausgenommen werden. Das sind etwa 15% der Gesamtfläche. Theoretisch können darauf jährlich bis zu 150 Mio. t Holz erzeugt werden. Damit wäre das energetische Äquivalent von 38–45 Mio. t Steinkohle zu gewinnen (1.100–1.300 PJ)[73]. Vor diesem Hintergrund hat die EU-Kommission in ihrem Programm ALTENER das Ziel formuliert, bis zum Jahre 2005 ca. 5% aller Kraftstoffe auf biologischer Basis bereitzustellen. Als wesentliche Möglichkeiten werden dafür Ethanol und Pflanzenöle in Betracht gezogen[74].

Für die Alten Bundesländer wird das jährliche Potential an Rückstands- und Abfall-Biomasse auf ca. 290 PJ geschätzt. Für spezielle Energieplantagen auf landwirtschaftlich sonst nicht genutzten Flächen (ca. 1,6 Mio. ha) wird ein weiteres Potential von 88–350 PJ gesehen[75]. Insgesamt könnte also ein Anteil von bis zu 6% des deutschen Primärenergieverbrauchs aus einheimischer Biomasse gedeckt werden. Er

[72] Bundesanstalt für Geowissenschaften und Rohstoffe (Hrsg.), „Reserven, Ressourcen und Verfügbarkeit von Energierohstoffen", Hannover 1989, S. 347 ff, zitiert nach P. Schnell, a.a.O.

[73] eurostat (Hrsg.), „Panorama der EU-Industrie 94"

[74] eurostat (Hrsg.), siehe Fußnote 73

[75] H. Schaefer, VDI-Lexikon Energietechnik, VDI-Verlag, Düsseldorf 1994, Stichwort „Biomassenkonversion"
W. Hauke (RWE Energie AG), „Energetische Nutzung von Biomasse in Deutschland", Energiewirtschaftliche Tagesfragen 45 (1995) 11, Biomasse-Spezial S. 13–23, gibt ein Potential von 407 PJ/a an, von dem knapp ein Viertel bereits genutzt wird. Der Betrag zum PEV läge damit bei maximal 3%. Hinzu kämen 430 PJ/a aus der möglichen Nutzung von landwirtschaftlichen Überschußflächen.

könnte theoretisch noch weiter gesteigert werden, wenn auch der Umbruch von bisherigem Grünland zugunsten von Energiepflanzen in Angriff genommen würde. Für diesen Fall kann man von einer Fläche von ca. 4,0 Mio. ha ausgehen, auf der bis zu 800 PJ/a in Form von Getreideganzpflanzen, mehrjährigen Gräsern und schnell wachsenden Gehölzen zu gewinnen wären. Der energetische Verbrauch an Biomasse wird für die 90er Jahre auf ca. 110 PJ/a geschätzt[76, 77].

Die obige Diskussion des deutschen bzw. europäischen Biomassepotentials soll nicht den Eindruck erwecken, daß hier einem wie auch immer motivierten Streben nach energetischer Autarkie das Wort geredet wird. Die Energiewirtschaft fester, flüssiger und mit – gewissen, technisch bedingten Einschränkungen – auch gasförmiger Energieträger ist heute weltweit vernetzt. Dies gilt zunehmend auch für die Elektrizitätswirtschaft, die sich sicher in den nächsten Jahrzehnten von dem alten Paradigma der verbrauchernahen Stromerzeugung zunehmend entfernen wird. Die Vorstellung von einer „Versorgungssicherheit" auf nationalstaatlicher Basis, zu deren Gunsten jahrzehntelang auch Dauersubventionen gerechtfertigt erschienen, hält der wirtschaftlichen Realität nicht mehr stand. Dieselbe Entwicklung sollte für biogene Energieträger unterstellt werden. Sie werden – wenn die wirtschaftlichen Voraussetzungen dafür gegeben sind und sie im Wettbewerb der Energieträger Erfolg haben – in Zukunft dort angebaut, wo in globaler Perspektive die günstigsten Voraussetzung dafür bestehen, und weltweit gehandelt werden. Wie sich später noch deutlich zeigen wird, können in einem solchen Szenario Agrarprodukte aus europäischer Produktion ohne Subvention wirtschaftlich nicht bestehen. Man sollte daher entsprechende Produktionen in Europa nur soweit forcieren, wie gleichzeitig andere Ziele – z.B. der Landschaftspflege, der lokalen Wirtschaftsstuktur, sozialer Art – die Umverteilung von Einkommen durch Subventionen rechtfertigen kann. Diese Motive sollten auch offen benannt werden. Damit dürften aber die oben angeführten Potentiale auch auf lange Sicht theoretische Zahlen bleiben.

---

[76] S. Becher, M. Kaltschmitt (IER, Universität Stuttgart), „Stand und Perspektiven der energetischen Nutzung fester Biomasse", 9. Internationales Sonnenforum '94, Stuttgart, S. 877–884

[77] Zu einer noch weit höheren Schätzung kommen Escher, Rupp (s.u.) als theoretischer Obergrenze: Maximal könnten nach Angaben des Bundeslandwirtschaftsministeriums ca. 3 Mio. ha Ackerfläche mit nachwachsenden Rohstoffen bewirtschaftet werden. Wenn man Erträge von 25 t/ha annimmt, folgt daraus ein Potential von 1.350 PJ, entsprechend 13% des Verbrauchs an fossiler Energie.

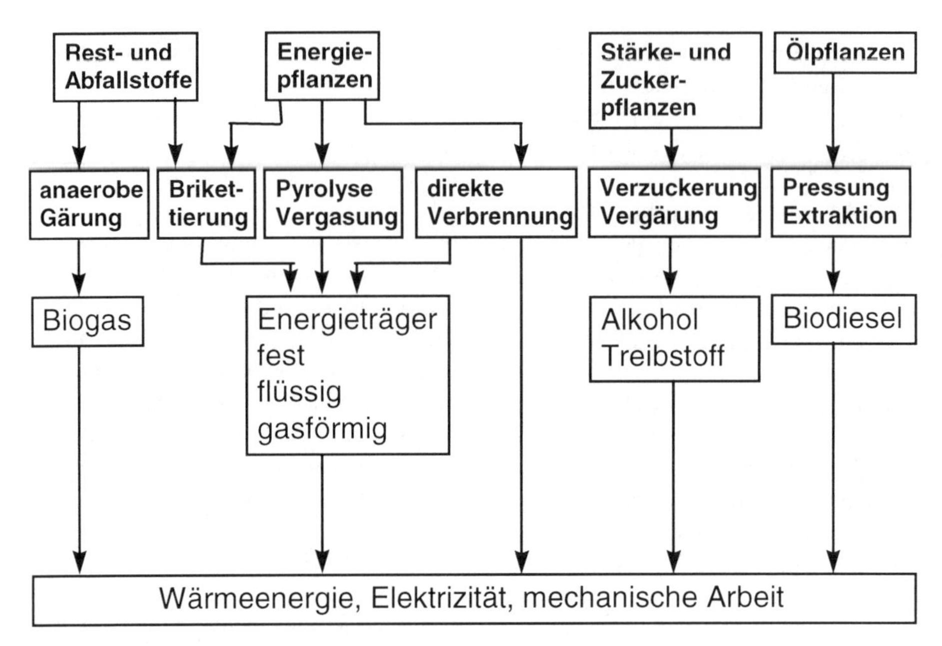

Bild 7.10. Möglichkeiten für die energetische Nutzung von Biomasse

Während man in Europa, Nordamerika und Australien mit Problemen der landwirtschaftlichen Überproduktion kämpft und daher die Erzeugung von biogenen Energieträgern als neue Einkommensquelle für eine immer produktiver werdende Landwirtschaft sieht, steht die Erzeugung von Biomasse für energetische Zwecke in vielen Ländern Afrikas, Asiens und Lateinamerikas in einem latenten Konflikt zur Erzeugung von Lebensmitteln. Die Welternährungsorganisation FAO schätzt, daß bis 2010 rund 90 Mio. ha Land neu in landwirtschaftliche Nutzung genommen werden müssen, um die dann lebenden ca. 7 Mrd. Menschen zu ernähren. Damit würden regional die Grenzen des Möglichen erreicht[78]. Andererseits betragen die Ernteverluste bei Reis heute noch 51% der nach Aussaat geschätzten Weltproduktion; für Weizen liegt der Anteil bei 34%[79]. Durch den gezielten Einsatz von Pflanzenschutzmitteln, verbessertes Saatgut und bessere landwirtschaftliche Praxis sind hier noch ganz erhebliche Verbesserungen zu erzielen. Es muß aber sicherlich im Einzelfall sorgfältig geprüft werden, wie weit sich neue Potentiale für die lokale Lebensmittelproduktion erschließen lassen und ob dann noch ein Spielraum für die Gewinnung von Energiepflanzen bleibt.

[78] Ohne Autorenangabe, „Besorgnis über niedrige Vorräte", Handelsblatt, 20.11.1995
[79] A. Bohne, „Auf den Feldern in Asien beginnt ein neues Zeitalter", Handelsblatt, 4.1.1996

Tabelle 7.11. Physikalische und chemische Verfahren der Biomassekonversion[80] (LBG niedrigkaloriges Biogas, MBG mittelkaloriges Biogas, SNG synthetisches Erdgas)

Prozeß	Ausgangsstoff	Endprodukt	mittlerer Wirkungsgrad
mechanische Verdichtung	Holzabfälle	Pelletts	88%
	Stroh	Briketts	
Extraktion	Ölsaaten, Ölfrüchte	Öl	18%
Verbrennung	Holz	Wärme	70%
Verbrennung	Holz	Strom	20%
Vergasung	Holz	schmutziges LBG	81%
Vergasung	Holz	sauberes LBG	69–76%
Verflüssigung			
– chemische Reaktion	Holz	schmutziges Öl	63%
– Pyrolyse	Holz	Öl, Holzkohle	29%
– Synthese	Holz	Methanol	57%
– Synthese	Holz	Benzin, LPG	45%
alkoholische Gärung	Getreide	Ethanol	57%
alkoholische Gärung	Zuckerpflanzen	Ethanol	32%
alkoholische Gärung	Wasserpflanzen	Ethanol	40%
Biogaserzeugung	Seetang	SNG	46%
Biogaserzeugung	Gülle	MBG	48%
Verrottung	Abfälle	Wärme	50%

Neben den Methoden der klassischen Land- und Forstwirtschaft sind auch neue Methoden zur Gewinnung von Biomasse Gegenstand der Forschung. Vor allem in Japan werden Ansätze verfolgt, spezielle Algen oder Bakterien in CO_2-reichen Abgasströmen wachsen zu lassen, um damit eine biologische Bindung des Kohlendioxid zu erreichen und Biomasse zu gewinnen[81]. Eine weitere japanische Forschungsrichtung mit demselben Ziel betrifft die gezielte „Entwicklung" von Pflanzen für aride Gebiete[82]. Mengenmäßige Potentiale oder fundierte Kostenschätzungen für solche Entwicklungen lassen sich noch nicht angeben. Selbst wenn die Forschungen sich bald als erfolgreich erweisen sollten, werden diese neuen Verfahren sicher erst in einigen Jahrzehnten quantitativ relevant werden können.

---

80 UN-Preparatory Commitee for the United Nations Conference on New and Renewable Sources of Energy: Report of the Technical Panel of Biomass Energy on its Second Session, A/CONF. 100/PC/28, Genf 1981; zitiert nach H. Schaefer, VDI-Lexikon Energietechnik, VDI-Verlag, Düsseldorf 1994, Stichwort „Biomassenkonversion"

81 „MITI Microbial CO_2-Fixing Project Goes into 2nd Stage", Comline Chemicals and Materials, 15.3.1995
„CO_2-Fixation Technology Using Biosolar Reaktor System", JETRO, Februar 1993, S. 41
„MITI to Start Long-Term Project for CO_2-Fixation Using Plants", Japan Chemical Week, 24.1.1991

82 „MITI Begins CO_2-Fixation in Desert Environment", Comline Biotechnology and Medical, 12.8.1993
„R&D for New Desert Plants for CO_2-Fixation Aimed at"; Japan Chemical Week, 2.9.1993
„Plant that Can Grow in Desert to be Developped for CO_2-Fixation", Japan Chemical Week, 24./31.12.1992

7.4.2 Die Gewinnung von Biomasse

Als nutzbare Biomassen kommen einmal Stoffströme in Frage, die ohnehin als Abfälle anfallen und beseitigt werden müssen. Neben dem Hausmüll sind hier auch Klärschlämme, land- und forstwirtschaftliche Abfälle und Reststoffe, Abfälle aus der Lebensmittel- und Futtermittelindustrie, Holzabfälle usw. zu nennen. Diese Mengen fallen entweder „kostenlos" an oder für ihre Beseitigung werden sogar Preise gezahlt.

Speziell mit der Nutzung von Klärschlämmen[83] kann man den Gedanken einer perfekten Nutzungskaskade verbinden: Zunächst entsteht aus Sonnenlicht, Kohlendioxid und Wasser pflanzliche Nahrung. Nach dem Verzehr durch Mensch und Tier und der Reinigung der Abwässer durch biologische Prozesse bleibt ein Material, das als Rohstoff für eine weitere, diesmal energetische Nutzung tauglich ist. Als Endprodukt entstehen wieder Kohlendioxid und Wasser, d.h. die Ausgangsprodukte der am Anfang der Kette stehenden Assimilation durch Pflanzen. Das Aufkommen von Klärschlämmen liegt in Deutschland bei ca. 50 Mio. m^3/a mit einem Trockensubstanzanteil von 2–7%; daraus errechnet sich ein Heizwert von 15–60 PJ. Leider ist jedoch die energetische Verwertung von Abfall-Biomassen häufig nicht wirtschaftlich, weil ihre Verarbeitung wegen wechselnder Zusammensetzung und hohen Feuchtigkeitsgehaltes eine aufwendige Verfahrenstechnik erfordert. Zudem ist die Sammlung der Abfälle häufig logistisch umständlich und entsprechend teuer. Günstiger scheint die Alternative der Mitverbrennung in konventionellen Kohlekraftwerken zu sein[84].

Neben der Nutzung von Abfällen wird in vielen Ländern auch der spezielle Anbau von Energiepflanzen untersucht und teilweise schon in recht großem Umfang praktiziert (siehe unten 7.4.3 „Die Herstellung von Ethanol", 7.4.4 „Pflanzenöle und ihre Ester"). Im forstlichen Bereich wird vor allem in Schweden mit Kurzumtriebsplantagen experimentiert. Darunter versteht man Anpflanzungen von schnell wachsenden Hölzern, z.B. von Pappeln und Weiden, die in kurzen Abständen maschinell abgeerntet werden. Die jährlichen Erträge liegen bei 10–20 t/ha[85].

In der Landwirtschaft kommt die Verwendung von Massengetreiden, wie Weizen und Gerste, in Betracht. Bei Ganzpflanzenverwertung liegen die jährlich zu erzielenden Erträge ebenfalls bei 10–20 t/ha (siehe Tabelle 7.12). Noch bessere Ergebnisse sind von sogenannten C4-Pflanzen zu erwarten[86]. Sie unterscheiden sich von den bei uns vorherrschenden C3-Pflanzen durch einen anderen chemischen Ablauf der Photosynthese mit höherer Netto-Photosyntheserate und daher größerem Ertragspotential. Allerdings können sie nicht unter allen klimatischen Bedingungen angebaut werden. Die landwirtschaftlich wichtigste C4-Pflanze ist der Mais. Sein jährliches Ertragspotential liegt bei 15–25 t Trockenmasse pro ha. Alle genannten Pflanzen haben eine

[83] H. Sahm (KFA Jülich), „Klärschlamm als chemischer und biologische Rohstoff", in „Verfahrenstechnik der Klärschlammverwertung", Tagung in Baden-Baden, 1984

[84] C. Tauber, J, Klemm, M. Schönrok (PreussenElektra AG), „Mitverbrennung kommunaler Klärschlämme in Steinkohlekraftwerken", Energiewirtschaftliche Tagesfragen 45 (1995) 11, S. 725–733

[85] G. Escher, M. Rupp (VEBA Öl), „Nachwachsende Rohstoffe für Energieerzeugung und Chemie?", Brennstoff – Wärme – Kraft 45 (1993) 9, S. 406–411

[86] Bei der CO_2-Assimilation entsteht bei C3-Pflanzen zunächst eine Verbindung mit drei Kohlenstoffatomen, bei C4-Pflanzen mit vier; daher der Name.

lange züchterische Entwicklung hinter sich. Dabei lag aber der Schwerpunkt auf dem Ertrag an Nahrungsmitteln, nicht auf der Maximierung des Aufkommens an Biomasse. Es dürfte also noch ein erhebliches Potential für Verbesserungen in dieser Richtung vorhanden sein.

Tabelle 7.12. Erträge von Energiepflanzen in Deutschland[87]

Biomasse	jährlicher Ertrag pro Hektar t/ha a
Stroh als Beiprodukt	5
Futterroggen	12
Futterweizen	13
Futtergerste	11,5
Triticale	12,5
Miscanthus sinensis	
ohne Bewässerung	15–25
mit Bewässerung ab 4. Jahr	25–35

Für Deutschland wurde in den letzten Jahren der Anbau von Miscanthus Sinensis Giganteus (Chinaschilf) genauer untersucht. Es handelt sich dabei um eine C4-Pflanze, die in den Feuchtgebieten wärmerer Gegenden sehr dichte Bestände entwickelt und hohe Erträge an Biomasse erbringt. Sie vermehrt sich hierzulande über ihr Wurzelsystem und hat daher eine Wachstumsperiode bis in den Herbst hinein. Von dieser Pflanze werden besonders hohe Erträge erwartet. Bei den bisherigen Anbauversuchen stellte sich heraus, daß unter den klimatischen Bedingungen Nordwest-Deutschlands jährlich Erträge im Bereich von 20–30 t/ha erzielt werden können. Allerdings besteht noch großer Entwicklungsbedarf, um diese Mengen auch ernten und bergen zu können; die Verluste liegen noch bei 30%. Auch die Kosten für das Pflanzgut sind noch sehr hoch. Es wird aber erwartet, daß sie sich in Zukunft erheblich senken lassen. Auch Arundo Donax (Pfahlrohr), Topinambur und andere wurden in Deutschland als Energiepflanzen untersucht.

Tabelle 7.13 gibt einen Überblick über die Kosten der Bereitstellung von Biomasse aus dem Anbau von Miscanthus. Zum Vergleich sind die Kosten für die Verwertung von ganzen Getreidepflanzen angegeben[88]. Diese Ergebnisse müssen noch als wenig belastbar gelten, da die Anbauversuche bisher nicht die zur Beurteilung von Langzeitkulturen mit Nutzungsdauern von zehn und mehr Jahren notwendige Dauer und auch nicht die zur Bewertung unterschiedlicher Standorte notwendige Breite haben konnten[89]. Es scheint aber klar zu sein, daß mit entsprechendem Entwicklungsaufwand bei der Auswahl und Züchtung neuer, sehr ertragsreicher Pflanzen, bei ihrem

[87] P. Schnell, siehe Fußnote 71
[88] G. Escher, M. Rupp, siehe Fußnote 85
[89] D. Wintzer, B. Fürniß, S. Klein-Vielhauer, L. Leible, C. Nieke, C. Rösch, H. Langen, „Technikfolgenabschätzung zum Thema Nachwachsende Rohstoffe", Landwirtschaftsverlag Münster, 1993

Anbau und ihrer Verarbeitung die bisher noch hohen Kosten deutlich gesenkt werden können.

Der Vergleich der Kosten für Biomasse mit denen für fossile Brennstoffe zeigt, daß sie bisher nicht einmal mit den „edlen“, leicht handhabbaren und daher teureren Energieträgern Öl und Gas konkurrieren können. Noch weniger können sie sich mit den ähnlich aufwendig zu handhabenden, festen Brennstoffen messen (siehe Tabelle 7.14). Wenn man aber berücksichtigt, daß eine CO_2- und Energieabgabe, deren Einführung von der EU mit Beträgen von 2,81 ECU/t CO_2 und 0,21 ECU/GJ vorgeschlagen wurde, Kohle als den Hauptkonkurrenten um ca. 30 DM/t (auf 3,8–4,5 DM/GJ) verteuern würde, käme Biomasse entsprechend der Potentialabschätzung für Miscanthus näher an den Bereich der Wirtschaftlichkeit. Sie wäre gerade erreicht, wenn sogar die von der EU-Kommission genannten Zielsteuersätze von 9,37 ECU/t CO_2 und 0,70 ECU/GJ zur Anwendung kämen[90]. Die Weiterentwicklung der Biomasseoptionen liegt daher offenbar im öffentlichen Interesse. Die Erzeugung flüssiger Kraftstoffe auf dieser Basis wird aber wegen der dazu erforderlichen, teuren Umwandlungstechniken noch lange nicht mit Produkten auf Öl oder Erdgasbasis konkurrieren können[91].

Tabelle 7.13. Bereitstellungskosten für Biomasse unter Annahme eines Deckungsbeitrags von 700 DM/ha, wie er heute unter Berücksichtigung flächenbezogener Subventionen und des Interventionspreises für Getreide von einem Landwirt mindestens erzielt wird[92].

		Getreide (ganze Pflanze)	Miscanthus aktueller Stand	Miscanthus Potential
variable Kosten	DM/ha	1.225	1.890	1.510
Deckungsbeitrag	DM/ha	700	700	700
Gesamtkosten	DM/ha	1.925	2.690	2.210
Ertrag	t/ha	12	18	30
Rohstoffkosten	DM/t	160	149	74
Lagerung	DM/t	17	17	17
Logistik	DM/t	16	10	9
Bereitstellungskosten	DM/t	193	176	100

In tropischen Entwicklungsländern sieht die wirtschaftliche Situation für die lokale Verwertung von schnell wachsender Biomasse wesentlich günstiger aus. Einerseits

[90] Kommission der Europäischen Gemeinschaften, „Geänderter Vorschlag für eine Richtlinie des Rates zur Einführung einer Steuer auf Kohlendioxidemissionen und Energie“, Brüssel, den 10.5.1995, KOM(95) 172 endg.

[91] Dennoch ist nicht anzunehmen, daß alle (Energie-)Probleme dieser Welt alleine mit Schilfgras gelöst werden können, wie dies ein bekannter Fernsehjournalist mit überschießendem Enthusiasmus für möglich hält und fordert (Franz Alt, „Schilfgras statt Atom – Neue Energie für eine friedliche Welt“, Piper Verlag, München, ohne Jahresangabe).

[92] G. Escher, M. Rupp, a.a.O., und eigene Berechnungen.
D. Wintzer et al, a.a.O., gehen von der Notwendigkeit aus, die Miscanthus-Kulturen zu beregnen und das geerntete Material mit zunächst ca. 70% Trockensubstanz auf 86% lagerfähig zu trocknen. Damit ergeben sich deutlich höhere Rohstoffkosten von ca. 230 DM/t.

erlaubt dort das Klima für viele Pflanzen erheblich höhere Erträge als in Mitteleuropa. Außerdem steht vielfach billige Arbeitskraft zur Verfügung. Zudem fehlt in diesen Ländern vielfach die Technik zur Nutzung billiger fossiler Energien wie Kohle. Biomasse steht daher vor Ort im Wettbewerb zu viel teureren, importierten Ölprodukten wie Diesel. Dennoch spielt Biomasse bisher auch in der Energiewirtschaft klimatisch begünstigter Länder häufig nur in der traditionellen Form des Feuerholzes und manchmal auch der Holzkohle eine Rolle. Inzwischen werden aber auch immer häufiger Biogasanlagen errichtet. Die großtechnische Nutzung von Biomasse ist aber bisher die Ausnahme; Beispiele dafür findet man in Brasilien mit dem Proálcool-Programm und der verbreiteten Produktion von Holzkohle für metallurgische Zwecke oder in Indien. In vielen anderen Ländern fehlt es für solche Projekte teilweise am Willen, sehr häufig aber auch am notwendigen Startkapital, am Wissen und an robuster, einfach zu handhabender Technik. Die Entwicklung von Technologien für Anbau, Ernte, Trocknung, Lagerung und Verwertung von Biomasse kann daher auch unter Exportgesichtspunkten attraktiv sein.

Die technische Nutzung von Biomasse bringt einige Probleme mit sich. Die relativ geringen Energiedichten machen lange Transportwege – wie von der Braunkohle bekannt – unrentabel. Die Verwertung muß daher möglichst dezentral erfolgen. Die schwankende Qualität der Biomasse macht „robuste" Prozesse erforderlich, um zu einem gleichbleibend gutem Endprodukt zu kommen. Ein vielfach verfolgter Ansatz ist daher die Verbrennung zur Erzeugung von (Fern-)Wärme und für die Stromerzeugung. Zuvor wird das Material i.d.R. getrocknet[93] und pelletiert oder brikettiert, um es handhab- und lagerbar zu machen. Diese Technik hat innerhalb der EU vor allem in Dänemark einige Verbreitung gefunden; dort werden mehr als 30 Fernheizwerke mit Stroh befeuert. Insgesamt 5,8% des dänischen Primärenergieverbrauchs wird mit Biomasse gedeckt[94]. Damit wurde dort bereits eine Größenordnung erreicht, die dem für Deutschland geschätzten Potential entspricht.

Tabelle 7.14. Vergleich der Kosten für Biomasse mit den Preisen für fossile Energieträger

	Kosten bzw. Preis DM/t	Heizwert MJ/kg	Kosten/Preis DM/GJ
Miscanthus (realisiert)	176	18	ca. 10
Miscanthus (Potential)	100	18	ca. 6
Heizöl heute	350	42,7	8,2
Braunkohle heute	40	21	1,9
Importkohle heute	80–100	29	2,8–3,4
	DM/m³	MJ/m³	
Erdgas	0,33	36	9,2

[93] Lebende Biomasse hat einen Wassergehalt von über 90%; frisch geschlagenes Holz hat eine Feuchte von 40–60%, luftgetrocknetes liegt bei 10–20%. Der Heizwert von Biomasse wird auf das Darrgewicht, d.h. den absolut trockenen Zustand bezogen.

[94] eurostat (Hrsg.), „Panorama der EU-Industrie 94"

Die anaerobe Fermentation von Biomasse zu Biogas hat in Europa für die Verwertung von Stallmist, Gülle, Pflanzenabfällen, Rückständen der Nahrungsmittelproduktion und Klärschlamm eine gewisse Bedeutung. Dabei werden Gasausbeuten von 700–1.200 l pro kg Trockensubstanz mit einem Methangehalt von 50–70% erzielt; der Rest besteht überwiegend aus CO_2. Holz und Stroh können auf diese Weise schwer bzw. gar nicht verarbeitet werden. Etwa 130 solcher Biogasanlagen sind in Deutschland im Betrieb, davon haben 80 insgesamt 2,4 Mio. kWh Strom ins öffentliche Netz geliefert; der größte Teil des erzeugten Stroms wird offenbar vor Ort verbraucht.

Auf einen ähnlichen biochemischen Prozeß wie die Bildung von Biogas geht die Entstehung von Deponiegas zurück. Es muß in vielen Fällen schon aus Umweltgründen abgesaugt werden und wird neuerdings vielfach nicht mehr abgefackelt, sondern in Motoren oder Heizkesseln verwertet. 1992 waren in Deutschland 102 Deponiegas-Blockheizkraftwerke mit einer Leistung von 72.100 kW in Betrieb, die 260 Mio. kWh Strom erzeugt haben. Auch Faulgas von Kläranlagen wird zur Stromerzeugung genutzt. 1992 waren 327 solcher Klärgas-BHKW mit einer Gesamtleistung von 107,2 MW_{el} in Betrieb. Sie haben erheblich zum Eigenbedarf der Klärwerke beigetragen und zusätzlich 20,3 Mio. kWh ins Netz eingespeist; die Auslastung lag bei 5.500–6.000 Vollast-Betriebsstunden pro Jahr. Bei der Wirtschaftlichkeitsrechnung spielt in allen diesen Fällen häufig der Aspekt der Abfallbeseitigung eine große Rolle, so daß der Energiepreis durch entsprechende Gutschriften konkurrenzfähig gestaltet werden kann[95].

7.4.3 Die Herstellung von Ethanol

Schon in vorgeschichtlicher Zeit haben Menschen gelernt, durch Vergären von zuckerhaltiger Biomasse alkoholische Getränke zu bereiten. Bier wurde nachweislich bereits 8000–9000 v. Chr. von den Sumerern in Babylon gebraut. Die Kenntnis der Weinbereitung ist mindestens 7000 Jahre alt. Etwa seit 1200 n. Chr. kann man Branntweine herstellen. Aber erst seit etwa 1830 kennt man durch die Arbeiten von Lavoisier, Gay-Lussac, Pasteur, Liebig, Wöhler und anderen berühmten Naturwissenschaftlern die Natur der Gärprozesse genauer. 1896 wurde bewiesen, daß es sich um einen biochemischen Vorgang handelt, für den die lebende Hefezelle die notwendigen Enzyme bildet. Seither hat die Biochemie einen enormen Wissenszuwachs gehabt. Möglicherweise werden von ihr in Zukunft noch wichtige Beiträge zur Herstellung von chemischen Grundstoffen und Energieträgern ausgehen.

Das Vergären ist immer noch – wenn auch in inzwischen hochtechnisierter Form – die wichtigste Methode zur Herstellung von Ethanol. Ausgangsprodukte sind glucosehaltige Substrate wie Treber, Melasse, Rohrzucker, Zuckerrüben. Aber auch Maischen von stärkehaltigen Produkten wie Kartoffeln, Weizen, Reis oder Mais können zunächst enzymatisch in Zucker umgewandelt und dann zu Ethanol vergoren werden. Vereinfacht laufen dabei die folgenden Prozesse ab:

---

[95] P. Schnell, siehe Fußnote 71
H. Schaefer, VDI-Lexikon Energietechnik, VDI-Verlag, Düsseldorf 1994, Stichwort „Biomassenkonversion"

$$C_6H_{10}O_5 + H_2O \rightarrow C_6H_{12}O_6 \rightarrow 2\,C_2H_5OH + 2\,CO_2$$
$$\text{Stärke} + \text{Wasser} \rightarrow \text{Glucose} \rightarrow \text{Ethanol}$$

Der Aufschluß der Stärke erfolgt unter Mitwirkung von Enzymen (Amylasen). Als Nebenprodukte fallen Fasern, Proteine und andere Rückstände an, die als hochwertiges Futter verwertet werden können und vielfach einen wichtigen Beitrag zur Wirtschaftlichkeit des Verfahrens leisten. Die Vergärung des Zuckers zu Alkohol übernehmen Hefen oder Bakterien. In modernen Prozessen wird die Stärke nahezu vollständig umgesetzt; wesentliche Effizienzsteigerungen sind an dieser Stelle nicht mehr möglich[96]. Mittlerweile wird aber auch an Möglichkeiten gearbeitet, zumindest einen Teil der Fasern von Getreidekörnern zu verwerten. Damit stiege die theoretische Ethanolausbeute von derzeit 38,7 l/kg Mais auf fast 45 l/kg[97] (siehe Tabelle 7.15).

Aus 1 kg Glucose entstehen ca. 0,5 kg Ethanol und 0,5 kg CO_2. Durch Gärung erhält man maximal eine Lösung von 18% Ethanol in Wasser; bei höheren Alkoholkonzentrationen gehen die Hefen zugrunde. Erst durch Destillieren („Brennen") und Rektifikation erhält man technisches Ethanol (Konzentration > 92,4%)[98]. Mittlerweile ist es jedoch gelungen, mit gentechnischen Mitteln Hefe- und Bakterienstämme zu erzeugen, die auch noch bei wesentlich höheren Ethanol-Konzentrationen stabil bleiben. Damit kann in Zukunft der Energieaufwand für das Destillieren wahrscheinlich erheblich reduziert werden[99].

Tabelle 7.15. Ethanolausbeuten bei der Vergärung unterschiedlicher Ausgangsmaterialien[100]

Ausgangsmaterial	Ethanolausbeute
Wein	≤ 24 l/100l
Zuckerrüben	7–10 l/100kg
Futterrüben	3–5 l/100kg
Rübenmelasse	26–31 l/100kg
Rohrzuckermelasse	30–36 l/100kg
Zucker	60–64 l/100kg
Kartoffeln	8,5–16 l/100kg
Roggen	34,5–40 l/100kg
Weizen	39,5–44,5 l/100kg
Mais	38,5–43,5 l/100kg
Maniokmehl	42,5–51 l/100kg
Stärke	63 l/100kg

96 W. Horak, F. Drawert, P. Schreier, W. Heitmann, H. Lang, „Äthanol und Spirituosen", Ullmanns Encyklopädie der technischen Chemie, 4. Auflage, 1974, Band 8, S. 80–140
97 N. Hohmann, C. R. Rendleman (US Dep. of Agriculture), „Emerging Technologies in Ethanol-Production", Agriculture Information Bulletin, Nr. 663, Januar 1993
98 Römpps Chemie-Lexikon, 8. Auflage, 1987, Stichwort „Ethanol"
99 Bild der Wissenschaft 4/1995: Notiz über Forschungen am NRL
N. Hohmann, C. R. Rendleman, a.a.O.
„Biomass Ethanol Nears Marketplace", Chemical Marketing Reporter 246 (1994) 7, 3 Seiten
100 W. Horak et al., siehe Fußnote 96

Die Erzeugung von Ethanol aus Zellulose ist vor allem in den USA Gegenstand intensiver Forschung. Mit einem solchen Verfahren könnte ein sehr viel größerer Anteil der Biomasse für die Ethanolherstellung nutzbar gemacht werden als es bisher möglich ist. Vor allem der Aufschluß der mechanisch und chemisch recht robusten, pflanzlichen Fasern macht aber noch Probleme, so daß eine großtechnische Umsetzung erst in ca. fünfzehn Jahren erwartet wird. Die Konsequenzen solcher Methoden für die Konkurrenzfähigkeit von Ethanol sind noch nicht genau abzusehen; erste Abschätzungen ergeben Kapital- und Betriebskosten, die nicht wesentlich über denen für Getreide-Ethanol liegen. Es gibt aber auch Aussagen, nach denen etwa eine Halbierung der Erzeugungskosten auf 0,6–0,7 US $/gal möglich sein wird. Das National Renewable Energy Laboratory NRL des amerikanischen Energieministeriums DOE und eine Reihe von privaten Firmen arbeiten intensiv an diesen Techniken. Etwa ab 2000 rechnet man in den USA mit der Errichtung erster Anlagen[101].

Erhebliche Ethanolmengen werden bereits heute aus zuckerhaltigen Sulfit-Ablaugen gewonnen, die beim Zellulose-Aufschluß von Nadelholz anfallen, wie er in großem Umfang bei der Herstellung von Zellstoff durchgeführt wird.

Früher wurde Ethanol für technische Zwecke auch direkt aus Synthesegas hergestellt. Dieser Prozeß hat heute keine Bedeutung mehr. Soweit Ethanol synthetisch produziert wird, geht man jetzt von Ethylen aus[102]; in Europa sind das ca. 400.000 t/a.

7.4.3.1 Das brasilianische Proálcool-Programm

In Brasilien wird im Rahmen des Proálcool-Programms die weltweit größte Anstrengung unternommen, Ethanol als Kraftstoff einzusetzen[103]. Am 14.11.1975 unterzeichnete Präsident Geisel das entsprechende Dekret. Zur Schaffung dieses Programms hatte eine Vielzahl von Voraussetzungen beigetragen[104]:

- Die Weltmarktpreise für Zucker unterlagen enormen Schwankungen. Sie stiegen von 1966 von 6,43 USc/lb auf 56,81 USc/lb in 1974, um dann bis 1978 wieder auf 9,98 USc/lb zu fallen (Alle Preise in Geldwert 1980)[105].
- Die Ölpreise nahmen seit 1973 enorm zu (1. und 2. Ölpreiskrise). Der Anteil des Erdöls am Wert der brasilianischen Importe verdoppelte sich von 1973 auf 1974 und nahm danach stetig weiter zu (1982: 53,9%).

---

[101] N. Hohmann, C. R. Rendleman, a.a.O.
„Biomass Ethanol Nears Marketplace“, a.a.O.

[102] Ethylen wird seinerseits in riesigen Mengen aus Erdöl, in USA aus auch aus Erdgas hergestellt (Römpps Chemie-Lexikon, 8. Auflage, 1987, Stichwort „Ethylen“).

[103] Auch in Indien wird in großem Umfang Ethanol überwiegend aus Molasse gewonnen. Dazu werden ca. 80 industrielle Ethanol-Anlagen mit einer Gesamtkapazität von über 3 Mio. l/d betrieben, die allerdings nur zu etwa 40% ausgelastet werden. Das Ethanol wird aber nicht als Kraftstoff verwendet, sondern als Chemierohstoff für Produkte, zu deren Herstellung man sonst von Ethylen ausgeht. (N. Kosaric, Z. Duvnjak, A. Farkas, H. Sahm, S. Bringer-Meyer, O. Goebel, D. Mayer, „Ethanol“, Ullmann's Encyclopedia of Industrial Chemistry, 5th Ed., Volume A9, 1987)

[104] Eine detaillierte Studie findet man in
U. Borges, H. Freitag, T. Hurtienne, M. Nitsch, „Proálcool - Analyse und Evaluierung des brasilianischen Biotreibstoffprogramms“, Verlag breitenbach Publishers, 1984, ISSN 0176-277 X, 225 S.

[105] Von Juni bis Oktober 1995 kostete Zucker zwischen 9,6 USc/lb und 10,9 USc/lb (Handelsblatt 31.10.1995). Daraus errechnen sich Kosten für Ethanol aus Zucker von ca. 0,5 DM/l (1 US $ = 1,4 DM, reine Zuckerkosten, keine Anlagenkosten berücksichtigt).

- Die Auslandsverschuldung Brasiliens nahm ein dramatisches Ausmaß an.
- Brasilien brauchte dringend Beschäftigungsmöglichkeiten für eine wachsende Bevölkerung.
- Die wirtschaftlichen Disparitäten zwischen dem relativ entwickelten Südosten des Landes und dem unterentwickelten Nordosten sollten vermindert werden.
- Brasilien ist auf den Straßentransport existentiell angewiesen; andere Verkehrssysteme – außer dem Luftverkehr – haben nur lokale Bedeutung. 1974 waren in Brasilien bereits 3,7 Mio. Pkw zugelassen.

In dieser Situation fand sich eine Koalition aus Großagronomen, Zuckerindustrie und Politik zugunsten der Idee zusammen, aus Zuckerrohr in Annex-Betrieben zu Zuckerfabriken[106] Ethanol als Kraftstoffzusatz zu erzeugen. Damit wurde eine bereits etablierte Praxis in großem Stil weitergeführt, denn es war schon seit den 30er Jahren üblich gewesen, bei schlechten Zuckerpreisen auf die Alkoholproduktion auszuweichen und ihn dem Benzin beizumischen. Als Instrumente zur Steigerung der Produktion wurden zinsverbilligte Investitions- und Betriebsmittelkredite[107], Abnahmegarantien mit staatlich festgesetzten Preisen und weitere steuerliche Vergünstigungen eingesetzt.

Der ursprüngliche Gedanke, über die Verwertung von Maniok und die Förderung von Mini-Distillerien auch Kleinbauern in das Programm zu integrieren, wurde praktisch nicht verwirklicht. Tatsächlich werden allein 70% des Ethanol in den großen, modernen Betrieben des südöstlichen Bundesstaates Sao Paulo produziert[108]. Zur Ausweitung der Produktion wurde vor allem früheres Weideland mit Zuckerrohr bepflanzt; das Ziel vermehrter Beschäftigung wurde erreicht[109]. Bedeutsame Auswirkungen auf die Nahrungsmittelversorgung der Bevölkerung hat Proálcool bis heute nicht[110].

Bis 1978 wurde Ethanol nur als Zumischung zum Ottokraftstoff vermarktet[111]. Erst am Ende dieses Jahres signalisierte die Autoindustrie angesichts eines steigenden Ethanol-Angebotes die Bereitschaft, auch Fahrzeuge mit Motoren für reinen Alkohol bereitzustellen. Die 2. Ölpreiskrise von 1979 (Sturz des Shah von Persien) wirkte in

---

[106] Mit Annex-Betrieben sind Ethanol-Anlagen gemeint, die Zuckerfabriken nachgeschaltet sind. Autonome Ethanol-Anlagen sind alleine auf die Ethanol-Produktion ausgelegt.

[107] Z.B. Kredite zu 25% p.a. bei einer Inflation von zeitweilig über 100% p.a. (U. Borges et al., a.a.O.).

[108] Mehr als 54% des Zuckerrohrs wird auf Plantagen mit mehr als 500 ha angebaut und von nur knapp 10% aller Zuckerrohrproduzenten kontrolliert. Die Zucker- und Alkoholproduktion in Brasilien wird von ca. 200 Familien kontrolliert (U. Borges et al. a.a.O.)

[109] Der Zuckerrohranbau ist fünfzehn mal personalintensiver als Viehzucht; er beschäftigt 22 Mann/ha*a. Insgesamt wurde für eine Ethanolproduktion von 10,7 Mrd. l/a ein Beschäftigungseffekt von 411.000 MJ/a errechnet. Wegen der Saisonarbeit mit einer Kampagnendauer von sechs Monaten liegt die Zahl der zusätzlich geschaffenen Arbeitsplätze sogar bei 526.000 (U. Borges et al., a.a.O.).
J. M. M. Borges gibt sogar 700.000 zusätzliche, direkt Beschäftigte an; die Investitionen pro Arbeitsplatz belaufen sich auf 12.000–22.000 US $.
Siehe auch F. Rosillo-Calle, D. O. Hall, „Brazilian Alcohol: Food versus Fuel?", Biomass 12 (1987), S. 97–128

[110] J. M. M. Borges, „The Brazilian Alcohol Programm: Foundations, Results, and Perspectives", Energy Sources 12 (1990) S. 451–461

[111] Brasilien wurde damit das erste Land, in dem auf Bleizusätze zum Benzin verzichtet wurde.

Brasilien wie ein Schock. Mehr als 42% der Exporteinnahmen mußten jetzt für Rohöl aufgewandt werden. Die Regierung gab der Energiepolitik nun höchste Priorität. Gleichzeitig waren die Zuckerpreise sehr niedrig. Das Proálcool-Programm bekam jetzt eine qualitativ neue Dimension. Der Preis für Alkohol wurde deutlich unterhalb des Benzinpreises festgesetzt, der Kfz-Steuer für Alkoholautos gesenkt, Kredite zur Anschaffung von Alkoholfahrzeugen verbilligt.

Die Konsumenten reagierten prompt auf die Anreize: Der Anteil von Alkoholfahrzeugen am Gesamtabsatz schnellte 1980 auf 72% hoch. 1980 wurde der Superkraftstoff abgeschafft und die Zapfsäulen für Alkohol verwendet. Doch schon 1981 sank der Marktanteil von Alkoholfahrzeugen angesichts verunsichernder Meldungen, Lieferengpässen beim Ethanol und schlechter Qualität der Fahrzeuge der 1. Generation wieder auf 10% ab. 1982 kamen verbesserte Fahrzeuge auf den Markt. Gleichzeitig wurden 1983 die Steuern auf Alkoholautos und auf den Kraftstoff gesenkt; die Verkaufszahlen schnellten wieder in die Höhe. Im September 1983 wurde das Millionste Alkoholfahrzeug produziert; Ethanol erreichte einen Anteil von 34% am Verbrauch von Vergaserkraftstoff. In den folgenden Jahren stieg die Produktionskapazität für Ethanol weiter auf 16,3 Mrd. l/a an[112]. Die infolge der technisch festgelegten Crackingstruktur der brasilianischen Raffinerien zwangsläufig anfallenden Benzinmengen mußten sogar teilweise exportiert werden.

Im Jahr 1989 erreichte die Verwendung von Ethanol als Kraftstoff ihren Höhepunkt. Seither stagniert sie, während der Absatz von Benzin seit einem Tiefpunkt im Jahre 1988 wieder stetig ansteigt[113]. Im Erntejahr 1990/91 betrug die Produktion 222 Mio. t Zuckerrohr[114]. Daraus wurden 11,8 Mrd. l Ethanol und 7,5 Mio. t Zucker erzeugt. Das bedeutet die Nutzung eine Anteils von 72,5% des Zuckerrohrs für die Erzeugung von Ethanol[115]. Dieser Kraftstoff wird von 4,2 Millionen Fahrzeugen mit Alkoholmotor und von 5 Millionen für Mischkraftstoff verbraucht.

Die Höhe der Subventionen und des Steuerverzichtes zugunsten von Proálcool wird für 1982 auf 1,7 Mrd. US $ (Preisstand 1981) geschätzt[116]. Die Kosten der Ethanol-Produktion werden – je nach den Annahmen – mit 30–50 US $/bbl angegeben, wobei ein weiteres Kostensenkungspotential von ca. 23% gesehen wird[117]. Tabelle 7.16 gibt die Aufteilung der Kosten für die Erzeugung von Ethanol ohne Subventionen wieder. Bei den heutigen Ölpreisen ist Proálcool gemessen an subventionsfreien Vollkosten nicht rentabel. Anders sieht es jedoch aus, wenn man berücksichtigt, daß die Investitionen zum ganz überwiegenden Teil bereits getätigt wurden (sunk cost) und deshalb nur die variablen Kosten zu berücksichtigen sind; in dieser Betrachtungsweise

---

[112] J. M. M. Borges, siehe Fußnote 110

[113] E. V. Anderson, „Brazil's Programm To Use Ethanol as Transportation Fuel Loses Steam", Chemical & Engineering News 18.10.1993, S. 13 ff.
Die brasilianische Erdölproduktion wurde von 1975 bis 1987 vervierfacht; Brasilien versorgt sich heute zu mehr als der Hälfte aus eigenen Vorkommen.

[114] Anteil von Sucrose 13–14%, von Fasern 14% bezogen auf das Gewicht des Zuckerrohrs.

[115] I. De Carvalho Macedo, „The Sugar Cane Agro-Industry – Its Contribution to Reducing CO_2-Emissions in Brazil", Biomass and Bioenergy 3 (1992) 2, S. 77–80

[116] U. Borges et al., siehe Fußnote 104

[117] J. M. M. Borges, a.a.O.
F. Rosillo-Calle, D. O. Hall, a.a.O.

ist das Programm bis zu Ölpreisen von 15–20 US $/bbl sinnvoll. In einer gesamtwirtschaftlichen Betrachtung müssen außerdem die Wirkungen auf die Beschäftigung, die Industriestruktur, die Handelsbilanz, die regionale Entwicklung, die Umwelt u.ä. berücksichtigt werden. Erweiterungen sind aber sorgfältig zu prüfen[118] und dürften unter den derzeitigen Randbedingungen kaum Aussicht auf Realisierung haben.

Die Luftverschmutzung in den brasilianische Städten hat durch Proálcool deutlich abgenommen. Durch die Beimischung von Alkohol zum Ottokraftstoff wurden Bleizusätze zur Verbesserung der Klopffestigkeit überflüssig. Außerdem emittieren unter brasilianischen Verhältnissen Ethanol-Motoren 57% weniger CO, 64% weniger unverbrannte Kohlenwasserstoffe und 13% weniger Stickoxide als Benzinmotoren[119]. Allerdings ist das Emissionsniveau generell deutlich höher als in Deutschland; Katalysatoren sind erst ab dem 1.1.1997 für Neufahrzeuge vorgeschrieben[120]. Die Netto-CO_2-Emissionen Brasiliens wären ohne den Einsatz von Ethanol um 35 Mio. t/a höher[121].

Tabelle 7.16. Kosten der Erzeugung von Ethanol aus Zuckerrohr in Brasilien; Basis 1982; keine Gutschriften für Nebenprodukte; es wird ausschließlich Bagasse als Brennstoff verwendet. Fall A beschreibt eine günstige Situation, Fall B eine ungünstige[122 123].

	Fall A		Fall B	
Zuckerrohr (US $/t Ethanol)	369	62,4%	385	61,1%
Wasser, Hilfsstoffe (US $/t Ethanol)	24	5,6%	24	5,6%
Personalkosten (US $/t Ethanol)	14	3,3%	14	3,3%
Abschreibung, Zinsen (25% p.a.) (US $/t Ethanol)	124	28,7%	207	32,9%
Summe (US $/t Ethanol)	531	100,0%	630	100,0%
Bezogen auf den Heizwert (US $/GJ)	19		22,5	

[118] R. S. da Motta, L. da Rocha Ferreira, „The Brazilian National Alcohol Programme – An Economic Reappraisal and Adjustments", Energy Economics, July 1988, S. 229–234

[119] R. Boddey, „Green Energy from Sugar Cane", Chemistry and Industry 17.5.1993, S. 355–358. F. Rosillo-Calle, D. O. Hall (a.a.O.) geben sogar noch größere Emissionssenkungen an:

in g/km	Benzin	Alkohol	Differenz
CO	54	18,5	–66%
HC	4,7	0,9	–81%
Aldehyde	0,05	0,18	+260%
NOx	1,2	1,2	0%

[120] BMW Vorschriftenübersicht. Diesel-Pkw sind nicht zugelassen.

[121] I. De Carvalho Macedo, a.a.O. Das entspricht einer *Einsparung* von ca. 15 Mrd. l Benzin.

[122] V. Yang, „Brazil's Experience and Strategies in Energy Substitution and Conservation", Chemical Economy & Engineering Review 15 (1983) 5, S. 29–34 (Rechenfehler im Original korrigiert)

[123] Andere Quellen – zitiert in F. Rosillo-Calle, D. O. Hall (a.a.O.) – geben Produktionskosten ohne Subventionen von 0,268–0,298 US $/l an. Dieser Wert paßt zu dem oben genannten, wenn keine Kapitalkosten bzw. Abschreibungen angesetzt werden.

Bei der Erzeugung von 1 l Ethanol fallen 12–13 l Schlempe[124] an, ein organisch hoch belasteter (20–80 g/l), wäßriger Rückstand. Die Einleitung von Schlempe in Flüsse führte zeitweilig zu ganz erheblichen Umweltproblemen. Mittlerweile wurden mehrere Wege für ihre sinnvolle Verwendung gefunden und in großen Stil realisiert (Verwendung als Flüssigdünger, Verarbeitung zu Viehfutter, Erzeugung von Methan)[125].

Eine typische brasilianische Ethanol-Anlage hat eine Kapazität von 120.000 l/d und erfordert eine Anbaufläche von 6.000 ha. Es gelang, die Ethanol-Ausbeute pro Tonne Zuckerrohr durch zahlreiche Verbesserungen im Anbau, bei der Ernte und vor allem bei der Verarbeitung allmählich von zunächst 60 l auf heute 95 l zu steigern[126]. Der flächenbezogene Ertrag wurde von 2.700 l/ha in 1978 auf 4.700 l/ha in 1989 gesteigert. In einigen Regionen werden 7.000 l/ha überschritten[127].

Das Verhältnis von eingesetzter zur im Ethanol gebundenen Energie wurde bereits 1978 mit 1 : 2,43 berechnet. Bei ausschließlicher Verwendung von Bagasse als Brennstoff in den Distillerien verbessert sich dieser Wert auf 1 : 4,53. Der größte Energieinput ist bei der erstmaligen Bestellung der Felder erforderlich, bei der Maschinen eingesetzt werden. Die erste Ernte erfolgt dann achtzehn Monate später und danach für vier (und mehr) Jahre jährlich. Vor der Ernte werden die trockenen Pflanzenmaterialien abgebrannt. Ein Verzicht auf diese Praxis könnte den Ertrag an Biomasse nochmals deutlich steigern. Er würde aber die Ernte erschweren, die noch weitgehend in Handarbeit durchgeführt wird. Der Mechanisierungsgrad liegt bei nur 27%. Ein weiterer großer Beitrag zur Energiebilanz ergibt sich aus der erforderlichen Stickstoffdüngung[128]. Es hat sich aber inzwischen herausgestellt, daß bestimmte Bodenbakterien Stickstoff für das Zuckerrohr verfügbar machen können. Wenn es gelingt, mit ihrer Hilfe völlig auf die Stickstoffdüngung zu verzichten, kann die Energieausbeute auf 1 : 5,8 gesteigert werden[129].

7.4.3.2 Ethanol-Kraftstoff in Simbabwe

Als in den 70er Jahren ein Handelsembargo über Rhodesien verhängt wurde, um das damalige Apartheitregime zu treffen, entstanden dort Pläne für die Erzeugung von Ethanolkraftstoff aus Zuckerrohr. Eine Großanlage wurde im Südosten des Landes in Triangle errichtet und wird seit 1980 betrieben. Sie erzeugte 1988/89 34,1 Mio. l Ethanol (und daneben Zucker und Kohlendioxid für die Lebensmittelindustrie). Die benötigte Melasse wird überwiegend vor Ort produziert, aber auch aus Sambia importiert.

---

[124] Englisch: „stillage"

[125] J. M. M. Borges, siehe Fußnote 110

[126] „Brazil's Alcohol Fuel Programme is 20 Years Old", WETVU, 1.7.1992

[127] R. Boddey, siehe Fußnote 119
L. G. Reeser, A. P. L. Acra, T. Lee, „Converting Solar Energy into Liquid Fuels", Resource, Jan. 1995, S. 8–11

[128] In Brasilien werden 60–80 kg N/ha; in den USA, Peru, Venezuela, Kuba 200–400 kg N/ha aufgebracht.

[129] R. Boddey, a.a.O.
Für 60 Betriebe in Sao Paulo wurde ein Verhältnis von 1 : 5,78 nachgewiesen; der Bestwert liegt bei 1 : 8,5 (L. G. Reeser et al., a.a.O.).

Eine genaue energetische Analyse hat für diese Anlage ein Verhältnis zwischen eingesetzter und im erzeugten Ethanol gespeicherter Energie von 1 : 1,9 ergeben. Durch relativ einfache Verbesserungen in der Anlagentechnik und in der Betriebsweise kann dieses Verhältnis auf 1 : 4,1 verbessert werden[130].

Wenn diese Anlage auch ursprünglich aus ganz anderen Motiven gebaut wurde, zeigt sie doch beispielhaft, daß das brasilianische Vorgehen auch auf andere tropische Länder übertragbar erscheint. Die Option, aus Biomasse Kraftstoffe zu erzeugen, sollte daher Land für Land sorgfältig geprüft werden. Sie bietet exportschwachen Staaten eine Chance, von importierten Kraft- und Brennstoffen unabhängiger zu werden und gleichzeitig einer rasch wachsenden, meistens schlecht ausgebildeten Bevölkerung Beschäftigung und Einkommen zu geben. Außerdem kann sie – wie in Brasilien – den Anstoß zur Entwicklung einer eigenen verfahrenstechnischen Industrie geben. Auf diese Weise würde auch der Weltmarkt für Energieträger entlastet und ein Beitrag zur Begrenzung der CO_2-Emissionen geleistet. Selbst wenn dieser Schritt gemacht würde, ist es allerdings in den meisten Fällen nicht realistisch anzunehmen, daß auch die Schwelle der Konkurrenzfähigkeit auf Exportmärkten überschritten werden kann. Solche Anlagen können daher die zu ihrer Errichtung erforderlichen Devisen nicht selbst verdienen; eine Unterstützung durch Maßnahmen der Entwicklungshilfe oder im Rahmen von Maßnahmen zur joint implementation sollte daher genauer geprüft werden. Einen Einfluß auf den Welthandel mit Energieträgern kann man für die übersehbare Zukunft nur dadurch erwarten, daß diese Länder eine geringere Nachfrage nach fossiler Energie entwickeln.

7.4.3.3 Ethanol-Kraftstoff aus Getreide

Auch Weizen, Gerste, Mais und andere Getreide werden in großem Umfang zur Herstellung von Ethanol genutzt. Wenn er für technische Zwecke oder als Kraftstoff verwendet werden soll, können auch für den Gebrauch als Nahrungsmittel bereits verdorbene Getreide-„Qualitäten“ verwendet werden, die normalerweise etwa 5% der Produktion ausmachen. In den großen Getreideanbaugebieten steht daher immer ein sehr billiger Rohstoff zur Verfügung[131].

Getreide kann in Silos leicht über lange Zeit gelagert werden. Im Unterschied zu den Ethanol-Destillen auf Basis von Zuckerrohr (oder auch Zuckerrüben) ist daher nicht nur ein Kampagnenbetrieb über einige Monate, sondern eine kontinuierliche Produktion mit entsprechend guter Nutzung der Anlageinvestitionen möglich. Auf der anderen Seite sind jedoch die flächenbezogene Erträge beim Getreideanbau deutlich niedriger als bei der Zuckerrohrproduktion, weil Getreide nur während vier Monaten, Zuckerrohr während des ganzen Jahres wächst[132]. Der Ertrag liegt z.B. im amerikani-

[130] A. D. Rosenschein, D. O. Hall, „Energy Analysis of Ethanol Production from Sugarcane in Zimbabwe“, Biomass and Bioenergy 1 (1991) 4, S. 241–246

[131] Alleine in Nebraska / USA ist das eine Menge von ca. 170.000 t/a, die für ca. 70 Mio. l Ethanol ausreicht (W. Scheller et al. siehe Fußnote 147).

[132] L. G. Reeser, a.a.O.

schen Mittelwesten bei 2,9 t/ha Ethanol, das entspricht 78 GJ/ha; die Internationale Energieagentur IEA geht von einem Mittelwert von derzeit 65 GJ/ha aus[133].

Um diesen Ernteertrag würdigen zu können, müssen ihm der notwendige energetische Aufwand zur Erzeugung von Ethanol und die damit verbundenen Emissionen an klimawirksamen Gasen gegenübergestellt werden. Dazu ist naturlich von den Primärenergien auszugehen. Das Nebenprodukt der Erzeugung von Ethanol aus Getreide DDGS – ein hochwertiges Viehfutter – wird in Höhe der vermiedenen Energieaufwände für die Erzeugung einer Menge an Sojamehl berücksichtigt, die im Futterwert vergleichbar ist. In den USA wird auf dieser Basis bei der Ethanolherstellung aus Mais derzeit ein Verhältnis von energetischem Input zu Output von ca. 0,9 erreicht. Es wird also keine Energie erzeugt, sondern zusätzlich welche verbraucht. Die CO_2-Emissionen erreichen ca. 83 kg/GJ. Diese ungünstigen Relationen ergeben sich, weil in erheblichem Umfang Kohle bei der Erzeugung der Prozeßenergie für die Ethanolherstellung verwendet wird. Außerdem wird Strom aus dem öffentlichen Netz eingesetzt, der ebenfalls zum großen Teil aus Kohle und anderen fossilen Energieträgern gewonnen wird. Derzeit handelt es sich in den USA bei der Erzeugung von Ethanol also weniger um eine Substitution von fossilen durch erneuerbare Energieträger oder um einen Beitrag zur Senkung der Emissionen an klimawirksamen Gasen, als um die Substitution von Erdöl hauptsächlich durch Kohle. Die Summe aller Emissionen an klimarelevanten Gasen (gerechnet als CO_2-Äquivalente) liegen sogar bei 100 kg CO_2/GJ bezogen auf den unteren Heizwert des Ethanol[134]; davon entfallen Mengen äquivalent zu ca. 10 kg CO_2/GJ alleine auf das Lachgas, das bei der Umsetzung von Stickstoffdünger durch Mikroorganismen auf den Feldern frei wird. Die Bilanz verbessert sich aber bereits deutlich, wenn in den Ethanolfabriken Strom und Wärme in Kraft-Wärme-Kopplung aus Erdgas erzeugt werden (Output zu Input ca. 1,0) und erreicht einen Wert von 1,8 bei Verwertung der bei der Ernte des Mais anfallenden Biomasse als Brennstoff (Output zu Input ca. 2,3, ca. 46 kg CO_2 äquivalent/GJ).

Die IEA schätzt, daß durch Verbesserungen bei der Erzeugung von Stickstoffdünger, geringeren Düngereinsatz bei gleichzeitig steigendem ha-Ertrag und durch bessere Anlagentechnik in der Ethanolherstellung Verbesserungen des energetischen Output zu Input Verhältnisses auf 1,7 bzw. bis auf 6,2 ohne bzw. mit Verwendung der Biomasse als Heizmaterial erreicht werden können (siehe Tabelle 7.17). Für die Emission von Klimagasen werden Verbesserungen auf 58 kg CO_2/GJ bzw. 40 kg CO_2/GJ für realistisch gehalten[135]. Allerdings muß noch geklärt werden, ob die nahezu restlose energetische Verwertung der Biomasse nicht nachteilige Folgen bezüglich Bodenerosion, notwendigem Düngereinsatz o.ä. zur Folge hätte.

---

[133] Ohne Autorenangabe, „Biofuels", Reihe Energy and Environment Analysis Series, OECD/IEA, 1994. In diesem Text sind zahlreiche, nicht ohne weiteres öffentlich zugängliche Studien zitiert und verarbeitet.

[134] Z. Vgl. Die *direkten* Emissionen bei der Verbrennung von Benzin liegen bei 72,4 kg CO_2/kg, bei Berücksichtigung der gesamten Kette vom Bohrloch bis zum Auspuff ergeben sich ca. 88 kg CO_2 äquivalent/GJ.

[135] IEA, „Biofuels", siehe Fußnote 133

Tabelle 7.17. Energieaufwand für die Erzeugung von Ethanol aus Weizen in den USA nach dem heutigen Stand der Technik[136]. Die Zahlen sollten trotz ihrer scheinbaren Genauigkeit nur als Anhaltspunkte gewertet werden. Speziell der Bedarf an Prozeßenergie ist nicht zuverlässig bekannt und schwankt von Anlage zu Anlage erheblich[137].

Maisertrag	7470 kg/ha		
Ethanol	2783 l/ha		
DDGS	1739 kg/ha		
verbrennbare Biomasse	3434 kg/ha		
	Endenergie	Primärenergie bei Nutzung von Kohle und Strom aus dem Netz	Primärenergie bei Nutzung der verbrennbaren Biomasse und Strom aus dem Netz
Produktion von Dünger	−10527 MJ/ha	−15043 MJ/ha	−15043 MJ/ha
Farmbetrieb	−5483 MJ/ha	−6141 MJ/ha	−6141 MJ/ha
Prozeßenergie	−37772 MJ/ha	−48700 MJ/ha	−16080 MJ/ha
Gutschrift für DDGS	+3287 MJ/ha	+4539 MJ/ha	+4539 MJ/ha
Gesamtaufwand	−50495 MJ/ha	−65345 MJ/ha	−32725 MJ/ha
Ertrag an Ethanol	+59000 MJ/ha	+59000 MJ/ha	+59000 MJ/ha
Input / Output energetisch	1,17	0,90	1,80

Seit 1977 ist in den USA eine bedeutende Ethanolindustrie entstanden. Im corn belt des Mittleren Westens wird in großem Umfang Ethanol aus Getreide, meistens aus Mais, gewonnen. In den USA werden derzeit 37 Anlagen zur Erzeugung von Ethanolkraftstoff betrieben. Sie haben eine Gesamtkapazität von 91.324 bbl/d (5,3 Mrd. l/a). Weitere sieben Anlagen mit einer Kapazität von 850 Mio. l/a sollten noch in 1995 in Betrieb gehen. Zusätzlich befinden sich 22 Anlagen in mehr oder weniger fortgeschrittenen Planungsstadien (1,5 Mrd. l/a)[138]. Alleine in Nebraska wurde eine Kapazität für 950 Mio. l/a aufgebaut. Dort werden ca. 10% der Ernte (über 100 Mio. bushels jährlich) verarbeitet. Insgesamt verbrauchen die USA 3,4 Mrd. l Ethanol in Form von Gasohol, einer Mischung von 90% Benzin mit 10% Bio-Ethanol. Gasohol hat einen Anteil von 7% am gesamten Verbrauch von Ottokraftstoff der USA in Höhe von jährlich ca. 441 Mrd. l[139, 140].

---

[136] IEA, „Biofuels", siehe Fußnote 133

[137] G. Marland, A. F. Turhollow (Oak Ridge National Lab.), „CO_2 Emissions from the Production and Combustion of Fuel Ethanol from Corn", Energy 16 (1991) 11/12, S. 1307–1316

[138] „Oxygenates: Poised to Growth", Chemical Marketing Reporter, 20.3.1995, S. S7

[139] N. Hohmann, C. R. Rendleman, a.a.O.
Ohne Autorenangabe, „Bericht des Bundes und der Länder über Nachwachsende Rohstoffe", 2. Auflage, Landwirtschaftsverlag, Münster, 1990, ISBN 3-7843-1375-2

[140] Die Maisernte 1995 betrug in den USA 7,37 Mrd. bushels (187 Mio. t). Die Welternte erbrachte 498 Mio. t (Vorjahr 555 Mio. t) (US Dep. of Agriculture nach Handelsblatt, 18.1.1996).
Der Preis für Mais betrug in 1/1996 3,63 US $/bushel, der für Weizen 4,99 US $/bushel (Handelsblatt, 12.1.1996).

Auch für die Zukunft erwarten Fachleute ein weiteres Wachstum des Marktes für Ethanolkraftstoffe. Dabei spielt die Forderung eine wichtige Rolle, aus Emissionsgründen in vielen Gebieten einen Mindestgehalt an sauerstoffhaltigen Verbindungen (engl.: oxygenates) im Benzin zu erreichen. Ethanol wird dazu von der amerikanischen Umweltbehörde EPA gegenüber dem ebenfalls sauerstoffhaltigen MTBE bevorzugt. Um die Frage, ob und in welcher Weise diese Bevorzugung gerechtfertigt bzw. erlaubt ist, gibt es eine erbitterte öffentliche und juristische Auseinandersetzung zwischen den verschiedenen Interessenvertretern[141]. Derzeit wird der Markt der Oxygenates zu etwa 95% von MTBE beherrscht. Ethanol hält lediglich 5%. ETBE und TAME sind quantitativ völlig unbedeutend[142].

Die Produktionskosten von amerikanischem Ethanol lagen 1992 unter 1,25 US $/gal (siehe Tabelle 7.18). Sie sind damit in den letzten zehn Jahren um ca. 11% gesenkt worden. Weitere Kostensenkungen in der Größenordnung von 14–22 USc/gal werden für die nächsten Jahre erwartet. Um die Kostendegression bei der Verarbeitungsanlage voll auszunutzen, ist eine Kapazität von mindestens 100 Mio. gal/a erforderlich[143]. Die Spotpreise für Kraftstoff-Ethanol lagen Ende 1995 in den USA bei 1,05–1,20 US $/gal[144]

Die Erzeugung von Ethanol ist wirtschaftlich, weil der Staat einen Steuernachlaß (tax credit) in Höhe von 0,20 US $/gal für fünf Jahre einräumt[145] und der Kraftstoff Gasohol nur mit 3 USc/gal statt 9 USc/gal Bundessteuer belastet wird. Bezogen auf den Ethanolgehalt resultiert daraus eine Subvention von 60 USc/gal (0,24 DM/l bzw. 11 DM/GJ Ethanol). Diese Steuererleichterung soll am 31.12.2000 auslaufen[146]. Ein weiterer wirtschaftlicher Vorteil ergibt sich, weil durch Mischung von Benzin mit Ethanol die Oktanzahl angehoben wird. Zur Erzielung einer gegebenen Kraftstoffqualität kann daher eine weniger gute und damit etwas billigere Benzinqualität gewählt bzw. auf die Beimischung teurerer Oktanzahlverbesserer wie MTBE verzichtet werden. Zudem ist der volumetrische Verbrauch im Fahrbetrieb trotz etwas geringeren Heizwertes bei Gasohol meistens etwas geringer[147].

Tabelle 7.18. Kosten der Ethanolerzeugung in einer modernen Naßmahl-Anlage mit Kraft-Wärme-Kopplung in den USA[148]

Kosten des Getreide	0,44 US $/gal
Kapitalkosten	0,43 US $/gal
Betriebskosten	0,37 US $/gal
Summe	1,24 US $/gal

[141] „Ethanol Mandate Doesn't End Sniping", Chemical Marketing Reporter, 246 (1994) 3, 3 S.
[142] „Fuel Ethanol Market Faces High Feedstocks, Slow Use", Chemical Marketing Reporter, 13.11.1995, S. 5
[143] N. Hohmann, C. R. Rendleman, siehe Fußnote 97
[144] Chemical Marketing Reporter, 13.11.1995, a.a.O.
[145] J. E. Sinor Consultants Inc., „The Clean Fuels Report", Vol. 7, No. 3, Juni 1995
[146] Chemical Marketing Reporter, 13.11.1995, a.a.O.
[147] W. A. Scheller, B. J. Mohr (Univ. Nebraska), „Gasoline does, too, mix with alcohol", Chemtech, Oktober 1977, S. 616–623
[148] N. Hohmann, C. R. Rendleman, siehe Fußnote 97

Für die Gewinnung von Ethanol aus Weizen unter europäischen Verhältnissen ergeben sich Input zu Output Relationen ähnlich wie beim Mais. Unter den Randbedingungen der heutigen, noch unreifen Industrie mit kleinen Produktionsanlagen wird ein Wert von 1 : 0,72 erreicht; mit relativ nahelegenden Verbesserungen kann er auf ca. 1 : 1,5 gesteigert werden. Bei Verwendung der Biomasse als Brennstoff in der Ethanolfabrik ist eine Erhöhung auf bis zu 1 : 4,5 möglich. Die CO_2-äquivalenten Emissionen an Klimagasen belaufen sich heute auf ca. 104 kg/GJ; unter verbesserten Bedingungen würden sie auf 58 kg/GJ bzw. bei Verwendung der Biomasse als Heizenergie auf 23 kg/GJ fallen[149].

Wenn man trotz des hohen Subventionsbedarfs Ethanol aus Weizen gewinnen wollte, stünde dazu in der EU ohne weiteres eine jährliche Kapazität von 20 Mio. t zur Verfügung. Um diesen Betrag ist die Weizenproduktion von 1991 auf 1994 durch Umstellung der Agrarhilfen zurückgeführt worden[150]. Es wäre also „sofort" eine Ethanolproduktion von 7,8 Mrd. l (165 PJ) möglich; das entspricht ca. 8% des Endenergiebedarfs des deutschen Verkehrs.

In vielen Ländern des ehemaligen Ostblocks bestehen klimatisch und von den landwirtschaftlichen Voraussetzungen und Strukturen her gute Möglichkeiten für den Anbau von Getreide. Trotzdem muß es z.B. von Rußland jährlich in der Größenordnung von 10 Mio. t importiert werden. Bisher gehen jedoch nach russischen Schätzungen alleine aufgrund schlechter Organisation und Technik mehr als 30 Mio. t p.a. ungenutzt verloren. Bei Ausschöpfung der Produktivitätsreserven, die sich bei Erreichen des Standes erschließen lassen, der unter ähnlichen klimatischen Bedingungen in Nordamerika erreicht wird, wäre eine Steigerung der jährlichen Produktion von heute rund 90 Mio. t auf mehr als 130 Mio. t möglich[151]. Von dieser Menge könnte sicher ein großer Teil auch für energetische Zwecke verfügbar gemacht werden, ohne daß sich damit auch bei wachsendem Lebensstandard irgendwelche Einschränkungen bei der Ernährung der Bevölkerung oder bei der Viehmast ergäben.

7.4.3.4 Ethanol-Kraftstoff aus Zuckerrüben

Zuckerrohr gedeiht nur in subtropischem bis tropischem Klima. In gemäßigten Klimazonen wird Zucker aus Rüben gewonnen. In der EU wurden 1995/96 15,7 Mio. t Weißzucker erzeugt[152]. Natürlich kann aus Rübenzucker in derselben Weise Ethanol erzeugt werden wie aus Rohrzucker.

Bei heutiger, europäischer Technik für die Erzeugung von Ethanol aus Zuckerrüben ergibt sich ein energetisches Input zu Output Verhältnis von 1 : 0,85. Steigerungen auf 1 : 2,1 sind mit im Prinzip bekannter Technik möglich, bei Nutzung der krautigen Biomasse von den Rübenfeldern zur Gewinnung von Prozeßwärme ist sogar eine Relation von 1 : 15 zu erreichen. Die CO_2-äquivalenten Emissionen von Klimagasen belaufen sich heute auf ca. 85 kg/GJ. Mit verbesserter Technik können sie auf 39 kg/GJ gesenkt werden, bei vollständiger Nutzung der Biomasse sogar auf 7 kg/GJ.

---

149 IEA, „Biofuels", siehe Fußnote 133

150 H. Dembowski, „Teurer Weizen", Die Zeit, 25.8.1995

151 A. Krämer, „Darlehen an Moskaus Agrarbranche zahlen sich für den Westen aus", Handelsblatt, 13./14.7.1996

152 „EU-Zuckererzeugung steigt in der Kampagne 1995/96", Handelsblatt 28.12.1995

Auch hier spielt wieder die Emission von Lachgas aus der Bodendüngung mit ca. 3 kg/GJ eine wichtige Rolle[153].

Auch in Deutschland ist die Gewinnung von Ethanol aus Zuckerrüben und Weizen zur Verwendung als Kraftstoff bereits eingehend untersucht worden[154]. Es ergaben sich Gestehungskosten von 0,95–1,28 DM/l und – bei heutigen Benzinpreisen – hoher Bedarf an Subventionen (siehe Tabelle 7.19). Nur bei einer steuerlichen Bevorzugung von Biokraftstoffen in der Größenordnung von 1 DM/l oder einer entsprechenden direkten Subventionierung der Erzeugung kann mit dem Erreichen wirtschaftlicher

Tabelle 7.19. Wirtschaftlichkeit der Erzeugung von Ethanol aus Zuckerrüben und Weizen in Deutschland auf Preisbasis 1990/91 bei rein energetischer Betrachtung[155].

		Zuckerrüben		Weizen
		Anlage Plattling	Anlage Groß-Munzel	
Ertrag	dt/ha	500	500	64,3
Ethanolausbeute	l/dt	9,72	9,72	39
	l/ha	4.860	4.860	2.510
	GJ/ha	103	103	53
Rohstoffpreis	DM/dt	8,00	5,85	34,44
	DM/l	0,82	0,50	0,88
Verarbeitung	DM/l	0,40	0,45	0,60
Nebenprodukterlöse	DM/l	–	–	–0,20
Gesamtkosten	DM/l	1,22	0,95	1,28
	DM/GJ	58	45	60
Benzinpreis, ex Raffinerie, unversteuert[a]	DM/GJ	7,6	7,6	7,6
Benzin mit EU-CO_2-Steuer, Anfangssatz[b]	DM/GJ	8,5	8,5	8,5
Benzin mit EU-CO_2-Steuer, Zielsatz[b]	DM/GJ	10,7	10,7	10,7
Benzin an der Tankstelle, versteuert	DM/GJ	49,9	49,9	49,9
Subventionsbedarf gegenüber dem unversteuerten Benzin	DM/l	1,1	0,8	1
	DM/ha	5.150	3.810	2.460

[a] Tankstellenpreis 1,65 DM/l, Steueranteil 1,20 DM/l, Vertriebskosten 0,20 DM/l, 1 l Benzin = 33,1 MJ

[b] Vorschlag der EU: Beginn mit 13,46 ECU/1000l, Zielwert 9,37 ECU/t CO_2 + 0,70 ECU/GJ + jeweils 15% MWSt auf die Steuer

[153] IEA, „Biofuels", siehe Fußnote 133

[154] Bericht der Bundes und der Länder, siehe Fußnote 139

[155] Bericht der Bundes und der Länder, a.a.O. und eigene Berechnungen

Bedingungen gerechnet werden. Die von der EU vorgeschlagenen CO_2- und Energiesteuern reduzieren den Subventionsbedarf, machen aber die Erzeugung von Ethanolkraftstoff zumindest in Deutschland und wahrscheinlich auch im übrigen Europa bei weitem nicht wirtschaftlich.

7.4.4 Pflanzenöle und ihre Ester

Einige Pflanzen sind in der Lage, auch Kohlenwasserstoff-Verbindungen zu bilden, die durch Extraktion gewonnen und unmittelbar oder nach einer relativ milden Weiterverarbeitung als Brenn- oder Kraftstoffe eingesetzt werden können. Diese Pflanzenöle und -fette sind chemisch gesehen zu 97% Triglyceride (siehe Abbildung 7.12), d.h. alle drei OH-Gruppen des Glyzerins sind durch gleiche oder unterschiedliche Fettsäurereste ersetzt. Die genaue Beschaffenheit dieser Fettsäuregruppen bestimmt die chemischen, physikalischen und biologischen Eigenschaften des jeweiligen Öles oder Fettes und damit seine Verwendungsmöglichkeiten[156].

Tabelle 7.20. Weltweites Aufkommen an pflanzlichen Ölen und Fetten 1989[157] und Marktpreise in Rotterdam bzw. London 1996[158]

Pflanze	Öl- und Fettaufkommen in Mio. t	Marktpreise 1/1996 in Europa
Sojabohne	21	615 US $/t
Raps	9	
Baumwollsaat	7	21 USc/lb
Sonnenblumensaat	7	
Erdnüsse	6	37 USc/lb
Kopra	4	690 US $/t
Leinsaat	1	600 US $/t
Palmkernfett	1	
Palmöl	10	528 US $/t
Olivenöl	2	
Sonstige	9	
Summe	75	

Die jährliche Produktion an Ölsaaten und Ölfrüchten liegt weltweit bei 200 Mio. t (Soja, Baumwolle, Sonnenblumen, Erdnüsse, Raps, Lein, Sesam, Rizinus usw.)[159]. Sie wird ganz überwiegend für Nahrungs- und Futtermittel und für industrielle Produkte

156 R. Meyer-Pittroff, „Pflanzenöle als regenerative Energieträger – nationale und weltweite Perspektiven", VDI-Berichte 1126, 1994

157 R. Meyer-Pittroff, siehe Fußnote 156

158 Handelsblatt vom 12.1.1996

159 H. Schaefer, VDI-Lexikon Energietechnik, VDI-Verlag, Düsseldorf 1994, Stichwort „Biomassenkonversion"

(u.a. Kosmetika) verbraucht (siehe Tabelle 7.22)[160]. In der EU werden von den ca. neunzig im Prinzip nutzbaren Pflanzenarten nur fünf tatsächlich in größerem Umfang angebaut: Raps, Sonnenblume, Lein, Soja, Olive. Für die Saison 1995/96 wird ein Ertrag an Rapssaat von 8,25 Mio. t (2,84 t/ha) und von Sonnenblumen an 1,31 Mio. t (1,31 t/ha) erwartet. Die EU hat damit Anteile am weltweiten Aufkommen in der Größenordnung von 25% bzw. 17%[161]. Unter den klimatischen Bedingungen in Deutschland hat bisher nur der Anbau von Winterraps größere Bedeutung bekommen.

7.4.4.1 Anbau von Energieraps in Deutschland

In Deutschland kommt für die Gewinnung von biologischen Ölen vor allem der Anbau von Raps in Frage. Der jährliche Ertrag erreicht in Deutschland 3,1 t/ha Rapssaat; daraus können 1,2 t/ha Rapsöl gewonnen werden. Die flächenbezogenen Erträge liegen damit heute um ca. 30% über dem Niveau von 1985. Es wird erwartet, daß durch Einführung neuer, auch gentechnischer Züchtungsmethoden in den nächsten fünf bis zehn Jahren eine weitere Ertragsverbesserung um ca. 30% erreicht werden kann[162]. In südlichen und tropischen Ländern kann der Ölertrag auf 5.000–10.000 l/ha anwachsen[163].

Für den Anbau von Raps dürfen nach den EU-Richtlinien auch stillgelegte oder zur Stillegung anstehende Ackerflächen genutzt werden, wenn das daraus gewonnene Öl nicht im Nahrungsmittelsektor eingesetzt wird[164]. In Bayern wurde 1995 bereits auf einem Viertel dieser Stillegungsfläche Raps angebaut (50.000 ha)[165]; für ganz Deutschland wurden eine Rapsanbaufläche von 332.000 ha ermittelt[166]. Von den 11,4 Mio. ha deutscher Ackerfläche sind 15% für die Stillegung vorgesehen (1,7 Mio. ha). Wenn auf 10% davon Raps angebaut wird, lassen sich ca. 200.000 t Rapsöl zusätzlich gewinnen; das entspricht einem Anteil von knapp 1% des jährlichen Verbrauchs an Dieselkraftstoff. Bei voller Ausnutzung aller für den Rapsanbau geeigneten Flächen kann das Potential unter Beachtung der Fruchtfolge bis zum Jahr 2000 auf ca. 6 Mio. t Rapssaat (2,3 Mio. t Öl) ausgeweitet werden[167]. Wenn man davon den bisherigen inländischen Verbrauch im Nahrungsmittelbereich abzieht, bleibt ein Potential von ca. 1,8 Mio. t/a Öl für den energetischen Verbrauch[168].

Rapsöl ist weder in reiner Form noch als Beimischung zu normalem Dieselkraftstoff für den Einsatz in üblichen Dieselmotoren geeignet (siehe Kapitel 6.8 „Rapsöl

---

160 In Deutschland wurden 1991 790.000 t Öl aus einheimischer und 170.000 t aus importierter Rapssaat gewonnen. Davon wurden im Inland 410.000 t i.w. von der Nahrungsmittelindustrie verbraucht und 550.000 t exportiert. (R. Meyer-Pittroff, a.a.O.)

161 „Gesamtangebot etwas höher", Handelsblatt 30.10.1995

162 G. Kley, „Ölpflanzen und ihre Produktionspotentiale in gemäßigten Klimagebieten", VDI-Berichte 1126, 1994

163 R. Meyer-Pittroff, siehe Fußnote 153

164 Richtlinie 334/93/EG: Die Stillegungsprämie wird dennoch gewährt.

165 S. Fertsch-Demuth, „Raps treibt Motoren an", Süddeutsche Zeitung, 7.8.1995

166 Deutscher Bauernverband lt. Handelsblatt, 13.12.1995

167 D. Schliephake, „BMFT/BML-Verbundprojekt „Kraftstoff aus Raps"", VDI-Berichte 1126, 1994

168 Ähnlich siehe: Stellungnahme der Agrarressorts des Bundes und der Länder zur Studie des Umweltbundesamtes „Ökologische Bilanz von Rapsöl bzw. Rapsölmethylester als Ersatz für Dieselkraftstoffe", 1993

und Rapsölmethylester"). Durch Verestern kann aber Rapsölmethylester (RME), ein Produkt mit relativ eng tolerierten Eigenschaften gewonnen werden, das sich gut als Dieselkraftstoff eignet („Biodiesel"). Dazu wird das natürliche Triglycerid der Fettsäure mit Methanol zu den Monoalkoholestern umgesetzt. Als Nebenprodukt fällt Glycerin an[169] [170]. In Europa beträgt die Kapazität für die RME-Herstellung ca. 200.000 t/a mit schnell steigender Tendenz[171]. In Deutschland bieten ca. 400 Tankstellen RME an (Stand: November 1995)[172].

Tabelle 7.21. Kosten für rohes Rapsöl und für den Prozeß der Umesterung[173]. Für Rapsöl sind Marktpreise angegeben. Im Falle der Kleinanlage wurde mit eigener Pressung gerechnet. Stillegungsprämien und sonstige, landwirtschaftliche Subventionen sind berücksichtigt.

Anlagengröße		1.540 t/a	10.000 t/a	40.000 t/a
Rapsöl	DM/l	0,98	0,66–0,71	0,66–0,69
Umesterung	DM/l	0,57	0,31–0,41	0,14–0,16
Gesamt	DM/l	1,55	0,99–1,09	0,82–0,86

Die Wirtschaftlichkeit von RME im Vergleich zu Dieselkraftstoff hängt entscheidend von der Besteuerung der Produkte und der Höhe der Subventionen für die Erzeugung ab. Aufgrund der landwirtschaftlichen Überproduktion werden von der EU Prämien für die Stillegung von Flächen gewährt. Wenn man argumentiert, daß der Anbau von Raps für energetische Zwecke der Brache vorzuziehen ist, ist die Anrechnung von Flächenstillegungsprämien vertretbar. Damit sinkt der Marktpreis für Rapsöl auf derzeit 0,5–0,8 DM/l (siehe Tabelle 7.22). Mit den Kosten der Weiterverarbeitung ergeben sich Marktpreise in der Größenordnung heutiger Preise für Dieselkraftstoff. Dabei ist jedoch zu berücksichtigen, daß jeder Liter Diesel mit 71,3 Pf Steuer belastet wird (gesetzlicher Mineralölsteuersatz für Diesel 620 DM/1000 l, 15% Mehrwertsteuer auf die Mineralölsteuer). Die subventionsfreien Vollkosten für die RME-Erzeugung einschließlich Umsatzsteuer liegen bei 2,3–2,5 DM/l[174]. Durch den Verzicht auf Steuern und durch die Subventionierung wird also jeder Liter RME mit ca. 1,30 DM begünstigt. Bei Ausschöpfung des oben abgeschätzten Produktionspotentials ergäbe sich so ein dauerhafter, jährlicher Subventionsbedarf in der Größenordnung von 3 Mrd. DM.

---

[169] R. Meyer-Pittroff, siehe Fußnote 156

[170] Aus Glycerin kann auch Glycerin-Tertiär-Butylether (GTBE) gewonnen werden, das im Ottokraftstoff eine dem MTBE vergleichbare Wirkung als Antiklopfmittel hat (D. Schliephake, a.a.O.).

[171] VEBA (ohne Autorenangabe), „Nachwachsende Rohstoffe – Fakten und Argumente", April 1995, 37 S

[172] Ohne Autorenangabe, „Noch ist der Biodiesel aus Raps am Markt kein Selbstläufer", Handelsblatt, 13.12.1995

[173] K. Scharmer, F. Pudel, D. Ribarov, „Umwandlung von Pflanzenölen zu Methyl- und Äthylestern", VDI-Berichte 1126, 1994

[174] VEBA, siehe Fußnote 171

$$\begin{array}{l} H_2C-O-C(R_1)=O \\ HC-O-C(R_2)=O \\ H_2C-O-C(R_3)=O \end{array} + 3\,CH_3OH \longrightarrow \begin{array}{l} H_2C-O-H \\ HC-O-H \\ H_2C-O-H \end{array} + \begin{array}{l} H_3-O-C(R_1)=O \\ H_3-O-C(R_2)=O \\ H_3-O-C(R_3)=O \end{array}$$

Triglycerid + Methanol → Glycerin + 3 Fettsäure-Methylester

Ausgangsstoffe	Produkte
100 kg Rapsöl	99 kg RME
11 kg Methanol	10 kg Glycerin
	2 kg Rückstände

Bild 7.11. Umesterung von Pflanzenölen zur Gewinnung von Biodiesel. R_1, R_2, R_3 stellen Fettsäurereste unterschiedlicher Zusammensetzung dar.

Das energetische Input zu Output Verhältnis für die Gewinnung von RME liegt heute bei 1 : 1,3; Verbesserungen auf 1 : 2,6 werden vor allem durch Verbesserungen bei der Düngerherstellung und beim Düngereinsatz für erreichbar gehalten. Bei Verwendung von Rapsstroh zur Deckung des Prozeßenergiebedarfs ist sogar eine Steigerung auf 1 : 6,7 vorstellbar. Die Freisetzung von klimarelevanten Gasen beläuft sich bei heutiger Technik in CO_2-Äquivalenten auf 64 kg/GJ, bei verbesserter Technik auf 34–20 kg/GJ[175].

Über die ökologischen Konsequenzen eines umfangreichen Anbaus von Raps für energetische Zwecke besteht keine völlige Einigkeit[176]. Zwar wird einhellig festgestellt, daß die Energiebilanz des Rapsanbaus ebenso positiv ist, wie die CO_2-Bilanz. Beim Ersetzen von 1 kg Dieselkraftstoff durch RME werden bei Berücksichtigung der gesamten Energiekette, des Anbaus und der Vorprodukte 0,92–0,55 kg Erdöl weniger benötigt. Unterschiedlich werden jedoch die Auswirkungen der Düngung mit Stickstoff eingeschätzt. Während das Umweltbundesamt eine starke biogene Lachgasbildung erwartet, wird dies von anderen Gutachtern bestritten[177]. Lachgas ist als Klimagas 270 mal wirksamer als CO_2. Eine merkliche Emission dieses Gases würde den

[175] IEA, „Biofuels", siehe Fußnote 133

[176] Umweltbundesamt (Hrsg.), „Ökologische Bilanz von Rapsöl bzw. Rapsölmethylester als Ersatz für Dieselkraftstoffe", 1993
Stellungnahme der Agrarressorts des Bundes und der Länder zur Studie des Umweltbundesamtes „Ökologische Bilanz von Rapsöl bzw. Rapsölmethylester als Ersatz für Dieselkraftstoffe", 1993
K. Scharmer, G. Golbs, I. Muschalek, „Pflanzenölkraftstoffe und ihre Umweltauswirkungen – Argumente und Zahlen zur Umweltbilanz", Studie der GET – Gesellschaft für Entwicklungstechnologie mbH im Auftrag der Union zur Förderung von Öl- und Proteinpflanzen e.V. (UFOP), 1993

[177] Zwischen 0,5% und 2% des Stickstoffs, der im ausgebrachten Dünger enthalten ist, wird durch Bodenbakterien zu N_2O umgewandelt.

Vorteil des Rapsanbaus bezüglich der klimarelevanten Gase weitgehend wieder zunichte machen. Die Spannweite der Schätzwerte für die Klimawirksamkeit (gerechnet in CO_2-Äquivalenten) beträgt 3,2–0,59 kg weniger CO_2 pro kg ersetzten Dieselkraftstoffs.

Eine Alternative zur Veresterung ist die von VEBA Öl untersuchte Verarbeitung von Rapsöl im Raffinerieprozeß[178]. Dabei wird im Hydrotreater das Glycerin-Gerüst zu Propan umgesetzt, die Fettsäuren werden zu Paraffinen; ca. 83% des Rapsöls finden sich im Produkt wieder. Der neue Kraftstoff weist im Vergleich zum normalen Diesel eine bessere Cetanzahl, aber eine verschlechterte Kältestabilität auf. Dadurch ist die Zumischbarkeit zum normalen Dieselkraftstoff im Winter auf 1,5% und im Sommer auf 5% begrenzt. Im Jahresmittel könnten in einer typischen Raffinerie mit 1,9 Mio. t/a Durchsatz ca. 70.000 t Rapsöl eingesetzt werden. Bei einer Rapsölzumischung von 3% im Jahresmittel können in Deutschland auf diesem Wege theoretisch ca. 850.000 t Rapsöl mit verarbeitet und abgesetzt werden; das entspricht einer Anbaufläche von 700.000–800.000 ha. Die Kosten des Verfahrens werden mit 8–13 Pf/l bezogen auf das Produkt „Dieselkraftstoff" angegeben. Die Minderung der CO_2-Emissionen gegenüber Diesel beträgt ca. 69%. Bei einem subventionsfreien Rapsölpreis von 2 DM/l ergibt sich der Break-Even bei einem Rohölpreis von 190 US $/bbl. Der Subventionsbedarf beläuft sich auf ca. 1.000 DM/t vermiedene CO_2-Emission. Der „Mischkraftstoff" mit einem rapsölstämmigen Anteil von 3% wäre also ohne Subventionen um ca. 6 Pf/l teurer als derselbe Kraftstoff aus Rohöl; damit wird eine Minderung der CO_2-Emission um 1% erreicht. Ein wichtiger Vorteil dieser Vorgehensweise besteht in der Nutzung der ohnehin vorhandenen Konversionsanlagen und der bestehenden Vertriebsstruktur[179]. Es ist zudem nicht erforderlich, die Fahrzeugtechnik zu verändern. Auf z.B. witterungsbedingte Schwankungen des Rapsölangebotes kann leicht durch vermehrten Einsatz von Rohöl reagiert werden.

Insgesamt erscheint die Verarbeitung des Rapsöls zusammen mit Rohöl in einer Raffinerie besser geeignet, einen Markt im Kraftstoffbereich zu finden, als der Weg über die Veresterung zu RME. Die ökologische Effizienz ist allerdings in beiden Fällen so gering, daß sie nicht als Argument für die Einführung einer solchen Technik verwendet werden sollte; sie kann ihre Begründung allenfalls in agrarpolitischen Überlegungen finden. Man muß sich auch fragen, ob nicht die Verwendung in stationären Anlagen, bei der möglicherweise auf die Umesterung bzw. die Weiterverarbeitung in einer Raffinerie verzichtet werden kann, der insgesamt wirtschaftlich und ökologisch effizientere Weg zur energetischen Nutzung von Rapsöl wäre.

---

[178] W. Baldauf, U. Ballfanz, „Verarbeitung von Pflanzenölen zu Kraftstoffen in Mineralöl-Raffinerieprozessen", VDI-Berichte 1126, 1994
VEBA (ohne Autorenangabe), „Nachwachsende Rohstoffe – Fakten und Argumente", April 1995, 37 S.

[179] Die derzeitige (1995) Regelung der Besteuerung von Biokraftstoffen stellt ein Hemmnis für die Verwertung von Rapsöl im Raffinerieprozeß dar. Zwar sind reine Biokraftstoffe ebenso wie ihre Mischungen mit fossilen Kraftstoffen *im Tank* von der Mineralölsteuer befreit, nicht jedoch Mischungen, die schon vor dem Tanken hergestellt wurden.

Tabelle 7.22. Kosten der Biodiesel-Erzeugung. Annahmen: Rapsprämie 1.100 DM/ha, Ölertrag 1.300 l/ha[180]. Zum Vergleich ist der Tankstellenpreis für Diesel 1995 angegeben. Der Rohölpreis ist mit 17 US $/bbl, der US $-Kurs mit 1,40 DM angenommen.

in DM/l	mit Subvention	ohne Subvention	Diesel
Rapsöl frei Ölmühle	0,78	1,63	
bzw. Rohölkosten			0,17
Umesterung	0,20	0,20	–
Transport, Vertrieb	0,20	0,20	0,21
	1,18	2,03	0,38
5% Mehrverbrauch	0,06	0,10	–
Mineralölsteuer	–	–	0,62
Mehrwertsteuer	0,18	0,32	0,15
äquivalenter Tankstellenpreis	1,42	2,45	1,15

7.4.4.2 Pflanzenölprojekte im Ausland

Parallel zum Proálcool-Programm wurde in Brasilien auch die Substitution von Diesel durch Pflanzenöle (Soja, Baumwolle, Erdnuß, Sonnenblume, Rizinus, Kokosnuß) propagiert. Eine besonders geeignete Frucht wäre die Kokosnuß, von der im feucht-tropischen Klima Amazoniens jährliche Erträge von 4.000–7.000 kg Öl/ha erwartet werden. 1985 wurde ein Potential von 3,5 Mio. t/a entsprechend 16% des Dieselverbrauchs geschätzt[181]. Eine Untersuchung geht sogar davon aus, daß bei Aufforstung von 5–6 Mio. ha – entsprechend einem Anteil von 1,2% der Gesamtfläche oder 15–18% der bereits entwaldeten Fläche – der gesamte Bedarf Brasiliens an Dieselkraftstoff substituiert werden könnte. Eine konsequente Umsetzung dieser Ideen ist nicht erfolgt. Chancen für eine Realisierung werden derzeit auch nicht gesehen[182].

In den USA wird auch Sojaöl bzw. Sojaöl-Methylester (SME) als Kraftstoff untersucht. Dieser Biodiesel führt jedoch zu Kosten von 3,5 US $/gal. Im Vergleich zum Tankstellenpreis von 0,6 US $/gal für normalen Dieselkraftstoff sind diese Kosten völlig unattraktiv[183]. Wirtschaftlichkeit wäre nur zu erzielen, wenn die Verwendung von Biodiesel z.B. aus Umweltschutzgründen behördlich vorgeschrieben würde. Eine solche Entwicklung ist aber trotz gewisser Vorteile des SME im Emissionsverhalten nicht abzusehen. Diese Projekte haben daher keine große Priorität.

Zusätzliche Potentiale mit vorwiegend lokaler oder regionaler Bedeutung werden im Anbau von äußerst anspruchslosen Ölpflanzen wie z.B. der Purgiernuß in tropischen Ländern wie Mali gesehen. Sie erlauben die Gewinnung von bis zu 8.000 kg/ha Samen, aus dem ca. 30 Gew.-% eines ungenießbaren, aber für energetische Zwecke

---

180 Angelehnt an Stellungnahme der Agrarressorts a.a.O.

181 V. Yang, „Brazil's Experience and Strategies in Energy Substitution and Conservation", Chemical Economy & Engineering Review 15 (1983) 5, S. 29–34

182 R. Boddey, siehe Fußnote 119

183 J. E. Sinor Consultants Inc., „The Clean Fuels Report", Vol. 7, No. 3, Juni 1995
„Biodiesel Has Potential, But Is Still in Infancy", Chemical Marketing Reporter, 25.3.1995, S. 10
„South Dakota Conference Highlights Biodiesel Benefits", Oxy-Fuel-News, 2.5.1994

geeigneten Öls gewonnen werden können. Da die Ernte sehr personalintensiv ist, bietet sich die willkommene Möglichkeit, zumindest saisonal viele Arbeitskräfte einzusetzen[184]. Bezogen auf das Preisniveau in malischen Dörfern ist Purgiernuß-Öl billiger als Diesel (Kosten 110% von importiertem, noch nicht versteuertem Diesel)[185].

7.4.5 Die direkte Verflüssigung von Biomasse

Die oben genannten Verfahren der biologischen Umsetzung von Biomasse durch Vergärung zu Alkohol bzw. der Extraktion von natürlichen Inhaltsstoffen erlauben nur die Nutzung eines Teils des organischen Materials. Es liegt daher nahe, nach Wegen zur vollständigen Verwertung der in ihr gebundenen Energie zu suchen. Dafür eignen sich thermochemische Prozesse. Sie haben außerdem gegenüber biologischen Wegen theoretisch den Vorteil, daß sie nicht auf bestimmte Ausgangsstoffe angewiesen sind. Die gesamte Biomasse kann komplett umgesetzt werden. Dazu können auch Abfälle der Nahrungsmittelproduktion, der Holzverarbeitung, Teile des Siedlungsabfalls usw. gehören. Außerdem ist die Verwendung von marinen Biomassen denkbar. So wurde z.B. bereits ein Prozeß zur kontinuierlichen Gewinnung eines „Rohöls" aus Klärschlamm angegeben. Erste Wirtschaftlichkeitsabschätzungen waren positiv genug, um Anlaß zu weiteren Untersuchungen zu geben[186]. Es wurde auch bereits gezeigt, daß aus Schlempe, dem wäßrigen, organisch hoch belasteten Rückstand der Ethanolerzeugung, ein „Rohöl" gewonnen werden kann. Die Menge an Schlempe beläuft sich auf etwa das 15-fache des erzeugten Ethanols; sie enthält 2–5% an organischer Trockenmasse[187].

Im Rahmen von Kooperationsprojekten der Internationalen Energieagentur IEA wurden vor allem in skandinavischen Ländern und in Nordamerika, aber auch in Japan, Großbritannien und Deutschland in den achtziger Jahren erhebliche Anstrengungen zur Entwicklung von Verfahren zur direkten Verflüssigung von Biomasse gemacht[188]. Meistens wird dabei Holz unter hohem Druck (5–25 MPa) und bei hoher Temperatur in Anwesenheit eines Lösungsmittels umgesetzt, das gleichzeitig als Wasserstoff-Donor fungiert. Alle diese Verfahren sind noch im Laborstadium. Sie erreichen teilweise eine Umsetzung der im eingesetzten Holz gespeicherten Sonnenenergie in das produzierte Öl und Gas von etwa 60%. Die Qualität der Produkte hängt entscheidend von der Prozeßführung und der verwendeten Biomasse ab. Auch die Wei-

---

[184] R. Meyer-Pittroff, siehe Fußnote 156

[185] R. K. Henning, „Produktion und Nutzung von Pflanzenöl als Kraftstoff in Entwicklungsländern", VDI-Berichte 1126, 1994

[186] P. M. Molton, A. G. Fassbender, R. J. Robertus, M. D. Browen, R. G. Sullivan (Battelle Pacific), „Thermochemical Conversion of Primary Sewage Sludge by the STORS Process", in A. V. Bridgwater, A. V. Kuester (Hrsg.) „Research in Thermochemical Biomass Conversion" London, 1988, S. 867–882

[187] S. Y. Yokoyama, T. Ogi, K. Koguchi, T. Minowa, M. Murakami, A. Suzuki, „Liquid Fuels Production from Ethanol Fermentation Stillage by Thermochemical Conversion", in A. V. Bridgwater, A. V. Kuester (Hrsg.) „Research in Thermochemical Biomass Conversion" London, 1988, S. 792–803

[188] Einen Überblick über die verschiedenen Projekte gibt: D. C. Elliott, D. Beckman, A. V. Bridgwater, J. P. Diebold, S. B. Gevert, Y. Solantausta, „Developments in Direct Thermochemical Liquefaction of Biomass: 1983–1990", Energy & Fuels 1991, 5, S. 399–410

terverarbeitung des produzierten Öls zu Kraftstoffen wurde schon demonstriert; allerdings sind die erzielbaren Wirkungsgrade dabei noch sehr schlecht. Mittlerweile wird der Weg über eine schnelle Pyrolyse der Biomasse von vielen Forschern als erfolgversprechender angesehen.

Von Shell wurde unter dem Namen hydrothermal upgrading (HTU) ein Verfahren untersucht, bei dem feste Biomasse – z.B. das Holz von schnell wachsenden Eukalyptus-Bäumen – ohne vorherige Trocknung mit Wasser bei erhöhtem Druck und erhöhter Temperatur zu einem flüssigen Rohprodukt umgesetzt wird. Dabei wird der Masse durch Bildung von CO_2 ein Teil des überschüssigen Sauerstoffs entzogen; von ursprünglich ca. 41% verbleiben noch 10%. Eine anschließende Wasserstoffbehandlung senkt den Sauerstoffgehalt auf 0,1%. Es entsteht eine flüssige Masse, eine Art Biorohöl („biocrude"). In einem weiteren Schritt kann sie unter Wasserstoffzufuhr hydrogeniert und zu Kraftstoffen verarbeitet werden. Die Biomasse wird dabei energetisch wie stofflich komplett umgesetzt. Das Verfahren ist nicht auf eine bestimmte Art von Biomasse beschränkt. Es ermöglicht insbesondere auch die Verwertung von biologischen Abfällen[189]. Das entstehende Biorohöl kann an geeigneter Stelle in den Raffinerieprozeß eingeschleust werden. Damit ist eine sehr flexible Betriebsstrategie möglich. Die Wirtschaftlichkeit solcher Verfahren hängt natürlich entscheidend von den Kosten für Erzeugung, Trocknung, Lagerung und Transport der Biomasse ab. Sie bieten sich daher für Gebiete mit geringen Arbeitskosten und hoher Biomasse-Produktivität an. Eine wirtschaftliche oder ökologische Bewertung ist derzeit noch nicht möglich.

7.4.6 Die Pyrolyse von Biomasse

Ein anderer Ansatz zur vollständigen energetischen Nutzung von Biomasse ist die Verschwelung in Pyrolyseanlagen. Sie wird dabei unter Luftabschluß auf 500–800 °C erhitzt. Neben Holzkohle entstehen dabei Gase und eine ölige Substanz. Vor allem schnelle Pyrolyseverfahren, bei denen die Biomasse nur wenige Sekunden im Reaktor verbleibt (Flashpyrolyse), haben sich als vorteilhaft erwiesen. Entsprechende Verfahren werden in zahlreichen Varianten entwickelt[190]. Die Qualität der Produkte hängt von den Prozeßbedingungen wie auch von der Art der verwendeten Biomasse ab. Leider ist eine unmittelbare Verwertung des Pyrolyseöls in Motoren nur sehr eingeschränkt möglich; es muß aufwendig nachbearbeitet werden. Diese Weiterverarbeitung geschieht am besten in bestehenden Raffinerien[191].

Erste – naturgemäß noch sehr unsichere – Kostenschätzungen haben ergeben, daß die Verwertung von Biomasse über die Pyrolyse zu niedrigeren Kosten führen kann

---

[189] A. A. Reglitzky et al. (Shell), „Chancen zur Emissionsverminderung durch konventionelle und alternative Kraftstoffe", VDI-Berichte 1020, 1992
H. Krumm, A. A. Reglitzky, H. Schnieder, (Shell), „Energieeinsparung und Minderung der CO_2-Emissionen bei konventionellen und alternativen Kraftstoffen", Shell Technischer Dienst, 1992, ISSN 0934-3601

[190] Einen Überblick über die verschiedenen Projekte gibt: D. C. Elliott et al., a.a.O.

[191] W. Baldauf, U. Balfanz, M. Rupp (VEBA Öl), „Upgrading of Flash Pyrolysis Oil and Utilisation in Refineries", Biomass and Bioenergy 7 (1994), S. 237–244

als deren Vergasung und die anschließende Synthese von Methanol[192]. Man kann sich also sehr langfristig vorstellen, daß relativ kleine dezentrale Pyrolyseanlagen mit kurzen Transportwegen für die Biomasse ein „Rohöl" erzeugen, daß dann zu einer großen Raffinerie gebracht und dort weiterverarbeitet wird. Damit ließe sich möglicherweise ein sinnvoller Kompromiß zwischen der kostenträchtigen Logistik für Biomasse[193] und der Degression für die Kosten petrochemischer Anlagen in Abhängigkeit von deren Größe finden. Zudem wäre die Raffinerie in der Lage, flexibel auf ernteabhängige Angebotsschwankungen zu reagieren.

Die nächsten Schritte bei der weiteren Entwicklung der Pyrolysetechnik wie auch der anderen noch nicht großtechnisch realisierten Optionen zur Verwertung von Biomasse müssen sein:

- Demonstration der Verflüssigungs- und Weiterverarbeitungsprozesse in technischem Maßstab inklusive der gesamten Anlagetechnik und der Handhabung der Abfallprodukte (z.B. Abwasser).
- Optimierung des Verflüssigungsprozesses in der Weise, daß eine möglichst große Ausbeute an leicht weiter zu verarbeitenden Produkten entsteht.
- Untersuchung, an welcher Stelle des Raffinerieprozesses Pyrolyseöle oder andere Biomasse-Produkte sinnvoll und ohne Störung eingeführt werden können.
- Entwicklung von Produktions-, Ernte-, Lagerungs-, Zerkleinerungs-, Trocknungs- und Transportsystemen für Biomasse, die auf den Verwertungsprozeß abgestimmt sind.

Für die Müllverwertung werden Prozesse entwickelt, die den oben beschriebenen verwandt sind (z.B. Pyrolyse). Sie wurden auch bereits großtechnisch realisiert. Vielleicht wird die Anlagetechnik für die Verwertung von Biomasse künftig durch diese Entwicklungen befruchtet.

7.4.7 Synthesegas aus Biomasse

Aus Biomasse kann grundsätzlich – wie aus Kohle oder schwerem Öl – durch partielle Oxidation mit Luft oder Sauerstoff Synthesegas gewonnen werden. Dieser Weg erscheint aber nicht sehr effizient, weil Biomasse bereits einen erheblichen Anteil an Sauerstoff (ca. 44% bei Holz) und normalerweise auch viel Wasser enthält. Daher kann eine Umsetzung mit indirekter, äußerer Wärmezuführung zu besseren Resultaten führen. An der Entwicklung entsprechender Verfahren wird an mehreren Stellen gearbeitet.

In der Schweiz wird vom Paul Scherrer Institut unter dem Kürzel „Biometh" vorgeschlagen, aus Holz und holzähnlichen Abfällen wie Altpapier Methanol zu erzeugen. Dazu wird in einem Wirbelschichtvergaser zunächst Synthesegas erzeugt. Eine Versuchsanlage mit einer Leistung von 120 kW ist 1994 in Betrieb genommen wor-

---

[192] D. C. Elliott et al., siehe Fußnote 188

[193] Die Transportleistung zur Belieferung einer zentral gelegenen Verarbeitungsanlage steigt mit der dritten Potenz des Radius des Einzugsgebietes.

den. Mit ihr können die Reaktionsbedingungen und der Umgang mit Verunreinigungen wie Chlor, Schwermetallen usw. aus den Abfall-Biomassen studiert werden[194]. Der zur stöchiometrischen Bildung von Methanol fehlende Wasserstoff könnte z.B. aus Elektrolyseanlagen beigesteuert werden.

Das Sammeln von Biomasse verursacht hohe Transportkosten. Entfernungen über ca. 50 km bis zur Verarbeitungsanlage sind wahrscheinlich nicht mehr rentabel zu gestalten. Die Kunst der Verfahrensentwickler wird also auch darin bestehen müssen, relativ kleine Anlagen zu konkurrenzfähigen Kosten zu entwickeln. Derzeit wird in der Schweiz die Errichtung einer Pilotanlage mit einem Durchsatz von 100 t/d Trokkensubstanz untersucht. Sie würde neben Methanol ein Schwachgas liefern, das zur Stromerzeugung genutzt werden kann. Bei konsequenter Durchführung einer solchen Strategie läge das Potential auf dieser technischen und rohstofflichen Basis bei 10–20% des Treibstoffbedarfs der Schweiz. Es wird geschätzt, daß die Kosten des Methanols bei 600–800 Sfr/t liegen würden. Sie überträfen damit die Weltmarktpreise um den Faktor zwei. Dennoch wäre das Methanol als Kraftstoff konkurrenzfähig, wenn es steuerlich nicht belastet würde[195].

In Deutschland wird ebenfalls die Vergasung von Biomasse untersucht. Hier wird ein Reaktor mit zirkulierender Wirbelschicht eingesetzt, der ursprünglich zur Untersuchung der Vergasung von Kohle errichtet worden war. Es erwies sich, daß z.B. die aus chinesischem Riesenschilfgras gewonnene Biomasse zuverlässig vergast werden kann[196]. Auch hier stellt nicht die technische Machbarkeit die wichtigste Hürde zur Umsetzung dar, sondern die Wirtschaftlichkeit im Vergleich zu den bekannten fossilen Energieträgern.

7.4.8 Vergleich der Biomasseoptionen

Um eine sinnvolle Auswahl unter den verschiedenartigen Optionen zur Erzeugung von Kraftstoffen aus Biomasse zu ermöglichen, sind bereits umfangreiche Analysen ihrer jeweiligen Vor- und Nachteile angestellt worden. Dabei können u.a. die folgenden Kriterien angelegt werden:

– Kann das Projekt nachhaltig betrieben werden? Entnimmt es nicht mehr Biomasse als nachwachsen kann? Verursacht es keine irreversiblen Schädigungen in der Umwelt?

---

[194] L. C. de Sousa, P. Hütter, J. C. Mayor, M. Quintilii, „Fluidised Bed Reactor for the Gasification of Biomass“, PSI Annual Report 1994 / Annex V, „General Energy Technology“, S. 73–76

[195] H. Cerutti, „Methanol aus Abfall-Biomasse“, Neue Zürcher Zeitung, 29.6.1994, S. 65
S. Stucki, J. Leuenberger, P. Kesselring (PSI), „Methanol from Biomass – An Option for Switzerland?“, 3rd Conference on Advanced Thermochemical Biomass Conversion, 1994, S. 522–529
J. Braun, „Drive for the Future: Tanking up with Synthetic“, swissBusiness, Januar/Februar 1995, S. 21
S. Stucki (PSI), „Production of Methanol from Waste Biomass“, Recovery, Recycling, Reintegration, Collected Papers of the R'95 International Congress, 1995, Band 4, S. 195–200

[196] H. W. Gudenau, W. Hahn (RWTH Aachen, Institut für Eisenhüttenkunde), „Schwachgaserzeugung – Vergasung von Miscanthus Sinensis Giganteus in der zirkulierenden Wirbelschicht“, Erdöl und Kohle – Erdgas – Petrochemie 46 (1993) 7/8, S. 281–285

- Wie groß ist sein Beitrag zur Senkung lokal wirksamer Emissionen?
- Wie groß ist sein Beitrag zur Verminderung global wirksamer Emissionen, insbesondere von Kohlendioxid und anderen Treibhausgasen?
- Wie groß ist sein Beitrag zur Erlangung einer größeren Unabhängigkeit von erschöpflichen, fossilen Energieträgern, insbesondere vom Erdöl?
- Wie hoch sind die Kosten der Produkte? Wie setzen sie sich zusammen?
- Leistet ein Projekt einen Beitrag zur regionalen oder nationalen Wirtschaftspolitik?

Bei der Betrachtung von biogenen Kraftstoffen kann man den Beitrag zur Senkung der gesetzlich limitierten Emissionen aus den Fahrzeugen meistens weitgehend vernachlässigen. Die Emissionsgesetzgebungen in Europa und den meisten anderen hochentwickelten Ländern stellen ohnehin sicher, daß die Luftqualitätsziele eingehalten werden. Unterschiede zwischen den Kraftstoffen sind daher nur für den Fahrzeughersteller bzw. die Kraftstoffindustrie relevant, denn sie müssen die Einhaltung der Grenzwerte durch geeignete technische Maßnahmen gewährleisten und dabei natürlich auf die Besonderheiten der Kraftstoffe Rücksicht nehmen. In Ländern mit weniger strenger Abgasgesetzgebung können jedoch auch relevante Verbesserungen der Luftqualität erreicht werden. Ein Beispiel dafür ist Brasilien. Dort konnte durch die Einführung von Alkoholkraftstoffen die Verwendung von verbleitem Benzin überflüssig gemacht werden.

Auch der Beitrag von Biomasse-Projekten zur Erlangung einer größeren Unabhängigkeit von Erdölimporten ist für die entwickelten Länder in der Regel nicht relevant. Einerseits ist weder eine physische noch eine lang andauernde, politisch bedingte Verknappung von Erdöl zu erwarten. Andererseits muß eine Energiepolitik für Deutschland oder auch Europa ohnehin von einer intensiven Einbindung in ein weltweites, energiewirtschaftliches System ausgehen. Das Denken in nationalen Kategorien mit dem Streben nach Autarkie ist zu einem Anachronismus geworden. Auch hier kann die Situation für ein weniger entwickeltes Land unter Umständen anders bewertet werden. Biomasse-Projekte können ihm die Möglichkeit verschaffen, von importierten Energieträgern unabhängiger zu werden. Sie substituieren also Öl durch Arbeitskraft und leisten dadurch gleichzeitig einen Beitrag zur inländischen wirtschaftlichen Entwicklung.

Auch regional-, agrar-, sozial- oder wirtschaftspolitische Ziele können mit dem vermehrten Anbau von Biomasse für energetische Zwecke verfolgt werden. Beispiele dafür sind die Förderung des Rapsanbaus in Europa und die Verarbeitung von Getreide zu Gasohol in den USA. Solche Wirkungen sind ebenfalls nicht Gegenstand dieser Untersuchung.

Hier bleiben daher vor allem die Auswirkungen auf die klimarelevanten Emissionen zu überprüfen. Vor allem müssen ihnen Kosten zugeordnet werden, um eine wirtschaftlich sinnvolle Rangfolge unter den verschiedenen Optionen herstellen zu können. Eine Studie der IEA[197] ergab dafür die folgenden Einstufungen, wobei erkennbare Potentiale für wesentliche Verbesserungen in der industriellen Praxis gegenüber dem heutigen Stand der Technik bereits berücksichtigt wurden:

[197] IEA, „Biofuels“, siehe Fußnote 133

- Bezogen auf die Größe der Ackerfläche haben
  - Stromerzeugung mittels Holzverbrennung
  - Methanol aus Holz
  - Ethanol aus Zuckerrüben

  die größten Minderungspotentiale relativ zu konventionellen Energieträgern. Dabei kann die Stromerzeugung aus Biomasse zukünftig wahrscheinlich zu konkurrenzfähigen Kosten erfolgen. Die Erzeugung von Methanol aus Holz benötigt Subventionen in der Größenordnung von 700–1.000 US $/ha, die von Ethanol aus Zuckerrüben über 3.000 US $/ha.
- Die Reduktion der Emission von Klimagasen durch die Erzeugung von RME, Ethanol aus Mais und Ethanol aus Weizen liegt auf die Anbaufläche bezogen in der gleichen Größenordnung. Sie erreicht nur ein Drittel der mit Ethanol aus Zuckerrüben sowie Methanol und Strom aus Holz erzielbaren Werte. Allerdings liegt auch der Subventionsbedarf „nur" im Bereich dessen, was bereits heute in der Landwirtschaft vieler Länder üblich ist (400–800 US $/ha).

Im Ergebnis kann man also konstatieren, daß die bisher diskutierten Wege zur Nutzung von Biomasse zur Erzeugung von Kraftstoffen technisch gangbar sind. Sie weisen auch ganz erhebliche Potentiale sowohl zur Minderung der Emissionen als auch in Bezug auf ihren möglichen Beitrag zur Bedarfsdeckung auf. Alle sind sie aber bei heutigen Kosten und Preisen bei weitem nicht wettbewerbsfähig. Dies gilt selbst unter der Voraussetzung, daß CO_2-Abgaben in der bisher ernsthaft diskutierten Größenordnung tatsächlich erhoben werden.

Daher sollte bei der Verwertung der Biomasse nicht bei den Kraftstoffen begonnen werden. Anwendungen im stationären Bereich sind fast immer erheblich kostengünstiger. Die am wenigsten unrentablen Anwendungen für Biomasse sind vor allem im Bereich der stationären Energienutzung zur Erzeugung von Raum- und Prozeßwärme sowie bei der Stromerzeugung zu suchen. Hier können wegen der relativ einfachen Technik auch kleine, dezentrale Anlagen tendenziell rentabel gemacht werden.

Dagegen setzt die Umsetzung von Biomasse in Kraftstoffe erheblichen Umwandlungsaufwand voraus, der am besten in großen, zentralen Anlagen geleistet wird. Damit ergibt sich aber zwangsläufig die Notwendigkeit, die Biomasse über größere Entfernungen zu transportieren. In einer Gesamtbetrachtung ist es daher wahrscheinlich in den meisten Fällen wirtschaftlicher und in der CO_2-Bilanz günstiger, durch den Einsatz von Biomasse Öl aus stationären Anwendungen zu verdrängen und es damit für die Erzeugung von Kraftstoffen freizustellen. Dennoch sollte aber Forschung und Entwicklung zur Erzeugung biogener Kraftstoffe weiter vorangetrieben werden.

Aus den oben dargestellten Zusammenhängen läßt sich u.a. für folgende Themen erheblicher Verbesserungsbedarf ableiten. Auf der einen Seite kommt es darauf an, effiziente, kostengünstige Verfahren für Produktion, Ernte und Handhabung von Biomasse zu entwickeln. Dazu gehören:

- Verminderung der Lachgasbildung infolge von Stickstoffdüngung auf Feldern z.B. durch präzise, den lokalen Erfordernissen genau angepaßte Ausbringung des Düngers.

- Verminderung des Bedarfs an Stickstoffdünger durch Entwicklung entsprechender Pflanzen oder durch Nutzung Stickstoff-fixierender Bodenorganismen.
- Verminderung des Energieaufwandes für die Düngerproduktion; auch hier stellt die Erzeugung von billigem Wasserstoff aus nicht-fossilen Energieträgern einen entscheidenden Schritt dar.
- Entwicklung von Pflanzen und Anbauformen, die die Verwendung von Pflanzenschutzmitteln ganz überflüssig machen oder zumindest stark reduzieren.
- Entwicklung von Ernte-, Transport-, Trocknungs- und Lagersystemen.
- Entwicklung von hoch effizienten Energieprozessen für die Erzeugung von Strom und Wärme aus „Abfall"-Biomassen bei vergleichsweise kleinen Blockgrößen z.B. durch Vergasung in Kombination mit Gas-und-Dampf-Prozessen. Vergaser werden auch für die Erzeugung von Kraftstoffen aus Biomasse via Synthesegas benötigt

Spezieller bezogen auf die Erzeugung von Biokraftstoffen lassen sich die folgenden Themen für Forschung und Entwicklung angeben:

- Verbesserung der Effizienz von Biocrude, Wasserstoff-, Ethanol-, Methanol- und RME-Erzeugungsanlagen z.B. durch Prozeßintegration, Nutzung von Kraft-Wärme-Kopplung usw.
- Ermittlung optimaler Anlagengrößen unter Berücksichtigung von Transport- und Lagererfordernissen und der Kostendegression bei großen Anlagen.
- Einbindung biogener Rohstoffe oder Halbfertigprodukte in das Gesamtsystem der Energiewirtschaft (z.B. Nutzung von Pflanzenöl in einer Raffinerie, Nutzung von Ethanol zur Herstellung höherwertiger Kraftstoffkomponenten wie ETBE).

Viele der genannten F&E-Themen sind für die Landwirtschaft auch dann relevant, wenn sich Biokraftstoffe auch auf längere Sicht als nicht rentabel herausstellen; sie sind also auch gegen größere Änderungen der Voraussetzungen zu ihrer Formulierung „robust" und können Bestandteile einer „no-regret-Strategie" sein. Sie sollten daher mit Priorität bearbeitet werden.

7.5 Die Herstellung von Kraftstoffen aus Synthesegas

Ausgangspunkt für die meisten Reaktionen, die zur Herstellung wohldefinierter, synthetischer Kraftstoffe in Frage kommen, ist Synthesegas. Darunter versteht man Gemische aus CO und H_2. Ihre Anteile sind je nach Prozeßführung und Ausgangsmaterial verschieden groß. Die entstehenden Gasgemische können mit bekannten Methoden von Schwefel, Phosphor, Stickstoffverbindungen und anderen störenden Beimengungen befreit werden, so daß die Produkte praktisch frei von Verunreinigungen sind.

Synthesegas wird heute in großen Mengen für die Herstellung von Ammoniak sowie von Methanol, Essigsäure, Ethylenglykol und ihren Folgeprodukten[198], für die Oxosynthese und die Direktreduktion von Eisenerz eingesetzt. CO ist auch Reaktions-

[198] Römpps Chemie-Lexikon, 8. Auflage, 1987, Stichwort „Synthesegas"

partner für Carbonylierungen, wie etwa die Herstellung von Essigsäure aus Methanol[199]. Abbildung 7.12 gibt einen Überblick über die Vielzahl der Produkte, die heute aus Synthesegas gewonnen werden. Diese Produktionen laufen üblicherweise in eng miteinander vernetzten Chemiekomplexen ab. Sie sind ein Beispiel für die maximale Ausnutzung eines Rohstoffes und die Minimierung des Energieverbrauchs durch Prozeßintegration, wie sie in der chemischen Industrie seit langem üblich ist und immer weiter verfeinert wird.

Mittels Konvertierung des CO mit Wasserdampf zu CO_2 kann aus Synthesegas Wasserstoff gewonnen werden. Dies geschieht heute in großem Umfang. Der Wasserstoff wird vielfach für Hydrotreating- und Hydrocracking-Verfahren im Raffinerieprozeß sowie für Hydrierungen in der Petrochemie eingesetzt.

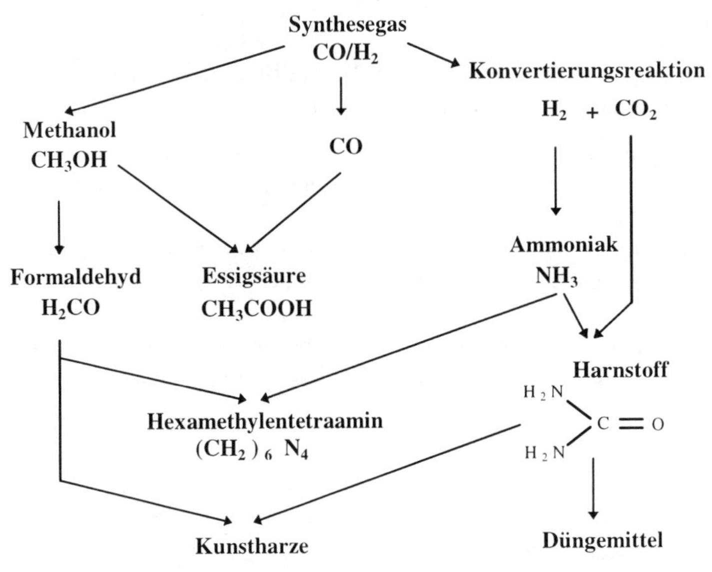

Bild 7.12. Produkte, die aus Synthesegas als Ausgangsprodukt erzeugt werden[200]

7.5.1 Die Fischer-Tropsch-Synthese

Eine der frühesten Realisierungen der Synthese von Kohlenwasserstoffen aus Synthesegas ist der Fischer-Tropsch-Prozeß, der seit 1925 am Kaiser Wilhelm Institut für Kohleforschung in Mühlheim entwickelt wurde. Er geht von einem aus Kohle gewonnenen, gereinigten Gas aus und erzeugt über – zunächst noch ziemlich unspezifisch wirkenden, aber heute sehr selektiven – Katalysatoren ein Gemisch aus Flüssiggas (10–15%), Benzin (50%) und schwereren Ölfraktionen. Die summarische Reaktionsgleichung lautet[201]

[199] Ohne Autorenangabe, „Petrochemie + Polymere", Deutsche BP AG, 1982
[200] R. A. Sheldon, „Chemicals from Synthesis Gas", Reidel Publishing Corp., 1983
[201] Sheldon, siehe Fußnote 200

$$2n\,CO + (n+1)\,H_2 \rightarrow C_nH_{2n+2} + n\,CO_2$$

Der Prozeß wurde in Deutschland seit 1936 und verstärkt während des Krieges – neben dem damals bedeutsameren Bergius-Pier-Verfahren zur direkten Kohlehydrierung – großtechnisch zur „Kohleverflüssigung" genutzt. Die Jahresproduktion erreichte 1943 in neun Anlagen ca. 600.000 t und bestand zu 46% aus Benzin und zu 23% aus Diesel. Nach dem Krieg wurden Fischer-Tropsch-Anlagen durch billiges und reichlich verfügbares Rohöl unwirtschaftlich. Heute spielt das Verfahren in der ursprünglichen Form fast keine Rolle mehr.

Nur in Südafrika wurden ab 1955 von SASOL (Suid-Afrikaanse Steenkool Olie en Gaskorporasie) neue, technisch erheblich verbesserte Anlagen errichtet. Dort steht billige Kohle in großen Mengen zur Verfügung. Außerdem wollte sich das Land angesichts der weltweiten Isolierung wegen der damaligen Apartheit-Politik von Rohölimporten unabhängiger machen und nahm dafür eine „Versicherungsprämie" in Form hoher Investitionen in Kauf. Es wurde eine Gesamtkapazität von 2 Mio. t/a errichtet[202]. Im SASOL-Prozeß läuft die Reaktion bei 220–240 °C und 25 bar an Eisenbasierten Katalysatoren ab. Mittlerweile werden auch Prozeßvarianten mit anderen Katalysatoren und bei anderen Drücken und Temperaturen genutzt, um ein anderes Produktspektrum zu erzeugen. An die eigentliche Synthese schließt sich eine ganze Reihe von Trenn- und Veredelungsschritten an.

Für die USA wurde die Wirtschaftlichkeit der Erzeugung von Kraftstoffen aus Kohle in einer Großanlage (83.500 bbl/d, ca. 10.000 t/d) für verschiedene Varianten der Fischer-Tropsch-Synthese untersucht. Es ergab sich ein kostendeckender Verkaufspreis im Bereich von 42–59 US $/bbl (in Preisen von 1989), d. h. von mehr als dem Doppelten im Vergleich zu Erdölprodukten. Die energetische Ausbeute lag dabei zwischen 44 und 59%[203].

Eine Weiterentwicklung des Fischer-Tropsch-Verfahrens wird von der Firma Shell in einer großen Anlage in Bintulu / Sarawak / Malaysia angewendet (Shell Middle Distillate Synthesis SMDS). Dort wird aus Erdgas über partielle Oxidation zunächst Synthesegas gewonnen, das anschließend zu Mitteldestillaten umgesetzt wird. In einem weiteren Schritt werden zu lange Moleküle katalytisch gecrackt und verzweigt. Die Produkte sind hochwertige, schwefelfreie Mitteldestillate und paraffinbasische Wachse. Die Anlage kann täglich 2,8 Mio. Nm^3 Erdgas in 12.500 barrel (ca. 1.600 t) synthetischen Dieselkraftstoff mit einer Cetanzahl von 70 umsetzen[204]. Daraus errech-

[202] Römpps Chemie-Lexikon, 8. Auflage, 1987, Stichwort „Fischer-Tropsch-Synthese"
Nach G. A. Mills (Univ. Delaware), „Status and Future Opportunities for Conversion of Synthesis Gas to Liquid Fuels", Fuel 73 (1994) 8, S. 1243–1279:
SASOL I, 1954, 8.000 b/d
SASOL II, 1980, 50.000 b/d
SASOL III, 1983, 50.000 b/d

[203] G. A. Mills, siehe Fußnote 202

[204] Ohne Autorenangabe, „Dieselkraftstoff aus Erdgas", Brennstoff Wärme Kraft 45 (1993) 11, S. 494 „SMDS-Plant Nearing Completion", International Gas Report, 7.8.1992
Die Anlage in Bintulu hat etwa 740 Mio. $ gekostet. (Oil and Gas Journal, 19.8.1991, S. 28); G. A. Mills, a.a.O. gibt 660 Mio. US $ an.
Partner sind Shell (60%), Mitsubishi (20%), Petronas (10%) und der Staat Sarawak (10%) („Malaysia – The Partners", APS Review Gas Market Trends, 4.7.1994).

net sich eine energetische Ausbeute bezogen auf den Heizwert der Produkte (also ohne eventuelle Energielieferungen an andere Verbraucher oder Nebenprodukte) von ca. 61%.

Eine ähnliche Anlage mit SASOL-Technologie wurde in Südafrika errichtet. Dort wird ein Off-Shore-Erdgasfeld bei Mossel Bay mit einer Produktion von 200.000 Nm^3/h genutzt[205].

Auch Exxon – mit einer Versuchsanlage in Texas – und die norwegische Statoil arbeiten an ähnlichen Verfahren[206]. Andere Staaten mit großen, verbraucherfernen Erdgasvorkommen wie Algerien haben ihr früheres Interesse an dieser Technik offenbar infolge des derzeitigen reichen Angebotes an billigem Öl wieder zurückgestellt[207].

Auch Deponiegas wurde bereits für Fischer-Tropsch-Synthesen genutzt. Es zeigte sich, daß der dabei gewonnene, hochwertige Dieselkraftstoff mit sehr geringer Partikelemission verbrennt[208].

Die sehr hohe Cetanzahl von bis zu 80, die genau einstellbaren Verbrennungseigenschaften und die völlige Freiheit von Schwefel und Aromaten machen synthetischen Diesel als „sauberen" Kraftstoff sehr interessant. Es wäre wahrscheinlich möglich, mit Motoren, die konsequent auf diese Dieselqualität ausgelegt sind, deutliche Verbesserungen bei Emissionen und Verbrauch zu erzielen. Damit könnte auch ein eventueller Mehrpreis im Vergleich zu ölstämmigen Dieselkraftstoffen gerechtfertigt werden, der sich nach heutigem Wissen nur in Ausnahmefällen vermeiden läßt. Es bleibt abzuwarten, ob sich ein entsprechendes Angebot entwickeln wird und wie die Autohersteller darauf reagieren werden. Synthetischer Diesel wäre sicher ein auch ernst zu nehmender Konkurrent für neue, besonders sauber verbrennende Dieselkraftstoffe wie DME.

7.5.2 Die Herstellung von Methanol

Methanol wird heute fast ausschließlich aus schwefelarmem Synthesegas mit Hilfe von hoch-spezifischen Katalysatoren bei relativ milden Reaktionsbedingungen gewonnen (50–100 bar, 230–280 °C). Der Prozeß ist hocheffizient; Nebenprodukte treten fast nicht auf. Er wurde erstmals 1924 in den Leuna-Werken großtechnisch realisiert.

---

205 „Competition from Gas?", Petroleum Economist, Januar 1991, S. 11, 13
G. A. Mills, siehe Fußnote 202

206 U. Graeser, W. Keim, W. J. Petzny, J. Weitkamp, „Perspektiven der Petrochemie", Erdöl Erdgas Kohle 111 (1995) 5, S. 208–217
G. A. Mills, siehe Fußnote 202

207 „Algeria is Interested in Shell SMDS Project", APS Review Downstream Trends, 8.3.1993

208 G. A. Mills, siehe Fußnote 202

Bei der Methanol-Synthese laufen die folgenden, exothermen Reaktionen ab[209]:

$CO + 2\ H_2 \rightarrow CH_3OH$ $\Delta H^0_{298} = -90{,}8$ kJ/mol
$CO_2 + 3\ H_2 \rightarrow CH_3OH + H_2O$ $\Delta H^0_{298} = -49{,}6$ kJ/mol

Die ebenfalls thermodynamisch möglichen, unerwünschten Reaktionen wie

$CO + 3\ H_2 \rightarrow CH_4 + H_2O$
$CO_2 + 4\ H_2 \rightarrow CH_4 + 2\ H_2O$
$n\ CO + (2n+1)\ H_2 \rightarrow C_nH_{2n+2} + n\ H_2O$
$2\ CH_3OH \rightarrow H_3C\text{-}O\text{-}CH_3 + H_2O$
$2\ CO \rightarrow CO_2 + C$

können durch entsprechende Vorkehrungen bei der Auswahl der Katalysatoren und bei den Reaktionsbedingungen fast vollständig unterdrückt werden. Die dennoch entstehenden Mengen an Nebenprodukten mit Siedepunkten unterhalb und oberhalb dessen von Methanol werden in zwei nachgeschalteten Destillationen abgetrennt. Für die Verwendung als Kraftstoff ist ein kleiner Anteil an höheren Alkoholen, DME oder Alkanen im Methanol nicht nachteilig; die Reinigung des Reaktionsproduktes kann daher vereinfacht werden. Es gibt sogar Vorschläge, ganz bewußt Mischungen aus Methanol und DME zu erzeugen und diese als Kraftstoffe zu verwenden. Für ein solches Produkt ergäben sich erhebliche Vereinfachungen in der Prozeßtechnik[210].

Das für die Herstellung von Methanol verwendete Synthesegas wird heute nahezu ausschließlich aus Erdgas erzeugt. Es weist bezogen auf das Methanol einen Wasserstoffüberschuß auf. Etwa ein Drittel des Wasserstoffs kann daher zur Heizung des Steam Reformers genutzt werden. Die Energie für die Verdichtung des Synthesegases wird über einen Dampfprozeß aus der Abwärme des Steam Reformers gewonnen. Wenn CO_2 zur Verfügung steht, wird es in den Prozeß eingekoppelt, um den Erdgasbedarf zu reduzieren[211]. Bei einer anderen Variante des Prozesses (Lurgi Combined Prozeß) wird nur ein Teil des Erdgases im Steam Reformer umgesetzt. Der Rest wird über partielle Oxidation zu einem Gemisch mit passendem CO-Gehalt verbrannt. Dieser Prozeß setzt eine Luftzerlegungsanlage voraus und erfordert daher höhere Investitionen und Betriebskosten[212]. In den letzten Jahren ist eine größere Zahl von Methanol-Anlagen entstanden, in denen sonst nicht verwertbares Begleitgas aus der Erdölförderung genutzt wird, das heute in vielen Ländern nicht mehr abgefackelt oder unverbrannt freigesetzt werden darf. Das Gas steht damit praktisch kostenlos zur Verfügung. Daher können sehr niedrige Kosten realisiert werden[213].

[209] Das Symbol DH^0_{298} bezeichnet die Standard-Bildungsenthalpie. Das ist eine Größe, die charakterisiert, ob die Reaktion Wärme abgibt (Minus, exotherme Reaktion) oder aufnimmt (Plus, endotherme Reaktion). Sie bezieht sich auf den Standard-Zustand von 1 bar und 25 °C; die tatsächliche Wärmetönung der Reaktion kann bei anderem Druck bzw. anderer Temperatur abweichen.
[210] G. A. Mills, siehe Fußnote 202
[211] Ullmanns Enzyklopädie der technischen Chemie, 4. Auflage, Band 16, Stichwort „Methanol", Weinheim, Verlag Chemie, 1973
[212] F. Asinger, siehe Fußnote 56
[213] „Methanol Producers Face Margin Pinch with High Gas Prices", Oxy-Fuel News, 8.4.1996

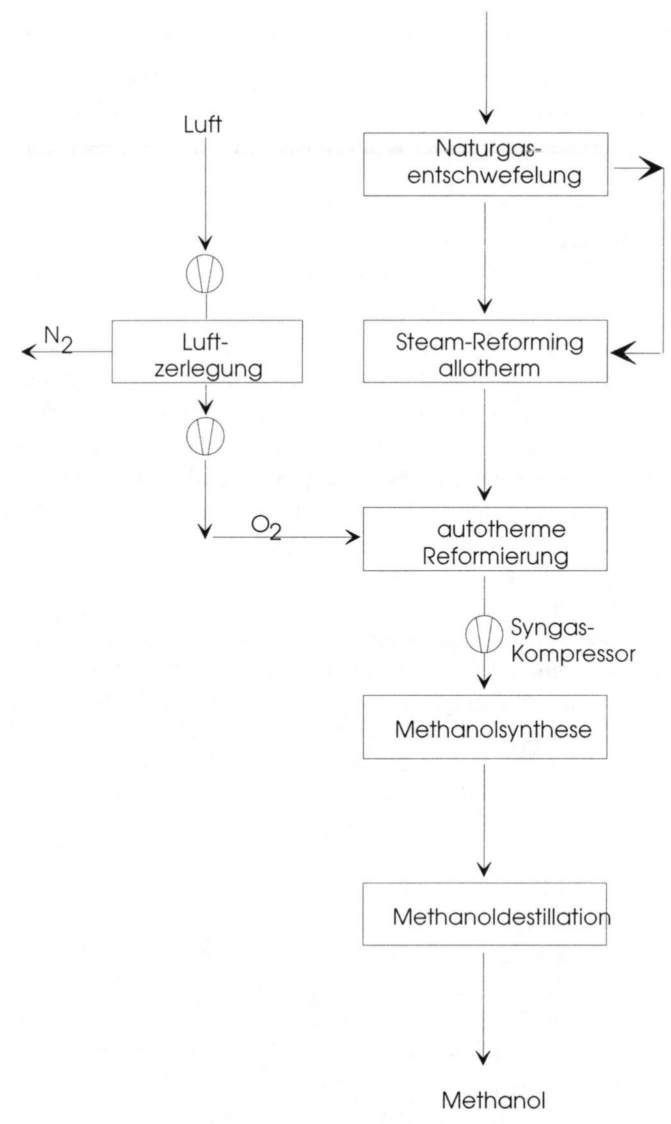

Bild 7.13. Prozeßschema für die Erzeugung von Methanol aus Erdgas[214]

Viel aufwendiger, und daher heute praktisch bedeutungslos geworden, ist die Nutzung von Kohle für die Methanolerzeugung. Allerdings gibt es in den USA auch dazu neue Überlegungen. Derzeit befindet sich eine neue Generation von Kohlekraftwerken in Entwicklung. In ihnen wird die Kohle nicht wie bisher üblich mit Kohlestaubbrennern verbrannt und mit der Wärme Dampf erzeugt. Statt dessen wird die Kohle zunächst vergast, d.h. zu Synthesegas umgesetzt. Dieses Gas wird gereinigt und dann in einer

[214] Asinger, siehe Fußnote 56

Gasturbine zur Stromerzeugung genutzt. Erst das immer noch sehr heiße Abgas der Gasturbine heizt einen Abwärmekessel, in dem überhitzter Wasserdampf erzeugt wird. Damit wird eine Dampfturbine beschickt und zusätzlicher Strom erzeugt. In der Summe können ein sehr hoher Wirkungsgrad (> 45%) und eine sehr gute Abgasreinigung erreicht werden. Solche GuD-Kohle-Kraftwerke werden auch in Deutschland intensiv entwickelt. Der Grundgedanke bei dem amerikanischen Konzept ist nun der, die Synthesegasanlage unabhängig vom Strombedarf immer mit Nennlast zu betreiben. In Zeiten schwacher Stromnachfrage wird das dann überschüssige Synthesegas in einer Methanol-Anlage verarbeitet. Das dort erzeugte Methanol soll entweder als sauberer Brennstoff für Spitzenlastkraftwerke verwendet oder an Dritte abgegeben werden. Wirtschaftlichkeitsrechnungen haben Vorteile für eine solche Prozeßkopplung ergeben[215]. Trotz der erheblichen Vorleistungen, die bisher bereits für diese neue Technik erbracht wurden, bleibt es noch abzuwarten, ob Kohle-GuD-Kraftwerke die notwendige Betriebssicherheit erreichen werden und sich durchsetzen können. Sie stehen in intensiver Konkurrenz mit weiterentwickelten konventionellen Kohlekraftwerken auf der einen Seite und derzeit konkurrenzlos kostengünstigen GuD-Kraftwerken mit dem Brennstoff Erdgas auf der anderen.

Tabelle 7.23. Aufteilung der Kosten einer Anlage zur Erzeugung von Methanol aus Erdgas auf die verschiedenen Prozeßschritte in zwei verschiedenen Abgrenzungen[216]

1. Synthesegas-Erzeugung aus Erdgas		
a. Entschwefelung		2%
b. Steam Reforming, Kühlung des Gases		32%
c. Dampferzeugung		14%
d. Verdichtung des Synthesegases		24%
1. Summe a. – d.	53%	72%
2. Methanol-Synthese	8%	22%
3. Destillation des Roh-Methanol	14%	6%
4. Nebenanlagen	25%	-
Gesamt 1.–4.	100%	100%

Auch die Herstellung von Methanol aus Torf ist ernsthaft verfolgt worden. Im amerikanischen Bundesstaat Nord-Carolina sollten jährlich aus 450.000 t getrocknetem Torf mit einem Wassergehalt von 8% (roh 30%) 200.000 t hergestellt werden. Ähnliche Projekte gab es in Form von Pilotanlagen auch in Schweden. Dort wurde eine Variante des Hochtemperatur-Winkler-Verfahrens eingesetzt[217]. Diese und eine große Zahl ähnlicher Projekte sind mit fallenden Ölpreisen unrentabel geworden und wurden wieder aufgegeben. Mit einer ähnlichen Prozeßtechnik kann aus Biomasse Methanol erzeugt werden.

[215] G. A. Mills, siehe Fußnote 202

[216] Linke Spalte: J. B. Hansen et al., „Large Scale Manufacture of Dimethyl Ether – a New Alternative Diesel Fuel from Natural Gas", SAE 950063; Kapazität 2.500 t/d
Rechte Spalte: G. A. Mills, a.a.O.

[217] F. Asinger, siehe Fußnote 56

Tabelle 7.24. Kosten für die Herstellung von Rein-Methanol aus verschiedenen Rohstoffen in Anlagen mit einer Kapazität von 2.500 t/d in Deutschland, Stand 1977[218]

Rohstoff		Erdgas	Vakuum-rückstand	Kohle
Anlagekosten, komplett	Mio. DM	171	250	435
Reparatur und Wartung	Mio. DM/a	2,5	5,5	12,5
Personalkosten	Mio. DM/a	1	1,7	2,5
Rohstoffverbrauch	GJ/t	31,4	38,1	41,1
Katalysatoren, Hilfsstoffe	DM/t	2,7	1,8	1,9

Bei den heute üblichen Methanol-Anlagen treten keine schwierigen Abgas- oder Abwasserprobleme auf. Das Abwasser enthält maximal 100 ppm Fremdstoffe und kann ohne Schwierigkeit biologisch gereinigt werden.

Wenn man von Erdgas ausgeht, findet man nach der Synthese ca. 73% des Energiegehaltes im Methanol wieder; es ergeben sich Kosten für das erzeugte Produkt in Deutschland von ca. 240 DM/t (12 DM/GJ). Für Importkohle lägen die Kosten etwas höher, weil der günstigere Preis pro Energieeinheit durch die wesentlich höheren Anlage- und Betriebskosten mehr als ausgeglichen wird. Deutsche Steinkohle ist auch hier viel zu teuer. Relativ günstige Kosten ergäben sich auch bei Verwendung von rheinischer Braunkohle. Die Herstellkosten werden – wie bei allen synthetischen Kraftstoffen – von den Kapitalkosten dominiert. Die Marktpreise für Methanol unterlagen in der Vergangenheit erheblichen Schwankungen. Sie lagen 1986 in den USA bei 31 USc/gal und erreichten 1980–81 ein Maximum bei 65 USc/gal[219].

Die weltweite Methanol-Produktion liegt derzeit bei ca. 30 Mio. t, davon in Deutschland 1993 1,2 Mio. t[220]. Es wird für chemische Synthesen, als Lösungsmittel und – in stark steigenden Mengen – zur Erzeugung von MTBE verwendet. Als Kraftstoff wird es derzeit nicht eingesetzt.

Da Synthesegas aus allen kohlen- und wasserstoffhaltigen Ausgangsstoffen hergestellt werden kann und Methanol leicht zu einer Vielzahl von Produkten der organischen Chemie umgesetzt werden kann, gab es in Fachkreisen bereits Spekulationen, daß Methanol das Ethylen als Ausgangsprodukt für chemische Synthesen in einer „Nach-Öl-Welt" ablösen würde[221].

7.5.3 Benzin aus Methanol

Aus Methanol kann nach dem Methanol-to-Gasoline-Verfahren der Mobil Oil Corp. (MTG) an Zeolith-Katalysatoren über das Zwischenprodukt Dimethylether ein Ge-

[218] Ullmanns Encyklopädie der technischen Chemie, 4. Auflage, Band 16, Stichwort „Methanol", Weinheim, Verlag Chemie, 1973

[219] G. A. Mills, siehe Fußnote 202
31 USc/gal entspricht ca. 260 DM/t bei einem Kurs von 2,5 US $/DM.

[220] T. Ewe, „Unverhoffte Karriere", Bild der Wissenschaft, Mai 1995, S. 82 ff

[221] C. D. Chang, „Hydrocarbons from Methanol", Marcel Dekker Inc., New York / Basel, 1983

misch aus Kohlenwasserstoffen mit steuerbarem Aromatenanteil gewonnen werden, das als hochwertiger Ottokraftstoff verwendet werden kann (unverbleit ROZ 95, MOZ 85)[222]. Der Prozeß erfordert eine Temperatur von 370 °C und einen Druck von ca. 15 bar. Die Katalysatoren wirken dabei shape selective, d.h. sie bevorzugen bestimmte Molekülformen vor allen anderen. Die Reaktion läuft in engen Kanälen innerhalb der Katalysatoren ab, die ein Austreten von größeren Molekülen als C_{10}-Aromaten nicht zulassen. Selbst wenn während des Prozesses größere Moleküle gebildet werden, können diese den Katalysator nicht verlassen und werden wieder abgebaut. Der Prozeß kann mit technischem Methanol ausgeführt werden, d.h. ein Wasseranteil von 25–30 Gew.-% ist möglich. Die Reaktion lautet schematisch[223]:

$$
\begin{aligned}
2\,CH_3OH &\rightarrow CH_3OCH_3 + H_2O \\
&\rightarrow C_2 - C_5 \text{ Olefine} + H_2O \\
&\rightarrow \text{Aromaten} + \text{Alkane}
\end{aligned}
$$

Die Reaktion ist stark exotherm (1,5–1,7 MJ/kg Methanol bei 400 °C). Die Ausbeute liegt bei 0,4 t Benzin pro t Methanol.

Modifikationen des Prozesses wie die Verwendung veränderter Katalysatoren, die Variation des Drucks, die Einbringung von Wasserdampf erlauben es, das Produktspektrum in weiten Grenzen zu verändern. Es können variierbare Kombinationen von Diesel- und Ottokraftstoffen erzeugt werden (Mobil Olefins to Gasoline and Diesel, MOGD-Prozeß). Außerdem wurden Prozeßverbesserungen bereits ausgiebig erprobt, die zu erheblich verringerten Investitionskosten führen würden (TIGAS-Prozeß von Haldor Topsoe). Eine Variante des MTG-Prozesses wird in Wesseling bei Köln untersucht[224].

Tabelle 7.25. Vergleich des Produktspektrum des Fischer-Tropsch-Verfahrens und des Mobil-Verfahrens[225]

	Fischer-Tropsch SASOL-1	MTG Mobil
leichte Gase	20,1%	1,3%
LPG	23,0%	17,8%
Benzin	39,0%	80,9%
Diesel	5,0%	0%
Schweröl	6,0%	0%
Sauerstoffhaltige Anteile	5,0%	0%
Anteil Aromate an der Benzinfraktion	5,0%	38,6%

[222] Römpps Chemie-Lexikon, 8. Auflage, 1987, Stichwort „Methanol“
Chang, a.a.O.
G. A. Mills, siehe Fußnote 202
[223] Sheldon, siehe Fußnote 200
C. D. Chang, siehe Fußnote 221
[224] G. A. Mills, siehe Fußnote 202
[225] Sheldon, siehe Fußnote 200

Eine Anlage nach dem ursprünglichen MTG-Verfahren für die Produktion von täglich 2,3 Mio. l Benzin mit ROZ 92 aus ca. 3,7 Mio. m^3 Erdgas wurde nahe dem Maui Erdgasfeld in Neuseeland mit einem Kostenaufwand von 1,475 Mrd. US $ errichtet und war seit 1985 für viele Jahre mit gutem Erfolg in Betrieb[226]. Wenn sich ein ausreichender Markt für Methanol entwickelt und sich daher die Errichtung einer Infrastruktur für Methanolkraftstoff lohnt, kann auf die Umwandlung zu Benzin verzichtet werden[227].

Naturgemäß müssen die Kosten für Benzin aus dem Mobil Oil Prozeß über denen des Vorproduktes Methanol liegen, zumal sich vom Energiegehalt des Erdgases nur noch ca. 51% im produzierten Benzin wiederfinden. Sie werden für 1986 mit 0,49 US $/l angegeben, wenn man den Wert des Erdgases mit Null ansetzt[228]. Sie liegen damit erheblich über dem Raffinerieabgabepreis für Benzin, der damals bei ca. 0,25 US $/l lag. Dennoch kann dieser Prozeß genutzt werden, um abgelegene, weder über Pipeline noch über LNG-Ketten erschließbare, aber ausreichend ergiebige Erdgasquellen nutzbar zu machen.

Mittlerweile werden auch Prozesse untersucht, die zwar weniger effizient sind als das MTG-Verfahren, d.h. mehr Erdgas erfordern, aber dafür mit erheblich vereinfachter Anlagentechnik auskommen. So gibt es z.B. ein Konzept, nach dem das Synthesegas nicht über Steam Reforming mit Wasserdampf, sondern über katalytische, partielle Oxidation mit Luft erzeugt wird. Außerdem wird im Prozeß auf die Rückführung nicht verbrauchter Gasmengen verzichtet; sie werden statt dessen zur Stromerzeugung verbrannt. Insgesamt soll so eine Halbierung der Anlageinvestitionen möglich werden. Es ergeben sich Benzinkosten von ca. 0,35 US $/l[229]. Solche Ansätze können sicher dazu beitragen, Methanol oder Benzin aus Erdgas früher konkurrenzfähig gegen Erdölprodukte zu machen und damit die Reichweite der Erdölvorräte zu strecken. Sie tragen jedoch nicht zur Minderung des CO_2-Problems bei.

Die Prozesse nach Mobil und nach Fischer-Tropsch ermöglichen es, die heute üblichen Otto- und Dieselkraftstoffe herzustellen und damit einen neuen Energieträger – das reichlich vorhandene Erdgas – ohne jede Änderung der Infrastruktur und der Anwendungstechnik für den mobilen Einsatz verfügbar zu machen. Es besteht aber auch die Möglichkeit, die Freiheitsgrade dieser Prozesse für die Herstellung besonders hochwertiger Kraftstoffe zu nutzen.

---

[226] J. Haggin, „Methane to Gasoline Plant Adds to New Zealand Liquid Fuel Resources“, Chemical and Engineering News 65 (1987), S. 22–25
C.-D. Chang, „New Zealand Gas to Gasoline Plant: An Engineering Tour de Force“, Catalysis Today 12 (1992), S. 103–111
K. Hedden et al, a.a.O.
G. A. Mills, a.a.O. gibt 1.200 Mio. US $ für die Anlageinvestition an.

[227] Mittlerweile erzeugt die neuseeländische MTG-Anlage infolge der reichlichen Verfügbarkeit von billigem Benzin aus Erdöl nur noch Methanol (J. E. Sinor Consultants Inc., „The Clean Fuel Report“, Vol. 7, No. 3, 3.6.1995, S. 20).

[228] K. Hedden, A. Jess, T. Kuntze (Engler-Bunte-Institut), „From Natural Gas to Liquid Hydrocarbons. Part 1: A New Concept for the Production of Liquid Hydrocarbons from Natural Gas in Remote Areas“, Erdöl Erdgas Kohle 110 (1994) 7/8, S. 318–321

[229] K. Hedden et al, a.a.O.
A. Jess, K. Hedden (Engler-Bunte-Institut), „From Natural Gas to Liquid Hydrocarbons. Part 2: Production of Synthesis Gas by Catalytic Partial Oxidation of Methane with Air“, Erdöl Erdgas Kohle 110 (1994) 9, S. 365–370

7.5.4 Die Erzeugung von DME

Dimethylether (DME) ist ein interessanter Kandidat für einen neuen, sehr sauber verbrennenden Dieselkraftstoff. Derzeit wird DME durch Dehydrierung aus Methanol erzeugt. Es ist daher notwendig teuerer als der Ausgangsstoff. Kürzlich wurde von einer Engineering-Firma für Petrochemie aber ein Prozeß entwickelt und in einer Pilotanlage über Jahre erprobt, der es erlaubt, DME direkt aus Synthesegas herzustellen[230]. Er beruht wesentlich auf neuen, hoch-selektiven und stabilen Katalysatoren. Für eine Anlage zur Erzeugung von DME-Kraftstoff (d.h. ohne Reinigungsstufe, das Produkt enthält deswegen Anteile von Methanol und Wasser, die aber hier nicht stören) mit 6.000 t/d gehen die Autoren von relativen Investitionen von 80% relativ zu einer gleich großen Methanol-Anlage aus (600 Mio. US $[231]). Ca. 76% des Energiegehaltes des Erdgases finden sich im DME wieder.

Es wird angenommen, daß DME – bezogen auf den Energieinhalt – auch langfristig zu höheren Preisen angeboten werden muß als konventioneller Dieselkraftstoff. Es sollte jedoch billiger als Methanol, Ethanol und veresterte, biologische Öle sein. Im Vergleich zu schwefel- und aromatenfreiem Diesel, wie er zukünftig in Kalifornien gefordert wird, soll DME aus einer 7.000 t/d Anlage in der Karibik sogar ebenfalls einen leichten Kostenvorsprung aufweisen. Die Kosten sind dominiert durch die fixen Kosten der Produktionsanlage. Den variablen Anteil bilden die Erdgaspreise. Die Wirtschaftlichkeit könnte sich daher langfristig vergleichbar mit der von CNG und LNG entwickeln[232].

7.5.5 Die Erzeugung von MTBE

Die Notwendigkeit, auf die Verwendung von bleihaltigen Oktanzahlverbesserern zu verzichten, hat es erforderlich gemacht, für diesen Zweck andere Substanzen einzusetzen. Dieser Trend wurde durch die Forderung, den Anteil von klopffestem Benzol im Ottokraftstoff zu vermindern, noch weiter verstärkt. In einigen Gebieten der USA ist nach dem clean air act ammendment seit 1995 außerdem ganzjährig ein gewisser Anteil von sauerstoffhaltigen Komponenten im Benzin vorgeschrieben, um die Bildung von Ozonvorläufern und von Kohlenmonoxid zu vermindern. Methyl-Tertiär-Butylether (MTBE) erfüllt alle diese Forderungen. Die Produktionskapazität für diese Substanz ist daher bereits sehr stark ausgeweitet worden und wächst weiter. In den USA liegt sie derzeit bei 18 Mio. t/a, in Europa bei ca. 3,6 Mio. t/a[233].

---

[230] J. B. Hansen et al., siehe Fußnote 216

[231] B. Brooks, „ULEV-ready DME fuel attracting interest", Bericht über Angaben der Fa. Haldor Topsoe, WEVTU, 15.3.1995

[232] T. Fleisch et al., „A New Clean Diesel Technology: Demonstration of ULEV Emissions on a Navistar Diesel Engine Fueled with Dimethyl Ether" SAE 950061
B. Brooks, „DME diesel fuel gaining support", WETVU, 15.7.1996

[233] U. Graeser, W. Keim, W. J. Petzny, J. Weitkamp, „Perspektiven der Petrochemie", Erdöl Erdgas Kohle 111 (1995) 5, S. 208–218
In „Oxygenates: Poised for Growth", Chemical Marketing Reporter, 20.3.1995, S. S7, wird für die USA eine Tages-durchschnittliche Kapazität von 208.000 bbl angegeben. Das entspricht ca. 9 Mio. t/a.

MTBE wird aus Methanol und iso-Buten hergestellt[234]:

$$\begin{array}{lcl} (H_3C)_2C=CH_2 + CH_3OH & \rightarrow & H_3C-C(CH_3)_2-O-CH_3 \\ \text{iso-Buten} + \text{Methanol} & \rightarrow & \text{MTBE} \end{array}$$

Butene entstehen als Nebenprodukte bei der Ethylen-Erzeugung. Ethylen ist das quantitativ bedeutendste Zwischenprodukt der Petrochemie. Mittlerweile werden aber auch alternative Möglichkeiten zur Erzeugung von iso-Buten gesucht. So ist es auch möglich, diesen Stoff aus Synthesegas zu erzeugen. Das US Department of Energy fördert z.B. Forschungsarbeiten, die die Erzeugung von MTBE in Koppelung mit der Kohlevergasungsstufe von Kombikraftwerken zum Ziel haben (s.a. Seite 178)[235].

Tabelle 7.26. Spotpreise für die „Oxygenates" MTBE, Ethanol und Methanol Ende 1995 in den USA[236]

	$/gal	DM/GJ
MTBE	0,7–0,75	9,9–10,6
Ethanol	1,05–1,20	19,7–22,5
Methanol	0,34–0,35	8,6–8,9

7.5.6 Vernetzte Systeme zur Kraftstoffproduktion

Schon heute sind die Raffinerieprozesse, durch die wir mit Kraftstoff und petrochemischen Grundstoffen versorgt werden, hochgradig vernetzt. Sie gehen aber nur von einem einzigen Energieträger, dem Rohöl aus. Wie oben gezeigt wurde, kann auch aus Erdgas, Kohle und Biomasse auf vielen Wegen Kraftstoff hergestellt werden. Eine Schlüsselfunktion spielt dabei der „Allesfresser" Vergasung. Sie bildet die Vorstufe für Fischer-Tropsch-Synthesen von Benzin und Diesel oder für die Erzeugung von Methanol. Das Methanol seinerseits kann direkt als Kraftstoff verwendet werden; wahrscheinlicher ist aber wohl auf mittlere Sicht seine Nutzung bei der Herstellung von MTBE und damit von klopffestem, hochwertigem Benzin. Die Vergasung kann zugleich genutzt werden, um eine besonders effiziente und umweltschonende Verknüpfung zum System der elektrischen Energieversorgung herzustellen. Es liegt nahe, diese Techniken stärker als bisher miteinander zu verknüpfen. Vielleicht werden wir daher in Zukunft noch umfassender integrierte Energiesyteme haben.

[234] R. A. Sheldon, siehe Fußnote 200
[235] U. Graeser et al., a.a.O.
[236] Ohne Autorenangabe, „Fuel Ethanol Faces High Feedstocks, Slow Use", Chemical Marketing Reporter, 13.11.1995, S. 5
Gerechnet mit 1,5 DM/US $.

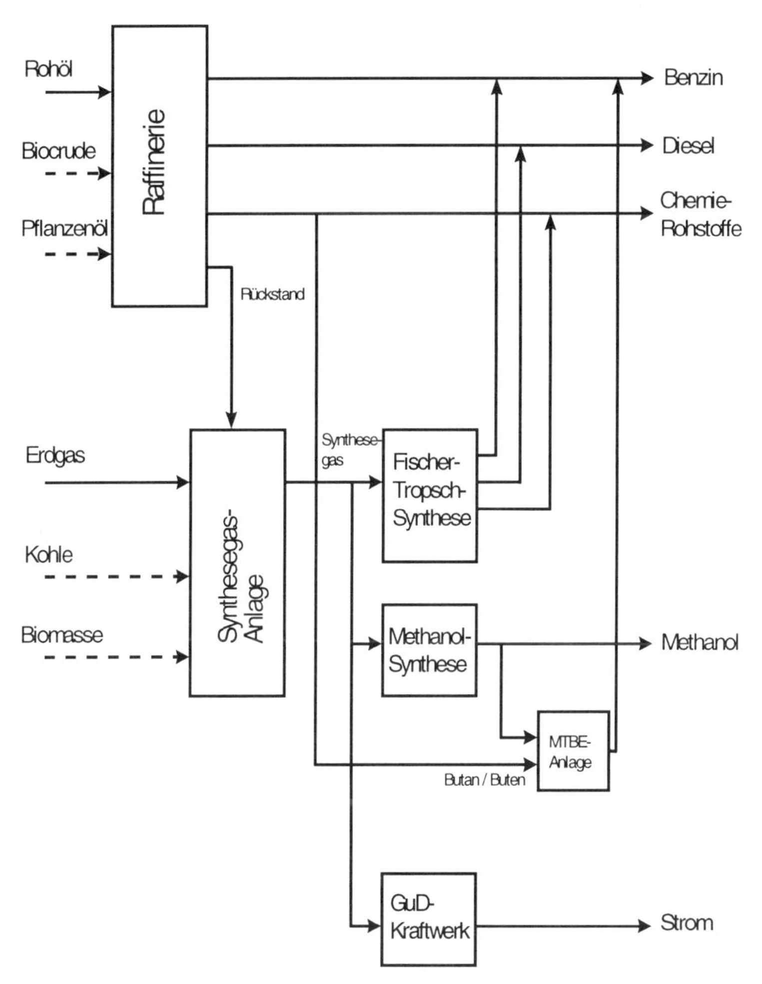

Bild 7.14. Prinzipdarstellung eines Energiesystems zur Erzeugung von Chemierohstoffen, Kraftstoffen und Strom aus Öl, Gas, Kohle und Biomasse

Bild 7.14 gibt einen ersten Eindruck davon, wie ein solches System beschaffen sein könnte. Natürlich werden zunächst die reichlich vorhandenen und leicht zu verarbeitenden Energieträger Öl und Gas weiter im Vordergrund stehen. Es ist aber möglich, auch andere Primärenergien zu verwerten. Damit wird ein allmählicher Übergang von der ausschließlichen Nutzung fossiler Energien hin zu einer stärkeren Verwertung biogener Ressourcen möglich, ohne daß dazu das Energiesystem als Ganzes in großem Umfang umgestaltet werden müßte. Die Gefahr eines Systembruches ist also nicht gegeben. Es ist jederzeit möglich, den eingeschlagenen Weg zu korrigieren, falls dies durch neue Erkenntnisse zur Ökologie oder Änderungen in der politischen Situation erforderlich wird. In diesem Sinne handelt es sich also um eine „robuste Strategie“.

Exkurs

Erzeugung von Wasserstoff aus Methan

Aus Methan – CH_4 – und Wasser – H_2O – kann Wasserstoff abgespalten werden. Dieser Prozeß wird als Steam Reforming bezeichnet. Die Reaktion lautet:

$$CH_4 + 2\,H_2O \longrightarrow 4\,H_2 + CO_2$$

Aus dem Verhältnis der Mol-Gewichte der Einsatzstoffe und Produkte errechnen sich die erforderlichen Methan- und Wasserdampfmengen. Für die Herstellung von einem Kilogramm Wasserstoff sind alleine zur Bereitstellung der notwendigen Menge an gebundenem Wasserstoff 2 kg Methan und 4,5 kg Wasserdampf erforderlich. Es entstehen 5,5 kg Kohlendioxid.

Der Prozeß hat einen Wirkungsgrad von ca. 70%. Wenn die notwendige Prozeßenergie autotherm bereitgestellt wird, sind zusätzlich 1,4 kg Methan erforderlich, die verbrannt werden. Bei allothermer Prozeßführung muß diese Energie von außen zur Verfügung gestellt werden.

1. Soffwerte

Mthan	Heizwert	50 MJ/kg
	Dichte (0 °C, 1 bar)	0,72 kg/Nm^3
Wasserstoff	Heizwert	120 MJ/kg
	Dichte (0 °C, 1 bar)	0,09 kg/Nm^3

2. Energiebedarf der Reaktion bei 70% Wirkungsgrad

Insgesamt	171 MJ/kg H2
Nur Prozeßenergie	51 MJ/kg H2

3. Methanbedarf / Ausbeute bezogen auf Methan

	$\frac{kg\ CH_4}{kg\ H_2}$	$\frac{Nm^3\ CH_4}{Nm^3\ H_2}$	Ausbeute Gew.-%	Ausbeute energetisch %
autotherm	3,43	0,43	29	70
allotherm	2,00	0,25	50	120

4. CO_2-Freisetzung

	$\frac{kg\ CO_2}{kg\ H_2}$	$\frac{kg\ CO_2}{GJ}$
autotherm	9,4	78
allotherm	5,5	46

7.6 Die Gewinnung von Wasserstoff

Wasserstoff ist auf der Erde in freier Form praktisch nicht anzutreffen. Er liegt ausschließlich in chemisch gebundener Form z.B. als Wasser (H_2O), in den verschiedensten Kohlenwasserstoffen oder in anderen chemischen Verbindungen vor und muß unter Einsatz von Energie freigesetzt werden. Dazu sind grundsätzliche viele Prozesse verwendbar. Am besten untersucht und am derzeit ehesten wirtschaftlich darstellbar sind

- Die Gewinnung aus Erdgas oder Rohöl
- Die Gewinnung aus Biomasse
- Die Elektrolyse von Wasser
- Thermochemische Kreisprozesse

In Deutschland (alte Bundesländer) werden jährlich ca. 20 Mrd. Nm^3 Wasserstoff (entspricht 22 PJ Energieinhalt) ganz überwiegend aus Erdgas und Erdöl hergestellt[237]. Wenn man nur Methan (und Wasser) als Ausgangsprodukt und Energieträger annimmt, werden dafür knapp 10 Mrd. Nm^3 Erdgas verbraucht und ca. 17 Mio. t CO_2 freigesetzt.

Neben den oben genannten Prozessen wurden auch bereits die direkte Dissoziation bei Temperaturen über 2.500 °C mit anschließender Trennung der Reaktionsprodukte, die Photolyse und die Radiolyse untersucht. Vor allem in Japan werden auch photokatalytische Prozesse studiert[238].

Es gibt grundsätzlich auch die Möglichkeit, aus Biomasse mit Hilfe von Mikroorganismen Wasserstoff zu erzeugen. Dazu eignen sich Gärungsprozesse im Dunklen und unter Mitwirkung von Licht sowie die Biophotolyse mit Mikroalgen. Alle diese Prozesse sind jedoch nach technischen Maßstäben mit 3–4% bezogen auf die einfallende Sonnenenergie ineffizient und störanfällig. In Deutschland unterstützt das BMBF im Rahmen des Programms „Biotechnologie 2000" Forschungen zur biologischen Wasserstoffgewinnung durch – auch gentechnisch veränderte Bakterien – mit bisher 22 Mio. DM. Unter deutschen Standortbedingungen scheinen damit maximal 30–40 Nm^3 Wasserstoff pro m^2 und Jahr entsprechend einem Energieertrag von 300–400 MJ/m^2 erzielbar zu sein[239]. Alle diese Ansätze haben derzeit noch reinen Forschungscharakter. Es ist aber durchaus denkbar, daß einer von ihnen sehr langfristig auch wirtschaftlich interessant wird.

[237] G. Kaske, G. Ruckelshauß, „Prozeß- und Energietechnik von Wasserstoff aus fossilen Quellen", VDI-Berichte 602, 1987

[238] „Ecofriendly Catalyst Research Launched", Japan Chemical Week, 27.5.1993

[239] J. R. Benemann, „Photobiological Hydrogen Production", 29th Intersociety Energy Conservation Engineering Conference 1994, Bd. 4, S 1636–1640
Ohne Autorenangabe, „Forschungsförderung für mikrobielle Wasserstoffproduktion", Umwelttechnik Forum 3/95, S. 25

7.6.1 Wasserstoff aus Erdgas, Erdöl, Kohle, Biomasse

Aus allen Kohlenwasserstoffen wie Erdgas, Rohöl, Kohle oder auch Biomasse kann Synthesegas erzeugt werden. Durch Konvertierung des darin enthaltenen CO mit Wasserdampf zu CO_2 wird ein wasserstoffreiches Gasgemisch gewonnen, aus dem reiner Wasserstoff abgetrennt wird. Diese Abtrennung erfolgt in der Regel durch Druckwechsel-Adsorption. Aber auch Membran-Trennverfahren und kryogenes Trennen werden eingesetzt. Die Wirkungsgrade dieser Prozesse bezogen auf den Heizwert der Ausgangsstoffe und den Heizwert des Wasserstoffs liegen zwischen 44% für die Kohlevergasung und 70% für das Steam Reforming von Erdgas[240].

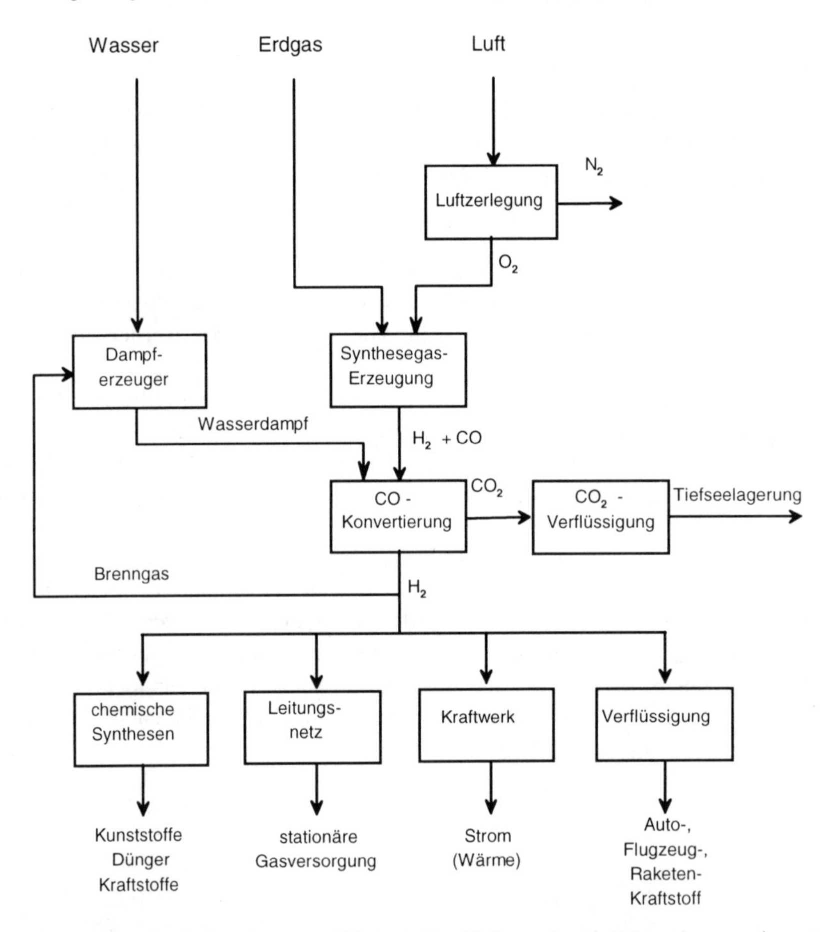

Bild 7.15. Konzept für die Erzeugung von Wasserstoff aus Erdgas mit endgültiger Lagerung des entstehenden Kohlendioxid in der Tiefsee

[240] G. Kaske, G. Ruckelshauß, siehe Fußnote 237

Tabelle 7.27. Produktionskosten von Wasserstoff aus unterschiedlichen Primärenergien (Stand 1989)[241]

Primärenergie	Produktionskosten DM/Nm³
Steam Reforming	
– Erdgas	0,15
– Vakuumrückstand	0,17
– Kohle	0,24
– Biomasse	0,30
Elektrolyse	
– Wasserkraft	0,34
– Kernenergie	0,66
– Windenergie	0,66
– Photovoltaik	3,00–4,00

Die derzeit kostengünstigste Methode zur Gewinnung von Wasserstoff geht von Erdgas aus. Die Anlagen können aber heute so ausgelegt werden, daß sie auch mit verschiedenen anderen leichten und sauberen Kohlenwasserstoffen mit Siedepunkten bis 220 °C als Ausgangsprodukten arbeiten können[242]. Schwere oder stark verunreinigte Kohlenwasserstoffe können mittels partieller Oxidation zur Gewinnung von Wasserstoff genutzt werden.

7.6.2 Elektrolyse von Wasser

Wasser kann durch elektrischen Strom in Wasserstoff und Sauerstoff aufgespalten werden:

$$2\,H_2O \rightarrow 2\,H_2 + O_2$$

Dieser Prozeß wird als Elektrolyse bezeichnet.

Die Wasserstoffelektrolyse wird großtechnisch seit den 50er Jahren realisiert. Sie setzt das Angebot von billigem Strom voraus, um gegen Wasserstoff aus fossilen Quellen konkurrenzfähig zu sein. Größere Anlagen sind daher vor allem in der Nachbarschaft großer Wasserkraftwerke errichtet worden (Norwegen: Zwei Anlagen mit jeweils ca. 27.000 Nm³/h, Indien: 30.000 Nm³/h, Ägypten: 33.000 Nm³/h)[243]. Es

[241] G. Escher, M. Rupp (VEBA Öl), „Nachwachsende Rohstoffe für Energieerzeugung und Chemie?", Brennstoff – Wärme – Kraft 45 (1983) 9, S. 406–411
1994 werden Produktionskosten von 0,09 ECU/Nm³ = 0,18 DM/Nm³ bei Herstellung aus Erdgas angegeben (W. Baldauf, U. Ballfanz, M. Rupp (VEBA Öl), „Upgrading of Flash Pyrolysis Oil and Utilisation in Refineries", Biomass and Bioenergy 7 (1994), S. 237–244).

[242] A. M. Aitani, S. A. Ali (König Fahd Univ.), „Hydrogen Management in Modern Refineries", Erdöl und Kohle – Erdgas – Petrochemie 48 (1995) 1, S. 19–24

[243] H. Wendt, „Technik der Wasserstofferzeugung durch alkalische Wasserelektrolyse", VDI-Berichte 602, 1987
Der Anteil des elektrolytisch erzeugten Wasserstoffs an der weltweiten Gesamtproduktion liegt bei ca. 4%; 80% werden aus Erdöl und Erdgas, 16% aus Kohle hergestellt; ohne Jahresangabe (Das Buch vom Erdöl, a.a.O.).

wurde auch schon die Möglichkeit geprüft, billigen kanadischen Strom aus Wasserkraftwerken zur Elektrolyse und Verflüssigung von Wasserstoff zu nutzen und diesen anschließend nach Europa zu transportieren[244].

Der Wirkungsgrad fortgeschrittener Elektrolysesysteme ist mit über 80% bereits sehr hoch. An weiteren Verbesserungen wird intensiv gearbeitet. Wesentliche Verringerungen des Energieverbrauchs sind dabei aber nicht mehr zu erzielen. Zur Verbesserung der Wirtschaftlichkeit ist es viel wichtiger, die Anlagekosten zu reduzieren. Für die viel diskutierte Kopplung mit solarer Energieerzeugung muß auch das Instationärverhalten der Elektrolyseuere noch wesentlich verbessert werden. Mit heutiger Technik ist das abendliche Herunterfahren und morgendliche Wiederanfahren der Anlagen, wie es bei Kopplung mit Solarkraftwerken erforderlich wäre, nur bedingt möglich.

In Neunburg vorm Wald wird eine Anlage zur Untersuchung der Möglichkeiten einer künftigen Solar-Wasserstoff-Wirtschaft unter deutschen Randbedingungen betrieben. Photovoltaikfelder unterschiedlicher Bauweise mit einer Spitzenleistung von ca. 370 kW liefern die Energie für Elektrolyseanlagen. Der gewonnene Wasserstoff wird gespeichert und in Brennstoffzellen, katalytischen Heizern und im Pkw verbraucht[245]. Gesellschafter der Solar-Wasserstoff Bayern GmbH sind das Bayernwerk (70% der Anteile), BMW, Siemens und Linde. Ein ähnliches Projekt wird in Zusammenarbeit mit Saudi-Arabien durchgeführt[246].

Diese Vorhaben zeigen, daß die Erzeugung von Wasserstoff mittels Photovoltaik technisch machbar ist, aber die Bedingung der Wirtschaftlichkeit auch unter extremen Kostenannahmen bei weitem noch nicht erfüllen kann. Es handelt sich also um die forschende Explorierung von möglichen Wegen in die Zukunft, die ihre Tragfähigkeit im Wettbewerb der verschiedenen Optionen noch unter Beweis stellen müssen.

7.6.3 Thermochemische Prozesse

Zu Beginn der siebziger Jahre wurden thermochemische Prozesse zur Gewinnung von Wasserstoff intensiv studiert. Sie vermeiden den – notwendigerweise mit erheblichen Verlusten behafteten – Schritt der Erzeugung von Strom aus Wärme. Grundsätzlich eignen sich dazu zahlreiche Prozesse. Eine besonders gut untersuchte Gruppe von Reaktionen beruht auf der thermischen Zersetzung von Schwefelsäure bei hohen Temperaturen. Das dabei freigesetzte Schwefeldioxid wird mit Wasser zu Schwefelsäure und Wasserstoff umgesetzt. Es laufen etwa die folgenden Reaktionen ab:

---

[244] J. Gretz, J. P. Baselt, O. Ullmann, H. Wendt, „The 100 MW Euro-Quebec Hydro-Hydrogen Pilot Project", VDI-Berichte 725, 1989

[245] R. Meggle, „Das Solar-Wasserstoff-Projekt in Neunburg vorm Wald", VDI-Berichte 725, 1989
Von den Gesamtkosten von 135 Mio. DM während der Laufzeit von 1987–1996 trägt die Bundesregierung 35% und das Land Bayern 15% bei; die anderen 50% werden von den industriellen Partnern aufgebracht. (Solar -Wasserstoff Bayern GmbH, „Das Projekt in Neunburg vorm Wald", Broschüre 3/93).
T. Dietsch, „Betriebserfahrungen: Solare Ernte in der Oberpfalz", Energie 46 (1994) 4, S. 34–42
M. Fuchs, „Wasserstoff aus (Sonnen-) Strom – Ergebnisse und Folgerungen aus einem Demonstrationsprojekt", VGB Kraftwerkstechnik 75 (1995) 2, S. 101–106

[246] W. Grasse, W. H. Bloss, „HYSOLAR – Das deutsch / saudische Forschungs- und Technologieprogramm zur Herstellung und Nutzung solaren Wasserstoffs", VDI-Berichte 725, 1989

$$H_2SO_4 \rightarrow H_2O + SO_2 + \frac{1}{2} O_2$$
$$SO_2 + 2\,H_2O \rightarrow H_2SO_4 + H_2$$

Am europäischen Kernforschungszentrum Ispra wurde ein wesentlich komplizierterer, aber effizienterer Prozeß „Mark 13“ studiert. Die thermische Energie sollte dabei von einem Hochtemperaturreaktor bei 900 °C geliefert werden. Auch die Nutzung von solarer Hochtemperaturwärme wurde bereits untersucht[247]. Praktisch spielen diese Prozesse bisher keine Rolle; zu ihrer wirtschaftlichen Realisierung fehlt eine Quelle billiger Hochtemperaturwärme.

7.6.4 Die Handhabung von Wasserstoff

Wasserstoff kann wie andere Gase in Rohrleitungen transportiert werden. Dies war viele Jahrzehnte gängige Praxis in vielen Städten, denn das lange verwendete Stadtgas bestand aus einer Mischung von Kohlenmonoxid und Wasserstoff und wurde aus der Vergasung von Kohle gewonnen. Auch heute wird noch gelegentlich zwangsläufig anfallender Wasserstoff (z.B. aus der Chlor- und NaOH-Herstellung) dem Leitungsgas zugemischt, wenn er anders nicht sinnvoll verwendet werden kann. Bereits seit 1938 wird im Rhein-Ruhrgebiet auch ein Pipeline-System für reinen Wasserstoff mit 215 km Länge betrieben; ein ähnliches Netz existiert sei 1966 in Belgien / Frankreich (290 km)[248].

Wo keine Leitungen vorhanden sind, kann Wasserstoff als Druckgas in Flaschenbündeln gespeichert und transportiert werden. Dies ist in Deutschland gängige Praxis für die Versorgung industrieller oder gewerblichen Abnehmer.

In den USA wurde für die Raumfahrt eine umfassende Infrastruktur für flüssigen Wasserstoff aufgebaut. Sie wird auch für die Versorgung anderer Verbraucher verwendet. Flüssiger Wasserstoff wird in Straßenfahrzeugen mit einem Tankvolumen bis zu 49 m^3 und teilweise auch in Eisenbahnwagen mit 107 m^3 transportiert. In Deutschland wird nur ein kommerzieller Wasserstoffverflüssiger mit einer Kapazität von 2.000 Nm^3/h betrieben; Hauptabnehmer ist der Prüfstand für Ariane-Raketentriebwerke in Lampoldshausen (ca. 1 Mio. Nm^3/a).

Die weltweit größten Lagertanks stehen im amerikanischen Raumflugzentrum in Cap Canaveral mit einem Fassungsvermögen von jeweils 3,2 Mio. l; die Abdampfrate liegt bei nur 0,03% pro Tag. Bei Einhaltung der entsprechenden Sicherheitsvorschriften hat sich der Umgang mit flüssigem Wasserstoff in der Praxis als problemlos herausgestellt[249].

Die Kosten für die Erzeugung von Wasserstoff mittels Elektrolyse liegen bei 0,45–2,62 DM/l Benzinäquivalent je nach Erzeugungsart und Strompreis; flüssiger Wasser-

[247] K.-F. Knoche, „Thermochemische Kreisprozesse zur Wasserspaltung“, VDI-Berichte 725, 1989
[248] H.-J. Wagner (GH Essen), „Wasserstoff – Hoffnungsträger für die Zukunft?“, Energiewirtschaftliche Tagesfragen 46 (1996) 1/2, S. 24–26
[249] R. Ewald, „Kryogene Speichertechnik für Flüssigwasserstoff“, VDI-Berichte 602, 1987

stoff kostet 1,50–4,00 DM/l Benzinäquivalent[250]. Der spezifische Energiebedarf für die Verflüssigung liegt bei mindestens 10 kWh/kg bzw. 0,7 kWh/l bei großen Anlagen[251]. Das bedeutet einen Aufwand an Primärenergie zur Erzeugung von Strom von 0,9 MJ/MJ; für jede im flüssigen Wasserstoff gebundene Einheit Energie muß also noch einmal fast derselbe Betrag zu dessen Verflüssigung aufgebracht werden, wenn der Strom aus thermischen Kraftwerken stammt. Das unterstreicht, daß die Voraussetzung für die breite Verwendung von flüssigem Wasserstoff als Energieträger die billige Verfügbarkeit großer Mengen nicht-fossiler, elektrischer Energie ist. Die Belegung solche Energien mit hohen Abgaben, wie sie auch von der EU vorgeschlagen wird, würde daher den Aufbau einer Wasserstoffwirtschaft noch mehr belasten und wahrscheinlich endgültig unwirtschaftlich machen.

[250] A. v. Breitenstein (DASA), „Auf dem Wege zu einem neuen Energieträger – dezentrale Wasserstoffversorgung", in E. Ratz (Hrsg.), „Energie – eine Lebensfrage der Menschheit", Evangelischer Presseverband für Bayern, München, 1994

[251] R. Ewald, a.a.O.

8 Die Nutzung nicht-fossiler Energien und anorganischer Rohstoffe für die Kraftstofferzeugung

8.1 CO_2 als Rohstoff für die Synthesegas-Erzeugung

Kraftstoffe werden heute weltweit ausschließlich auf der Basis fossiler oder biogener Kohlenwasserstoffe hergestellt. Dies hat nur wirtschaftliche Gründe. Vom Standpunkt der Chemie betrachtet sind auch andere kohlenstoffhaltige Ausgangsstoffe wie z.B. die Karbonate in Gesteinen oder auch das Endprodukt der Verbrennung von fossilem Kohlenstoff, das Kohlendioxid, mögliche Ausgangspunkte für die Synthese von Kraftstoffen. Karbonate werden hier nicht weiter betrachtet. Ihre Nutzung wäre sehr energieaufwendig. Außerdem brächte sie die Freisetzung von Kohlendioxid mit sich, das sonst dauerhaft fixiert bliebe.

Interessanter ist die Nutzung von Kohlendioxid. Allerdings ist es mit der Hypothek einer sehr hohen thermodynamischen Stabilität belastet. Es muß relativ viel Aufwand getrieben werden, um es zu Reaktionen zu veranlassen. Daher galt es in der Vergangenheit als unattraktiver Baustein für chemische Synthesen. Seit Anfang der 70er Jahre hat das Interesse der Chemiker aber deutlich zugenommen. Mittlerweile sind zahlreiche organische Synthesen mit Kohlendioxid untersucht worden. Besondere Bedeutung könnten in Zukunft Reaktionen gewinnen, die durch die Oberflächen von Übergangsmetallen katalytisch vermittelt werden[1]. Eine andere Klasse von Reaktionen benutzt Kohlendioxid im überkritischen Zustand gleichzeitig als Lösungsmittel und als Reaktionsteilnehmer[2].

---

1 D. Walther, E. Dinjus, „Aktivierung von Kohlendioxid an Übergangsmetallzentren: Neue Wege für die organische und metallorganische Synthese", Zeitschrift für Chemie 23 (1983) 7, S. 237–246

2 „Formic Acid Synthesized from Supercritical CO_2", Meldung in Chemical and Engineering News, 21.3.1991, S. 21

8.1.1 Kohlendioxid aus der Luft

Auch CO_2 eignet sich zur Erzeugung von Synthesegas, wenn die notwendige Prozeßenergie allotherm bereitgestellt werden kann. Dies hat bereits zur Ausarbeitung von Konzepten für Energiesysteme mit Kohlenwasserstoffen und geschlossenem CO_2-Kreislauf geführt[3]. Dabei sollen die folgenden Schritte ablaufen:

- CO_2 wird der Atmosphäre entnommen.
- Mittels regenerativer Energie wird aus Wasser Wasserstoff gewonnen.
- Aus Wasserstoff und Kohlendioxid wird Methanol erzeugt.

Das Methanol wird zum Antrieb von Fahrzeugen eingesetzt. Bei seiner Verbrennung bilden sich CO_2 und H_2O und werden wieder in die Atmosphäre entlassen.

Die Auswaschung von Kohlendioxid aus Gasgemischen ist ein seit Jahrzehnten bekannter Prozeß. Er wurde z.B. angewandt, um Dieselmotoren in getauchten U-Booten zu betreiben. Dazu wurde das CO_2 aus dem Abgas entfernt, Sauerstoff aus Druckflaschen zugesetzt und das Gemisch dem Motor aufs Neue zugeführt.

Die Gewinnung von CO_2 aus der Atmosphäre wird derzeit im Labormaßstab untersucht. Dazu wird durch eine meterlange Waschkolonne von unten Luft geleitet. Von oben rieselt NaOH über eine Schüttung, die für einen innigen Kontakt zwischen der Waschflüssigkeit und dem Gas sorgt. Das CO_2 wird gebunden. Es bildet sich Natriumcarbonat (Na_2CO_3, Soda), das am Fuß der Kolonne abgezogen wird. Mit Schwefelsäure (H_2SO_4) kann das CO_2 wieder freigesetzt werden. Dabei bildet sich Glaubersalz (Na_2SO_4), aus dem in einer Elektrodialyse-Anlage unter Zuführung von elektrischer Energie wieder NaOH und H_2SO_4 zurückgewonnen werden können. Der Kreislauf ist damit geschlossen. Die meisten der erforderlichen Prozeßschritte sind gut bekannt. Forschungsbedarf besteht vor allem bei der Membran-Elektrodialyse. Entsprechende Prozesse mit Kalilauge (KOH) sind ebenfalls vorgeschlagen worden[4].

Diese Prozesse haben den intellektuellen Reiz, sowohl den Kreislauf des Kohlenstoffs als auch den des Wasserstoffs in einer offensichtlichen Weise zu schließen. Das Kohlendioxid, das heute von mir als Autofahrer freigesetzt wird, wird morgen vom Kraftstoffhersteller wieder aus der Atmosphäre entnommen und erneut zu Kraftstoff verarbeitet. Es tritt also keine dauerhafte Belastung der Umwelt auf. Die Atmosphäre ist also nicht mehr „Senke" sondern nur noch „Zwischenlager". Trotz dieses Reizes muß man sich aber fragen, ob ein solches Vorgehen auch wirtschaftliche Relevanz erlangen kann. Leider gibt es dagegen schwerwiegende Einwände.

Die Menge an CO_2 in der Atmosphäre beläuft sich auf $2{,}3 \times 10^{12}$ t und kann daher als „unerschöpflich" angesehen werden. Allerdings liegt die Konzentration bei nur 0,035%. Ein Auswaschen von Kohlendioxid aus der Luft erfordert daher die Hand-

[3] Berichte über Arbeiten am „Zentrum für Sonnenenergie- und Wasserstofforschung Baden-Württemberg (ZSW)":
T. Ewe, „Unverhoffte Karriere", Bild der Wissenschaft , Mai 1995, S. 82 ff.
D. Ichelin, „Kohlendioxid – vom Klimakiller zum Energiespeicher", Die Welt, 29.8.1995

[4] S. Stuck, A. Schuler, M. Constantinescu (PSI), „Coupled CO_2 Recovery from the Atmosphere and Water Electrolysis: Feasibility of a New Process for Hydrogen Storage", Int. J. Hydrogen Energy 20 (1995) 8, S. 653–663

habung riesiger Massen- und Volumenströme und bleibt daher auch nach technischen Verbesserungen immer außerordentlich aufwendig und ist sicher nicht konkurrenzfähig gegenüber anderen Wegen zur Gewinnung von Kohlenwasserstoffen aus nichtfossilen Ausgangsprodukten. Diese Einschätzung kann sich auch dann nur graduell ändern, wenn durch geschickte Nutzung natürlicher Luftströmungen auf die Verwendung von Gebläsen verzichtet werden könnte.

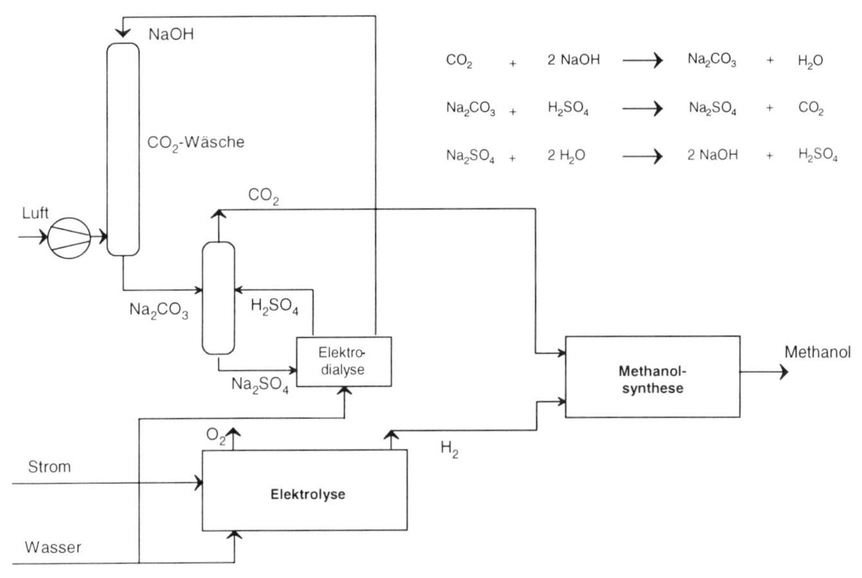

Bild 8.1. Flußschema für einen Prozeß zur Erzeugung von Methanol aus Strom, Luft und Wasser

Exkurs

Massenflüsse bei der Gewinnung von Kohlendioxid aus der Luft

Für die Erzeugung von Methanol muß pro CH_3OH-Molekül ein Molekül Kohlendioxid aus der Luft gewonnen werden. Bei einer Methanolerzeugung von 2.500 t/d (850.000 t/a) müssen ca. 900 mol/s aus der Luft abgeschieden werden. Bei einer Konzentration von 0,035% CO_2 müssen dazu mindestens 58.000 m^3/s Luft den Wäscher durchströmen.

Wenn die Luftgeschwindigkeit in der Anlage den sehr hohen Wert von 20 m/s erreichen darf, ist dazu eine Querschnittsfläche der Waschkolonnen von 2.900 m^2 erforderlich, das entspricht etwa 150 parallel geschalteten Türmen von 5 m Durchmesser.

Die gigantischen Dimensionen werden noch deutlicher, wenn man mit dem Luftbedarf eines Kohle-Großkraftwerks mit 750 MW_{el} vergleicht. Es benötigt pro Stunde 243 t Kohle, pro Sekunde also 68 kg. Zu deren Verbrennung werden ca. 140 kg/s Sauerstoff oder 0,5 m^3/s Luft benötigt.

8.1.2 Kohlendioxid aus Verbrennungsprozessen

Einfacher als die Gewinnung von Kohlendioxid aus der Luft erscheint es, höher konzentrierte CO_2-Quellen zu erschließen. Dafür kommen u.a. Erdgasquellen in Frage, die bis zu 25% Kohlendioxid enthalten können. Andere Quellen können Großemittenten wie mit fossilen Brennstoffen befeuerte Kraftwerke (ca. 20% CO_2 im Rauchgas), Hochöfen oder Zementfabriken sein, deren CO_2-Abgase sonst ungenutzt in die Atmosphäre entlassen würden.

Neben den oben beschriebenen Verfahren der CO_2-Wäsche werden für die Abtrennung des Kohlendioxid aus dem Rauchgas noch eine ganze Reihe weiterer Trennverfahren untersucht. Ein Beispiel ist die Amin-Wäsche über den Prozeß

$$CO_2 + R\text{-}NH_2 + H_2O \rightarrow R\text{-}NH_3HCO_3$$

der bei ca. 27 °C wie oben geschrieben abläuft und so Kohlendioxid binden kann (R bezeichnet eine Kohlenwasserstoffverbindung, deren genaue Struktur hier unwesentlich ist). Bein ca. 150 °C verläuft die Reaktion in die andere Richtung: Das CO_2 wird wieder freigesetzt. Weitere denkbare Verfahren sind

- Absorptionsverfahren mit verschiedenen Lösungsmitteln
- Adsorption an Molekularsieben.

Alle diese Verfahren führen jedoch zu einem erheblichen Anstieg des Kraftwerkeigenverbrauchs. Der thermische Wirkungsgrad wird dadurch bis auf Werte um 20% reduziert. Dies ist der Preis für eine Reduktion der spezifischen Kohlendioxidemissionen von ca. 0,88 kg/kWh für ein konventionelles Steinkohlekraftwerk auf 0,17 kg/kWh für eine Anlage mit Rauchgaswäsche. Günstiger sieht die Bilanz nur bei GuD-Kraftwerken aus, bei denen die Abtrennung bei hohem Druck erfolgen kann und somit die sonst erforderliche Kompressionsenergie eingespart werden kann[5].

Zur Abtrennung von Kohlendioxid aus Rauchgasen werden auch Membranverfahren erforscht. Das japanische MITI hat ein 10-Jahres-Programm für entsprechende Untersuchungen aufgelegt. Es wird vom Research Institute of Innovative Technology for the Earth (RITE) organisiert und teilweise auch durchgeführt[6].

Aus Japan wird auch über Versuche berichtet, Kohlendioxid aus Rauchgasen über einem beheizten Katalysator (Rhodium–Mangan auf Zeolith bei 300 C bei 1 bar) mit Wasserstoff direkt zu Methan umzusetzen[7]. Die Ausbeute des Prozesses soll mit ca. 90% sehr hoch sein, allerdings stehen hohe Kosten einer Wirtschaftlichkeit im Wege. Ein weiterer Ansatz untersucht die photokatalytische Umsetzung von CO_2 zu CO[8]

---

[5] B. Kessler, J. v. Eysmindt, H. Merten (Hoechst AG), „Nutzung von CO_2 aus Rauchgasen für chemische Synthesen", Chem.-Ing.-Tech. 64 (1992) 12, S. 1075–1083
W. Seifritz (PSI), „Über die Möglichkeiten einer CO_2-Entsorgung", VDI Berichte 809, 1990

[6] „Carbon Dioxide Separation Membrane Developped", Comline Chemicals and Materials, 16.8.1994
„MITI to Start Larger Scale Experiments on CO_2-Fixation", Comline Chemicals and Materials, 8.3.1995

[7] Meldung über Arbeiten des Tokioter EVU Tohoku Electric und Hitachi: „Japanese Projects Target Carbon Dioxide", Chemical Engineering Progress, September 1993, S. 22

[8] „Hiroshima University Group Develops New Catalyst for Producing CO from CO_2 Using Light", Comline Chemicals and Materials, 5.4.1991, S. 3

bzw. zu Methan und Methanol[9]. Alle diese Versuche sind noch in einem frühen Laborstadium und werden sicher noch lange nicht wirtschaftlich relevant werden. Immerhin beweisen sie aber, daß es eine Vielzahl von grundsätzlich gangbaren Wegen zur Nutzung von Kohlendioxid als Rohstoff gibt.

Ein rationelleres Verfahren als die nachträgliche Abtrennung von Kohlendioxid aus dem Rauchgas einer Großfeuerung könnte eine Prozeßführung sein, die von vornherein fast nur CO_2 im Abgas entstehen läßt. Dazu kann z.B. eine Kohlefeuerung statt mit Luft mit reinem Sauerstoff betrieben werden, der in einer Luftzerlegungsanlage erzeugt werden müßte. Bei der Verbrennung mit reinem Sauerstoff treten erheblich höhere Spitzentemperaturen auf. Sie führen aber nicht zur Bildung von Stickstoffoxiden, weil kein Stickstoff vorhanden ist. Um die Materialbelastung in Grenzen zu halten, müssen aber die Temperaturen im Brennraum bzw. Vergaser dennoch begrenzt werden. Das kann relativ leicht über die Rückführung eines Teilstroms des abgekühlten, inerten Rauchgases in den Brennraum erfolgen. Aus dem Rauchgas wären dann nur noch die je nach Brennstoff und vorgeschalteter Brennstoffbehandlung variierenden Mengen an Wasser (aus der Verbrennung des Wasserstoff im Brennstoff und aus eventueller Brennstoffeuchte), SO_2 und gegebenenfalls anderen Verunreinigungen abzuscheiden. Ein im Prinzip ähnlicher Vorschlag für einen Kraftwerksprozeß geht von der Vergasung des Brennstoffs zu Synthesegas aus. Das dabei entstehende CO wird mit Wasserdampf zu CO_2 konvertiert und vom Wasserstoff abgetrennt, der als Brenngas verwendet werden kann[10].

Bei Verwendung von Großfeuerungen mit vorgeschalteter Vergasung wie bei GuD-Kohle-Kraftwerken wäre es auch möglich, den Verbrennungsprozeß nur bis zur partiellen Oxidation der Kohle, d.h. bis zur Bildung von CO zu führen. Dieses CO könnte dann in einer Syntheseanlage zusammen mit Wasserstoff als Rohstoff für die Kraftstoffherstellung dienen. Die CO_2-Bilanz ist auch in diesem Fall entlastet, weil Kohlenstoff nutzbar gemacht wird, der bei konventioneller Kraftwerkstechnik direkt in die Atmosphäre entlassen worden wäre. Allerdings ginge auch die Stromerzeugung zurück, so daß ein Mehrbedarf an Kohle entstünde. Eine genauere Analyse muß zeigen, ob sich in der Summe eine signifikante Minderung der Kohlendioxidfreisetzung realisieren läßt.

Alle Ansätze zur Verwendung von CO_2 für die Kraftstoffherstellung werden auch auf längere Sicht keine wirtschaftliche Relevanz gewinnen. Sie zeigen aber, daß es auch auf der Basis von fossilen Brennstoffen möglich ist, eine Energieversorgung ohne Freisetzung von Klimagasen aufzubauen. Diese Vision steht so betrachtet gleichberechtigt neben anderen wie z.B. der einer Wasserstoff-Wirtschaft.

---

[9] „University of Osaka Prefecture Develops Photokatalyst for Methane, Methanol Synthesis", Comline Chemicals and Materials, 29.10.1991

[10] Y. Mori, S. M. Masutani, G. C. Niehous, L. S. Vega, C. M. Kinoshita, „Pre-Combustion Removal of Carbon Dioxide from Natural Gas Power Plants and the Transition to Hydrogen Energy Systems", Journal of Energy Resources Technology 114 (1992), S. 221–226

8.2 Die energetische Basis der Kraftstoffherstellung

Heute erfolgt die Erzeugung von Synthesegas ausschließlich auf der Basis fossiler Energieträger. In der Raffinerie wird ein Teil davon verbrannt, um die notwendige Prozeßwärme bereitzustellen. Dabei sind zwei Vorgehensweisen möglich. Im einen Fall sind Verbrennung und Vergasung ein zusammen ablaufender Prozeß. Die Verbrennung eines Teils des Ausgangsstoffes liefert direkt die Energie für die Vergasung des Restes. Das Produkt ist Synthesegas. Man nennt solche Prozesse „autotherm". Ein Beispiel ist die Partielle Oxidation von Rückstandsölen. Im anderen Fall wird zwar ebenfalls ein Teil des Ausgangsstoffes verbrannt. Die dabei entstehende Wärme wird aber dem Vergasungsprozeß indirekt über einen Wärmetauscher zugeführt. Es findet keine Vermischung zwischen dem Wärmeträger – z.B. dem Rauchgas der Verbrennung – und den Vergasungspartnern statt. Diese Prozeßführung wird allotherm genannt. Ein Beispiel ist das Steam Reforming von Erdgas.

Allotherme Prozesse bieten die Chance, für die Bereitstellung der Energie und der Vergasungspartner unterschiedliche Stoffe zu verwenden. Es ist dann nicht erforderlich, einen Teil der Einsatzstoffe zu verbrennen. Das bietet den Vorteil, daß beliebige Primärenergien zur Deckung des Prozeßenergiebedarfs genutzt werden können. Darunter können auch regenerative oder nukleare Energien sein. Insbesondere können auch nicht-fossile Energieträger genutzt werden. Dann wird entsprechend weniger Kohlendioxid freigesetzt. Im Sinne eines „Nachhaltigen Wirtschaftens" sind daher allotherme Prozeßführungen besonders interessant.

Die Einkoppelung von Prozeßenergie kann thermisch oder elektrisch geschehen. Wenn thermische Energie genutzt werden soll, muß sie natürlich auf dem für die gewünschten chemischen Prozesse geeigneten Temperaturniveau bereit gestellt werden.

Elektrizität kann wie keine andere Energieform mit hohem Wirkungsgrad in jede andere umgewandelt werden. Sie eröffnet daher eine breite Palette von Möglichkeiten zur Beeinflussung chemischer Prozesse. Derzeit sind zwei Ansätze besonders gut untersucht:

- Die unmittelbare Nutzung von Elektrizität wie bei der Elektrolyse, Elektroosmose, Elektrodialyse
- Die indirekte Einkoppelung von elektrischer Energie in Form von Wärme, die durch Widerstandsheizung oder durch Mikrowelleneinstrahlung erzeugt wird.

Man kann aber z.B. auch daran denken, chemische Reaktionen selektiv über die Einstrahlung von Laserlicht zu steuern. Dazu wird Licht mit genau der Wellenlänge in das Reaktionsgefäß eingestrahlt, die von einen der Reaktionspartner absorbiert werden kann. Die so angeregten Moleküle sind dann in der Lage, an ganz bestimmten chemischen Reaktionen bevorzugt teilzunehmen. Untersuchungen dieser Art haben aber bisher noch reinen Forschungscharakter.

Eine andere – in kleinem Stil bereits technisch angewandte – Möglichkeit zur Nutzung elektrischer Energie nutzt die starke Wechselwirkung von Teilchenstrahlen, z.B. von Elektronenstrahlen, mit Materie, um chemische Effekte zu erzielen. Das Elektronenstrahlschweißen ist eine etablierte Technik. Es gibt auch Konzepte für Rauchgasreinigungsanlagen auf dieser Basis.

Die Möglichkeiten einer ganz gezielten Einkoppelung von Energie in chemische Prozesse sind noch längst nicht vollständig erforscht und bieten sicher noch viele Möglichkeiten für genau gesteuerte chemische Reaktionsabläufe bei sehr hohen Ausbeuten. Das gilt um so mehr, wenn man zusätzlich die vielfältigen Möglichkeiten zur katalytischen Beeinflussung von Reaktionen berücksichtigt.

Aus thermischer Energie und damit aus allen chemischen und nuklearen Brennstoffen und auch aus Sonnenenergie, geothermische Energie usw. kann mit den bekannten thermodynamischen Prozessen (Dampfturbine, Gasturbine, ...) elektrische Energie gewonnen werden. Bei einigen Primärenergieformen ist es auch möglich, ohne den „Umweg" über die Wärme direkt mechanische Arbeit oder sogar sofort elektrische Energie zu erzeugen.

Im folgenden werden zunächst kurz die wichtigsten Prozesse zur Erzeugung thermischer Energie dargestellt. Die fossilen Energieträger müssen dabei hier nicht erneut betrachtet werden. Es ist klar, daß sie auch für die Energieversorgung allothermer Prozesse verwendet werden können. Das kann u.U. tatsächlich wirtschaftlich sinnvoll sein; so könnte z.B. billige Kohle anstelle von Öl zur Energiebereitstellung in Raffinerien genutzt werden.

Nach den thermischen Energien werden die Primärenergien besprochen, die ohne Umweg über die Wärme zur Erzeugung elektrischer Energie genutzt werden können.

8.2.1 Thermische Energie

Die notwendige Energie für chemische Prozesse wird heute fast immer in thermischer Form bereitgestellt. Dies geschieht häufig in offenen Prozessen, bei denen ein Kohlenwasserstoff sowohl Energieträger als auch Reaktionspartner ist. Die Einkoppelung von allothermer Energie setzt dagegen die Trennung von Reaktionspartnern und Wärmeträger voraus. Als Wärmeträger dient in der Regel ein Gas oder Dampf wie Wasserdampf oder CO_2. In Zukunft kommt vielleicht Helium zum Einsatz. Auch flüssige Stoffe wie z.B. hoch siedende, organische Wärmeträger oder auch Alkalimetalle kommen in Frage. Sie werden jeweils in einem Wärmeerzeuger aufgeheizt und dann über Rohrleitungen dem Wärmetauscher zugeleitet. Die Reaktanden werden im Wärmeaustauscher auf die erforderliche Temperatur gebracht. Wärmeträger und Reaktanden kommen dabei nicht miteinander in Berührung. Der abgekühlte Wärmeträger wird wieder dem Wärmeerzeuger zugeleitet und erneut aufgeheizt.

Thermische Energie für allotherme Prozesse kann natürlich aus der Verbrennung von Kohle, Öl oder Gas stammen. Damit wäre – außer bei Verwendung von Biomasse oder Abfällen – kaum eine Verbesserung der CO_2-Bilanz zu erreichen. Interessant im Sinne einer Emissionsminderung sind Sonnenenergie und Kernenergie. Geothermische Energie steht i.d.R. nicht auf einem ausreichend hohen Temperaturniveau zur Verfügung und wird daher hier nicht näher betrachtet.

8.2.1.1 Solarthermische Energie

Die jährliche Sonneneinstrahlung auf die Erde beträgt $3{,}9 \times 10^{24}$ J = 1×10^{9} TWh/a[11]. Damit könnte theoretisch der gesamte Welt-Energieverbrauch vielfach gedeckt werden. Leider ist die Energiedichte der Sonnenstrahlung auf der Erdoberfläche gering. Sie beträgt in besonders günstigen Gebieten wie in der Sahara, der Mojave-Wüste, auf der arabischen Halbinsel oder in Nordwest-Australien jährlich 2.600 kWh/m^2; in Deutschland liegt sie bei 1.300–1.900 kWh/m^2. Daher werden große Flächen und ein entsprechend großer, baulicher und apparativer Aufwand zur Bündelung der Energie benötigt. Dies hat in der Tendenz hohe Kosten zur Folge.

Für die Nutzung von Sonnenenergie auf allen Temperaturniveaus von knapp über Raumtemperatur bis über 2.500 °C gibt es zahlreiche Vorschläge. Man unterscheidet die verschiedenen Systeme nach der Art der verwendeten Kollektoren. Mit Turmkollektoren ist es möglich, die Strahlungsleistung einer großen Fläche mit Hilfe einer Vielzahl von Spiegeln auf eine kleine Fläche zu konzentrieren. In diesem Receiver können daher sehr hohe Temperaturen erreicht werden. Nachteil ist jedoch, daß jeder einzelne Spiegel des Feldes der Sonne genau nachgeführt werden muß. Der Aufwand ist daher an dieser Stelle hoch. Bisher wurden weltweit sieben Versuchsanlagen mit dieser Technik errichtet. Ein Durchbruch zur Wirtschaftlichkeit ist noch nicht abzusehen[12].

Parabolrinnenanlagen konzentrieren die Sonnenstrahlung nicht punktförmig, sondern entlang der Brennlinie einer Rinne mit parabelförmigem Querschnitt. Dort befindet sich ein Absorberrohr, das von einem flüssigen Wärmeträger durchströmt wird. Die Rinnen werden der Sonne nur um eine Längsachse nachgeführt. Solche Anlagen erreichen je nach Auslegung eine Temperatur von bis zu 400 °C im Wärmeträger. Erste Anlagen dieser Art sind im kommerziellen Betrieb. Die meisten wurden in den Jahren 1984 bis 1990 in Kalifornien für die Stromerzeugung errichtet und vom Staat mit erheblichen Abschreibungserleichterungen gefördert. Mittlerweile sind aber die Preise für fossile Energien so stark gefallen, daß sich weitere Anlagen nicht mehr lohnen. Die Betreiberfirma mußte Konkurs anmelden[13].

Eine noch einfachere Technik erlauben ortsfeste Solarkollektoren. Mit ihnen kann aber nur eine Temperatur von bis zu 150 °C erreicht werden, so daß sie für die meisten Prozesse der Kraftstoffchemie nicht in Frage kommen. Allerdings bieten sie ein großes Potential für die Brauchwasserbereitung und teilweise auch für die Raumheizung. Da die einfache Anlagentechnik relativ niedrige Kosten ermöglicht, sind diese Anlagen der Wirtschaftlichkeit am nächsten. Es ist daher zu erwarten, daß sie in den nächsten Jahrzehnten größere Verbreitung finden werden.

Chemische Anlagen – oder auch Kraftwerke – sind sehr kapitalintensiv. Um sie wirtschaftlich betreiben zu können, muß eine möglichst große Ausnutzung erreicht werden. Bei allen solarthermischen Anlagen stellt sich aber das Problem, wie der Betrieb ganztägig sichergestellt werden kann. Im einfachsten Fall steht zusätzlich eine

---

[11] I. Dostrovsky, „Chemische Speicherung von Sonnenenergie", Spektrum der Wissenschaft, Februar 1992, S. 30 ff.

[12] H. D. Sauer, „Begrenzte Perspektiven", Energie Spektrum 1/96, S. 26–29

[13] T. A. Williams, M. J. Hale (NRL), C. Voigt, H. Klaiß (DLR), „Solare Prozeßwärmeerzeugung durch Parabolrinnenanlage", Brennstoff Wärme Kraft 45 (1993) 9, S. 412

Feuerung zur Verfügung, die bei Nacht oder Bewölkung einspringt; die Sonnenenergie hat dann die Rolle eines „fuel saver“, d.h. es wird Brennstoff eingespart, wenn die Sonne scheint. Es kann aber keine Investition in konventionelle Technik eingespart werden.

Im Sinne maximaler Emissionsminderungen wäre es viel besser, wenn tagsüber die Sonnenenergie für die Nachtstunden gespeichert werden könnte. Tatsächlich ist dieser Ansatz intensiv untersucht worden. So wird derzeit am Turmkraftwerk Solar I in Daggett in der kalifornischen Mojave-Wüste eine Versuchsanlage gebaut, in der auf 565 °C erhitzte Nitratsalze die Aufgabe der Wärmespeicherung übernehmen sollen.

Es werden derzeit im Labormaßstab auch Verfahren erprobt, die Sonnenenergie mittels thermochemischer Prozesse zu speichern. Dabei wird der Grundgedanke der in Deutschland für die Nutzung von nuklearer Hochtemperaturwärme bereits praktisch demonstrierten ADAM-EVA Technik weiterentwickelt[14]. Nach Konzepten des schweizerischen Paul Scherrer Institutes wird Hochtemperatur-Sonnenwärme für endotherme chemische Prozesse, z.B. für die Reduktion von Metalloxiden genutzt. Die dabei gebildeten Metalle dienen als Energiespeicher und werden bei Bedarf wieder oxidiert. Der dabei entstehende Wasserstoff kann als Energieträger genutzt werden[15, 16].

Exkurs

Erforderliche Kollektorfläche für eine thermische Leistung von 200 MW_{th} in Australien

Eine chemische Großanlage (z.B. eine Raffinerie) soll mit solarthermischer Energie versorgt werden. Erforderliche Leistung: 200 MW_{th} über 8.000 h/a.

Die jährliche Sonneneinstrahlung liegt bei 2.200 kWh/m^2. Die Sonnenscheindauer liegt bei 2.000 h/a.

Um die geforderte Dauerleistung zu erreichen, muß tagsüber die Leistung der Solaranlage bei ca. 940 MW_{th} liegen, wenn Lade- und Entladewirkungsgrade von jeweils 90% unterstellt werden.

Die Anlage erfordert eine Kollektorfläche von ca. 1 km^2. Der Wärmespeicher müßte täglich mindestens 4.000 MWh in sechs Stunden auf- und in achtzehn Stunden wieder abgeben können. Dazu sind bei einem Temperaturhub von 100 K ca. 170.000 t Gestein erforderlich.

14 I. Dostrovsky, a.a.O.

15 A. Steinfeld, P. Kuhn, „Solar-Processed Zinc as Clean Energy Carrier“, PSI Annual Report 1994 / Annex V, „General Energy Technology“, S.33–34
P. Kuhn, K. Ehrensberger, A. Frei, J. Ganz, E. Steiner, P. Nüesch, H. R. Oswald, „Kinetic Investigations on Solar-Driven Thermochemical Cycles with Metal Oxides to Produce Hydrogen from Water“, PSI Annual Report 1994 / Annex V, „General Energy Technology“, S.38–41

16 Wenn Strom erzeugt werden soll, wäre auch ein Koppelbetrieb mit Speicherwasserkraftwerken möglich: Tagsüber liefert die Sonne die Energie, nachts wird das tagsüber angestaute Wasser zur Stromerzeugung genutzt. Ähnliche Konzepte sehen den Koppelbetrieb von Sonnenkraftwerken mit Pumpspeicher- oder Luftdruck-Speicher-Kraftwerken vor.

In Kenntnis der Probleme, solarthermische Anlagen für hohe Temperaturen wirtschaftlich zu gestalten, wird auch nach Wegen gesucht, unmittelbar das Sonnenlicht zu nutzen und den „Umweg" über die Wärme zu vermeiden. Tatsächlich gibt es eine große Zahl von chemischen Reaktionen, die durch Licht definierter Wellenlänge in gewünschter Weise beeinflußt werden können. Solaranlagen nach diesem Prinzip werden von der DLR in Köln für die selektive Beseitigung von Abfällen oder Schadstoffen wie verbrauchter Schwefelsäure oder Ammoniumverbindungen erprobt. Auch die Synthese von Geruchsstoffen oder Pharmaka scheint möglich zu sein[17]. Ein anderes Konzept sieht die gleichzeitige Reduktion von Metalloxiden (Erzen) und die partielle Oxidation von Methan zu Synthesegas vor. Die dafür notwendige Prozeßenergie soll solarthermisch bereitgestellt werden. Dieser Grundgedanke kann in verschiedenen Varianten ausgeführt werden. In jedem Fall würde die Freisetzung von Kohlendioxid in dem Umfang vermieden, der bei konventionellen Prozessen mit der Reduktion des Erzes verbunden wäre[18]. Bisher handelt es sich um Forschungsprojekte. Es bleibt abzuwarten, ob sich solche Verfahren auch wirtschaftlich durchsetzen können.

Alle Ansätze mit Zwischenspeicherung der Energie für die sonnenlose Zeit erfordern, daß die Solaranlage für das gleichzeitige Betreiben der chemischen Anlage und zum Auffüllen des Speichers ausgelegt wird. Sie muß daher selbst in den von der Sonneneinstrahlung am meisten begünstigten Gegenden der Welt mehr als die vierfache thermische Leistung der zu versorgenden Anlage haben. Dabei ist eine Reserve für sonnenarme Tage noch nicht berücksichtigt. Alle Methoden zur Speicherung haben sich bisher als bei weitem zu teuer herausgestellt[19].

Tabelle 8.1. Hauptdaten typischer Solarfarm- und Solar-Tower-Anlagen zur Bereitstellung von Hochtemperaturwärme[20]

	Farm	Farm	Tower
Kollektorbauart	Parabolrinne: Der Sonne durch Kippen um eine Achse nachgeführte, verspiegelte Rinnen	Rotationsparaboloid: Der Sonne in zwei Achsen nachgeführte Hohlspiegel	Heliostat: Der Sonne in zwei Achsen nachgeführte, plane Spiegel
Konzentrationsverhältnis	10 … 100	100 … 600	100 … 1000
Absorbertemperatur	150 … 400 °C	400 … 900 °C	450 … 1000 °C
Kühlfluid	Thermoöl	Thermoöl	Wasser, Luft, Helium, Natrium

[17] J. Hess, „Im Solarreaktor laufen chemische Reaktionen schnell und gezielt ab", Handelsblatt, 25.6.1996

[18] A. Steinfeld, P. Kuhn (PSI), Y. Tamaura (Tokyo Institute of Technology), „CH_4-Utilisation and CO_2-Mitigation in the Metallurgical Industry via Solar Thermochemistry", Energy Convers. Mgmt. 37 (1996) 6–8, S. 1327–1332

[19] E. Lübbert, AL Energie und Umwelt im BMBF lt. H. D. Sauer, a.a.O.

[20] angelehnt an H. Schaefer, VDI-Lexikon Energietechnik, VDI-Verlag, Düsseldorf 1994, Stichwort „Solarenergieanwendung"

In keinem Fall konnten bisher für solare Hochtemperatur-Systeme auch nur annähernd wirtschaftliche Kosten plausibel gemacht werden. Es wird noch einer längeren Entwicklungszeit – und wahrscheinlich erheblicher Änderungen im Kostengefüge aller Energieträger – bedürfen, bis solche Konzepte wirtschaftlich sinnvoll werden. Besser gelingt dies bisher bei solaren Niedertemperatur-Anwendungen z.B. zur Erzeugung von warmem Brauchwasser, zum Trocknen von landwirtschaftlichen Produkten usw. Die dezentrale Trocknung mit Sonnenwärme könnte auch bei der Verwendung von Biomassen ein wirtschaftlich sinnvoller Ansatz sein.

8.2.1.2 Kernspaltung

Auch mittels Kernenergie kann Energie für allotherme Prozesse bereitgestellt werden. Auf diese Weise ist es möglich, nukleare Energie für den Verkehrssektor nutzbar zu machen. Die Reserven an fossilen Energien werden dadurch geschont. Die Emissionen an Kohlendioxid und anderen Gasen können ganz erheblich gemindert werden. Allerdings handelt man sich die Probleme der radioaktiven Abfälle und der nuklearen Sicherheit neu ein. Zuende gedacht sind in einem solchen Szenario die Kraftstoffe keine Produkte mehr, die aus erschöpflichen, fossilen Rohstoffen erzeugt wurden, sondern lediglich ein Mittel, Energie besonders gut handhabbar zu machen. Sie werden gewissermaßen zu reinen „Energievektoren".

Physikalische Quelle der Kernenergie sind die Unterschiede in der Bindungsenergie der Teilchen, aus denen alle Atomkerne und damit die gesamte Materie aufgebaut sind[21]. Die höchste Bindungsenergie besitzt ein Atomkern, der relativ genau in der Mitte des periodischen Systems der Elemente angesiedelt ist: Das Eisenisotop mit der Massenzahl 56, d.h. mit 56 Protonen plus Neutronen ^{56}Fe. In allen leichteren und allen schwereren Kernen sind die Nukleonen schwächer gebunden.

Diesen Umstand macht sich die Kernenergietechnik zunutze. In den Kernreaktoren werden schwere Atomkerne veranlaßt sich zu spalten. Es entstehen dadurch leichtere Kerne mit höherer Bindungsenergie. Die Differenz von ca. 0,1% der Masse (200 MeV pro Kern) wird zunächst in der Form von Bewegungsenergie der Spaltkerne, Neutronen und anderen Partikeln sowie von Gammastrahlung frei und kann letztlich in Wärme umgesetzt werden. Dieser Prozeß läßt sich mit Uran besonders einfach technisch realisieren. Das Isotop ^{235}U kann durch langsame Neutronen zur Spaltung veranlaßt werden. Dabei werden neue Neutronen frei, von denen genau eins nach Abbremsung in einem Moderator wieder einen Urankern spaltet und auf diese Weise die Kettenreaktion fortsetzt.

Die heute bekannteste Form der nuklearen Energiegewinnung sind die weltweit in rund vierhundert Kraftwerken realisierten Leichtwasserreaktoren (LWR)[22]. Durch die

---

[21] Dagegen beziehen chemische Prozesse, d.h. auch alle Verbrennungsprozesse ihre Energie aus Änderungen der Elektronenhülle der beteiligten Moleküle. Diese Erscheinungen werden in der Physik mit dem Begriff Atomphysik bzw. Molekularphysik benannt. Aus diesem Grunde ist die Bezeichnung „Kernenergie" bzw. „Kernkraftwerk" korrekter als die Bezeichnung „Atomenergie" bzw. „Atomkraftwerk".

[22] Weltweit erzeugen 425 KKW mit einer Gesamtleistung von 360.000 MW 17% des Stroms. 109 Reaktoren arbeiten in den USA, 56 in Frankreich. In Europa werden 36% des Stroms nuklear erzeugt. Weltweit sind weitere 61 Anlagen im Bau.

Spaltung von Uran wird in ihnen Sattdampf mit einem Druck um 170 bar und einer Temperatur um 300 °C erzeugt. Ein typischer LWR erzeugt innerhalb von drei Jahren aus 1 t Uran, das auf einen Gehalt von 3% ^{235}U angereichert wurde, etwa 33.000 MWd (792.000 MWh ≈ ca. 100.000 t Kohle) thermische Energie. Dabei entstehen aus 49 kg Uran 35 kg Spaltprodukte und 14 kg Transurane. Insgesamt enthält der Kern eines Reaktors 103 t Uran, von dem jährlich ein Drittel ausgewechselt wird. Die thermische Leistung eines typischen deutschen KKW liegt bei 3.800 MW_{th}, die elektrische Leistung bei knapp 1.400 MW_{el}.

Tabelle 8.2. Aufteilung der Energie, die bei der Spaltung eines ^{235}U-Kerns frei wird.

Kinetische Energie der Spaltprodukte	167 MeV
Gammastrahlung während der Spaltung	5 MeV
kinetische Energie der Spaltneutronen	5 MeV
Beta- und Gammastrahlung der Spaltprodukte	13 MeV
kinetische Energie der Neutrinos	10 MeV
Summe	200 MeV

Normalerweise wird der nuklear erzeugte Dampf in Turbinen zur Stromerzeugung genutzt. Nur in ganz wenigen Fällen wird heute bereits aus Kernkraftwerken Wärme für industrielle Prozesse oder zum Heizen ausgekoppelt. Es ist aber auch schon der Bau eines Reaktors mit einer thermischen Leistung von 2.000 MW zur Versorgung eines großen Chemiekomplexes mit Prozeßwärme[23] und die Errichtung von Kleinreaktoren mit Leistungen im Bereich von 10–500 MW zur Erzeugung von Fernwärme auf niedrigem Temperaturniveau (< 110 °C) untersucht worden[24]. Natürlich ist es möglich, den aus einem Leichtwasserreaktor ausgekoppelten Dampf mit fossilen Brennstoffen oder mit Strom zu überhitzen, falls die von den Reaktoren erzeugbaren Dampfparameter für den chemischen Prozeß noch nicht ausreichen.

Die zu Kosten von unter 130 US $/kg sicher gewinnbaren Uranreserven werden von der IAEA auf 2,3 Mio. t geschätzt, Vorkommen von weiteren 2,3 Mio. t gelten als weitgehend gesichert. Noch einmal etwa die gleiche Menge ist nachgewiesen vorhanden, wenn man den anlegbaren Preis verdoppelt. Derzeit liegt der weltweite Verbrauch bei 50.000 t Natururan jährlich[25].

Im Jahre 1995 wurden in Deutschland 151,1 TWh Strom in Leichtwasserreaktoren erzeugt. Das waren 28,7% der gesamten Stromerzeugung.

[23] Es handelte sich um die BASF in Ludwigshafen. Das Projekt wurde wegen Sicherheitsbedenken aufgegeben (H. Michaelis, „Handbuch der Kernenergie“, Bd. 1, dtv, 1982, ISBN 3-423-04367-9).

[24] C. Goetzmann, D. Bittermann, P. Rau, „Nuclear District Heating, a Special Application of Established Light Water Reactor Technology“, Kerntechnik 50 (1987) 4, S 266–272 beschreiben ein Reaktorkonzept von KWU / Siemens.
R. Weber, „Kernreaktor soll Kleinstadt mit Wärme versorgen“, VDI-Nachrichten 22.2.1995 berichten über ein schweizerisches Projekt. Ähnliche Vorhaben existierten in Schweden, Kanada und der UdSSR.

[25] H. Schaefer, VDI-Lexikon Energietechnik, VDI-Verlag, Düsseldorf 1994, Stichwort „Uranversorgung“

Trotz der in jahrelangem Betrieb nachgewiesenen, vorbildlichen Sicherheit deutschen KKW[26] hat ein großer Teil der Bevölkerung Bedenken bezüglich der Sicherheit der Kernkraftwerke selber und bezüglich Lagerung und endgültigem Verbleib ihrer radioaktiven Abfälle. Daher sind seit Jahren keine Entscheidungen zu Neubauten mehr getroffen worden. Für künftige Reaktoren hat der Gesetzgeber 1994 im Energie-Artikelgesetz festgelegt, daß selbst die Auswirkungen eines Größten Anzunehmenden Unfalls (GAU) auf das Kraftwerksgebäude beschränkt bleiben müssen, so daß eine Evakuierung der Bevölkerung nicht erforderlich ist. Die deutsche und die französische kerntechnische Industrie arbeiten derzeit am Konzept eines Druckwasserreaktors, der diesen Anforderungen gerecht werden soll[27]. Daneben entstehen derzeit weltweit noch mehrere weitere Konzepte für nahezu inhärent sichere KKW.

Eine für die Erzeugung von Prozeßenergie auf hohem Temperaturniveau interessantere Form der nuklearen Wärmeerzeugung als die Leichtwasserreaktoren bieten Hochtemperaturreaktoren (HTR). Ihre Brennelemente bestehen aus einem extrem hitzebeständigen Graphit, in den Uran und Thorium als Karbide eingebettet sind. Sie sind dadurch außerordentlich robust und halten die Spaltprodukte effektiv zurück. HTR werden mit dem Edelgas Helium gekühlt und können Prozeßwärme mit über 900 °C liefern. Es existieren detaillierte Anlagenkonzepte für relativ kleine Einzelreaktoren mit 300 MW_{th}, die bei Bedarf modular zu größeren Anlagen zusammengestellt werden können. Eine entsprechende Versuchsanlage wurde von der KFA Jülich über viele Jahre erfolgreich betrieben. Mit ihr wurde auch ein nahezu „narrensicheres" Ausfallverhalten nachgewiesen. Für entsprechende kommerzielle Anlagen kann daher eine ausgezeichnete Sicherheit bei sehr hoher Verfügbarkeit erwartet werden. Ein größerer Reaktor dieses Typs mit einem Druckbehälter aus Spannbeton anstelle von Stahl wurde in Hamm-Uentrop errichtet. Er hat sich jedoch nicht bewährt und wurde inzwischen stillgelegt.

In Hochtemperaturreaktoren kann außer Uran auch das Element Thorium verbrannt werden. Es kommt in der grundsätzlich zugänglichen Erdrinde, der Lithosphäre, dreimal häufiger vor als Uran. In Indien sind sehr ergiebige Lagerstätten bekannt. Über die insgesamt wirtschaftlich gewinnbaren Vorräte ist jedoch keine Aussage möglich, weil bisher kaum nach Thoriumerzen exploriert wurde[28].

Eine weitere wichtige Reaktorlinie können sehr langfristig die Schnellen Brüter darstellen. Ihre Bedeutung liegt aber nicht so sehr in der Bereitstellung von thermischer oder elektrischer Energie. Sie ermöglichen vielmehr eine optimale Verwertung der im Uran gebundenen Energie, weil sie auch die sonst technisch nicht umsetzbaren Isotope durch Neutroneneinfang in spaltbares Plutonium umsetzen, das dann nahezu vollständig zur Energieerzeugung genutzt werden kann. So kann die Ausnutzung des Brennstoffs gegenüber dem LWR um etwa das Sechzigfache gesteigert werden. Die

---

[26] So betrug z.B. die Verfügbarkeit des „Skandalreaktors" Biblis A seit seiner Inbetriebnahme insgesamt 126.000 h, d.h. 72,3% (Handelsblatt, 11./12.8.1995). Die mittlere Ausnutzungsdauer aller deutschen Kernkraftwerke lag 1994 bei 6.285 h, d.h. bei 71,7% (VDEW, „Die öffentliche Elektrizitätsversorgung 1994", Frankfurt, September 1995).

[27] H. U. Fabian, P. Bacher, „Der europäische Druckwassereaktor", VHB Kraftwerkstechnik 74 (1994) 12, S. 1032–1036

[28] H. Schaefer, VDI-Lexikon Energietechnik, VDI-Verlag, Düsseldorf 1994, Stichwort „Thoriumgewinnung"

Entwicklung von Schnellen Brütern wurde vor allem in Frankreich, Japan und der UdSSR betrieben. Bisher wurden alle Schnellen Brüter mit Natriumkühlung ausgeführt (Schneller Natrium-gekühlter Reaktor, SNR). Diese Technik hat sich bisher als störanfällig erwiesen; alle bisherigen Versuchsreaktoren leiden an erheblichen Problemen. SNR werden noch nicht so sicher beherrscht, wie es für den routinemäßigen Betrieb eines Großkraftwerks erforderlich ist. In Deutschland und in den USA ist die Entwicklung von SNR wegen mangelnder Akzeptanz in der Öffentlichkeit praktisch eingestellt; auch in den anderen Ländern wurden die Programme zumindest erheblich gestreckt. Angesichts der großen Vorräte an Natururan gibt es auch keine zwingende Notwendigkeit, die Entwicklung zu forcieren.

Kernenergie wird von der mittel- und nordeuropäischen und US-amerikanischen Öffentlichkeit kritisch eingeschätzt. Neubauten von Kraftwerken sind daher seit längerem nicht mehr möglich gewesen. Vor allem in den asiatischen Ländern (Japan, Korea, China, Taiwan), in Westeuropa (Belgien, Frankreich, Spanien), in den Ländern der ehemaligen UdSSR und in Osteuropa wird aber weiter auf Kernkraft gesetzt. Es ist zu vermuten, daß ihr Anteil an der rasch wachsenden, weltweiten Stromerzeugung sicher nicht zurückgehen wird. Leider werden dabei nicht überall die extrem hohen Sicherheitsstandards angewandt, die in Deutschland üblich geworden sind.

8.2.1.3 Kernfusion

Ähnlich wie die Energie der Kernspaltung kann auch die der Kernfusion grundsätzlich zur Synthese von Energievektoren genutzt werden. Bei der Kernfusion wird der umgekehrte Weg wie bei der Kernspaltung gegangen: Leichte Atomkerne werden miteinander verschmolzen. Die entstehenden, schwereren Kerne sind stärker gebunden als die Ausgangskerne und die Differenz der Bindungsenergien wird bei der Reaktion freigesetzt. Sie wird von Teilchen und Strahlung davongetragen und kann in Wärme umgesetzt werden. Dies ist der Mechanismus, aus dem unsere Sonne und alle anderen Sterne ihre Energie gewinnen. Besonders effizient ist er, wenn aus schweren Wasserstoff-Isotopen die besonders fest gebundenen Heliumkerne gebildet werden.

Im Labor wird dieser Prozeß bereits nachgebildet. Dies geschieht durch Erzeugung eines Plasmas aus Deuterium und Tritium. Die Reaktionspartner werden dazu ihrer Elektronenhüllen vollständig beraubt und existieren als ein elektrisch leitendes Medium aus „nackten" Atomkernen und freien Elektronen. In diesem Zustand können sie von raffiniert gestalteten Magnetfeldern in einem ringförmigen Gefäß – einem Torus – zusammengehalten werden. Durch induktive Einkoppelung eines starken Stroms (Ohm'sche Heizung), die Einstrahlung von Mikrowellen und das Einschießen von schnellen Neutralteilchen kann das Plasma auf die Fusionstemperatur von ca. 200 Mio. °C aufgeheizt werden. Dann bewegen sich einige der eingeschlossenen Teilchen so schnell, daß sie das abstoßende elektrische Feld eines anderen Teilchens überwinden und mit diesem einen neuen Atomkern bilden können. Dabei wird etwa 0,4% der Ausgangsmasse in Energie umgesetzt. Das Plasma heizt sich dadurch weiter auf. Es kommt eine sich selbst erhaltende Reaktion zustande; die Heizungen können abgeschaltet werden. Nach einiger Zeit nimmt die Zahl von schwereren Kernen im Plasma so stark zu, daß eine Abkühlung eintritt. Die Reaktion kommt zum Erliegen und muß mit frischem Ausgangsmaterial neu gestartet werden.

Bei jeder Verschmelzung eines Tritium-Kerns mit einem Deuterium-Kern entstehen ein Heliumkern und ein Neutron und es wird eine Energie von 17,6 MeV freigesetzt. Schon ca. 40 g/h eines Deuterium-Tritium-Gemisches genügen, um eine elektrische Leistung von 1.000 MW zu ermöglichen. Die Fusion von Schwerem Wasserstoff zu Helium ist daher zwar nicht im logischen Sinn, aber technisch unerschöpflich. Langfristig kann sie zu einer wichtigen Energiequelle werden.

Die Erforschung der kontrollierten Kernfusion[29] begann bereits 1951. Mittlerweile sind die dabei auftretenden, außerordentlich unübersichtlichen physikalischen Phänomene recht gut bekannt. Fachleute gehen heute davon aus, daß der derzeit von der EU, den USA, Japan und der UdSSR-Nachfolgestaaten geplante Versuchsreaktor ITER den Nachweis eines sich selbst erhaltenden Fusionsprozesses ab 2008 erbringen könnte. Angesichts massiver Mittelkürzungen scheinen sich aber die Hoffnungen, daß relativ bald ein Fusions-Demonstrationsreaktor gebaut werden kann, nicht zu erfüllen.

Neben dem magnetischen Einschluß wird auch der „Trägheitseinschluß" erforscht. Dazu wird eine kleine Menge gefrorenes Deuterium-Tritium-Gemisch von allen Seiten gleichzeitig mit riesiger Leistung aus Lasern oder Ionenbeschleunigern bestrahlt. Das D-T-Gemisch wird dadurch kurzzeitig so extrem komprimiert, daß die Verschmelzung zu Helium einsetzt. Ein vorzeitiges Auseinanderfliegen wird durch die Massenträgheit verhindert. Diese Methode ist noch nicht so gründlich erforscht wie der magnetische Einschluß. Ihr technisches Potential kann noch nicht eingeschätzt werden.

Die beim Kernspaltungsreaktor vielfach kritisierten Probleme:

- Gefahr der Freisetzung großer Mengen von Radioaktivität bei einem Unfall
- Entsorgung des radioaktiven Abfalls
- Gefahr der nuklearen Proliferation

sind beim Fusionsreaktor entweder gar nicht oder nur in stark reduzierter Form relevant. Daher dürfte bei erfolgreicher Bewältigung der wissenschaftlich-technischen Probleme und Nachweis der Wirtschaftlichkeit eine bessere Akzeptanz in der Öffentlichkeit möglich sein. Die absehbaren Abläufe lassen einen wesentlichen Beitrag zur Energieversorgung aber erst in Jahrzehnten erwarten[30]. Für unsere heutige Fragestellungen kann diese Technik keinen Beitrag leisten.

8.2.2 Elektrische Energie

Die Verwendung von Elektrizität in stationären Anlagen ist einfach und bequem. Sie kann leicht in jede andere Energieform umgewandelt werden. Schwieriger ist es, Verkehrsmittel elektrisch zu betreiben. Es sind entweder aufwendige Stromversorgungen über Leitungen erforderlich oder die Fahrzeuge müssen Batterien oder ähnliche Energiespeicher mit sich führen. Es liegt daher nahe, über indirekte Anwendungen des

[29] Im Unterschied zur unkontrollierten Kernfusion, wie sie bei einer Wasserstoffbombe abläuft. Die erste Wasserstoffbombe wurde 1953 von der UdSSR gezündet.

[30] K.-H. Steuer, „Kernfusion – Forschung für die Energie der Zukunft" in E. Ratz, a.a.O.
R. Bunde (MPI für Plasmaphysik), „Angepeilt ist ein Reaktor von 1.000 MW für die Grundlast", Handelsblatt, 27.2.1996

Stroms nachzudenken, die die Erzeugung einfach handhabbarer Kraftstoffe ermöglichen (siehe Abbildung 8.2).

Elektrische Energie eignet sich wie keine andere zum Einsatz bei chemischen Reaktionen. Wenn sie – aus welchen Quellen auch immer – reichlich zur Verfügung stünde, könnten mit ihrer Hilfe alle heute vorstellbaren Kraftstoffe synthetisch erzeugt werden.

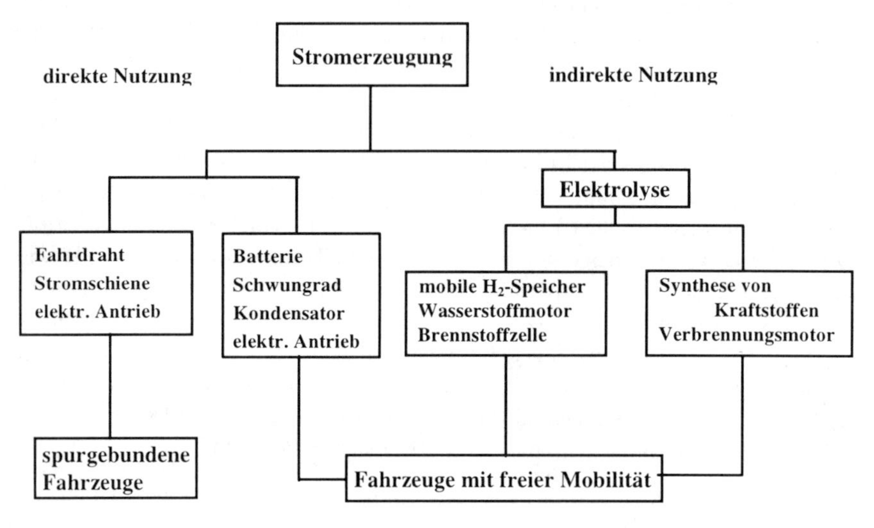

Bild 8.2. Möglichkeiten zur Nutzung von elektrischer Energie für Transportaufgaben

Elektrizität kann aus jeder Primärenergie gewonnen werden, insbesondere auch aus allen regenerativen. Sie kann relativ leicht auch über größere Entfernungen transportiert werden. Allerdings kann Strom nicht effizient gespeichert werden, daher müssen Produktion und Verbrauch stets nahezu übereinstimmen. Man nutzt daher eine Mischung von unterschiedlichen Primärenergien und Kraftwerkstypen. Zumindest ein Teil davon wird so ausgewählt, daß er leicht den ständigen Änderungen der Stromnachfrage folgen kann. Dies erschwert auch die Nutzung von regenerativen Energien für die Stromerzeugung. Da Sonne, Wind, Gezeiten usw. nicht konstant zur Verfügung stehen, sind zu ihrer Nutzung immer Ausgleichsmechanismen über größere Netze oder über Reservekapazitäten erforderlich, um die Verbraucher zuverlässig ständig mit Energie versorgen zu können.

8.2.2.1 Wasserkraft

Eine der ersten Primärenergien, die zur Erzeugung von Strom genutzt wurde, war die Wasserkraft. Sie beruht letztlich auf der Nutzung der potentiellen oder kinetischen Energie von Wassermengen aufgrund von Höhenunterschieden. Da die Sonne über Verdampfung und Niederschläge diese Höhendifferenzen hervorruft, kann Wasserkraft als eine indirekte Form der Sonnenenergie betrachtet werden.

Zur Gewinnung von Wasserkraft ist über Jahrhunderte eine hochentwickelte Technik entstanden. Die Kosten sind – standortabhängig – meistens sehr konkurrenzfähig.

Sie liegen zwischen 3 Pf/kWh für große Anlagen und bis zu 15 Pf/kWh für Kleinanlagen[31]. In vielen Fällen kann eine sehr hohe Verfügbarkeit der elektrischen Leistung sichergestellt werden. Wasserkraft würde sich daher auch sehr gut zur Erzeugung der notwendigen Energie für allotherme Prozesse eignen.

Das weltweite, grundsätzlich technisch erschließbare Wasserkraftpotential wird auf 36.000 TWh/a (4.100 GW) geschätzt. Für tatsächlich ausnutzbar unter absehbaren technisch-wirtschaftlichen Bedingungen werden 9.800 TWh/a (1.100 GW) gehalten. Diese Größe ist nicht unumstritten[32]. So wird alleine für Grönland von anderen Autoren ein Potential für Gletscherkraftwerke in der Bandbreite von 100–4.000 TWh/a gesehen[33].

Weltweit trägt die Wasserkraft etwa 18–20% zur Stromerzeugung bei. In den USA sind es 8,5%. Das U.S. Department of Energy schätzt, daß in den USA zusätzlich zur bereits installierten Leistung von 71 GW mindestens weitere 70 GW wirtschaftlich erschlossen werden können, wenn eine Erhöhung der Erzeugungskosten von maximal 2 USc/kWh zugelassen wird[34].

Tabelle 8.3. Weltweite Wasserkraftpotentiale[35]

Gebiet	Potential	1984 genutzt	
	TWh/a	TWh/a	%
Europa ohne ehem. UdSSR	700	479	67
ehem. UdSSR	1.100	235	21
Grönland	65	0	0
Kanada	535	287	54
USA	700	325	46
Japan	150	85	57
China	1.300	90	7
Mittel- und Südamerika	1.850	284	15
Afrika	2.000	52	3
Asien (ohne Japan, China, Sibirien)	1.200	135	11
Ozeanien	200	35	18
Welt	9.800	1.998	20

[31] W. Hlubek (RWE), H.-D. Schilling (VGB), „Potentiale der Forschung und Entwicklung in der Kraftwerkstechnik", Energiewirtschaftliche Tagesfragen 46 (1996) 1/2, S. 6–14

[32] Es werden auch Zahlen bis 15.000 TWh/a als technisch ausbeutbare Wasserkraftpotentiale genannt, davon alleine 500 TWh/a in Kanada (J. Gretz, J. P. Baselt, O. Ullmann, H. Wendt, „The 100 MW Euro-Quebec Hydro-Hydrogen Pilot Project", VDI-Berichte 715, 1989).

[33] H. Schaefer, VDI-Lexikon Energietechnik, VDI-Verlag, Düsseldorf 1994, Stichwort „Gletscherkraftwerk"

[34] U.S. Congress, Office of Technology Assessment, „Renewing our Energy Future", OTA-ETI-614, Washington, DC, Government Printing Office, September 1995. Dieses Buch gibt einen umfassenden Überblick über alternative Energieträger in den USA und berichtet auch über die Maßnahmen in anderen Ländern.
W. Hlubek (RWE), H.-D. Schilling (VGB), a.a.O. nennt 18% für den weltweiten Anteil der Wasserkraft.

[35] H. Schaefer, VDI-Lexikon Energietechnik, VDI-Verlag, Düsseldorf 1994, Stichwort „Wasserkraftpotential „

In Deutschland liegt die Leistung der Lauf- und Speicherwasserkraftwerke (ohne Pumpspeicher) bei 2.880 MW. Aus ihnen stammen nur etwa 18,5 TWh (4,4%; Stand 1994)[36] der gesamten Stromerzeugung; diese Zahl unterliegt jedoch von Jahr zu Jahr erheblichen Schwankungen. Eine wesentliche Steigerung ist auch bei Ausschöpfung aller Möglichkeiten nicht mehr möglich[37]. In anderen Ländern können jedoch sehr viel größere Potentiale nutzbar gemacht werden. So deckt Norwegen nahezu seinen gesamten Strombedarf mit Wasserkraft (99,7%). Dort findet man daher einige stromintensive Industrien (z.B. Aluminiumverhüttung). Die Norweger können es sich wegen der niedrigen Preise auch leisten, in großem Umfang mit Strom zu heizen[38]. In Österreich ist von einem ausbauwürdigen Potential von 53,7 TWh/a ein Anteil von 65% (35 TWh/a) bereits erschlossen[39].

Auch der weitere Ausbau der Wasserkraft ist nicht unumstritten. In Europa werden vielfach ästhetische Einwände in Kombination mit ökologischen Argumenten erhoben. Das ging soweit, daß gerade auch Naturschützer anfangs die Kernenergie als eine Möglichkeit zum Verzicht auf weitere Wasserkraftwerke begrüßten[40]. Aber es gibt auch schwerwiegendere Gründe gegen das Aufstauen großer Wassermassen. In Amazonien wurde befürchtet, daß die wegen des geringen Gefälles dort besonders ausgedehnten Stauseen mit ihren großen Mengen an überfluteter Biomasse zur Bildung von Faulgasen in klimatisch relevanten Mengen führen würden. Bei dem gigantischen Drei-Schluchten-Projekt am Jangtse in China wird kritisiert, daß sich die Dämme in einer stark erdbebengefährdeten Gegend befinden werden. Zudem müssen 1,4 Millionen Einwohner dieser Gegend umgesiedelt werden; dabei ist sicher mit beträchtlichen Härten für die Betroffenen zu rechnen. Außerdem verändern große Staudämme das natürliche Sedimentationsgeschehen. Damit können negative Auswirkungen auf die Landwirtschaft verbunden sein, wie sich am Assuan-Staudamm in Ägypten gezeigt hat. Andererseits bietet z.B. das Jangtse-Projekt die Möglichkeit, die gigantische elektrische Leistung von 17.680 MW zu erzeugen[41].

---

[36] VDEW, a.a.O.

[37] Der Bundesverband der Deutschen Wasserkraftwerke und der Bundesverband Erneuerbare Energie hält eine Steigerung auf 33 TWh/a für möglich (H. J. Schürmann, „Ausbaupotentiale für Wasserkraft“, Handelsblatt, 1.8.1996.

[38] In Deutschland wäre das ein äußerst unerwünschtes Vorgehen, weil der Strom überwiegend aus fossilen Brennstoffen mit den entsprechenden Emissionen erzeugt wird. Das drückt sich auch in den pro-Kopf-Verbräuchen der privaten Haushalte aus: Deutschland 1.553 kWh, Norwegen 7.587 kWh (VDEW, a.a.O.; Stand 1993).

[39] NÖ Landesverkehrskonzept, Heft 11, „Chancen für Elektro-Fahrzeuge“, März 1995

[40] R. Falter, „Wie umweltfreundlich ist die Wasserkraft?“, Kultur & Technik 4/1995, S. 39–45 zitiert den Leiter der bayerischen Landesstelle für Naturschutz, O. Kraus, mit dem Satz aus dem Jahr 1952: „... führen zu der Erkenntnis, daß auch die Wasserkraftwerke nur als ein kurzes Provisorium in der Entwicklung von Wirtschaft und Technik angesehen werden können ... Die Öffentlichkeit muß darauf bestehen, kein Kraftwerk realisieren zu helfen, das man nach 10 oder 15 Jahren schon bereuen müßte, bereuen, weil man dann in der Lage sein dürfte, billiger und ohne Opferung ideeller Werte genügend Energie aus Atomreaktoren zu gewinnen“

[41] G. Heesch, „Der Damm“, Bild der Wissenschaft 8/1996, S. 80–89, beschreibt das Drei-Schluchten-Projekt.

Wasserkraft ist auf absehbare Zeit die einzige, in wirklich großen Mengen zur Verfügung stehende und wirtschaftlich vertretbare regenerative Energie. Zusätzliche Potentiale stehen aber häufig nur an weit abgelegenen Orten zur Verfügung, die den Anschluß an ein aufnahmefähiges Stromnetz erschweren oder verhindern. Ein Beispiel ist das Wasserkraftpotential am Unterlauf des Zaire (Kongo). Dort können an den Inga-Stromschnellen ca. 30 GW elektrischer Leistung erzeugt werden. Nach ersten Abschätzungen würde der Transport nach Europa mit einer Hochspannungs-Gleichstrom-Übertragung (HGÜ) zu Kosten von 8 Pf/kWh möglich sein[42]. Dennoch dürften sich solche Vorhaben noch auf lange Zeit nicht realisieren lassen. In Zukunft muß daher größeres Augenmerk auf die Möglichkeit gerichtet werden, mit Hilfe von Wasserkraft transportable und lagerbare Energieträger zu erzeugen.

Die Nutzung der Gezeiten erfordert eine ähnliche Technik wie die Wasserkraft. Gezeitenenergie wird aber nicht wie z.B. Wasser- und Windenergie indirekt durch die Sonne erzeugt, sondern ist eine Konsequenz der Einwirkung von Erde und Mond mittels der Schwerkraft aufeinander; es handelt sich also eher um „gravitative Energie" oder „lunare Energie". Es wird ein Potential von 500–1.000 TWh/a an Gezeitenenergie für technisch nutzbar gehalten; davon sind bisher nicht mehr als 0,6% tatsächlich erschlossen. Für Deutschland wird das Potential auf 6 TWh/a geschätzt (1,5% des Strombedarfs)[43]. Die technische Nutzung von Gezeitenenergie erfordert in den meisten Fällen aufwendige Bauten. Außerdem steht die Energie nicht ständig zur Verfügung sondern folgt dem Rhythmus von Ebbe und Flut. Es kann sich daher nur um eine ergänzende Energieform handeln, die zudem nur mit relativ hohen Kosten erschlossen werden kann. Ihr Beitrag wird daher auch in Zukunft gering bleiben.

8.2.2.2 Windenergie

Die Windenergie ist wie die Wasserkraft eine indirekte Erscheinungsform der Sonnenenergie. Es wird geschätzt, daß ca. 2% der auf die Erde eingestrahlten Sonnenstrahlung in Windenergie umgesetzt werden. Davon sind aber allenfalls 3% technisch nutzbar. Der Rest weist zu geringe (oder zu hohe) Windgeschwindigkeiten auf, weht in zu großer Höhe oder an zu unzugänglichen Stellen wie dem offenen Meer. Immerhin resultiert der technisch grundsätzlich verwertbare Rest aber in einem Potential von 900.000 TWh/a[44]. Die praktischen Grenzen müssen allerdings nochmals sehr viel enger gezogen werden; seriöse Schätzungen dazu gibt es derzeit nicht.

Für Deutschland wird ein Beitrag der Windenergie von 0,25–1% zum Stromaufkommen für erreichbar gehalten (1–4 TWh/a). Dafür wären ca. 10.000 Windanlagen zu errichten[45].

Die Anlagekosten für Windkraftanlagen sind in den letzten Jahren durch intensive Entwicklungsarbeiten, größere Serien und größere Einzelanlagen deutlich gesunken;

---

[42] H.-J. Haubrich, D. Heinz, H. C. Müller, H. Brumshagen, „Entwicklungen zum gesamteuropäischen Stromverbund", VDI-Berichte 1129, 1994

[43] H.-G. Lochte, „Gezeitenenergie", Energiewirtschaftliche Tagesfragen 45 (1995) 7, S. 450–453; M. Fuchs, M. Eingartner, „Grenzen und Nutzung regenerativer Energien", VDI-Bericht

[44] H. Schaefer, VDI-Lexikon Energietechnik, VDI-Verlag, Düsseldorf 1994, Stichwort „Windenergiepotential"

[45] M. Fuchs, M. Eingartner, a.a.O.

sie liegen jetzt bei 1 MW-Anlagen bei ca. 1.500 DM/kW[46]. Daraus ergeben sich Stromerzeugungskosten an guten Standorten von 15–25 Pf/kWh[47].

Strom aus erneuerbaren Energieträgern muß in Deutschland nach dem Stromeinspeisegesetz von den EVU zu hohen, gesetzlich festgelegten Preisen angekauft werden. Er betrug 1995 für Strom aus Wind und Sonne 17,28 Pf/kWh und steigt automatisch mit dem allgemeinen Strompreisniveau. Dies ist der wichtigste Grund, warum Windkraftanlagen in den letzten Jahren wirtschaftlich attraktiv geworden sind. Die Einspeisevergütung liegt erheblich über den Kosten für die Beschaffung von konventionell erzeugtem Strom (9–12 Pf/kWh) und stellt daher eine Art Subvention dar[48]. Gegenwärtig (1995) sind in Deutschland 2.617 Windkraftanlagen mit insgesamt 643 MW installiert[49]; sie erzeugen ca. 1 TWh/a (0,2% der deutschen Stromerzeugung). Es ist aber zu erwarten, daß Windenergie wegen des relativ geringen und windabhängig schwankenden Ausnutzungsgrades der Anlagen von nur 1.700 h/a selbst an guten Standorten[50] immer vergleichsweise teuer bleiben wird und daher nur einen begrenzten Beitrag zur Energiebereitstellung für allotherme Prozesse leisten kann.

8.2.2.3 Strom aus Sonnenenergie

Aus Sonnenenergie kann auf vielen Wegen Strom erzeugt werden. Eine Möglichkeit ist der „Umweg" über die thermische Energie, wie er mit den früher beschriebenen Turm- und Rinnenkollektoren beschritten wird. Das Arbeitsmedium wird dabei nicht von Brennstoffen erhitzt, sondern durch die Sonne. In Kalifornien haben Solarrinnen-Kraftwerke Erzeugungskosten von 0,14 DM/kWh erreicht[51]. Eine Subventionierung erfolgte durch Abschreibungserleichterungen; insgesamt sind dort 354 MW installiert. Diese Form der Gewinnung solarer Energie ist inzwischen durch gesunkene Preise für fossile Energieträger wieder unwirtschaftlich geworden. Fachleute sehen aber bei solarthermischen Kraftwerken noch ein Kostensenkungspotential um den Faktor zwei[52]. Um den Tagesgang der Sonne auszugleichen, ist entweder eine Zusatzfeuerung mit fossilen Energieträgern oder die Einbindung in größere Netze und damit die Unterstützung durch fossile, nukleare oder Wasserkraftwerke nötig.

Ein anderer technischer Ansatz sind Aufwindkraftwerke. Sie nutzen die Aufheizung der Luft durch die Sonnenstrahlung, die unter einer transparenten Abdeckung auftritt. Die heiße Luft kann durch einen Kamin nach oben entweichen und erreicht dabei eine hohe Geschwindigkeit. Von den Rändern der transparenten Abdeckung her

---

[46] M. Meliß, W. Sandtner (BMBF), „Der Forschungsstand bei den regenerativen Energiequellen", Energiewirtschaftliche Tagesfragen 46 (1996) 1/2, S. 15–23

[47] W. Hlubek (RWE), H.-D. Schilling (VGB), siehe Fußnote 31

[48] Die VDEW gibt die Höhe dieser Subvention für 1994 mit 130 Mio. DM an (VDEW, siehe Fußnote 26).

[49] H. Chr. Binswanger, „Windenergie – eine falsche Alternative", Süddeutsche Zeitung, 8.8.1995

[50] M. Fuchs, M. Eingartner, siehe Fußnote 43
Bandbreite von 800 h/a im Binnenland bis 3.000 h/a an der Küste (M. Meliß, W. Sandtner, a.a.O.).

[51] J. Tartler, „Schub des 1.000-Dächer-Programms ist bis heute ‚völlig verpufft'", Handelsblatt, 19.9.1995

[52] G. Eisenbeiß (Programmdirektor Energietechnik bei der DLR), „Die Solarenergie ist nicht zu stoppen – Die Eroberung des Energiemarktes braucht seine Zeit", Bild der Wissenschaft 8/1995, S. 69–71

wird neue, noch kalte Luft angesaugt. Es gibt Konzepte für riesige Anlagen dieser Art mit einem viele Hektar großen Treibhausdach aus Kunststoffolie und einem hunderte von Metern hohen „Kamin" in Leichtbautechnik. Die Tauglichkeit des Prinzips wurde mit einer deutschen Versuchsanlage im spanischen Manzanares nachgewiesen.

Sichtbares Licht kann durch Trennung von positiven und negativen Ladungen nahe der Oberfläche von bestimmten Festkörpern direkt zur Erzeugung von Strom genutzt werden. Solche photovoltaischen Zellen erfordern hochreine Halbleitermaterialien, deren Verarbeitung zahlreiche, schwierige und sehr genau kontrollierte Schritte erfordert. Photovoltaikanlagen sind daher bisher sehr teuer. Ihre spezifischen Investitionskosten liegen derzeit bei 15.000–20.000 DM/kW$_P$. Damit ergeben sich derzeit Stromkosten von ca. 2 DM/kWh[53].

Für das Jahr 2010 wurden die Erzeugungskosten für eine 500 kW$_P$ Anlage in einer detaillierten Analyse mit ca. 1 DM/kWh abgeschätzt. Bei der Kostenschätzung spielt eine große Rolle, daß zwar für die eigentlichen Solarzellen durchaus noch Kostensenkungspotentiale von über 50% bis 2010 gesehen werden, aber nicht annähernd im gleichen Maße für die ebenfalls notwendigen peripheren Anlagen wie Kabel, Gestelle, Verglasungen und Fundamente sowie für die umfangreichen Montagearbeiten. Diese Anteile werden in 2010 etwa zwei Drittel der Gesamtkosten auf sich vereinigen[54] und das Potential zur Kostensenkung begrenzen. Die wirtschaftlich günstigsten Bedingungen werden sich dann ergeben, wenn eine ohnehin erforderliche Baustruktur (z.B. eine Hausverglasung, ein Dach) ohne großen Zusatzaufwand mit Solarzellen bestückt werden kann.

In Deutschland wurden in umfangreichen Versuchen für Photovoltaikanlagen ca. 1.000 h/a Vollastbetriebsstunden gefunden, davon zwei Drittel während des Sommerhalbjahres[55]. Das bedeutet, daß eine Investition nur zu weniger als einem Achtel der Zeit auch tatsächlich genutzt werden kann[56]. Die Erzeugung von Strom mit photovoltaischen Kraftwerken ist daher bisher nur dann rentabel zu gestalten, wenn ein relativ kleiner Verbraucher versorgt werden muß, der sonst nur mit großem Aufwand an ein Stromnetz angeschlossen werden kann.

Dennoch wurden mit Unterstützung öffentlicher Hände auch einige relativ große Photovoltaikanlagen errichtet. Die größte mit 2 MW$_P$ Leistung steht in Salerno/Italien, eine weitere mit 1 MW$_P$ in Toledo/Spanien; die Stromgestehungskosten werden mit

---

[53] H.-J. Knoche (Ludwig Bölkow Stiftung), „Ein alternatives Energieszenario – ökonomische, ökologische und politische Aspekte", in E. Ratz, a.a.O.;
J. Tartler, a.a.O.
Im Rahmen des 1.000-Dächer Programms der Bundesregierung wurden durchschnittliche Kosten von 24.504 DM/kW$_P$ bei einer durchschnittlichen Anlagenleistung von 2,6 kW$_P$ gefunden (M. Meliß, W. Sandtner, a.a.O.). Insgesamt wurden in diesem Programm 2.250 PV-Anlagen mit zusammen 3,4 MW$_p$ gefördert.
Die gesamte Einspeisung von PV-Strom ins deutsche öffentliche Netz lag 1994 bei 4,241 Mio. kWh.

[54] M. Fuchs, M. Eingartner, siehe Fußnote 43

[55] M. Fuchs, „Wasserstoff aus (Sonnen-)Strom – Ergebnisse und Folgerungen aus einem Demonstrationsprojekt", VGB Kraftwerkstechnik 75 (1995) 2, S. 101–106

[56] Ein Jahr hat 8.760 Stunden. Die normale Arbeitszeit beläuft sich auf ca. 1.600 h/a, d.h. schon im Einschichtbetrieb ist eine übliche Produktionsanlage erheblich besser ausgelastet als eine Photovoltaikanlage. Kohlekraftwerke im Mittellastbetrieb werden typisch 4.500 h/a betrieben, KKW in der Grundlast häufig mehr als 7.500 h/a.

0,77 DM/kWh bzw. mit 0,82 DM/kWh angegeben[57]. Der amerikanische Gasversorger Enron will von der Firma Solarex, einer Tochtergesellschaft des Ölkonzerns Amoco, jährlich Solarzellen mit 10 MW_P kaufen und damit in der Wüste von Nevada nach und nach ein Photovoltaik-Kraftwerk mit 100 MW_P errichten. Auf diese Weise soll der Solarzellenhersteller die Planungssicherheit erhalten, die er benötigt, um die sehr hohen Kosten für die Errichtung einer leistungsfähigen Fertigung zu rechtfertigen. Nur auf diese Weise ist es möglich, die theoretischen Kostendegressionseffekte auch tatsächlich in die Praxis umzusetzen.

In Japan wird ein 70.000 Dächer Programm mit staatlicher Unterstützung realisiert; alleine 1995 sollen 15.000 Photovoltaikanlagen mit 558 Mio. US $ bezuschußt werden[58].

Trotz aller dieser – und weiterer – Projekte beträgt die weltweite, jährliche Produktion von Solarzellen lediglich ca. 70 MW und wächst um ca. 5 MW/a[59] (z.Vgl. *Ein* KKW hat eine Leistung von 1.400 MW). Es wird daher auch im günstigsten Fall noch viele Jahrzehnte dauern, bis Strom aus Photovoltaikanlagen quantitative Relevanz für die Stromerzeugung erlangen können.

Nach heutigem Wissen wird man dem Strom aus der Sonne im Hinblick auf die Energieversorgung industrieller Prozesse nur eine untergeordnete Bedeutung zu-

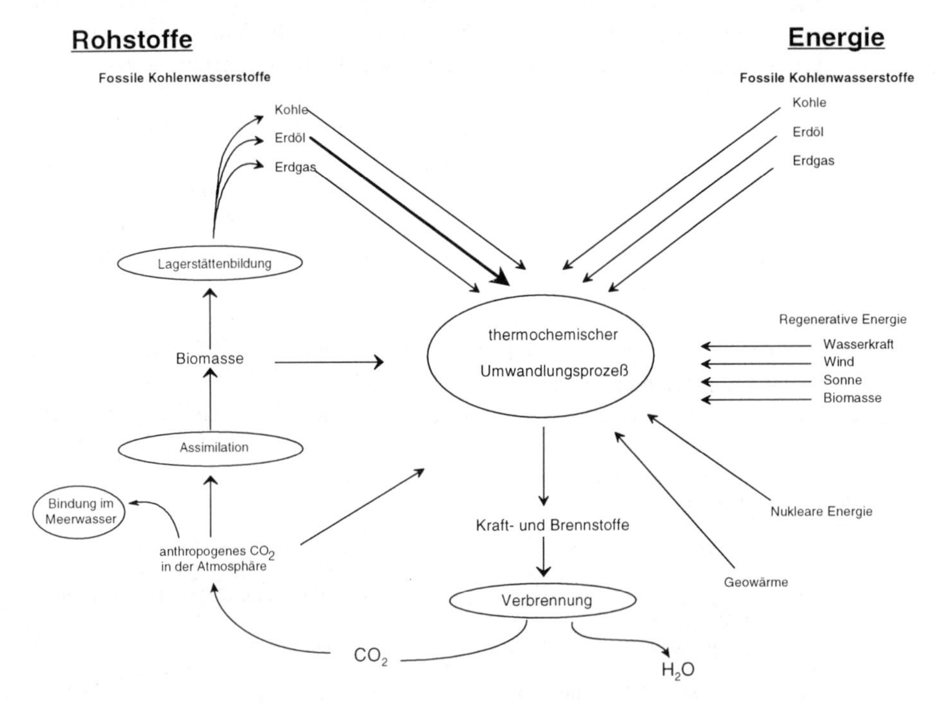

Bild 8.3. Rohstoffe und Energieträger zur Herstellung von Kraftstoffen

[57] J. Tartler, siehe Fußnote 51
[58] „Pakt mit der Sonne", Focus 27/1995, S. 113–117
[59] J. Tartler, siehe Fußnote 51

messen können, solange es nicht gelingt, einen billigen und effizienten Weg zur Energiespeicherung zu finden. Ein vielfach vorgeschlagener Weg zur indirekten Speicherung von Elektrizität ist die Erzeugung von Wasserstoff, der seinerseits unter Umweltaspekten ein fast idealer Brennstoff ist. Es muß sich beim detaillierten, technisch-wirtschaftlichen Vergleich der verschiedenen Möglichkeiten noch zeigen, ob dies z.B. für den Import von Sonnenenergie aus tropischen Ländern tatsächlich der richtige Weg ist.

Auch wenn man den konventionellen Energieträgern die Kosten zurechnet, die durch von ihnen verursachte Umweltschäden entstehen, werden die verschiedenen Formen der Nutzung von Sonnenenergie nicht wirtschaftlich. Dabei sind allerdings nicht quantifizierbare Kosten, die z.B. die Risiken des Treibhauseffektes berücksichtigen, nicht einbezogen. Sonnenenergie scheint selbst ihren beruflichen Befürwortern mit dem Argument der „Internalisierung externer Kosten" nicht durchsetzbar. Auch der oft gehörte Vorwurf, es werde nicht genug in Solarforschung investiert, scheint nicht zuzutreffen. Bisher fehlte dieser Technik nicht so sehr das Geld sondern eher die Zeit zum Ausreifen[60].

Angesichts dieser technisch-wirtschaftlichen Zusammenhänge muß man die intensive öffentliche Diskussion über die angebliche Notwendigkeit, der Sonnenenergie in Deutschland durch fördernde Maßnahmen aller Art zum Durchbruch zu verhelfen, als einen symbolischen Akt betrachten. Offenbar geht es den meisten der Diskussionsteilnehmer im Grunde nicht um diese spezielle Art der Energieerzeugung, sondern um politische Ziele. Es wäre angemessener, diese wirtschafts- oder gesellschaftspolitischen Ziele offen zu erörtern. Nur so ist es möglich, zu klaren und nachvollziehbaren politischen Orientierungen zu kommen.

8.2.3 Energiepolitsche Strategien

Sicher wäre es faszinierend, die Sonne zum alleinigen Garanten unserer zukünftigen Energieversorgung zu machen. Mancher mag sich dabei sogar an die Kulte früherer Zeiten erinnert fühlen, die jahrtausendelang in der Sonne ein für Leben und Wärme zuständiges, machtvolles, göttliches Wesen verehrt haben. Die fundamentalistische Position, für Sonnenenergie müsse eben bezahlt werden, was sie koste, weil alles andere unverantwortlich sei, kann man aber nicht ernsthaft vertreten. Auch ein bewußtes Ruinieren unserer heutigen wirtschaftlichen Grundlagen ist unverantwortlich. Wir können nicht im Angesicht einer noch nicht endgültig einschätzbaren, möglicherweise sehr großen, aber derzeit noch entfernten Gefahr – der Klimaveränderung – eine der Grundlagen unserer heutigen und künftigen wirtschaftlichen Existenz zur Disposition stellen.

Wir müssen vielmehr eine robuste Strategie finden, die es uns ermöglicht, unsere (Energie-) Bedürfnisse zu erfüllen und gleichzeitig die Umsteuerungen vornehmen, die zur Vermeidung nachteiliger Wirkungen für Mensch und Tier, Umwelt und Klima erforderlich werden können. Dazu ist sicherlich eine Mischung aus verschiedenen

[60] G. Eisenbeiß, siehe Fußnote 52

Techniken sinnvoll. Nur ein solches, breit gefächertes technisches Portfolio macht uns unempfindlich gegen Änderungen in der Einschätzung von Prioritäten, wie wir sie in der Vergangenheit immer wieder erlebt haben und mit denen wir auch für die Zukunft rechnen müssen. Es schafft die Basis für Verläßlichkeit und läßt den notwendigen Freiraum für Reaktionen auf unvorhergesehene Entwicklungen.

Wir haben alle technischen Mittel für eine solche Strategie in der Hand. Energie steht uns in den verschiedensten Formen in so großer Menge zur Verfügung, daß man sie aus technischer Sicht als „unerschöpflich" bezeichnen kann. Eine bevorstehende Knappheit muß daher sicher nicht die Richtschnur unseres Handels sein, eher schon die jeweiligen Auswirkungen auf die lokale oder globale Umwelt. Dasselbe läßt sich über die materielle Basis unsere Energiewirtschaft sagen. Wir sind auf unabsehbare Zukunft in der Lage, jeden Energieträger, den wir für spezielle Anwendungen wie z.B. den Straßentransport benötigen, herzustellen. Nicht irgendwelche natürlichen Limitierungen setzen uns hier eine Grenze, sondern alleine der Aufwand, den wir zu treiben bereit sind. Wir haben also alle Mittel zur Lösung unserer Problem in der Hand, wir müssen sie nur besonnen, aber auch entschlossen und konsequent einsetzen.

9 Einige konkrete Visionen

In den bisherigen Kapiteln wurde eine große Anzahl von Techniken skizziert, die in der Lage wären, einen Beitrag zur Versorgung des Verkehrs mit Kraftstoffen zu leisten. Es wurde versucht, die zeitlichen und wirtschaftlichen Randbedingungen darzustellen und das jeweilige Potential anzudeuten. Detaillierte, d.h. quantifizierte Szenarien könnten noch genauere Einblicke geben. Allerdings liegen über viele der erwähnten Techniken nur unvollständige Informationen vor. Quantifizierte Szenarien würden daher eine Genauigkeit vortäuschen, die tatsächlich gar nicht zu erreichen ist. Daher wird im folgenden versucht, einige konkrete Visionen auszumalen. Es bleibt jedem Leser überlassen, sich eine Meinung über deren Tragfähigkeit und Umsetzbarkeit zu machen.

9.1 Das europäische Stromnetz

In der Vergangenheit waren die verschiedenen energieumwandelnden Sektoren Verkehr, Raum- und Prozeßwärme und Strom nicht sehr stark miteinander verkoppelt. So bestand z.B. zwischen dem Kraftstoffsektor und der Elektrizitätswirtschaft nur eine schwache Verknüpfung über das leichte Gasöl, das sowohl zur Herstellung von Dieselkraftstoff wie auch von leichtem Heizöl verwendet werden kann.

Es ist bereits in der Vergangenheit immer wieder zu Verschiebungen in der Energieverbrauchsstrukur gekommen. So wurde z.B. die Kohle im Hausbrand fast vollständig durch Heizöl ersetzt. Derzeit erleben wir, wie das Heizöl seinerseits weitgehend durch das Erdgas verdrängt wird.

Solche Substitutionen wurden ganz wesentlich durch Änderungen in der Einschätzung langfristig wirksamer Kosten ausgelöst. Weitere Verschiebungen sind bereits absehbar. Eine Schlüsselrolle spielt dabei die Elektrizitätswirtschaft. Einmal hat sie die Möglichkeit, von ganz kleinen Anlagen mit wenigen Watt (z.B. einem Solarpanel) bis zu riesig großen Anlagen mit Milliarden Watt (z.B. Großkraftwerke) jeden Stromerzeuger in ihr Netz zu integrieren und technisch beherrschte Primärenergieträger und Energieströme jeder Art und Größe zur Stromerzeugung zu nutzen. Zum anderen erzeugt sie die „Edelenergie" Strom, der zur Substitution buchstäblich jeder anderen Form von Endenergie eingesetzt werden kann. Durch billige Erzeugung in großen Einheiten, einfachen Transport auch über große Entfernungen und eine Anwendungstechnik, die immer effizienter und damit – zumindest bei den variablen Kosten – auch billiger wird, erobert sich der Strom seit Jahrzehnten immer größere Marktanteile. Er verdrängt in stationären Anwendungen immer stärker die Brennstoffe Kohle und Öl. Dieser Prozeß wird sich auch in Zukunft fortsetzen. Damit werden automatisch Ölprodukte für mobile Anwendungen freigesetzt. Durch das immer weitere Vordringen des Gases für die Wärmeerzeugung in stationären Anlagen wird dieser Prozeß noch verstärkt.

Strom nimmt aber auch aus einem anderen Grund eine Schlüsselstellung ein. Mit seiner Hilfe können auch transportable Energieträger jeder Art erzeugt werden. Dabei ist nicht an die Speicherung von Strom gedacht, sondern an die Erzeugung von energiereichen Chemikalien, die ihrerseits bei Bedarf zur Erzeugung einer Nutzenergie verwendet werden können. Ein bekanntes Beispiel dafür ist der Wasserstoff. Aber auch in Benzin und Diesel steckt heute schon in dem Umfang Strom, wie er in der Raffinerie zur Erzeugung von Prozeßenergie eingesetzt wird. Andere Formen von „kondensierter Elektrizität" sind Aluminium, Magnesium, Ammoniak, Chlor, ... In einer langfristigen Perspektive kann daher der Kraftstoffsektor nicht mehr losgelöst von den anderen Energiesektoren und insbesondere vom Stromsektor gesehen werden.

Strom wurde in der Vergangenheit möglichst verbrauchernah erzeugt, um Verluste beim Transport zu vermeiden. Die früher unverbundenen Stromnetze sind aber inzwischen weitgehend miteinander verknüpft worden. Die Netzverluste wurden erheblich reduziert. Strom wird damit immer mehr zu einem international handelbaren Gut und verliert seinen bisherigen Sonderstatus. Die dezentrale Erzeugungsstuktur ist aber bisher erhalten geblieben.

Im Unterschied zu anderen europäischen Ländern spielt der internationale Handel mit Strom in Deutschland immer noch keine große Rolle. Dies wird u.a. mit Argumenten der Versorgungssicherheit begründet. Man muß sich aber fragen, ob dieses Paradigma in Zeiten einer immer stärker international und global vernetzten Wirtschaft noch zeitgerecht ist, zumal sich aus einer weiträumigeren Zusammenarbeit Vorteile bei den Kosten der Strombereitstellung und vielleicht auch bei den ökologischen Auswirkungen ergeben können.

Das europäische Stromnetz ist derzeit im wesentlichen in vier, voneinander weitgehend unabhängige Teilnetze aufgespalten. Das UCPTE-Netz umfaßt alle westeuropäischen Länder. Das nordische Netz versorgt Norwegen, Schweden und Finnland. Das osteuropäische Netz CENTREL verbindet Polen, Tschechien, die Slowakei und Ungarn. Die Staaten der GUS sind in einem eigenen Netz verbunden. Diese Netze sind nicht ohne weiteres miteinander kompatibel. Sie können nur zusammengeschlossen werden, wenn sie zuverlässig gleichmäßig geringe Schwankungen der Netzfrequenz erzielen können. Dies erfordert erhebliche Vorarbeiten in den Kraftwerken und im Betrieb der Netze. So wurde das Netz der ehemaligen DDR erst am 13.9.1995 mit dem westdeutschen Netz synchronisiert und verbunden[1]. Das CENTREL-Netz wird bereits parallel zum UCPTE-Netz betrieben und soll 1997 mit ihm verbunden werden.

Auch innerhalb des UCPTE-Netzes ist der deutsche Stromaußenhandel unbedeutend. Obwohl er in den letzten zehn Jahren bereits um 40% gewachsen ist, liegt die

[1] ohne Autorenangabe, „Stromnetze wieder vereint", Energiewirtschaftliche Tagesfragen 45 (1995) 11, S. 742

Gesamteinfuhr Deutschlands bei nur 20 TWh. Das entspricht einem Anteil von 4,8% an der inländischen Erzeugung. Der Saldo liegt sogar bei nur knapp 2 TWh[2].

Auf EU-Ebene sind Bemühungen im Gange, die eine Liberalisierung des Handels mit Strom zum Ziel haben. Da noch erhebliche Interessenunterschiede bei der Regelung des Zugangs zu fremden Netzen bestehen, ist noch keine Einigung zustande gekommen. Vermutlich wird es hier aber in den nächsten Jahren erhebliche Fortschritte geben. Sie werden dazu führen, daß zumindest Großverbraucher ihren Strom nicht mehr beim Monopolversorger ihres Gebietes beziehen müssen, sondern ihn über das existierende Netz von weit her heranführen lassen können.

Es wird erwartet, daß in Zukunft vor allem Frankreich in großem Umfang als Stromexporteur auftreten wird. Schon heute wird die Leistung von ca. fünf Kernkraftwerken für Exporte nach Italien (14 Mrd. kWh), in die Schweiz (20,7 Mrd. kWh), nach Großbritannien (16,3 Mrd. kWh) und nach Belgien genutzt. Die Stromexporte hatten 1995 einen Wert von 5,2 Mrd. DM[3]. Da derzeit bereits mehr als 80% des französischen Stroms aus KKW stammt, werden viele Anlagen in der Mittellast gefahren, d.h. sie werden entsprechend dem im Tages- und Wochenverlauf schwankenden Bedarf mehr oder weniger stark gedrosselt. Die theoretisch mögliche Stromerzeugung wird nur zu weniger als der Hälfte auch tatsächlich genutzt. Diese Anlagen können ohne zusätzlichen Aufwand Exportstrom liefern. Trotz der schwachen Auslastung der bestehenden werden in Frankreich weitere KKW gebaut. Die Électricité de France kann daher bei einer Liberalisierung der Strommärkte sofort als Großanbieter zu billigen Preisen auftreten. Es wäre dann z.B. möglich, Grundlaststrom aus Frankreich zu beziehen und dafür Mittellaststrom aus fossilen Kraftwerken zu exportieren. Es wäre aber auch möglich, außerhalb der Zeiten der Spitzennachfrage in Frankreich „überschüssigen“ Strom zu Preisen nahe den Grenzkosten zu beziehen und damit industrielle Prozesse zu betreiben.

Der Stromaustausch zwischen den verschiedenen europäischen Netzen erfordert wegen der Unterschiede in der Frequenzhaltung technische Maßnahmen. Vereinzelt bestehen Verbindungen mittels Hochspannungs-Gleichstrom-Übertragung. Diese Verbindungen haben aber nur eine vergleichsweise geringe Leistungsfähigkeit. Der internationale Handel mit Strom wird dadurch noch behindert. Ab 2003 soll das deutsche Stromnetz mit einem Unterwasserkabel an das norwegische angeschlossen sein; dann werden bis zu 500 GWh/a an norwegischem Strom importiert werden können. Das ist das dritte Projekt einer Kabelverbindung zwischen Norwegen und Kontinentaleuropa[4].

---

[2] VDEW, „Die öffentliche Elektrizitätsversorgung 1994“, Frankfurt, September 1995
Die gesamte Stromerzeugung in der Alten Bundesländern lag 1994 bei 420,6 TWh.

[3] W. Proissl, „Ein bißchen Wettbewerb“, Die Zeit, 14.6.1996, S. 18
W. Hess, „Elektroautos – Intelligenz soll weiterhelfen“, Bild der Wissenschaft 9/1996, S. 111–112
Zum Vergleich: Ein Kraftwerk mit 1.300 MW erzeugt in 7.000 Vollast-Betriebsstunden 9,1 Mrd. kWh.

[4] Süddeutsche Zeitung vom 22.9.1995,
Notizen in Energiewirtschaftliche Tagesfragen 45 (1995) 5, S. 330 und 45 (1995) 11, S. 742.
Zusätzlich ist ein Austausch von bis zu 1.500 GWh/a vorgesehen.
Das 550 km lange Seekabel von der Südspitze Norwegens zu einem Einspeisepunkt in das HEW-Netz mit einer Leistung von 600 MW kostet ca. 1 Mrd. DM (ca. 2 Mio. DM/km).

Aber dies ist nur ein erster Schritt. Langfristig wird sich ein einheitliches europäisches Netz unter Einschluß des nordischen und des osteuropäischen Netzes bilden. Dann wird es möglich sein, norwegischen Wasserkraftstrom in größerem Umfang nach Europa zu exportieren und damit fossil erzeugten Strom zu ersetzen. Um zusätzlichen Strom für den Export freizustellen, müßten in Norwegen zusätzliche Kraftwerke gebaut werden. Das ist angesichts der dortigen Wasserkraftpotentiale durchaus möglich. Allerdings könnten sich auch Gegenströmungen ergeben, die die Erhaltung unverbauter Flußtäler für wichtiger halten als die Einsparung von Kohlendioxidemissionen im Ausland, z.B. in Polen. Es gibt aber auch die Möglichkeit, durch bessere Nutzung des Stroms Exportpotentiale freizustellen. Dabei könnte eine teilweise Umstellung der Hausheizung, die derzeit in Norwegen weitgehend auf Strom zurückgreift, auf andere Energieträger hilfreich sein. Es käme dann in norwegischen Städten zu einer Verdrängung von Stromheizungen durch Gasheizungen. Eine interessante Perspektive böte auch der gemeinsame Betrieb von französischen KKW in der Grundlast in Kombination mit norwegischen Speicher-Wasserkraftwerken, die dann die Mittel- und Spitzenlast abzudecken hätten. Damit könnte wahrscheinlich ein erheblicher Teil der bisherigen Stromerzeugung aus fossilen Brennstoffen in Europa überflüssig gemacht werden. Alternativ entstünden große Möglichkeiten zur Nutzung von Strom bei der Erzeugung von Kraftstoffen.

In den osteuropäischen Ländern wird die Notwendigkeit immer dringlicher, alte Kernkraftwerke mit sowjetischer Technik außer Betrieb zu nehmen. Besonders wünschenswert wäre dies bei den Anlagen vom Typ RBMK, die durch den Tschernobyl-Unfall von 1986 im negativen Sinn berühmt geworden sind. Durch technische Veränderungen wurde zwar inzwischen eine Wiederholung des damaligen Unfallablaufs unmöglich gemacht, dennoch müssen diese Anlagen im Vergleich zum westeuropäischen Standard weiter als unsicher gelten. In Rußland, Litauen und in der Ukraine sind insgesamt 15 Kraftwerke des Typs RBMK im Betrieb. Die Schwerindustrie der GUS-Länder scheint durchaus in der Lage, wesentlich verbesserte Anlagen zu entwickeln und zu bauen[5]. Eventuelle Defizite in der Leittechnik können durch Hardware-Importe aus Westeuropa, den USA oder Japan und langfristig wahrscheinlich durch know-how-Verkauf ausgeglichen werden. Bisher fehlt aber aus Mangel an Kapital die Bereitschaft, solche Ersatzinvestitionen zu tätigen. Ausreichend hohe Kredite westlicher Staaten können auch in Zukunft kaum verfügbar gemacht werden. In langfristiger Perspektive sind Formen von public-private-partnerships mögliche Lösungsansätze. Westliche Investoren könnten sich daran beteiligen, die erforderlichen Ersatzkapazitäten bereit zu stellen. Die Rückzahlung der investierten Mittel könnte durch den Export von Strom erfolgen. In Verbindung mit den zuvor angedeuteten Möglichkeiten für den internationalen Handel mit Strom ergeben sich daraus Chancen für eine europaweit vernetzte, nach Kosten- und Umweltkriterien optimierte Stromversorgung[6].

---

[5] Einen Überblick über die derzeit in Rußland verfolgten Konzepte für fortgeschrittene Reaktoren gibt D. Röhrlich, „Morgendämmerung für russische Kernkraft", Bild der Wissenschaft 9/1996, S. 104–108

[6] Auch der Gedanke eines Netzverbundes Europa-Asien-Amerika bzw. Europa-Afrika ist schon diskutiert worden: H.-J. Haubrich, D. Heinz, H. C. Müller, H. Brumshagen, „Entwicklungen zum gesamteuropäischen Stromverbund", VDI-Berichte 1129, 1994

Eine andere Möglichkeit zur Rückzahlung der Investitionen in neue Kraftwerke bestünde darin, mit einem Teil der erzeugten Elektrizität vor Ort energieintensive Güter wie Aluminium oder Kraftstoffe zu erzeugen und diese zu exportieren.

9.2 Die Verflüssigung von Biomasse

Aus Biomasse können auf vielen Wegen flüssige Kraftstoffe gewonnen werden. Eine energetisch besonders attraktiv erscheinende Variante ist die vollständige Umsetzung der Biomasse mit Hilfe von thermochemischen Verfahren. Es bieten sich dazu Prozesse an wie

- die Vergasung zu Synthesegas mit anschließender Synthese von Kraftstoffen,
- die direkte Verflüssigung z.B. mit hydrothermal upgrading und anschließende Verarbeitung in einer Raffinerie,
- die Pyrolyse mit Weiterverarbeitung in einer Raffinerie.

Auf der Basis solcher Prozesse kann man sich z.B. das folgende Szenario für die Erzeugung von Kraftstoffen vorstellen.

In den Tropenwäldern Nord-Brasiliens gedeihen schnell wachsende Bäume wie der Eukalyptus. Jährliche Holzerträge von 10 t/ha sind ohne weiteres erreichbar. Schon bisher wird in diesem Gebiet in großem Umfang Forstwirtschaft betrieben. Das Holz wird zu Holzkohle verarbeitet, die u.a. in der brasilianischen Stahlerzeugung verwendet wird.

Zukünftig könnte ein Teil davon oder zusätzliches Holz in einem Pyrolyseprozeß verarbeitet werden. Aus dem angelieferten Holz wird dabei das Wasser und die Asche entfernt. Der danach noch verbleibende Sauerstoff wird dem Holz durch Bindung an einen Teil des Kohlenstoffs entzogen und als Kohlendioxid freigesetzt. Als Produkt entsteht ein Öl, daß in seinen Eigenschaften dem Rohöl ähnlich ist. Aus 1 t Holz entstehen so bis zu 440 kg eines synthetischen Rohöls: Biocrude. Der Wirkungsgrad dieses Prozesses liegt in der Theorie bei maximal 76% bezogen auf den Heizwert des lufttrockenen Holzes. Wirkungsgrade über 60% dürften also durchaus technisch realisierbar sein. Das Biocrude wird zu Raffinerien gebracht und dort zusammen mit fossilem Rohöl zu Kraftstoffen veredelt.

Für die Versorgung einer Pyrolyseanlage mit einem Jahresdurchsatz von 200.000 t mit Holz ist ein Einzugsgebiet mit einem Radius von 10 km erforderlich. Die Anlage erzeugt jährlich 70.000 t Biocrude mit einem Heizwert von ca. 26 MJ/kg. Außerdem fallen Gase und Teer an, die zur Energieversorgung der Anlage in Kraft-Wärme-Kopplung verheizt werden. Eventueller Überschußstrom wird im lokalen Netz verwertet.

Die Ernte erfolgt mit modernem Gerät. Das Holz wird nach dem Einschlag vorzerkleinert und dezentral getrocknet. Dazu werden solar geheizte Leichtbausilos verwendet. Von den dezentralen Lagern aus wird das Holz nach Bedarf der zentralen Pyrolyseanlage zugeführt.

Die Anlage wird arbeitstäglich von 35 Großbehälter-Lkw mit je 20 t Holz beliefert. Die mittlere Transportentfernung beträgt bei einem kreisförmigen Einzugsgebiet

7 km. Bei Berücksichtigung von topografisch bedingten Umwegen mit einem Faktor 1,3 ergibt sich ein Frachtaufkommen von 1,8 Mio. tkm/a. Daraus errechnet sich ein Kraftstoffverbrauch von ca. 47.000 l/a, der einem Anteil von 0,1% der Biocrude-Menge entspricht[7] (Annahme: Verbrauch 30 l/100 km beladen, 22 l/100 km leer).

Das Biocrude wird in Tankwagen zu einer Raffinerie transportiert und dort gemeinsam mit den Erträgen anderer Holzplantagen und mit fossilem Rohöl zu Benzin, Diesel und Flugzeugkraftstoff verarbeitet. Die Raffinerie ist so gestaltet, daß sie mit unterschiedlichen Anteilen von Biocrude und Rohöl betrieben werden kann. Sie kann daher flexibel auf witterungs- oder erntebedingte Angebotsschwankungen reagieren. Eine kontinuierliche Auslastung der kapitalintensiven Anlage ist dadurch jederzeit sichergestellt.

Unmittelbar im Anschluß an die Ernte des Holzes wird gedüngt und neu gepflanzt. Durch die Art der Pflanzung wird eine leichte Bearbeitung der Fläche mit Maschinen ermöglicht. Ein Drittel der Fläche wird nicht produktiv genutzt. Es verbleibt als Ausgleichsgebiet im ursprünglichen Zustand, um den Bestand der natürlichen Tier- und Pflanzenwelt nicht mehr als unbedingt notwendig zu beeinträchtigen.

Unter der Voraussetzung relativ niedriger Personalkosten würde die Kostenstruktur einer solchen Anlage durch die Abschreibungen auf die zentrale Pyrolyseanlage dominiert werden. Nach einer groben Abschätzung wäre mit Kosten für das Biocrude in der Größenordnung von 300–400 DM/t zu rechnen. Sie lägen damit beim doppelten des heutigen Ölpreises. Eine solche Anlage könnte sich daher nur dann wirtschaftlich tragen, wenn ihre Produkte in den Verbraucherländern teilweise oder ganz von der Mineralölsteuer ausgenommen würden. Eine solche Befreiung wäre sowohl angesichts der Entlastung der Kohlendioxidbilanz als auch wegen des Beitrages solcher Prozeßketten zur Schaffung von Arbeit und Einkommen in benachteiligten Gebieten zu rechtfertigen.

9.3 Die Nutzung von Wasserkraft für die Erzeugung von Kraftstoffen

Für die Herstellung leichter, schwefelarmer Mineralölprodukte wie Benzin oder Diesel müssen in jeder Raffinerie schon heute große Mengen an Wasserstoff bereitgestellt werden. Er wird aus Synthesegas erzeugt, das meist durch die Vergasung von schweren Rückstandsölen vor Ort produziert wird. Wenn in einer Raffinerie ausschließlich leichte Produkte hergestellt werden sollen, wird noch viel mehr Wasserstoff benötigt als heute, denn dann müssen auch die Produktmengen, die bisher als Schweres Heizöl, als Bitumen oder gar als Petrolkoks anfielen, hydriert werden. Man kann abschätzen, daß der Wasserstoffbedarf dann bis auf ca. 3 Gew.-% des Rohöldurchsatzes ansteigt. Für eine übliche Raffinerie mit einem jährlichen Durchsatz von 5 Mio. t – entsprechend etwa der Anlage in Vohburg bei Ingolstadt – wären also jährlich 150.000 t

[7] Die erforderliche Transportleistung nimmt mit der dritten Potenz des Radius des Einzugsgebietes zu. Damit steigt der Logistikaufwand schneller an, als die Kosten für die Pyrolyseanlage mit der Größe zurückgehen. Der hier verwendete Wert für die Kapazität von 200.000 t/a wurde geschätzt. Genauere Untersuchungen müssen die jeweils technisch und geographisch günstigste Anlagengröße ergeben.

Wasserstoff bereitzustellen. Bei der autothermen Erzeugung aus Methan wären dafür ca. 700 Mio. Nm^3 Gas erforderlich, es würden 1.400.000 t CO_2/a freigesetzt. Bei Vergasung von Rückstandsölen ergeben sich noch höhere Werte.

Eine Alternative zur Erzeugung von Wasserstoff aus Synthesegas wäre die Verwendung von elektrolytisch erzeugtem Wasserstoff. Bei einem Wirkungsgrad von 80% und einer jährlichen Nutzungsdauer der Anlage von 8.000 h wäre dafür eine elektrische Leistung von 625 MW erforderlich. Die Elektrolyseanlage müßte auf ca. 210.000 Nm^3/h ausgelegt werden. Sie wäre damit mehr als sechsmal größer als die größten heute betriebenen.

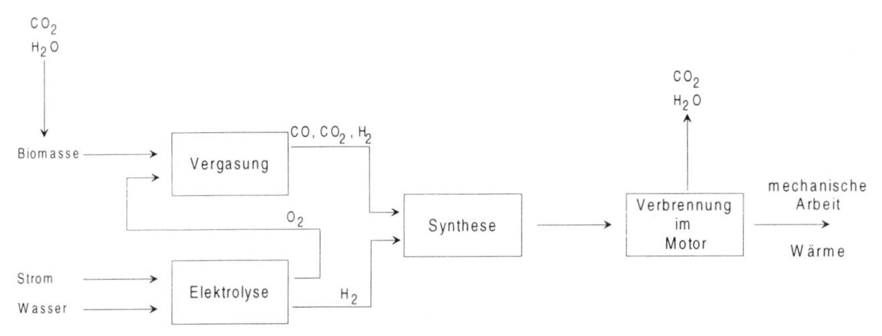

Bild 9.1. Schema der Erzeugung von flüssiger Kraftstoffen aus Biomasse, Strom und Wasser

Außer für die Erzeugung von Wasserstoff muß in einer Raffinerie auch viel Energie für Wärme und Strom bereitgestellt werden. Zur Deckung dieses Eigenverbrauches werden ca. 3,5% des Öldurchsatzes verbrannt. Das entspricht einer Leistung von 260 MW und einer jährlichen CO_2-Emission von ca. 550.000 t. Dieser Energiebedarf könnte bei allothermer Prozeßführung ebenfalls durch extern erzeugten Strom gedeckt werden.

In der Summe beider Maßnahmen ergäbe sich eine Entlastung der CO_2-Bilanz um rund 2.000.000 t/a bei wesentlich verbessertem, weil ausschließlich aus leichten Produkten bestehendem Output. Zugleich würden nahezu alle Emissionen an Stickstoffoxiden, Schwefeloxiden usw. aus der Raffinerie vermieden, die in konventionellen Anlagen durch Brenner usw. verursacht werden.

Eine Anlage dieser Art ist in Europa kaum vorstellbar. Selbst wenn das noch relativ einfach weiter auszubauende, norwegische Wasserkraftpotential stärker genutzt würde, könnte der dort erzeugte Strom leichter und wahrscheinlich gewinnbringender in das europäische Verbundnetz eingespeist werden und dort vielleicht Kohlestrom verdrängen. Anders sieht es aber in Grönland oder auch Island aus. Dort wären noch sehr große Wasserkraftpotentiale zu erschließen. Ein Anschluß an das europäische oder amerikanische Stromnetz würde aber enorme Investitionen in Langstrecken-Unterwasserkabel erfordern. Im Vergleich dazu kann man sich durchaus ein Szenario folgender Art vorstellen:

- Auf Grönland werden ein Wasserkraftwerk mit einer Leistung von zunächst 900 MW, eine Wasserelektrolyse mit 210.000 Nm^3/h und eine Raffinerie mit einem Durchsatz von 5 Mio. t/a errichtet.

- Venezolanisches, sehr schweres Rohöl wird nach Grönland gebracht (ca. 20 Tankerladungen pro Jahr).
- Das Rohöl wird mit Hilfe des elektrolytisch gewonnenen Wasserstoffs zu leichten Produkten verarbeitet.
- Die Produkte werden nach Europa oder Amerika verkauft (ca. 100 Tankerladungen pro Jahr).

Bei der Verarbeitung entstehen keine CO_2-Emissionen. Alle anderen Emissionen sind auf ein Minimum reduziert.

Ein solches Szenario kann man sich natürlich in ganz ähnlicher Form an anderen Orten auf der Welt vorstellen, an denen Wasserkraft weit entfernt von großen Verbrauchszentren verfügbar ist. Solche Gelegenheiten kann man vor allem in Südamerika (siehe Itaipu, Yacyreta[8]) und in Afrika (siehe Cabora Bassa, Zaire) finden.

Wenn die Reduktion der Kohlendioxidemissionen durch die allotherme Einkoppelung von Energie und die Verwendung von elektrolytisch gewonnenem Wasserstoff noch nicht als ausreichend betrachtet wird, kann man durchaus noch weiter gehen. Es wäre langfristig vorstellbar, daß ein aus Biomasse gewonnenes „Rohöl" das fossile Öl ganz oder teilweise ersetzt. Dieses Bioöl könnte ebenfalls in Südamerika durch den Anbau von schnell wachsenden Hölzern gewonnen werden. Auch die Verwendung mariner Biomassen wäre grundsätzlich denkbar.

Eine alternative Möglichkeit zum Einsatz in der Raffinerie wäre die Verflüssigung des erzeugten Wasserstoffs und sein anschließender Transport zu den Verbrauchszentren[9]. Dort könnte er unmittelbar in Fahrzeugen eingesetzt werden und würde vor allem in Ballungsgebieten einen deutlichen Beitrag zur Verbesserung der Lufthygiene leisten können. Dieser Vorteil müßte allerdings mit erheblichen Verlusten für den Prozeß der Verflüssigung und den Transport erkauft werden.

Auch nach Europa oder in die USA transportierter Wasserstoff könnte anders als als Kraftstoff verwendet werden. Es läge z.B. nahe, an eine Verwendung in bestehenden Raffinerien zu denken und damit den Verbrauch an Erdgas oder Öl zur Erzeugung von Wasserstoff zu senken. Der tatsächlich am sinnvollsten gangbare Weg muß sich in genauen technisch-wirtschaftlichen Untersuchungen herausstellen.

Die Beispiele zeigen, daß es zahlreiche Wege gibt, regenerative Energien für die Gewinnung flüssiger Kohlenwasserstoffe nutzbar zu machen. Damit können die fossilen Reserven geschont und Umweltbelastungen durch Klimagase wie Kohlendioxid vermindert werden.

Solche Ideen stehen natürlich im Wettbewerb zu anderen Möglichkeiten zur Nutzung entlegener Wasserkraft. Eine bestände darin, den Strom vor Ort zur Herstellung

---

[8] Staudamm Yacyreta: Am Paraná entsteht ein Wasserkraftwerk mit 2.700 MW Dauerleistung aus 20 Generatoren. Eine Stauseefläche von 1.600 km^2 sorgt für eine Wasserschüttung von 12.000 m^3/s. Die jährliche Stromerzeugung liegt bei 19.000 GWh („Interesse in USA und Kanada an Übernahme", Handelsblatt, 10.1.1996).

[9] Allerdings scheint die Hochspannungs-Gleichstrom-Übertragung von Strom auch bei großen Enferungen kostengünstiger zu sein als Erzeugung und Transport von Wasserstoff. Dadurch wird die Wasserstoffoption zumindest so lange unattraktiv, wie Stromerzeugung und -verbrauch zeitgleich erfolgen können (H.-J. Wagner (GH Essen), „Wasserstoff – Hoffnungsträger für die Zukunft?", Energiewirtschaftliche Tagesfragen 46 (1996) 1/2, S. 24–26).

energieintensiver Güter zu nutzen. Hier würde sich vor allem die Erzeugung von Aluminium oder die Verhüttung anderer Metalle anbieten. Diese Möglichkeit wird z.B. von der Firma Alusuisse bereits genutzt: Auf Island wurde eine Hütte errichtet, die billigen Wasserkraftstrom dazu nutzt, Aluminium zu erzeugen. Die erforderliche Tonerde wird per Schiff aus Australien gebracht. Der isländische Stromversorger hat seinen Strompreis teilweise an die Notierung für Aluminium an der London Metals Exchange gebunden und nimmt so an Chancen und Risiken des Geschäfts teil.

Es ist auch bereits untersucht worden, ob Unterwasserkabel eine Verbindung zwischen Island und Schottland sicherstellen könnten. Dies scheint technisch durchaus möglich, wenn auch extrem teuer[10]. Auf diese Weise wäre eine Anbindung an das aufnahmefähige, europäische Stromnetz zu schaffen. Ein nicht ganz so schwieriges Projekt wird gerade in Malaysia realisiert. In Sarawak wird ein Wasserkraftwerk mit einer Leistung von 2.520 MW errichtet. Der dort erzeugte Strom soll über eine Entfernung von mehr als 1.300 km zu den Ballungszentren der malaiischen Halbinsel geführt werden. Dazu wird eine Hochspannungs-Gleichstrom-Übertragung (HGÜ) mit einer Betriebsspannung von 500 kV gebaut[11].

Vielleicht wird die Möglichkeit, Strom über sehr große Entfernungen zu transportieren, noch viel attraktiver, wenn es gelingt, zuverlässige, bei Umgebungstemperatur supraleitende Kabel für hohe Leistungen zu entwickeln. Mit Strom aus entlegener Wasserkraft könnten dann andere z.B. fossile Brennstoffe bei der Stromerzeugung in dicht besiedelten Gebieten gespart werden. Alternativ oder parallel wäre es aber auch möglich, das Angebot an elektrischer Energie zu steigern und damit fossile Energieträger beim Endverbraucher freizusetzen. So könnte z.B. leichtes Gasöl als Heizöl verdrängt werden und dadurch als Diesel- und Flugturbinenkraftstoff vermehrt zur Verfügung stehen.

Unabhängig davon, welcher der skizzierten Wege tatsächlich eingeschlagen wird, kann die globale CO_2-Bilanz deutlich entlastet werden. Allerdings müssen in jedem Fall heutige Denkmuster verlassen und neue Koalitionen geschaffen werden. Wir haben viele, sinnvolle Möglichkeiten zu handeln, wir müssen es nur tun!

[10] Die Übertragung von Leistungen zwischen 1.200 MW und 2.400 MW aus isländischer Wasserkraft nach Großbritannien über 1.700 km mittels HGÜ wurde im Detail untersucht. Trotz des teuren Kabels wäre der Strom konkurrenzfähig gegenüber lokal mit fossilen Brennstoffen erzeugter Elektrizität (G. Güth, M. Häusler, G. Schlayer, „Übertragung elektrischer Energie über große Entfernungen“, VDI-Berichte 1129, 1994

[11] M. Studer, „ABB to Lead Power Project in Malaysia“, The Wall Street Journal Europe, 18.6.1996, S. 4

10 Zusammenfassung

Die zunehmende Verkehrsnachfrage bringt neben dem unbestreitbaren Nutzen von Mobilität für die Verkehrsteilnehmer in Form von persönlicher Freiheit, besseren Möglichkeiten zur Teilnahme an wirtschaftlichen Prozessen, Erschließung und Anbindung entfernter Gebiete, Bereitstellung aller Arten von Waren und Dienstleistungen nahezu unabhängig von Zeit und Ort usw. zweifellos auch Probleme mit sich. Darunter werden die Emissionen von luftbelastenden und klimaverändernden Stoffen derzeit als besonders nachteilig angesehen. Allerdings hat sich der Focus der Aufmerksamkeit in den letzten Jahrzehnten immer wieder verschoben. Dies liegt einerseits daran, daß einige Probleme durch technische Gegenmaßnahmen praktisch verschwanden. Ein Beispiel dafür ist das Kohlenmonoxid, von dem heute praktisch keine Gefährdung mehr ausgeht. Ein anderer Grund sind neue wissenschaftliche Erkenntnisse, die teilweise ihren Niederschlag in politischen Forderungen gefunden haben. Ein Beispiel dafür ist die Klimaproblematik.

Zur Lösung der verschiedenen Emissionsprobleme gibt es eine Vielzahl von Möglichkeiten. Die „klassischen" Luftschadstoffe wie Stickstoffoxide, Kohlenmonoxid, unverbrannte Kohlenwasserstoffe und Partikel wurden mit Hilfe immer besserer Fahrzeugtechnik und unter Nutzung verbesserter Kraftstoffe trotz steigenden Verkehrsaufkommens bereits wesentlich reduziert. Dieser Trend wird sich in den kommenden Jahren verstärkt fortsetzen. Er kann auch durch eine weitere Zunahme des Autoverkehrs nicht umgekehrt werden. Aus heutiger Sicht werden diese Stoffe daher mittelfristig kein allgemeines Problem für die Lufthygiene mehr darstellen. Selbst weiter verschärften Immissionszielen kann mit weiteren Verbesserungen an Motoren, Fahrzeugen und Kraftstoffen Rechnung getragen werden.

Nur an Orten mit sehr hohem Verkehrsaufkommen aber mit geringem Luftaustausch kann es immer noch zu Schadstoffimmissionen kommen, die als zu hoch eingestuft werden. Für solche Gebiete stellt der Einsatz besonders sauber verbrennender Kraftstoffe eine wirksame Abhilfe dar. Kurzfristig steht dazu Erdgas in Form von CNG zur Verfügung, längerfristig ist LNG eine interessante Option und in ganz langfristiger Perspektive der flüssige Wasserstoff. Damit wäre dann das Ziel eines nahezu emissionsfreien Kfz erreichbar. Es müßte daher angestrebt werden, daß Fahrzeuge, die ausschließlich oder doch ganz überwiegend in hoch belasteten Gebieten bewegt werden, auf diese Kraftstoffe umgestellt werden. Besonders würden sich dazu Taxis, Busse, Kommunalfahrzeuge, Lieferfahrzeuge usw. anbieten. Die technische Machbarkeit ist nachgewiesen. Die Industrie hat teilweise bereits entsprechende Angebote gemacht, die Politik sollte nun für die nötigen Anreize sorgen. Bei der Besteuerung des Erdgas als Antriebsenergie ist dies auch bereits geschehen.

Das Beispiel des Erdgases zeigt, daß besonders saubere Kraftstoffe zu außerordentlich niedrigen Emissionen beitragen können. Daher sollte auch bei den konventionellen Kraftstoffen Benzin und Diesel der Weg zu immer besser definierten, sauberen Qualitäten gegangen werden. Verbesserungen an dieser Stelle wirken sich unmittelbar auf die Emissionen aller im Betrieb befindlicher Fahrzeuge aus. Anders bei Maßnahmen zur Begrenzung der Emissionen von Fahrzeugen, die sich immer nur bei den neu produzierten Modellen auswirken können.

Das andere große Thema der derzeitigen Umweltdiskussion ist der Beitrag des Verkehrs zur Freisetzung von Klimagasen, speziell von Kohlendioxid. Hier sind ebenfalls zahlreiche Gegenmaßnahmen möglich und teilweise bereits wirksam. Der spezifische Verbrauch der jährlich neu zugelassenen Fahrzeugflotte ist bereits erheblich gesunken. Weitere Verbesserungen um 25% bis 2005 bezogen auf den Stand von 1990 hat die deutsche Autoindustrie der Bundesregierung fest zugesagt.

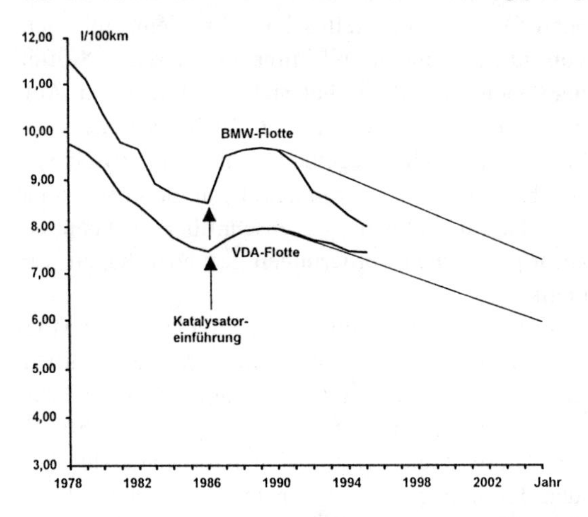

Bild 10.1. Entwicklung des Verbrauchs der in Deutschland jährlich neu zugelassenen Pkw. Die „VDA-Flotte" gibt den Mittelwert aller Fahrzeuge deutscher Hersteller an. Die Extrapolationen zeigen die Verbrauchsentwicklung entsprechend der Zusage der deutschen Automobilindustrie.

Allerdings sind die bisherigen, fahrzeugseitigen Verbesserungen zu etwa zwei Dritteln von zunehmenden Engpässen und Effizienzverschlechterungen im Straßennetz wieder aufgezehrt worden. Damit dies mit den weiteren Verbesserungen nicht auch geschieht, müssen auch von Seiten der Straßeninfrastruktur erhebliche Beiträge kommen. Es müssen daher gezielt Engpässe im Straßennetz beseitigt werden. Dazu gehören der Bau von Ortsumgehungen, Lückenschlüsse im Autobahnnetz, der Bau von dritten Spuren auf allen hoch belasteten Strecken usw.

Durch den Einsatz von Informationsverarbeitung und Kommunikationstechnik unter dem Stichwort Telematik kann viel vermeidbarer Verkehr tatsächlich vermieden und gewünschter oder unvermeidlicher Verkehr rationeller abgewickelt werden. Dazu gehören auch wesentlich verbesserte Möglichkeiten zur Erleichterung des Umsteigens zwischen Auto und öffentlichem Verkehr. Hier sind bereits erfolgversprechende Entwicklungen im Gange, die aber auch zügig umgesetzt werden müssen. Dies ist eine

Aufgabe, die nur von der privaten Wirtschaft und den Trägern des öffentlichen Verkehrs (und damit der Politik) gemeinsam gelöst werden kann.

Über diese Maßnahmen hinaus stehen uns zahlreiche weitere Wege offen, den Energieverbrauch des Verkehrs mit wesentlich geringeren Kohlendioxidemissionen zu organisieren. Einmal haben wir grundsätzlich alternative Antriebe wie Elektro-, Hybrid-, Brennstoffzellen- oder Wasserstoffantrieb zur Verfügung, die nicht notwendig von fossilen Kraftstoffen abhängig sind. Alle diese Techniken sind jedoch noch nicht voll ausgereift und haben noch erhebliche praktische und wirtschaftliche Nachteile. Aus diesem Grund sind die zahlreichen Möglichkeiten interessant, flüssige Kohlenwasserstoffe als Energieträger ganz ohne oder zumindest mit stark reduziertem Einsatz von fossiler Energie zu erzeugen.

Dazu bietet sich als erste Möglichkeit die Einkoppelung von regenerativer Energie z.B. aus Wasserkraft in den Raffinerieprozeß an. Sie kann einmal genutzt werden, um den Bedarf der Raffinerie an Prozeßenergie zu decken. Schon damit würde der dem Verkehr zuzurechnende CO_2-Ausstoß deutlich vermindert. Dieser Zusammenhang wird bei den derzeitigen Diskussionen um eine Begrenzung des Verbrauchs der Pkw stets übersehen, bei der alleine die Emissionen aus dem Auspuff, nicht aber die aus den Schornsteinen der Raffinerien betrachtet werden.

Ein weitergehender Ansatz wäre die Erzeugung des für die Veredelung des Rohöls notwendigen Wasserstoffs mittels Elektrolyse. Neben Wasserkraft können auch alle anderen regenerativen Energien wie Photovoltaik, solarthermische Energie, Windkraft, Gezeiten usw. für diesen Zweck eingesetzt werden. Nach heutiger Kenntnis sind sie aber wirtschaftlich wesentlich weniger attraktiv. Auch nukleare Energie kann in Form von Strom aber auch in Form von Hochtemperaturwärme genutzt werden. Gerade der letztere Prozeß wurde in Deutschland bereits sehr weit entwickelt.

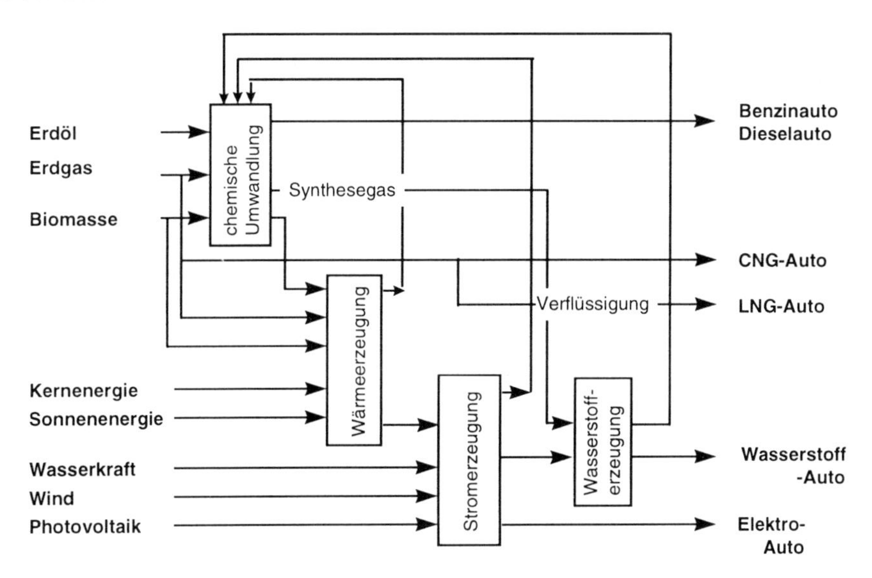

Bild 10.2. Heute realisierte und künftig mögliche Verflechtungen zwischen den Energiesystemen bei der Erzeugung von Kraftstoffen für den Verkehr

Eine noch weitergehende Möglichkeit ist die großtechnische Nutzung von Biomasse für die Erzeugung von Kraftstoffen. Damit würde das emittierte Kohlendioxid über den Umweg der Assimilation in den Pflanzen „recycled“. Dazu stehen mehrere, bereits großtechnisch realisierte Wege zur Verfügung:

- Die Erzeugung von Ethanol durch Vergärung von zucker- oder stärkehaltigen, später vielleicht auch lignocellulosehaltigen Rohstoffen
- Die Extraktion von Ölen aus Ölpflanzen und ihre Weiterverarbeitung zu Motorkraftstoffen

Weitere, potentiell bedeutsame Möglichkeiten bestehen in der Nutzung von Ganzpflanzen oder von Abfall-Biomasse wie Klärschlämmen als Quelle für Kohlenstoff und Wasserstoff. Daraus können mit im Prinzip bekannten Verfahren flüssige Kraftstoffe höchster Qualität erzeugt werden. Auch hier ist die Einkoppelung von Strom und Elektrolyse-Wasserstoff ebenso möglich, wie die von Prozeßwärme. Beide Biomasse-Optionen sind bei weltweiter Betrachtung quantitativ geeignet, den Kraftstoffbedarf zu einem großen Teil zu decken. Eine Konkurrenzsituation zur Nahrungsmittelversorgung kann vermieden werden. Beide Wege sind jedoch unter europäischen Kostenbedingungen im Vergleich zur Nutzung fossiler Energien bei weitem unwirtschaftlich; für die Versorgung lokaler Märkte in weniger entwickelten Ländern muß dies aber nicht gelten. Möglicherweise lassen sich langfristig Kooperationsmodelle finden, in denen klimatisch begünstigte Länder mit einem großen Angebot an billiger Arbeitskraft biogene Kraftstoffe gegen Ausrüstung und know how verkaufen. Dies wäre sicher auch unter dem Aspekt der Existenzsicherung für eine rasant weiter wachsende Weltbevölkerung eine prüfenswerte Option.

Eine noch weiter gehende Möglichkeit als die Nutzung von Biomasse besteht in der direkten Nutzung der kohlenstoffhaltigen Abgase von Großfeuerungen für die Herstellung von flüssigen Kohlenwasserstoffen. Dieser Weg wird bereits in zahlreichen Forschungsarbeiten untersucht, ist aber noch weit von technischer Reife und einer seriösen wirtschaftlichen Bewertung entfernt.

Man erkennt an diesen Beispielen, wie viele Möglichkeiten es gibt, um die Emissionen von Klimagasen, die mit dem Verkehr zusammenhängen, wesentlich zu vermindern. Dazu sind keineswegs völlig neue, gar exotische Techniken notwendig. Im Gegenteil, viele der Technologien sind seit Jahrzehnten bekannt und könnten, entsprechenden Willen vorausgesetzt, relativ schnell umgesetzt werden. Entscheidendes Hindernis dafür ist die mangelnde Konkurrenzfähigkeit gegenüber Öl und Gas.

Die bisherigen Überlegungen betreffen den Verkehr für sich. Dessen Energieversorgung ist jedoch nur ein Teilsystem der gesamten Energieversorgung. Strategien, die auf ein Gesamtoptimum zielen, müssen daher diese Einbettung berücksichtigen. Damit kommen die vielfältigen Substitutionsprozesse zwischen den verschiedenen Energieträgern ins Blickfeld. Es wird in den nächsten Jahren ausgehend von den hochentwikkelten Ländern weltweit bei stationären Energieverbrauchern zu einer Verdrängung von klassischen Energieträgern wie Holz, Kohle, Heizöl durch leitungsgebundene Energieträger, vor allem durch Erdgas und Strom kommen. Gleichzeitig wird die Menge an Energie, die für bestimmte Zwecke, z.B. für das Heizen einer Wohnung, benötigt wird, weiter abnehmen. Für den Verkehr stehen durch diese Verdrängung und

Einsparung entsprechend größere Mengen an Ölprodukten zur Verfügung, denn dort können sie nur relativ schwer durch andere Energieträger ersetzt werden. Daher kann in diesem Sektor von den Anbietern der Energie eine Preisprämie verlangt werden, die in anderen Verbrauchssektoren bereits Abwanderungen zu anderen Energieträgern oder massive Verbrauchseinschränkungen auslösen würde.

Eine zusätzliche Verbesserung der Kohlendioxidbilanz ergibt sich, wenn die Möglichkeiten genutzt werden, Strom oder andere leitungsgebundene Energieträger wie Wasserstoff aus regenerativen oder nuklearen Primärenergien zu gewinnen. Diese Energien könne für den Verkehr nur auf kostenintensiven Umwegen nutzbar gemacht werden. Sinnvoller ist es daher, sie in stationären Anwendungen einzusetzen. Damit würde in der Summe eine wesentliche Verbesserung der Kohlendioxidbilanz erreicht, aber natürlich keine Verbesserung nur bezogen auf den Verkehrssektor. Eine so enge Betrachtung ist aber auch nicht sinnvoll, weil es sich beim Treibhauseffekt um ein globales Problem handelt, nicht um eines, das nur den deutschen Straßenverkehr betrifft. Detaillierte Studien mit komplexen Rechenmodellen zeigen sogar, daß ein CO_2-Einsparziel mit weitaus geringeren volkswirtschaftlichen Kosten erreicht werden kann, wenn ein globaler Ansatz oder zumindest ein nationaler Ansatz gewählt wird. Ein sektoraler Ansatz wird in der Tendenz um so teurer, je kleiner der betrachtete Sektor gewählt wird.

Wir haben eine Vielzahl von Mittel in der Hand, um alle Probleme im Zusammenhang mit den Emissionen des Straßenverkehrs zu lösen. Wir müssen diese Mittel aber auch anwenden. Dazu sind Phantasie und Kreativität nötig, Zusammenarbeit über die Grenzen bisheriger Spezialisierungen hinweg, Wagemut bei der Umsetzung von Pilotprojekten und eine Politik, die die richtigen Rahmenbedingungen langfristig verläßlich vorgibt und sich nicht in der kleinlichen Optimierung von Details verliert, die keinerlei Einfluß auf die tatsächlichen Trends haben. Angesichts der Vielzahl von möglichen Handlungsketten sollten sich die beteiligten Partner in Wirtschaft und Politik über die Zielsetzungen einer künftigen Umwelt- und Energiepolitik klar werden. Dabei sollte keine voreilige Festlegung auf bestimmte Optionen erfolgen. Die verschiedenen Möglichkeiten müssen sich im Wettbewerb miteinander bewähren. Dieser Wettbewerb braucht aber Rahmenbedingungen, die z.B. festlegen, welche Umweltauswirkungen noch als zulässig angesehen werden oder in welchem Umfang eine Internationalisierung der Energieversorgung zugelassen werden soll. In diesem Sinne ist ein breiter gesellschaftlicher Dialog zu einem „Energiekonsens" erforderlich, der einen „Kraftstoffkonsens" als organischen Bestandteil einschließen muß.

Glossar

Abbrand Begriff aus der Nukleartechnik: Die durch Kernspaltung im Kernreaktor insgesamt erzeugte Energie bezogen auf die entsprechende Brennstoffmasse. Die Größe des Abbrandes ist vom Reaktortyp und der Konstruktion der Brennelemente abhängig. Der Abbrand wird in Megawatt-Tagen pro kg Spaltstoff angegeben. Typische Abbrände sind

bei Druckwasserreaktoren DWR	35 – 40 MWd/kg
bei Siedewasserreaktoren SWR	30 – 35 MWd/kg
bei Hochtemperaturreaktoren HTR	90 – 100 MWd/kg
bei Schnellen Brütern SNR	60 – 110 MWd/kg

Abgasnachbehandlung Technische Verfahren, mit denen im unbehandelten Abgas eines Motors (→Rohemissionen) vorhandene, reaktionsfähige Bestandteile abgebaut werden können. Die Stickstoffoxide (→NO_x) müssen dabei reduziert, die unverbrannten Kohlenwasserstoffe (→HC) und das Kohlenmonoxid oxidiert werden. Als derzeit wirksamste Methode wird dazu beim Ottomotor der →geregelte Katalysator (3-Wege-Katalysator) eingesetzt.

Abgastest Zur Durchführung eines Abgastests muß das Fahrzeug einen genau vorgegebenen Fahrzyklus (→Fahrzyklus, →FTP-75 Test, →NEFZ) auf einem Rollenprüfstand absolvieren. Mit der Schwungmasse der Rolle wird das Fahrzeuggewicht simuliert. Die elektrischen Bremsen der Prüfstandsrolle simulieren die Fahrwiderstände (Rollwiderstand, Luftwiderstand). Der Fahrtwind wird durch ein Gebläse nachgebildet. Das Abgas wird nach einem standardisierten Verfahren gesammelt und analysiert.

Acetaldehyd →Aldehyd des Ethanol (H_3C-C-OH)

Additive Additive sind Zusätze zu Kraftstoffen, die schon in sehr geringer Konzentration deren Verbrennung oder das Langzeitverhalten des Motors merklich verbessern. Die Antiklopfmittel Bleitetraethyl und Bleitetramethyl (→Blei) haben heute praktisch keine Bedeutung mehr. Mittel zur Vermeidung von Rückstandsbildungen und Ablagerungen im Brennraum, an den Ventilen usw. tragen z.B. zur Vermeidung von Fahrfehlern durch Abmagerung des Gemisches bei. Bei Dieselmotoren werden →Cetanzahlverbesserer zur Verkürzung des →Zündverzuges, Verbrennungsverbesserer mit Einfluß auf den Ablauf der Verbrennung, Demulgierer und Antischaummittel, Oxidationsinhibitoren und Detergentien verwendet. Signifikante Verbesserungen bei den Emissionen und beim Verbrauch durch Additivierung wurden nachgewiesen (siehe auch →Scavenger, →Halogene, →Lubricity Additive). Die Bedeutung der Additive wird in Zukunft eher noch zunehmen, weil moderne Motoren zur Erzielung höchster Wirkungsgrade sehr eng ausgelegt sind und daher auf Verschmutzungen, Ablagerungen, mangelnde Schmierung usw. empfindlich reagieren.

AGR Abgasrückführung: Ein kleiner Teilstrom des Abgases wird der frischen Ladung beigemischt, um die Verbrennung zu beeinflussen (z.B. Absenkung der Spitzentemperatur zur Reduzierung der NO_x-Bildung und damit des NO_x-Gehaltes der →Rohemissionen). Bei Ottomotoren wird damit gleichzeitig eine Entdrosselung des Ladungswechselvorgangs bei Teillast und damit eine Verbesserung des Wirkungsgrades erreicht (→Drosselverluste).

Aldehyde Sehr reaktionsfähige, organisch-chemische Verbindungen, die durch eine Aldehydgruppe charakterisiert sind:

$$R - C \begin{matrix} \diagup H \\ \diagdown\!\!\diagdown O \end{matrix}$$

$R = H, CH_3, CH_2CH_3, \ldots$

Sie entstehen u.a. durch Dehydrierung von Alkoholen und treten daher im Abgas von Motoren, die mit Methanol oder Ethanol betrieben werden, vermehrt auf (→Formaldehyd, →Acetaldehyd). Sie werden im Katalysator weitgehend zu CO_2 und Wasser umgesetzt.

Alkane Gruppenbezeichnung für gesättigte, aliphatische (d.h. nicht zyklische) Kohlenwasserstoffe mit der allgemeinen Formel C_nH_{2n+2} (alte Bezeichnung „Paraffine"). Die einfachsten Alkane sind Methan (n = 1), Ethan (n = 2), Propan (n = 3), Butan (n = 4). Die n-Alkane bilden lineare Moleküle, iso-Alkane sind verzweigt.

Iso-Alkane haben als Kraftstoffe eine deutlich höhere Klopffestigkeit als n-Alkane. Letztere kommen aber im Erdöl häufiger vor; in Raffinerien wird daher ein Teil der n-Alkane isomerisiert.

Beispiele:

n-Pentan	$H_3C - CH_2 - CH_2 - CH_2 - CH_3$	Oktanzahl 61,7 ROZ
iso-Pentan	$H_3C - CH_2 - CH(CH_3) - CH_3$ (verzweigt: CH_3 an CH_2)	Oktanzahl 92,3 ROZ
n-Hexan	$H_3C - CH_2 - CH_2 - CH_2 - CH_2 - CH_3$	Oktanzahl 24,8 ROZ
iso-Hexan	$H_3C - C(CH_3)_2 - CH_2 - CH_3$	Oktanzahl 91,8 ROZ

Alkene Gruppenbezeichnung für ungesättigte, gerade oder verzweigte (nicht zyklische) Kohlenwasserstoffe mit der allgemeinen Formel C_2H_{2n}, d.h. mit einer Doppelbindung pro Molekül; alte Bezeichnung „Olefine".

Alkine Gruppenbezeichnung für ungesättigte, gerade oder verzweigte (nicht zyklische) Kohlenwasserstoffe der allgemeinen Formel $C_{2n}H_{2n-2}$, die eine C-C-Dreifachbindung pro Molekül enthalten. Alte Bezeichnung „Acetylene".

Alkylierung Ein Prozeß, bei dem Alkyl-Gruppen (Methyl-, Ethyl-, Propyl-, ..., -Gruppen) mit organischen Verbindungen verknüpft werden. Die Alkylierung ist ein wichtiger Prozeß in Raffinerien zur Herstellung hochoktaniger Kraftstoffbestandteile.

Beispiel:

$$
\begin{array}{ccccc}
CH_3 & & & & \\
| & & & & \\
CH_3 - CH & + & CH_2 = C - CH_3 & \rightarrow & CH_3 - C - CH_2 - CH - CH_3 \\
| & & | & & |\qquad\quad | \\
CH_3 & & CH_3 & & CH_3 \qquad CH_3 \\
\text{iso-Butan} & + & \text{iso-Buten} & \rightarrow & \text{iso-Oktan}
\end{array}
$$

Aluminothermie Auch bekannt als Thermitverfahren, Goldschmidt-Verfahren. Von H. Goldschmidt 1894 erfundenes Verfahren, um mittels der stark exothermen Reaktion zwischen fein verteiltem Aluminiumpulver und Metalloxiden entweder hohe Temperaturen zu erreichen oder schwer isolierbare Metalle wie Chrom, Molybdän, Mangan, Titan oder Silizium kohlenstoffrei zu gewinnen. Dazu wird das Aluminiumpulver mit dem Metalloxid gemischt und in Brand gesetzt. Bei der Reaktion reißt das Aluminium den in dem Metalloxid konzentrierten Sauerstoff an sich und reagiert zu Al_2O_3. Es entsteht das reine Metall. Dabei wird eine Temperatur von ca. 2.400 °C erreicht. Das Aluminiumoxid schwimmt auf der Metallschmelze. Der Prozeß wird z.B. zum Verschweißen von Eisenbahnschienen verwendet. Militärisch wurde er während des 2. Weltkrieges in Brandbomben angewandt.

Ammoniumperchlorat Chemische Substanz mit der Zusammensetzung NH_4ClO_3. Sie wird in Feststoffraketen als Sauerstoffträger eingesetzt. Dazu wird z.B. bei der Ariane 5 eine Mischung von 68 % Ammoniumperchlorat mit 14 % des Kunststoffs Polybutadien und 18 % Aluminiumpulver verwendet. Der Treibsatz kann auch in großen Abmessungen hergestellt werden, kann relativ leicht gehandhabt werden und brennt sehr gleichmäßig ab.

Anschlußdichte In der Energiewirtschaft wird die pro Flächeneinheit eines Erschließungsgebietes nachgefragte Leistung an Strom, Gas oder Fernwärme als „Anschlußdichte" bezeichnet. Je höher dieser Wert ist, desto eher lohnt sich die Errichtung eines Leitungssystems. Fernwärme erfordert besonders hohen Aufwand für Leitungen usw. (Hin- und Rücklauf, Isolation, geringe Energiedichte in Transportmedium und daher hohe Volumenströme); sie lohnt sich daher nur bei sehr hohen Anschlußdichten. Auch für Gas liegt die Grenze so hoch, daß eine flächendeckende Versorgung nicht sinnvoll ist. Dagegen wird Strom fast überall über Netzanschlüsse zur Verfügung gestellt. Nur in extremen Lagen – Almhütten, Halligen, abgelegene Verbraucher mit sehr kleinen Leistungen – lohnt sich in Europa eine autonome, netzunabhängige Stromversorgung.

Aromaten Organische Verbindungen mit einer oder mehreren, ungesättigten, ringförmigen Molekülstrukturen, wobei als Ringglieder jeweils sechs C-Atome auftreten. Aromaten treten bereits im Rohöl in – je nach Herkunft unterschiedlichen – großen Mengen auf. Sie sind wichtige Bestandteile sowohl von Ottokraftstoff als auch von Diesel. Der einfachste Aromat ist das →Benzol mit einem Ring.

Ausnutzungsdauer Die Ausnutzungsdauer ist eine fiktive Zeitspanne, die die durchschnittliche Inanspruchnahme der Nennleistung einer Anlage (z.B. eines Kraftwerks) in Stunden angibt. Sie wird errechnet, indem man die gesamte Erzeugung eines Zeitraums durch die Nennleistung dividiert. Da nicht dauernd die volle Leistung ausgeschöpft werden kann, ist die tatsächliche Betriebszeit stets größer als die Ausnutzungsdauer.

Bagasse Der Rückstand bei der Zuckergewinnung aus Zuckerrohr. Bagasse wird häufig als Heizmaterial bei der Zucker- und Ethanolgewinnung, manchmal auch zur Papierherstellung verwendet. Heizwert naß: ca. 7,7 MJ/kg

Benzin Kraftstoff zur Verwendung in Ottomotoren, früher auch „Vergaserkraftstoff" genannt.

Benzol Molekül mit einem Ring aus sechs C-Atomen mit ungesättigten Bindungen (C_6H_6, Normbezeichnung „Benzen"); einfachster →Aromat.

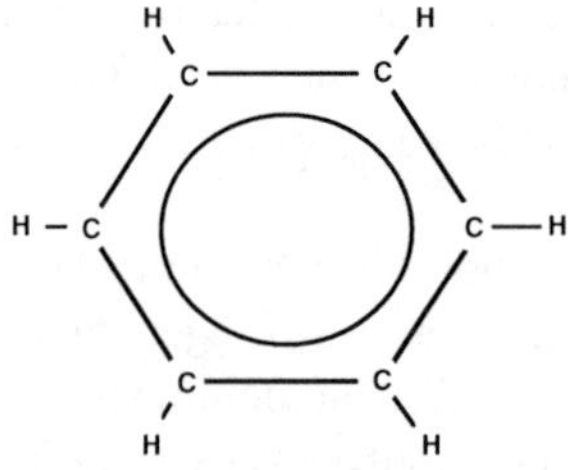

Benzol wird häufig als karzinogen betrachtet. Epidemiologische Studien an Zehntausenden von Chemiearbeitern haben aber ergeben, daß die Exposition gegenüber 1 ppm (3.500 $\mu g/m^3$) in einem vierzigjährigen Arbeitsleben nicht mit einem nachweisbaren Leukämierisiko verbunden ist. Verkehrsbedingte Benzolkonzentrationen an innerstädtischen Knotenpunkten liegen maximal bei 30 $\mu g/m^3$.

Bergius-Pier-Verfahren Ein Verfahren zur Erzeugung von Kraftstoffen durch Hydrierung von Kohle. Fein gemahlene, mit Öl und einem Katalysator versetzte Kohle wird dazu bei hoher Temperatur (475 °C) mit Wasserstoff unter hohem Druck (300 bar)

behandelt. In Deutschland wurde das Verfahren während des Krieges in großem Umfang eingesetzt. Heute ist es auch mit billiger Kohle unwirtschaftlich.

Bildungsenthalpie →Enthalpie

Biocrude Bezeichnung für aus Biomasse gewonnene Öle, die in ihrer Zusammensetzung dem Rohöl (engl.: crude oil) ähnlich sind. Für eine Verwendung als Kraftstoff müssen sie weiterverarbeitet werden.

Bleizusatz Dem Ottokraftstoff wurde seit den 20er Jahren Bleitetraethyl ($Pb(C_2H_5)_4$) und/oder Bleitetramethyl ($Pb(CH_3)_4$) als Antiklopfmittel zugesetzt. Blei wirkt als Katalysatorgift; für Katalysatorfahrzeuge darf daher nur bleifreier Kraftstoff verwendet werden. Außerdem erwies es sich als toxisch für Menschen; u.a.,. traten bei Kindern neurologische Schäden auf. Die Konzentration von Blei im Kraftstoff wurde in Deutschland zunächst auf 0,4 g/l , dann ab 1.1.1976 auf 0,15 g/l begrenzt. Verbleiter Kraftstoff ist in den USA seit Ende 1995 vollständig verboten und auch in Deutschland mittlerweile fast vom Markt verschwunden, hat aber in vielen anderen Ländern noch erhebliche Marktanteile.

In Kanada und den USA wird derzeit intensiv über die Verwendung von MMT – Methyl-Cyklopentadienyl-Mangan-Tricarbonyl – als Oktanzahlverbesserer gestritten. Die Zugabe von ca. 10 mg/l erhöht die Oktanzahl um eine Einheit. Es erscheint heute unwahrscheinlich, daß sich dieser Zusatz durchsetzen wird, weil er nachteilige Folgen für die Dauerhaltbarkeit der Zündkerzen haben und die Funktion der OBD-II beeinträchtigen kann. Außerdem werden gesundheitliche Gefahren befürchtet.

Das Benzinbleigesetz vom 18.12.1987 macht in Deutschland auch andere metallhaltige Zusätze zum Ottokraftstoff zulassungspflichtig. Die Zulassung erfolgt durch das Bundesministerium für Wirtschaft im Einvernehmen mit dem UBA.

Der in der Allgemeinen Luftfahrt gebräuchliche Kraftstoff „Avgas" ist weiterhin blei- und bromhaltig (→Halogene). Fast alle existierenden Kolbentriebwerke sind insbesondere auf Bleizusätze angewiesen.

Brennelement Um ein Austreten von Radioaktivität zu verhindern, sollen in Kernreaktoren weder die eigentlichen Kernbrennstoffe wie Uran, Plutonium oder Thorium noch die bei der Kernspaltung entstehenden Spaltprodukte oder Transurane mit dem Kühlmedium in Berührung kommen. Sie werden daher in Brennelementen dicht verschlossen. Die Konstruktion dieser Brennelemente hängt vom Reaktortyp ab. In LWR handelt es sich um dicht verschweißte Rohre aus Metall mit besonders geringer Neutronenabsorption, in denen sich kleine Scheiben aus Uranoxid befinden. Im HTR wurden Kugel aus Graphit verwendet, die deren Innerem sich Uran und Thorium in der chemischen Form von Karbid befanden.

Brennstoffzellen Umkehrung des Prozesses der Elektrolyse: Ein Brenngas (meist Wasserstoff) wird an der Anode adsorbiert und gibt dabei Elektronen ab, d.h. es wird positiv ionisiert. Die Elektronen wandern bei ihrem Weg zur Kathode über einen Verbraucher und leisten dort elektrische Arbeit. An der Kathode wird Sauerstoff adsorbiert, in Atome gespalten und durch die Elektronen zweifach negativ ionisiert. Über einen Elektrolyten gelangen die Ionen H^+ und O^{2-} zueinander und verbinden sich zum Verbrennungsprodukt H_2O, das dann ausgeschleust wird.

Als elektrochemisches System unterliegt die Brennstoffzelle nicht den thermodynamischen Begrenzungen von Wärmekraftmaschinen.

Das Prinzip der Brennstoffzelle wurde bereits 1839 von dem Briten William Grove entdeckt. Anwendungen sind vor allem aus der Raumfahrt und dem U-Bootbau bekannt. An Brennstoffzellen für kleine Kraftwerke wird intensiv gearbeitet. Autos mit Brennstoffzellen haben derzeit noch reinen Forschungscharakter.

bushel In der nordamerikanischen Landwirtschaft gebräuchliches Hohlmaß für Getreide usw.

1 bushel = 35,24 l
1 bushel Mais entspricht 25,4 kg
1 bushel Sojabohnen entspricht 27,2 kg

CAFE Abkürzung für Corporate Average Fuel Economy: Die von einem Hersteller in den USA innerhalb eines Jahres verkauften Fahrzeuge müssen im Mittel einen bestimmten Verbrauch unterschreiten. Dieser Wert liegt derzeit für Pkw bei 8,6 l/100 km (27,5 mpg). Die ursprünglich geplante, weitere Verschärfung wurde von der Bundesregierung vorläufig ausgesetzt.

Carnot-Wirkungsgrad Der Carnot-Wirkungsgrad bezeichnet den maximal möglichen Wirkungsgrad für die Umwandlung von thermischer Energie in mechanische Arbeit, der mit einer Maschine möglich ist. Er wird für einen nur theoretisch zu realisierenden Kreisprozeß mit isothermen und adiabatischen Zustandsänderungen angegeben:

$$\varepsilon_c = 1 - T_u/T_o$$

Dabei bezeichnet T_u die untere Prozeßtemperatur, T_o die obere. Reale Kreisprozesse weichen immer von diesen idealen Bedingungen ab; die praktisch erzielbaren Wirkungsgrade liegen immer erheblich unter den Maximalwerten nach Carnot.

Cetanzahl Die Cetanzahl ist ein Maß für die Zündwilligkeit von Dieselkraftstoffen. Normgerechter Dieselkraftstoff muß eine Cetanzahl von > 45 haben (DIN 51 601). Zündwilligkeit und →Klopffestigkeit sind gegensätzliche Eigenschaften. Ottokraftstoff kann daher nur schwer in Dieselmotoren und Dieselkraftstoff nicht in Ottomotoren verwendet werden.

Die höchsten Cetanzahlen haben n-Alkane, deutlich darunter liegen die Alkene und wieder deutlich darunter die Aromaten.

Die Zündwilligkeit wird durch Vergleich des betreffenden Kraftstoffs mit Hexadecan $C_{16}H_{34}$ (auch n-Cetan genannt) und 1-Methylnaphtalin $C_{11}H_{10}$ (aromatische Verbindung mit einem Doppelring, an der ein Wasserstoff durch eine Methylgruppe substituiert ist) in einem genormten Prüfmotor gemessen, denen die Cetanzahlen 100 bzw. 0 zugeordnet werden.

CFPP Der Cold Filter Plugging Point gibt die Temperatur an, unter der ein Stoff eine genormte Filtriereinrichtung gerade nicht mehr durchfließt.

Clean Air Act Amendment (CAAA) Der für die amerikanische Luftreinhaltepolitik grundlegende Clean Air Act von 1970 ist in verschiedenen amendments immer wieder weiterentwickelt und erheblich verschärft worden.

Die US-Gesetzgebung zur Verbesserung der Luftqualität von 1990 fordert auch bestimmte Eigenschaften für Kraftstoffe, die in hoch belasteten Gebieten verwendet werden. So muß in 44 Städten (non attainment areas) das Benzin ab 1992 in den Wintermonaten 2,7 Gew.-% Sauerstoff enthalten, um die CO- bzw. Ozon-Immission zu vermindern; das kann z.B. durch einen Zusatz von 15 % MTBE erreicht werden. In neun Städten muß das Benzin ab 1995 das ganze Jahr über 2 Gew.-% Sauerstoff enthalten. Das Gesetz hat erhebliche Auswirkungen auf die Energiewirtschaft der USA.

CNG Abkürzung für Compressed Natural Gas, d.h. für Erdgas, das unter hohem Druck (ca. 200 bar) in Druckflaschen aus Stahl oder → Verbundmaterialien gespeichert wird .

Common-Rail Direkteinspritzung Dieselkraftstoff wird unter einem Druck von bis zu 1.350 bar in einer Leitung gespeichert und über schnell schaltende Magnetventile den einzelnen Zylindern individuell exakt zugemessen. Da der hohe Druck stets zur Verfügung steht – in konventionellen Systemen wird er für jede Einspritzung immer wieder neu aufgebaut –, kann der Einspritzvorgang auch in seinem zeitlichen Verlauf besonders präzise gesteuert werden. Dadurch ergeben sich erhebliche Vorteile für die Abstimmung des Motors auf minimalen Verbrauch bei geringen Emissionen.

Cyklohexan C_6H_{12} in Ringstruktur; gesättigte Verbindung, gehört zur Gruppe der Cyclo-Alkane

Dampfdruck Druck eines Gases, das bei einer bestimmten Temperatur im Gleichgewicht mit seiner flüssigen Phase steht.

Der Dampfdruck ist eine wichtige Kenngröße von Ottokraftstoffen. Ein zu geringer Dampfdruck des Kraftstoffs erschwert den Kaltstart; ein zu hoher kann zu Problemen beim Heißstart führen (Blasen im Kraftstoffsystem). Er bestimmt auch den Aufwand, der zur Vermeidung von →Verdampfungsverlusten getrieben werden muß. Dies betrifft den Fahrzeugtank aber auch die gesamte logistische Kette von der Herstellung bis zur Tankstelle.

Bei Ottokraftstoffen trägt der Gehalt an Butan wesentlich zur Höhe des Dampfdruckes bei. Die Beimischung von Butanen erhöht auf der einen Seite die Klopffestigkeit; auf der anderen Seite liegen ihre Siedepunkte bei 0,5 °C für n-Butan und bei –10,2 °C für das besonders klopffeste i-Butan.

Diesel-Einspritzdüse Über die Einspritzdüse wird jedem einzelnen Zylinder die erforderliche Kraftstoffmenge abhängig von der geforderten Leistung zugeführt. Der

Spritzquerschnitt einer Einspritzdüse wird nach dem Kraftstoffbedarf bei maximaler Leistung (Nennleistung) bemessen. Um ein gute Zerstäubung des Kraftstoffs als Voraussetzung für eine vollständige und schadstoffarme Verbrennung zu erhalten, sollte der Querschnitt so klein wie möglich sein. Die erforderliche Spritzdauer bei Vollast setzt die Grenze. Um diesen Zielkonflikt zu lösen, wird an Düsen mit variablem oder zumindest umschaltbarem Querschnitt gearbeitet.

Dieselkatalysator Ungeregelter Oxidationskatalysator zur Verminderung von HC und CO im Abgas. Die Reduzierungen liegen bei

HC	–50 %
CO	–30 %
NO_x	–10 %
Partikel	–10 %

Voraussetzung für den Einsatz eines Dieselkatalysators ist schwefelarmer Kraftstoff.

Dieselprozeß Thermodynamischer Prozeß für einen Motor mit innerer Verbrennung. Der Motor saugt reine Luft ungedrosselt an, verdichtet sie auf 30–55 bar (1 : 20–24) und erhitzt sie dadurch auf 700–900 °C. Der direkt in den Brennraum oder in eine Vor- oder Wirbelkammer eingespritzte, fein zerstäubte Kraftstoff entzündet sich mit einer gewissen Verzögerung (→Zündverzug, →Cetanzahl) von selbst. Auch nach Beginn der Verbrennung wird weiter Kraftstoff zugeführt. Der Verbrennungsspitzendruck liegt bei 65–90 bar. Die Leistungsregelung erfolgt über die Menge des eingespritzten Kraftstoffs (→Qualitätsregelung).

Dieser Prozeß wurde von Rudolf Diesel entwickelt und am 23.2.1893 im Deutschen Reich patentiert.

DI-Diesel Dieselmotor, bei dem der Kraftstoff direkt in den Brennraum eingespritzt wird (Direct Injection). Der DI-Diesel weist den höchsten Wirkungsgrad unter den Pkw-tauglichen Motoren, aber auch relativ hohe Emissionen an NO_x, Ruß und Geräusch auf.

3-Wege-Katalysator →geregelter Katalysator

Drosselverluste Die Strömung eines Gasstrom wird durch eine Engstelle gedrosselt. Zu ihrer Überwindung muß Arbeit geleistet werden, die dem Prozeß verloren geht. Beispiel: Bei geringer Last muß der Kolben eines Ottomotors Arbeit leisten, um das Gemisch durch die nur wenig geöffnete Drosselklappe zu saugen. Im Leerlauf kann der Anteil der Ladungswechselarbeit bis zu 40 % der resultierenden mittleren Arbeit betragen.

Druckwechsel-Adsorption Ein Verfahren zur Trennung von Gasgemischen. Das aufzutrennende Gas wird bei hohem Druck auf einem Festkörper mit sehr großer Oberfläche (z.B. Aktivkohle, Zeolithe) adsorbiert. Dabei lagert sich bevorzugt das gewünschte Molekül – z.B. Wasserstoff – auf der Oberfläche an. Dann wird der Außendruck reduziert. Das adsorbierte Gas wird wieder freigesetzt und kann abgezogen werden.

Dual-Fuel-Konzept Auslegung eines Fahrzeugs für den *alternativen* Betrieb mit zwei unterschiedlichen Kraftstoffen, für die daher zwei unterschiedliche Tank- und Kraftstoffaufbereitungsanlagen vorhanden sein müssen. Die Motorsteuerung erkennt die Auswahl des Kraftstoffs durch den Fahrer und verwendet die entsprechenden Kennfelder. Die Auslegung des Motors (Ladungswechsel, Verdichtung, Abgasnachbehandlung, ...) kann nur für einen der Kraftstoffe optimal sein. Vorteil einer Dual-Fuel-Auslegung ist die Möglichkeit, immer einen gut verfügbaren Kraftstoff tanken zu können.

Beispiele für Kraftstoffpaarungen: CNG/Benzin, LPG/Benzin, LH2/Benzin oder auch LH2/LNG/Benzin.

Eigenverbrauch Der Eigenverbrauch einer Raffinerie oder eines Kraftwerks umfaßt alle Energieverbräuche, die zur Aufrechterhaltung des Betriebes benötigt werden. Darunter fallen z.B. Pumpen und andere Antriebe, Öfen, Brenner usw. Bei Raffinerien hat insbesondere die Erzeugung von Wasserstoff einen beträchtlichen Energieverbrauch zur Folge.

elektromagnetischer Ventiltrieb Der EVT stellt eine besonders flexible Form des vollvariablen Ventiltriebs (→VVT) dar. Alle Ventile werden individuell oder jeweils die Ein- bzw. Auslaßventile eines Zylinders gemeinsam über elektromagnetische Aktuatoren nach Vorgabe einer elektronischen Motorsteuerung betätigt. Der konventionelle Ventiltrieb mit Nockenwelle usw. wird vollständig ersetzt. Bisher hat der EVT das Stadium der Forschung und Konzeptuntersuchung noch nicht verlassen.

Emissionen Mit Emissionen werden die Stoff- und Energieströme bezeichnet, die eine Quelle verlassen. Auf ihrem Weg unterliegen sie verteilenden, verdünnenden und umwandelnden Wirkungen bevor sie als Immissionen auf Mensch oder Umwelt einwirken und schließlich deponiert werden.

Emissionsgesetzgebung (Europa) Ab 1970 wurden die Emissionen an Kohlenwasserstoffen und Kohlenmonoxid in mehreren Stufen immer weiter begrenzt (ECE R15/00-04, Direktive 70/220/EWG). Ab 1977 wurden auch die Stickstoffoxide limitiert (ECE R15/02, 77/102/EWG). Ab 1982 wurden mit ECE R15/04 auch die Emissionen von Dieselmotoren beschränkt (82/351/EWG).

Ab 1988 wurden die Grenzwerte erheblich verschärft. Sie ließen aber für Fahrzeuge mit kleinen Motoren bis 1,4 l Hubraum noch höhere Werte zu (88/77/EWG). Im selben Jahr wurden auch die Dieselemissionen weiter beschränkt (88/436/EWG).

Ab 1.1.1993 wurde die weiter verschärfte Regelung 91/441/EWG (EURO-I) verbindlich; nun hatten alle Pkw unabhängig vom Hubraum ihres Motors weiter verschärfte Grenzwerte einzuhalten, die bei Ottomotoren nur mit 3-Wege-Katalysator erfüllt werden können. Außerdem wurden die →Verdampfungsverluste limitiert und eine neue, anspruchsvollere Prüfprozedur vorgeschrieben. Die Regelung entspricht in ihren Auswirkungen etwa den in den USA von 1983 bis 1987 eingeführten Werten.

Ab 1.1.1997 wird die weiter verschärfte Regelung 94/12/EG (EURO-II) verbindlich; sie entspricht etwa den Forderungen der Jahre 1994-97 des US Clean Air Act. Gleichzeitig wird ein neuer Testzyklus (→NEFZ) eingeführt, der ebenfalls eine Verschärfung der Anforderungen bedeutet.

Emissionsgesetzgebung (USA) Die US-Gesetzgebung begann 1961 mit der Begrenzung der Kurbelkastenemissionen in Kalifornien. Sie wurde 1963 auch für die anderen US-Staaten verbindlich. Ab 1968 wurden die Auspuffemissionen zunächst für Kohlenwasserstoffe und Kohlenmonoxid limitiert. 1971–73 wurden auch die Stickstoffoxide begrenzt. Ab 1970 in Kalifornien und ab 1971 für den Rest der USA wurden die →Verdampfungsverluste als eine der wichtigsten Quellen für Kohlenwasserstoffe limitiert.

Ab 1975 (Kalifornien) bzw. 1976 (gesamte USA) wurden Grenzwerte eingeführt, die ohne Katalysator kaum noch zu erfüllen waren. Weitere Verschärfungen in den Jahren 1977 bis 1983 erforderten die allgemeine Einführung des 3-Wege-Katalysators mit elektronischer Regelung (→geregelter Katalysator). Ab 1987 wurden die Partikel-Emissionen von Dieseln limitiert. Ab 1975 wurde der →FTP-75 Zyklus verbindlich. Weitere Verschärfungen haben die Einführung immer weiter verschärfter Grenzwerte zum Inhalt, die in vor allem die zur Ozonbildung beitragenden Kohlenwasserstoffemissionen (→NMOG) der gesamten Flotte an Neufahrzeugen auf jährlich immer niedriger festgelegte Werte begrenzen sollen. Den Herstellern der Fahrzeuge wird dabei eine gewisse Freiheit gelassen, auf welche Weise sie diesen Zielen gerecht werden; sie müssen aber im Mittel der von ihnen verkauften Fahrzeugflotten die Grenzwerte erreichen. Die Einhaltung der Grenzwerte muß – unter Berücksichtigung einer gewissen Verschlechterung – in einem Dauerlauf über 100.000 Meilen nachgewiesen werden (Dauer auf dem Prüfstand: Ca. 6 Monate im 3-Schicht-Betrieb). Seit 1994 besteht die Verpflichtung, auch die beim Betanken anfallenden Gase im Fahrzeug zurückzuhalten.

Ab 1998 war außerdem in Kalifornien ein Anteil von mindestens 2 % →ZEV an den Gesamtverkäufen der großen Autoanbieter verbindlich vorgeschrieben; ab 2001 sollten es 5 % sein und ab 2003 soll dieser Anteil auf 10 % wachsen und zudem von allen Anbietern erreicht werden. Diese Forderung ist 1996 für die Stufen in den Jahren 1998 und 2001 aufgehoben werden. Statt dessen wird eine kleinere Anzahl von ZEV's von den Unternehmen auf freiwilliger Basis eingeführt: 1998 750 Fahrzeuge, 1999 1.500, 2000 1.500. Zudem werden US-weit höhere Anteile von Fahrzeugen mit stark reduzierten Emissionen angeboten.

End-of-the-Pipe-Technik Oft abwertend gemeinte Bezeichnung für Reinigungstechniken für die Emissionen technischer Anlagen. Die eigentlich vorzuziehende Vermeidung der Entstehung potentiell schädlicher Stoffe ist oft aus technisch-wirtschaftlichen und manchmal aus grundsätzlichen, physikalischen Gründen nicht möglich.

Im Straßenfahrzeugbau haben End-of-the-Pipe-Techniken wie der →geregelte Katalysator bzw. der Oxidationskatalysator bereits zu einer weitgehenden Vermeidung unerwünschter Emissionen geführt. Auch wenn zukünftig extrem sauber verbrennende Motorprozesse (z.B. extreme Magerkonzepte) möglich werden sollten, bleiben Abgasnachbehandlungstechniken zur Einhaltung scharfer Grenzwerte wahrscheinlich erforderlich.

Energiedichte Die Energiedichte eines Kraftstoffs wird i.w. durch seinen →Heizwert definiert. Für ein Fahrzeug sind Masse und Volumen des gesamten Systems, d.h. des Tanks, der Leitungen, der Kraftstoffaufbereitung, des Motors usw. bei Vergleichen zu berücksichtigen. Hohe Systemmassen und -volumina führen zu entsprechend größeren Fahrwiderständen und erfordern zur Erreichung derselben Fahrleistungen eine höhere Motorleistung.

Energieträger Energieträger sind Stoffe, aus denen Energie freigesetzt werden kann. Unter Primärenergieträgern versteht man Energieträger in ihrer ursprünglichen, von der Natur dargebotenen Form (z.B. Kohle, Erdgas, Rohöl, die potentielle Energie von Wasser). Sie werden durch Umwandlungsprozesse zu Endenergieträgern (Benzin, Heizöl, Strom, ...), aus denen wiederum die eigentlich gewünschte Nutzenergie gewonnen wird (Bewegung, Wärme, Licht, ...).

Enthalpie Begriff aus der chemischen Thermodynamik. Mit Hilfe der bekannten Werte für die Standard-Bildungsenthalpie aller an einer chemischen Reaktion beteiligten Stoffe kann deren Energieumsatz errechnet werden. Die Werte werden auf den Standardzustand (T_0=298,15 K, p_0=1,01325 bar) bezogen. Die Bildungsenthalpien der Elemente sind zu Null gesetzt.

Beispiel:

Reaktion	CO	+	½ O_2	→	CO_2
Reaktionsenthalpie:	+110,5	+	0		–393,5= –283 kJ/mol
					= –10,1 MJ/kg

Tabelle Einige Standard-Bildungsenthalpien und Molmassen

Stoff	Molmasse kg/mol	H^0 kJ/mol	Form im Standardzustand
H_2O Wasser	18,02	-241,82	gasförmig
NH_3 Ammoniak	17,03	-46,11	gasförmig
CO Kohlenmonoxid	28,01	-110,52	gasförmig
CO_2 Kohlendioxid	44,01	-393,51	gasförmig
CH_4 Methan	16,04	-74,81	gasförmig
CH_3OH Methanol	32,04	-238,70	flüssig
C_2H_2 Ethylen	26,04	226,70	gasförmig
C_2H_4 Ethen	28,05	52,26	gasförmig
C_2H_6 Ethan	30,07	-84,68	gasförmig
C_2H_5OH Ethanol	46,07	-277,70	flüssig
C_3H_8 Propan	44,10	-103,90	gasförmig
n-C_4H_{10} Butan	58,12	-124,70	gasförmig
n-C_5H_{12} Pentan	72,15	-173,10	flüssig
n-C_6H_{14} Hexan	86,18	-198,80	flüssig
C_6H_6 Benzol	78,11	-49,00	flüssig

erneuerbare Energien Als erneuerbar werden solche Energieträger bezeichnet, die dauerhaft produziert werden können und deren Produktionsfaktoren sich nicht verbrauchen.

Ester Organische Verbindungen, die formal durch Kondensation entstehen, d.h. durch chemische Verbindung zweier Moleküle unter Abspaltung von H_2O.

Beispiel:

CH_3CH_2OH	+	$H_3C\text{-}COOH$	$\rightarrow$	$H_3C\text{-}COOCH_2\text{-}CH_3$	+ H_2O
Ethanol	+	Essigsäure	$\rightarrow$	Essigsäureethylester	+ Wasser

ETBE $\rightarrow$ MTBE

Ether Bezeichnung für eine Klasse von organischen Verbindungen, die durch die Verknüpfung zweier organischer Molekülreste über ein Sauerstoffatom gekennzeichnet sind. Alte Bezeichnung „Äther".

Beispiel: Dimethylether

$$2\,CH_3OH \rightarrow H_3C - O - CH_3 + H_2O$$

Fahrzyklus Im praktischen Einsatz werden Fahrzeuge sehr unterschiedlich genutzt. Um zu vergleichbaren Aussagen über Verbrauch und Emissionen zu kommen, wurden standardisierte Fahrzyklen definiert. Jeder Fahrzyklus kann nur bestimmte Einsatzbedingungen eines Fahrzeugs nachbilden, niemals aber alle im realen Feldeinsatz auftretenden Betriebs- und Klimabedingungen erfassen. Daher werden verschieden definierte Zyklen für unterschiedliche Aussagen benutzt (u.a. $\rightarrow$FTP-75 Test, $\rightarrow$NEFZ) .

Ferrocen Ferrocen (Normbezeichnung: Bis(η-Cyclopentadienyl)eisen) ist eine Verbindung aus einem Eisenatom, das zwischen zwei Kohlenstoff-Fünfringen gebunden ist. Die Struktur ist damit einem Sandwich ähnlich. Wie viele andere metallorganische Verbindungen aus der Klasse der Metallocene weist Ferrocen eine hohe katalytische Aktivität auf.

Ferrocen wird als verbrennungsförderndes Additiv in leichtem Heizöl und in Schiffsdiesel-Kraftstoff eingesetzt. Die Verwendung in Diesel und Ottokraftstoff für den Straßenverkehr wird untersucht.

Feuerstegvolumen Bezeichnung für den Ringspalt im Brennraum eines Kolbenmotors zwischen Zylinderwand und Kolbenumfang. An dieser Stelle kann das Kraftstoff-Luft-Gemisch nicht gut durchbrennen, es bilden sich daher leicht Nester von unverbranntem Gemisch, die den überwiegenden Teil der Emissionen an unverbrannten Kohlenwasserstoffen verursachen.

Flammpunkt Der Flammpunkt ist ein Kriterium für die Entflammbarkeit brennbarer Flüssigkeiten durch Fremdzündung. Er ist definiert als die niedrigste Temperatur – bezogen auf Normaldruck –, bei der sich im geschlossenen Tiegel aus der zu prüfenden Substanz Dämpfe in solchen Mengen entwickeln, daß sie in Anwesenheit von Luft entzündet werden können.

Flexible-Fuel-Konzept Auslegung eines Fahrzeugs für den Betrieb mit zwei unterschiedlichen Kraftstoffen *in beliebiger Mischung* in einem Tank. Die Motorsteuerung erkennt das gerade vorliegende Mischungsverhältnis der Kraftstoffe und verwendet die entsprechenden Kennfelder. Die Auslegung des Motors (Ladungswechsel, Verdichtung, Abgasnachbehandlung, …) kann nur für *eine* bestimmte Kraftstoffmischung optimal sein. Vorteil ist die Möglichkeit, immer einen gut verfügbaren Kraftstoff tanken zu können (Gegensatz: →Dual-Fuel-Konzept).

Beispiele: Methanol/Benzin, Ethanol/Benzin.

FTP-75 Test Ein in den USA von der EPA genormter Fahrzyklus, der den Verkehr in einer Stadt (Los Angeles) realistisch nachbildet. Der Test umfaßt sowohl einen Kaltstart – Motor für mindestens acht Stunden nicht betrieben – als auch einen Warmstart. Auch als UDDS – Urban Dynanometer Driving Sequence – bezeichnet.

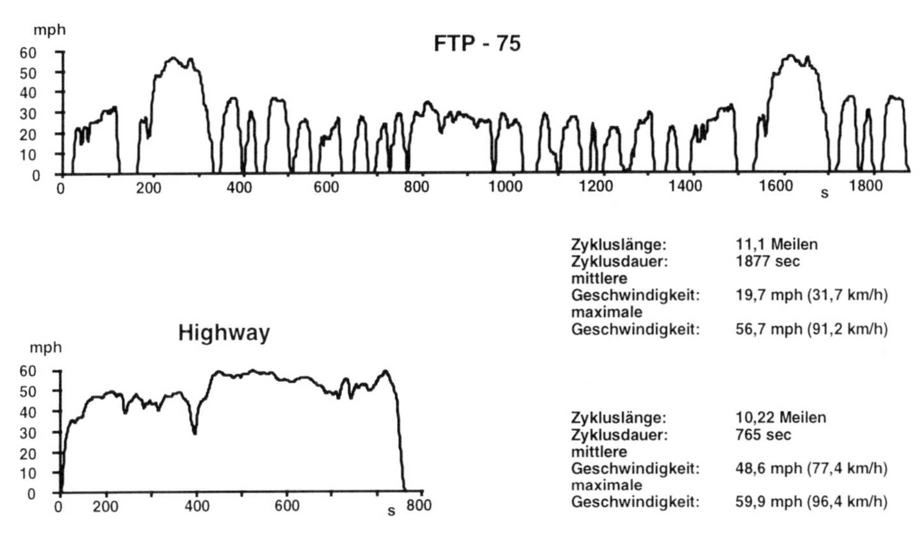

Formaldehyd Einfachster →Aldehyd (H_2-C-O); entsteht u.a. durch Dehydrierung von Methanol; Gas mit scharfem, die Schleimhäute reizendem Geruch.

Gemischbildung, innere bzw. äußere Das Kraftstoff-Luft-Gemisch wird entweder außerhalb des Brennraums im Saugrohr gebildet und die Motorleistung über eine →Quantiätsregelung gesteuert – wie heute bei Ottomotoren allgemein üblich oder – wie beim Diesel durchgängig realisiert – durch direkte Einspritzung des Kraftstoffs in den Zylinder bzw. in eine Nebenkammer des eigentlichen Brennraums. Die innere Gemischbildung ermöglicht eine →Qualitätsregelung und vermeidet →Drosselverluste. Dies erfordert aber mageren Motorbetrieb im überwiegenden Bereich des Kennfeldes, der Einsatz von →geregelten 3-Wege-Katalysatoren ist daher nicht möglich. Nachteilig ist auch der höhere technische Aufwand einer Hochdruckeinspritzung. Falls zukünftig →Mager-Katalysatoren zur Verfügung stehen, wird möglicherweise die innere Gemischbildung auch beim Ottomotor häufiger angewandt werden.

Gemischheizwert Heizwert des vom Motor angesaugten Kraftstoff-Luft-Gemisches. Die Größe dieses Wertes bestimmt, welche Leistung bei gegebenem Hubraum und Ladedruck von einem Motor abgegeben werden kann (→Mitteldruck).

Geräuschgrenzwerte für Kraftfahrzeuge Grenzwerte für die Geräuschemissionen von Kfz nach altem und neuem, europäischem Recht:

	bis zum 1.10.1995 dB(A)	seit 1.10.1995 dB(A)
Pkw	77	74
Kleinbusse und Lieferwagen < 2 t	78	76
Kleinbusse und Lieferwagen 2–3,5 t	79	77
Busse < 150 kW	80	78
Busse > 159 kW	83	80
Lkw > 3,5 t, < 75 kW	81	77
Lkw 75–150 kW	83	78
Lkw > 150 kW	84	80

Die Einheit dB – Dezi-Bell – ist ein logarithmisches Maß, das grob der menschlichen Wahrnehmungsfähigkeit für Geräusche Rechnung trägt. Übersetzt in physikalische Größen bedeutet eine Verminderung des Schallpegels um 3 dB eine Verminderung der Energie einer Schallwelle auf die Hälfte. Ein schwerer Lkw darf also so viel Schallenergie abstrahlen wie vier Pkw.

geregelter Katalysator Beim Ottomotor hat der →Katalysator die Aufgabe, →HC und CO zu oxidieren und →NO_x zu reduzieren (daher auch 3-Wege-Katalysator). Damit der Katalysator diese an sich widersprüchlichen Aufgaben erfüllen kann, muß der Motor so gesteuert werden, daß für eine gewisse Zeit eine oxidierende Situation durch ein Überangebot von Sauerstoff im Katalysator entsteht. Die NO_x müssen für diese Zeit gespeichert werden. Anschließend muß eine reduzierende Umgebung durch ein Überangebot von unverbrannten Kohlenwasserstoffen hergestellt werden. Dem Motor muß daher ein um das stöchiometrische Verhältnis definiert schwankendes Kraftstoff-Luft-Gemisch zugeführt werden. Dies geschieht mit Hilfe der λ-Regelung (→λ-Sonde), die den Restsauerstoffgehalt im Abgas messen kann. Die Frequenz der Oszillation liegt typisch bei 1 Hz.

Das aktive Material des Katalysators besteht aus einer Mischung von Edelmetallen (Pt, Pa, Rh), die mit einem speziellen Bindemittel (whash coat) auf einer Struktur mit großer Oberfläche, aber geringem Strömungswiderstand aufgetragen ist. Dazu werden heute ganz überwiegend Keramikmonolithen verwendet. Sie bestehen aus Cordierit, einem Material mit geringer Wärmedehnung und hervorragender Thermoschock-Beständigkeit. Die Monolithen haben heute ca. 62 Zellen/cm^2, Wandstärken von 0,15 mm und eine offene Querschnittsfläche von 71 %. Inzwischen werden auch gewellte und gewickelte Blechbündel als Trägermaterial mit einem freien Querschnitt von 90% verwendet.

Typische Zahlenwerte für einen Hochleistungskatalysator in einem 2,3 l Fahrzeug:

- Volumen 2,7 l
- Beschichtung mit Palladium und Rhodium im Verhältnis 5 : 1
- Metallmenge 50 g/ft^3 = 1,8 g/l
- Wert des Edelmetalls 47 DM

Der Motor muß präzise geregelt werden, um auch bei instationärem Motorbetrieb, Last-Schub-Wechseln, Zündaussetzern usw. keine zu hohe thermische Belastung des Katalysators durch zu viel unverbrannten Kraftstoff entstehen zu lassen.

Die Anordnung des Katalysators im Fahrzeug sollte möglichst motornah sein, um ein schnelles Erreichen der Betriebstemperatur (Anspringen) zu gewährleisten, andererseits darf das Abgas auch bei extremen Motorlasten nicht zu heiß werden, damit er nicht geschädigt wird. Heute sind Katalysator-Eintrittstemperaturen von bis zu 950 °C zulässig. Die bei motornaher Anordnung stärkeren Druckpulsationen verlangen eine besonders robuste Bauweise (z.B. Metallträger statt Keramik). Eine Lösung kann die Kombination aus einem motornahen Vorkat mit einem konventionellen Hauptkat darstellen.

„Große Drei" Zusammenfassende Bezeichnung für die drei den US-Markt dominierenden Autohersteller Chrysler, Ford und General Motors

Halogene Die Elemente Fluor, Chlor, Brom, Jod werden als Halogene bezeichnet. Wegen ihrer Reaktionsfreudigkeit sollen sie nicht im Abgas vorkommen (siehe auch →Additive, →Scavenger).

Die Verwendung von Chlor- und Bromverbindungen als Kraftstoffzusatz ist in Deutschland verboten (19. BImSchV vom 17.1.1992). Im Flugbenzin „Avgas" sind sie nach wie vor zulässig und enthalten (→Bleizusatz)

HC Abkürzung für Kohlenwasserstoffe, hier in der Regel als Bestandteil des Abgases.

Wegen der geringen Zeit, die im Verbrennungsmotor pro Arbeitstakt zur Verfügung steht, bleiben winzige Mengen des Kraftstoffs unverbrannt. Sie stammen zum großen Teil aus Bereichen des Brennraums, die für die Flamme kaum zugänglich sind (z.B. dem →Feuerstegvolumen). Ihr Anteil ist bei Luftüberschuß (Dieselmotor, Magermotor) naturgemäß kleiner als bei stöchiometrischem oder gar fettem Gemisch. Die HC in den →Rohemissionen werden im Katalysator mit hoher Wirksamkeit zu CO_2 und H_2O oxidiert.

Heizwert Der *untere Heizwert* gibt die bei der vollständigen Verbrennung eines Stoffes freiwerdende Energiemenge in MJ/kg an. Er unterscheidet sich vom *oberen Heizwert* (Brennwert) durch die Kondensationswärme des im Abgas enthaltenen Wassers:

$H_u = H_o - r \times m$
r = Verdampfungswärme des Wassers = 2.500 kJ/kg bei 0 °C
m = $m_{H2O}/m_{Brennstoff}$ = Masse des Wasserdampfs bezogen auf die Brennstoffmasse

Hexan Lineares Molekül C_6H_{14}, gehört zu den →Alkanen.

IDI-Diesel Der Kraftstoff wird nicht direkt in den Brennraum eingespritzt, sondern in eine mit diesem in Verbindung stehende Vor- oder Wirbelkammer (Indirectly Injecting Diesel). Im Vergleich zum →DI-Diesel geringere Emissionen und Geräusche, aber höherer Verbrauch.

Immissionen →Emissionen

Isotop Viele chemische Elemente können unterschiedlich schwere Atomkerne aufweisen. Sie unterscheiden sich also nicht durch die Ladung im Kern – sonst wären es nicht dieselben Elemente -, sondern durch die Zahl der Neutronen. Dies wird durch einen dem chemischen Symbol vorangestellten Index, die Massenzahl, gekennzeichnet.

Die Neigung eines Kerns, sich durch Neutronen zur Spaltung anregen zu lassen, hängt entscheidend von der Zahl der Neutronen im Kern ab. ^{235}Uran läßt sich z.B. viel leichter spalten als ^{238}U. Um einen Leichtwasserreaktor betreiben zu können, muß daher das natürlich vorkommende Gemisch Isotopengemisch des Urans mit ^{235}U angereichert werden.

joint implementation Die befürchteten Klimaänderungen infolge von Emissionen von Kohlendioxid und anderen klimawirksamen Gasen sind kein lokales, sondern ein globales Problem. Die Kosten für Maßnahmen zur Verminderung von Kohlendioxidemissionen variieren von Anwendung zu Anwendung und von Land zu Land sehr stark. Es ist daher ökonomisch vernünftig, Reduzierungen bevorzugt dort anzustreben, wo sie mit den geringsten Kosten erzielt werden können. Das Konzept der joint implementation beruht nun darauf, daß ein an sich unbeteiligter Dritter eine Reduzierungsmaßnahme vornimmt, die er aus eigenem Interesse nicht vorgenommen hätte und dafür unterstützt wird. Die erzielte Emissionsminderung wird ganz oder teilweise dem Geldgeber zugerechnet, der dafür eine andere, teurere Maßnahme unterlassen kann. Geschäfte dieser Art könnten vor allem mit weniger entwickelten Staaten zu beiderseitigem Nutzen geschlossen werden.

Katalysator Ein Katalysator ist ein Stoff, der die Geschwindigkeit einer chemischen Reaktion steigert, ohne selbst im Endprodukt zu erscheinen. Die Lage des chemischen Gleichgewichtes wird durch den Katalysator nicht beeinflußt. Mit heterogener Katalyse bezeichnet man Prozesse, bei denen der Katalysator in fester Form, z.B. aufgebracht auf einem Trägermaterial, vorliegt und die Reaktanden vorzugsweise in gasförmiger Form an ihm vorbei gefördert werden. Eine homogene Katalyse liegt vor, wenn der Katalysator mit den Reaktanden vermischt wird und erst am Ende des Prozesses zurückgewonnen wird oder im Produkt verbleibt (→geregelter Katalysator, →Mager-Katalysator, →Dieselkatalysator).

Katalysatorgift Eine Substanz, die die Wirksamkeit eines Katalysators beeinträchtigt. Eine häufige Wirkungsweise besteht darin, daß eine Substanz eine feste Bindung mit den aktiven Stellen des Katalysator eingeht und diese dadurch für den gewünschten Prozeß blockiert. In vielen Fällen kann der Katalysator z.B. durch eine thermische oder chemische Behandlung regeneriert werden. Schwefel aus dem Kraftstoff und Phosphor aus dem Schmieröl sind Gifte für 3-Wege- (→geregelter Katalysator), →Diesel- und →Mager-Katalysatoren.

Kennfeld Unter einem Kennfeld versteht man die Zuordnung einer oder mehrerer gespeicherter Größen zu einer gemessenen oder errechneten Eingangsgröße. Sie wird meist durch einen elektronischen Festwertspeicher realisiert. Auf diese Weise können sehr schnell und mit geringem Rechenaufwand komplizierte Verknüpfungen zwischen Eingangs- und Ausgangsdaten hergestellt werden. Kennfelder werden häufig in Motorsteuerungen verwendet. Die Verknüpfungen werden zuvor in umfangreichen Prüfstandsversuchen ermittelt.

Kleinverbraucher Unter dem Begriff „Kleinverbraucher" werden in der deutschen Energiestatistik Handel und Gewerbe, Handwerk, Dienstleistungsbetriebe, öffentliche Einrichtungen und Landwirtschaft zusammengefaßt.

Klimagase, Freisetzung in Deutschland In Deutschland wurden 1990 anthropogen freigesetzt:

Kohlendioxid	1.014,2 Mio. t
Methan	5,7 Mio. t
Distickstoffoxid	0,2 Mio. t

Bis 1994 sind die Kohlendioxidemissionen auf 901 Mio. t gefallen. Davon entfallen 12 % auf Pkw, 6 % auf Lkw und Busse, und 2 % auf andere Verkehrsmittel.

Klimakonvention der Vereinten Nationen In der am 9.6.1992 in New York niedergelegten Klimarahmenkonvention der Vereinten Nationen wurde als Ziel vereinbart, „die Stabilisierung der Treibhausgaskonzentrationen in der Atmosphäre auf einem Niveau zu erreichen, auf dem eine gefährliche anthropogene Störung des Klimasystems verhindert wird". Für die Industrieländer wurde diese allgemein gehaltene Formulierung umgesetzt in das „Ziel, einzeln oder gemeinsam die anthropogenen Emissionen von Kohlendioxid ... auf das Niveau von 1990 zurückzuführen". Die Klimarahmenkonvention trat nach Ratifikation durch den fünfzigsten Vertragspartnerstaat am 21.3.1994 in Kraft. Seitdem stellt das dort vereinbarte Reduktionsziel für Deutschland eine völkerrechtlich verbindliche Verpflichtung dar.

Klimaschutzpolitik in Deutschland Die Bundesregierung hat mit dem Kabinettsbeschluß vom 13.6.1990 das Ziel formuliert, die Kohlendioxidemissionen der Bundesrepublik (ABL) bis 2005 gegenüber 1987 um 25 % zu verringern. Nach der Wiedervereinigung wurde die Festlegung am 7.11.1990 erweitert. Eine interministerielle Arbeitsgruppe „CO_2-Reduktion" soll sich „künftig an einer 25 %-igen Minderung der energiebedingten Kohlendioxidemissionen im bisherigen Bundesgebiet sowie angesichts der nach jetzigem Kenntnisstand erwarteten, hohen CO_2-Minderungspotentiale in den neuen Bundesländern an einer dort deutlich höheren, prozentualen Minderung bis 2005 bezogen auf das Emissionsvolumen des Jahres 1987 orientieren". Diese

Formulierung wurde durch Beschluß des Bundestages vom 27.9.1991 und des Kabinetts vom 11.12.1991 in ein gesamtdeutsches Reduktionsziel in Höhe von 25–30 % konkretisiert. Diese Zielsetzung geht erheblich über die Ziele der → Klimakonvention der Vereinten Nationen hinaus. Sie wurde anläßlich der 1. Vertragsstaatenkonferenz der Klimarahmenkonvention in Berlin am 5.4.1995 auf das international übliche Bezugsjahr 1990 umgestellt (-25 % bis 2005).

Die Bundesregierung ist sich bewußt, daß in der Klimapolitik Zielkonflikte unausweichlich sind und stellte daher am 7.11.1990 auch fest, daß „bei der Realisierung der CO_2-Reduktion die internationale Abstimmung und Auswirkungen auf volkswirtschaftliche Ziele, wie z.B. Beschäftigung, Preisniveaustabilität, wirtschaftliches Wachstum, außenwirtschaftliches Gleichgewicht und die Sicherheit der Energieversorgung zu beachten“ sind.

Zur Umsetzung der genannten, auch im internationalen Vergleich sehr anspruchsvollen Ziele hat die Bundesregierung mehrere Wege eingeschlagen:

- gesetzliche Maßnahmen (z.B. Wärmeschutzverordnung, Kleinfeuerungsanlagenverordnung, Heizungsanlagenverordnung);
- Förderung von energiesparenden Investitionen z.B. im Hauswärmebereich;
- Förderung von erneuerbaren Energien;
- freiwillige Vereinbarungen mit der Industrie über deren Energieverbrauch;
- freiwillige Vereinbarungen mit der Industrie über den Energieverbrauch der von ihr hergestellten Produkte (→ Selbstverpflichtungen).

Klopfen Ein Ottomotor klopft, wenn nach Beginn der durch den Zündfunken eingeleiteten Verbrennung das dann noch nicht verbrannte Gemisch sich selbst entzündet und schlagartig verbrennt. Die Flammenfront schreitet dann 10–12 mal schneller voran als bei normaler Verbrennung. Klopfen tritt auf, wenn das unverbrannte Gemisch durch die begonnene Verbrennung weiter verdichtet und über die Selbstzündtemperatur aufgeheizt wird. Klopfende Verbrennung führt zu Schäden durch Druckspitzen von bis zu 8 bar/° Kurbelwellenwinkel oder 50.000 bar/s. Die Klopfneigung nimmt mit der Verdichtung zu (um ca. 10–15 ROZ bei eines Erhöhung der Verdichtung um 1). Die Klopfneigung eines bestimmten Motortyps hängt von zahlreichen Details der Konstruktion und der Betriebsweise ab und kann nur dem Trend nach prognostiziert werden. Ottokraftstoffe müssen bestimmten Kriterien für Klopffestigkeit (→ Oktanzahl) genügen.

Klopffestigkeit → Oktanzahl

Konzentration eines Stoffes in der Luft Konzentrationen von Stoffen in der Luft werden häufig in ppm (parts per million, 10^{-6}) oder in mg/m^3 bzw. µg/m^3 angegeben. Die Beziehung zwischen diesen Werten lautet bei T = 0 °C und p = 1,013 bar:

$$1\ \text{ppm} = M_P \times 44{,}6\ \mu\text{g/m}^3$$

mit M_P als Molekulargewicht des betreffenden Stoffes.

Kosten, externe Als externe Kosten werden solche Kosten einer Tätigkeit bezeichnet, die nicht durch die geschäftlichen Beziehungen der an der Tätigkeit beteiligten Personen abgedeckt sind, sondern von Dritten getragen werden müssen. Externe Kosten sind z.B. die Folgen von Luftverschmutzung durch Verbrennungsanlagen. Die Höhe dieser externen Kosten ist nur sehr schwer zu bestimmen, da zu ihrer Berechnung immer mehr oder weniger willkürliche Annahmen getroffen werden müssen. Die Angaben für die externen Kosten des Straßenverkehr oder der Stromerzeugung gehen daher je nach Interessenlage und Erkenntnisstand weit auseinander. Über die Definition des logischen Pendants der externen Kosten, der externen Nutzen besteht ebenfalls keine Einigkeit. Manche Autoren leugnen ihre Existenz vollständig. Angesichts der methodischen Probleme ist die Zurechnung externer Kosten zu konventionellen Energie- oder Verkehrstechniken kein geeignetes Mittel zum Ausgleich von Wettbewerbsschwächen „alternativer Techniken".

Kraft-Wärme-Kopplung (KWK) Prozesse zur gemeinsamen Erzeugung von mechanischer Energie – meist zur Stromerzeugung genutzt – und Wärme.

KWK-Anlagen können den eingesetzten Brennstoff besonders effektiv umsetzen, weil zunächst Wärme auf hohem Temperaturniveau genutzt werden kann, um einen Prozeß zur Erzeugung mechanischer Arbeit anzutreiben (Motorprozeß, Gasturbinenprozeß, Dampfturbinenprozeß). Dabei wird ein niedrigeres Temperaturniveau erreicht, das aber zur Versorgung industrieller Prozesse mit Wärme oder für Heizzwecke noch ausreicht. In KWK-Prozessen wird also eine Verringerung der Ausbeute an mechanischer Leistung in Kauf genommen, um zusätzlich nutzbare Wärme zu erhalten. Wesentliche Voraussetzung für die Wirtschaftlichkeit von KWK-Anlagen ist es, daß Strom und Wärme gleichzeitig in den anfallenden Mengen genutzt werden können. Dies kann in industriellen Anlagen häufig erreicht werden; für Raumwärme ist es erheblich schwieriger.

Lachgas Lachgas oder Distickstoffoxid N_2O (früher Stickoxydul genannt) ist ein farb- und geruchloses Gas. Kurze Zeit eingeatmet, erzeugt es Rauschzustände (daher der Name Lachgas).

Als Treibhausgas ist Distickstoffoxid 270mal wirksamer als dieselbe Menge Kohlendioxid (bezogen auf die Masse). Das Lachgas in der Atmosphäre entsteht vor allem beim Abbau stickstoffhaltiger Dünger durch Bodenbakterien auf landwirtschaftlich genutzten Flächen. Der Anteil des Stickstoff im Dünger, der letztlich als Lachgas freigesetzt wird, wird auf 0,5% bis 2% geschätzt. Lachgas kann daher ein wesentlicher Beitrag zum Treibhauspotential von biogenen Energieträgern sein.

Ladeluftkühlung Kühlung der bereits von einem Turbolader oder von einem mechanischen Kompressor verdichteten Luft vor der Ansaugung durch den Hubkolbenmotor (engl.: intercooler). Durch die Abkühlung wird die Dichte der angesaugten Luft erhöht, die Zylinderfüllung und damit die Leistung werden entsprechend gesteigert.

λ-Sonde Die λ–Sonde mißt den Sauerstoffgehalt im Abgas vor einem $\rightarrow$ geregelten 3-Wege-Katalysator. Ihr Signal ist Voraussetzung für die präzise Steuerung der Abgaszusammensetzung, die eine optimale Abgasreinigung ermöglicht.

LEV Low Emission Vehicle, →Emissionsgrenzwerte (USA)

LH2 Flüssiger Wasserstoff (liquid hydrogen); bei T < –253 °C kann Wasserstoff in flüssiger Form gespeichert werden. Er wird z.B. als Raketentreibstoff genutzt. Die Verwendung von LH2 für Fahrzeuge wird von BMW und einigen anderen Firmen untersucht.

Liefergrad Der Teil des angesaugten Kraftstoff-Luft-Gemisches, der in Relation zum Hubvolumen tatsächlich im Brennraum zur Verfügung steht. Infolge der Ansaugdrosselung bei Ottomotoren, des Restgases im Brennraum, der Aufheizung der frischen Ladung an den heißen Wänden usw. ist der Liefergrad bei realen Motoren meistens < 1.

Lithosphäre Die oberste Erdschale von der Erdoberfläche bis zur Grenze der Chalkosphäre in ca. 1.200 km Tiefe.

LNG Verflüssigtes Erdgas (Liquefied Natural Gas). Bei T < –161 °C kann Methan verflüssigt werden. LNG wird bisher überwiegend für den Schiffstransport von Erdgas über große Entfernungen erzeugt, wenn Pipelines nicht wirtschaftlich zu betreiben sind. Der erste LNG-Tanker wurde 1977 in Dienst gestellt. LNG wird auch als Kraftstoff für Fahrzeuge erprobt .

LPG Autogas, Flüssiggas (Liquefied Petroleum Gas); eine Mischung aus Propan und Butan, die bei Umgebungstemperatur unter Druck verflüssigt werden kann und in dieser Form als Kraftstoff verkauft wird.

Lubricity Additive Lubricity Additive werden dem schwefelarmen Dieselkraftstoff beigemischt, um die Schmierung der Einspritzpumpen sicherzustellen.

Luft Die Luft der Atmosphäre besteht an der Erdoberfläche im trockenen Zustand aus

Stickstoff	75,52 %
Sauerstoff	23,15 %
Argon	1,28 %
Kohlendioxid	0,035 %

Luftzerlegungsanlage Für viele chemische Prozesse wird reiner Sauerstoff benötigt. Er wird in Luftzerlegungsanlagen gewonnen. Dazu wird die →Luft verflüssigt und durch Rektifizieren (Destillieren) in ihre Bestandteile zerlegt. Luftzerlegungsanlagen sind technisch aufwendig und haben hohe Betriebskosten.

Luftmassenmesser Sensor zur Messung der Menge der von einem Motor angesaugten Luft mittels eines Hitzdraht- oder Heißfilmanemometers: Es wird direkt die vorbeiströmende Luftmenge erfaßt. Die genaue Messung der Luftmasse ist Voraussetzung für die präzise Einhaltung des gewünschten Kraftstoff-Luft-Verhältnisses bei Ottomotoren.

Luftmengenmesser Sensor zur Messung der Menge der angesaugten Luft z.B. mittels einer Stauklappe. Zur Bestimmung der Luftmasse werden zusätzlich Meßwerte für die Lufttemperatur und den Luftdruck benötigt.

Luftverhältnis Das Luftverhältnis λ bezeichnet das Verhältnis der tatsächlich zur Verbrennung einer Menge Kraftstoff zur Verfügung stehenden Menge Luft zu der dazu minimal erforderlichen, der stöchiometrischen Luftmenge.

Zur Erzielung maximaler Leistungsdichte sollte λ klein gehalten werden. Der Ottomotor hat hier einen Vorteil gegenüber dem Diesel, weil dieser stets mit $\lambda >> 1$ betrieben werden muß (→Gemischheizwert, →λ-Sonde).

Zur Erzielung niedriger Verbräuche ist ein hohes λ wünschenswert. Zudem sinken die Stickstoffoxidemissionen bei hohem λ stark ab, nachdem sie bei leicht magerem Gemisch ein Maximum durchschritten haben.

Mager-Katalysator Mit einem Mager-Katalysator werden die Abgase eines Ottomotors nachbehandelt, der mit Luftüberschuß ($\lambda > 1$; →Luftverhältnis) betrieben wird. HC und CO werden wie im Fall des geregelten Katalysators oder des Oxidations-Katalysators zu CO_2 und H_2O oxidiert. Für die Verminderung der Stickstoffoxide muß eine reduzierende Situation geschaffen werden. Bei Luftüberschuß im Abgas ist das nur mit speziellen Maßnahmen zu erreichen.

Ein mögliches Funktionsprinzip geht von der Oxidation der NO-Moleküle an einer Platinoberfläche aus. Danach wird es als Nitrat auf einem anderen Material festgehalten. Periodisch wird das zuvor magere Kraftstoff-Luft-Gemisch für kurze Zeit angefettet. Durch den Kraftstoffüberschuß entsteht eine reduzierende Atmosphäre mit hohem Gehalt an CO, HC und H_2, in der das Nitrat in Stickstoff und Sauerstoff aufgespalten wird.

Mager-Katalysatoren sind eine Voraussetzung für die Erschließung der Verbrauchsminderungs-Potentiale durch mageren Motorbetrieb. Deshalb wird an vielen Stellen intensiv an ihrer Entwicklung gearbeitet. Serienreife Lösungen, die auch größeren Fahrzeugen gestatten, strenge Abgasgrenzwerte einzuhalten, sind noch nicht auf dem Markt.

Maniok Bis 3 m hoher, in Südamerika beheimateter Strauch aus der Familie der Wolfsmilchgewächse; wichtige Nährpflanze in den Tropen. Die wie bei der Kartoffel am Grund des Stengels sitzenden, stärkereichen Knollen sind in frischem Zustand wegen ihres Gehaltes an Blausäure giftig. Durch Kochen, Rösten oder einfaches Trocknen wird die Blausäure entfernt. Wird auch als Cassavestrauch bezeichnet. Maniokstärke kann zur Herstellung von Ethanol verwendet werden.

Melasse Zuckerrohr- bzw. Zuckerrübensaft; Ausgangsstoff für die Zucker bzw. Ethanolherstellung (Engl. molassis).

Methylcyclohexan (MCH) MCH wird als „Trägersubstanz“ für die Speicherung von Wasserstoff unter Normalbedingungen untersucht. Dazu wird MCH zu Toluol hydriert bzw. dehydriert:

$(C_6H_5)CH_3$	+ 3 H_2	↔	$(C_6H_{11})CH_3$	–205 kJ/mol
Toluol	+ Wasserstoff	↔	MCH	

Miller-Motor Eine von Mazda entwickelte Variante des Ottomotors: Ein Teil der Verdichtung der angesaugten Ladung wird von einem mechanisch angetriebenen Lader bereits vor dem Motor übernommen. Die Luft bzw. das Gemisch werden dann gekühlt und im Motor weiter verdichtet. Die Einlaßventile schließen abweichend vom üblichen 4-Takt-Prozeß erst 70° Kurbelwinkel nach dem unteren Totpunkt. Dadurch wird ein Teil des angesaugten Gemisches wieder ausgeschoben. Der Wirkungsgrad wird durch das bessere Verhältnis von Kompression zu Expansion theoretisch leicht verbessert; in Vergleichstests mit gleich leistungsfähigen, konventionellen Antrieben konnten aber keine meßbaren Vorteile ermittelt werden.

Diese Prozeßvariante wurde 1947 von dem Amerikaner R. Miller für einen stationären Dieselmotor entwickelt.

Mindestluftbedarf →Gemischheizwert

Mischungsoktanzahl Bei Zumischung eines Oktanzahlverbesserers (→Oktanzahl, →MTBE, →Bleizusatz) zu einem Benzin ändert sich die Klopffestigkeit des Gemisches i.d.R. nicht linear. Man muß daher die Konzentration der Zumischung angeben und die erzielte Oktanzahlverbesserung darauf beziehen. Die Mischungsoktanzahl gibt die scheinbare Oktanzahl der Zumischung an, wenn man einen linearen Zusammenhang zur zugemischten Menge unterstellt.

Mitteldruck Ein von Hubraum und Drehzahl unabhängiges Maß für die Leistungsfähigkeit von Kolbenmotoren

Leistung eines Motors	$P_e = V_H \times p_{me} \times n_a$
Hubraum	V_H
mittlerer effektiver Druck	p_{me}
Drehzahl	n_a

Der mittlere effektive Druck berücksichtigt den →Gemischheizwert, den →Liefergrad und die mechanischen Wirkungsgrade.

Moderator Neutronen müssen eine gewisse Geschwindigkeit haben, damit sie mit maximaler Wahrscheinlichkeit einen Atomkern wie ^{235}Uran zur Spaltung anregen können. Die bei der Spaltung frei werdenden Neutronen sind dazu viel zu schnell. Sie müssen daher abgebremst werden Das geschieht durch Stöße an einem möglichst leichten Stoff mit geringer Absorption für Neutronen. Diesen Stoff nennt man Moderator. In den meisten KKW wird dazu normales („leichtes") Wasser eingesetzt. In anderen Kraftwerkstypen werden auch Schweres Wasser – D_2O – oder Graphit als Moderatoren verwendet.

Mol Stoffmengengröße der Chemie. Ein Mol jeden Stoffes enthält die gleiche Zahl N_L von Molekülen (Loschmidtsche Zahl $N_L = 6{,}023 \times 10^{23}$ mol^{-1}). Die Masse eines Mols einer reinen Substanz ist gleich dem →Molekulargewicht in g.

Molekulargewicht Summe der Atomgewichte einer chemischen Verbindung in g (z.B. Molekulargewicht von H_2O: 18 g).

Molvolumen Volumen eines Mols eines idealen Gases beim Normzustand (p = 1,013 bar, T = 0 °C): V_N = 22,421 l/mol.

Mono-Fuel-Konzept Auslegung eines Fahrzeugs konsequent auf einen bestimmten, möglichst präzise definierten Kraftstoff (→Flexible-Fuel-Konzept, →Dual-Fuel-Konzept)

Monomere Grundbausteine von Kunststoffen oder anderen großen Molekülen.

Monoaromaten →Aromaten mit genau einer ungesättigten Ringstruktur pro Molekül: →Benzol, Xylol, Toluol

Motorsteuerung System zur elektronischen Steuerung wichtiger Funktionen eines Motors. Durch Sensoren werden zumindest Zündung und Einspritzung, meistens jedoch viel mehr Funktionen (→Luftverhältnis, Klopfneigung, Ventilsteuerung, →AGR, Getriebe, Schlupf der Antriebsräder, Tankentlüftung, ...) überwacht. Die Daten werden in einem Steuergerät unter Verwendung von →Kennfeldern ausgewertet und Steuerbefehle für Einspritzung, Zündung usw. errechnet.

MTBE Methyl-Tertiär-Butylether, auch – korrekter – tertiärer Buthylmethylether.

```
        CH3
        |
H3C  -  C  -  O  -  CH3
        |
        CH3
```

MTBE wurde erstmals 1973 in Italien dem Benzin beigemischt und wird heute in großen Mengen als Klopfverbesserer in bleifreien Ottokraftstoffen eingesetzt. Seine Mischungsoktanzahl liegt bei 109.

Eine ähnliche Wirkung hat ETBE – Ethyl-Tertiär-Butylether:

```
        CH3
        |
H3C  -  C  -  O  -  CH2CH3
        |
        CH3
```

Multipoint-Einspritzung Bezeichnung für die Einspritzverfahren bei Ottomotoren, bei denen jedem einzelnen Zylinder eine eigene Einspritzdüse zugeordnet ist. Das erlaubt die präzise, zylinderindividuelle Zumessung von Kraftstoff. Auch sequentielle Einspritzung (→Zentraleinspritzung).

Nachhaltiges Wirtschaften Nachhaltiges Wirtschaften ist nach Binswanger durch die Einhaltung folgender Regeln gekennzeichnet:

- Die Natur wird nur im Rahmen ihrer Regenerationsfähigkeit genutzt.
- Die Absorptionsfähigkeit der Umwelt für Schadstoffe wird nicht überschritten.
- Großtechnische Risiken werden nur in dem Ausmaß in Kauf genommen, wie sie kalkulierbar und versicherbar sind.
- Nicht erneuerbare Ressourcen werden möglichst sparsam genutzt.

Die World Commission on Environment and Development definiert Nachhaltige Entwicklung als „Entwicklung, die den Bedürfnissen der Gegenwart gerecht wird, ohne die Möglichkeiten künftiger Generationen zu beschneiden".

NEFZ Mit der Direktive 94/12/EU wurde ein Neuer Europäischer →Fahrzyklus NEFZ in die Abgasgesetzgebung eingeführt. Es stellt im Vergleich zum amerikanischen →FTP-75 Zyklus insofern eine schärfere Anforderung dar, als die zu fahrenden Geschwindigkeiten zu Beginn deutlich niedriger sind und damit eine langsameres Aufheizen des Katalysators erfolgt. Bei gleichem Katalysatorkonzept können sich doppelt so hohe HC-Werte in g/km ergeben. Ein Fahrzeug, das den US-Test erfüllt, erfüllt also nicht automatisch auch die EURO-II Anforderungen. Dies gilt noch verschärft für die Tests bei tiefer Temperatur (–7 °C).

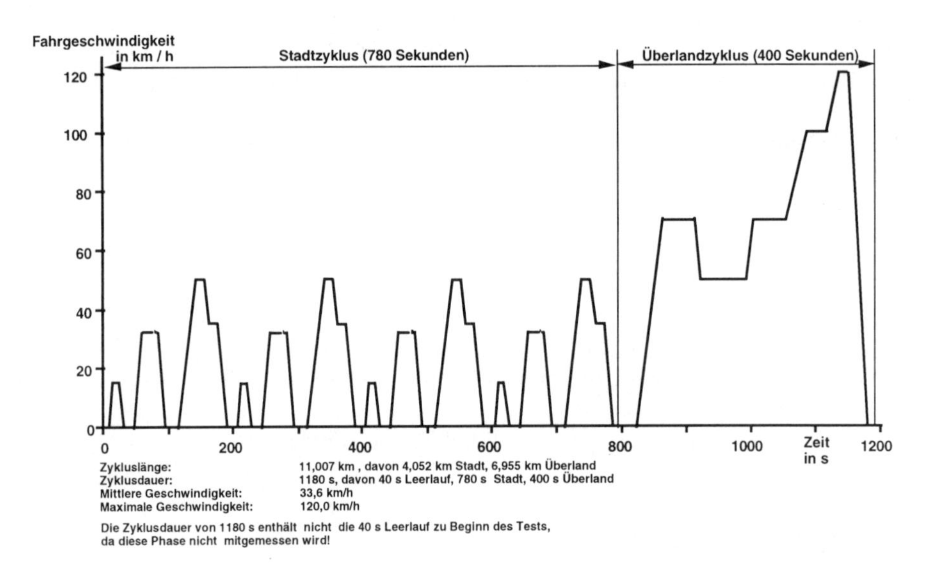

Neutronen, thermische Neutronen mit einer Bewegungsenergie, die einer Temperatur um 400 K entspricht werden als thermisch bezeichnet. Sie werden in KKW aus Spaltneutronen durch Abbremsen in einem →Moderator erzeugt.

NMOG Non Methane Organic Gases – Summe der organischen Gase im Abgas ohne das – nicht toxische und für die Bildung von Ozon nicht relevante – Methan.

NO_x Bei der Verbrennung von Kraftstoffen mit Luft entstehen als Nebenprodukte in geringer Konzentration auch Oxide des Stickstoffs. Ihre Menge nimmt i.w. mit der dabei erreichten Spitzentemperatur zu. Sie gelangen im Abgasstrom an die Atmosphäre, wenn keine Nachbehandlung durch einen Katalysator erfolgt.

Nutzervorteile Vorteile, die den Nutzern von bestimmten Fahrzeugen eingeräumt werden. Dazu kann gehören:

- Das Recht bei Smog- oder Ozonalarm fahren zu dürfen.
- Das Recht in bestimmte, besonders geschützte Gebiete einfahren zu dürfen.
- Das Recht, bestimmte Strecken auch bei Nacht oder an Feiertagen befahren zu dürfen.
- Das Recht, privilegiert parken zu dürfen.

Nutzervorteile können für die Entscheidung zum Erwerb besonders schadstoff- oder lärmarmer Fahrzeuge wesentlich sein.

OBVR Mit On Board Vapour Recovery wird eine Technik bezeichnet, die es erlaubt, alle Verdampfungsemissionen (→ Verdampfungsverluste) incl. der Tankemissionen mit fahrzeugseitigen Maßnahmen auf die gesetzlich erlaubten Werte zu beschränken. Dazu ist u.a. ein „großer Kohlekanister" mit ca. 5 l Inhalt erforderlich, in dem die Kraftstoffdämpfe vollständig absorbiert werden können. Später werden sie dem Motor zugeführt und dort verbrannt. In Europa ist die Technik mit „kleinem Kohlekanister" in Kombination mit Saugrüsseln zum Absaugen von Kraftstoffdämpfen an der Tankstellen vorgeschrieben worden.

Oktanzahl Die Oktanzahl ist ein Maß für die Klopffestigkeit von Ottokraftstoffen. Sie wird in genormten Prüfmotoren durch Vergleich mit iso-Octan C_8H_{18} (2,2,4-Trimethylpentan) und n-Heptan C_7H_{16} ermittelt, denen die Oktanzahlen 100 bzw. 0 zugeordnet sind. Es werden mehrere verschiedene Prüfvorschriften verwendet, die zu unterschiedlicher thermischer Beanspruchung des Kraftstoffs führen. Entsprechend unterscheiden sich die ROZ (Research Oktanzahl), MOZ (Motoroktanzahl) und FOZ (Frontoktanzahl). Die Oktanzahl eines Kraftstoffs kann durch Mischen von verschieden klopffesten Raffinerieprodukten eingestellt werden. Zusätzlich kann sie durch Zugabe von Klopfbremsen wie Bleiverbindungen (→ Bleizusatz), Methanol, Ethanol, → MTBE o.ä. erhöht werden.

Olefine → Alkene

On-Board-Diagnose (OBD) Ausstattung eines Motors incl. Abgassystem mit Überwachungseinrichtungen, die es gestatten, die ordnungsgemäße Funktion der für die Qualität des Abgases entscheidenden Komponenten während des Betriebes zu überwachen und den Fahrer ggf. auf Fehlfunktionen aufmerksam zu machen. Fehlermeldungen werden zur späteren Auswertung elektronisch gespeichert.

In den USA bestehen gesetzliche Vorschriften über die anzuzeigenden Werte, die Art der Anzeige sowie über eine Meldepflicht der Autohersteller gegenüber den Behörden, wenn die Anzahl der Fehler pro Fahrzeugtyp eine bestimmte Grenze überschreitet.

Ottomotor Motor mit homogener, äußerer oder innerer Gemischbildung und Fremdzündung. Das Gemisch wird im Kompressionstakt auf 15–25 bar ($\varepsilon = 7–10$) verdichtet und dabei auf 400–600 °C aufgeheizt. Die Zündung erfolgt kurz vor OT durch einen Zündfunken.

Der Ottomotor weist eine Reihe von Vorzügen auf:

- hohe Leistungsdichte
- hoher Mitteldruck
- gute Laufruhe
- sehr niedrige Schadstoffemissionen durch die Möglichkeit der Abgasnachbehandlung

Sein wichtigster Nachteil ist der relativ schlechte Teillastwirkungsgrad, der u.a. durch die Drosselung der Luftansaugung infolge der beim Ottomotor aus Aufwandsgründen bisher üblichen →Quantitätsregelung entsteht.

Ozon Ozon ist eine chemische Verbindung aus drei Sauerstoffatomen O_3. Sie wird nicht emittiert, sondern bildet sich bodennah sekundär unter Mitwirkung von Kohlenwasserstoffen und Stickstoffoxiden bei Sonneneinstrahlung. Sie wirkt auf Menschen vor allem schleimhautreizend. Die Grenzwerte für Ozon sind von Land zu Land sehr unterschiedlich. In Deutschland gilt ein „Informationswert" von 180 $\mu g/m^3$; ab 240 $\mu g/m^3$ müssen Maßnahmen gemäß dem „Sommersmog-Gesetz" (BImSchG §§ 40 ff) ausgelöst werden. Die Werte verstehen sich jeweils als Mittelwerte über eine Stunde.

In der hohen Atmosphäre schützt eine Ozonschicht die Erdoberfläche vor energiereicher UV-Strahlung. Ihr Abbau, an dem FCKW wesentlich beteiligt sind, führt zum sogenannten Ozonloch über der Antarktis.

PAK →Polyzyklische, →aromatische Kohlenwasserstoffe

Partikel Dieselmotoren emittieren unter bestimmten Betriebsbedingungen feine Feststoffe. Sie stehen im Verdacht, gesundheitsschädlich zu sein. Ihre Wirkung ist in vielen Studien untersucht worden. Die befürchtete karzinogene Wirkung konnte dabei nicht nachgewiesen werden. Dennoch ist die Einschätzung der Partikel nach wie vor umstritten.

Phasenwechsel-Kühlung Bei der Phasenwechsel-Kühlung wird im Gegensatz zu konventionellen Kühlsystemen das Verdampfen des Kühlmittels (z.B. Gykol-Wasser-Gemisch) im Motor bewußt zugelassen. Durch Blasensieden können sehr hohe lokale Wärmestromdichten erreicht werden. Das entstehende Flüssigkeits-Dampf-Gemisch wird in einem Dampfabscheider getrennt, der Dampf in einem Kühler kondensiert und gemeinsam mit der abgeschiedenen Flüssigkeit dem Motor wieder zugeführt. Der Kühlmitteldurchsatz kann gegenüber einer üblichen Kühlung um den Faktor 10 reduziert werden (80–100 kg/h für einen 2,5 l Motor). Die Wärmeverteilung auf den gekühlten Flächen ist homogener, „hot spots" mit ihrer Neigung zum Auslösen des Klopfens werden weitgehend vermieden. Die Kühlmitteltemperatur beträgt ca.

105 °C (konventionell 85–95 °C Thermostat-Schalttemperatur). Es kann eine elektrische Kühlmittelpumpe verwendet werden, die bedarfsgesteuert betrieben wird. Der Warmlauf erfolgt schneller. Verbrauchsverbesserungen um ca. 5 % im FTP-75 Zyklus und um ca. 4 % im US-Highway Zyklus werden erreicht.

photochemisches Potential Kohlenwasserstoffe und Stickoxide können unter dem Einfluß von Sonnenlicht chemische Reaktionen eingehen, bei denen schädliche Stoffe entstehen können (→Ozon).

photokatalytische Reaktionen Chemische Reaktionen unter Beteiligung von Katalysatoren, in denen ein Energieeintrag durch Licht zu milderen Reaktionsbedingungen (Druck, Temperatur), zu höherer Spezifität oder zu höheren Ausbeuten führt. Vor allem die photokatalytische Spaltung von Wasser und Kohlendioxid wird unter dem Aspekt einer solaren Energiewirtschaft untersucht.

Photolyse Bezeichnung für die Zersetzung oder Dissoziation von Molekülen durch Absorption von elektromagnetischer Strahlung mit Energien in eV-Bereich, d.h. mit sichtbarem Licht (→Radiolyse).

PNGV-Programm Das US-amerikanisches Forschungsprojekt „Program for a New Generation of Vehicles" wurde im September 1993 der Öffentlichkeit vorgestellt. Unter Beteiligung der Automobilindustrie (Chrysler, Ford, General Motors) und vieler, teilweise zuvor militärisch orientierter Großforschungseinrichtungen wird mit den Zielen gearbeitet:

- Verbesserung der Konkurrenzfähigkeit der amerikanischen Autoindustrie vor allem auf dem Gebiet der Fertigungstechnik;
- Verbesserung der Kraftstoffeffizienz konventioneller Kfz;
- Demonstration neuer Techniken für ein Fahrzeug der Mittelklasse.

Für das Fahrzeug wurden im Einzelnen die folgenden Ziele vereinbart:

- Alle Funktion einer typischen heutigen familientauglichen Limousine müssen erfüllt werden (6 Sitzplätze, > 475 l Kofferraum)
- Schwingungs- und Akustikkomfort entsprechend heutigen US-Limousinen
- Komfortzubehör (Klimaanlage, Audioanlage, ...) entsprechend heutigen US-Limousinen
- Beschleunigung von 0 auf 60 mph unter 12 s
- Aktive Sicherheit (Fahrverhalten, Bremsen, Reifenhaftung, ...) auf dem Niveau heutiger US-Limousinen
- Erfüllung aller Standards für passive Sicherheit gemäß den heutigen FMVSS-Vorschriften
- Verbrauch besser als 80 mpg (2,9 l/100 km) oder – bei alternativen Kraftstoffen – 0,94 MJ/km
- Reichweite im combined cycle besser als 610 km

- Emissionen nicht höher als:

HC	0,125	g/mile
CO	1,7	g/mile
NO_x	0,2	g/mile

- Lebensdauer > 160.000 km bei Serviceaufwendungen gleich oder besser heutigen US-Limousinen
- Rezylierbarkeit nach Gebrauchsende mindestens 80 %
- Anschaffungs- und Unterhaltskosten (cost of ownership) nicht höher als heute
- Realisierung von Konzeptfahrzeugen durch jeden der „Großen Drei" bis 2000 und von „production prototypes" bis 2005.

Als Maßstab für heutige US-Limousinen werden die Modelle Chrysler Concord, Ford Taurus und Chevrolet Lumina des Jahrgangs 1995 zugrunde gelegt.

Es werden zahlreiche Techniken aus der Luft- und Raumfahrt auf ihre Eignung für massenproduzierte Kfz untersucht. Besonderes Augenmerk finden Hybridantriebe unterschiedlicher Form, kleine Gasturbinen, Schwungradspeicher, Leichtbautechniken, ...

Das PNGV-Programm hat für die Jahre 1994-96 ein Volumen von 933 Mio. US $ (Quellen: Automotive Engineering, Jan. 1996, S. 39–43; EU-Kommission SEK(96) 501; Ratsdok. 6022/96).

Polycarbonat (PC) Kunststoff aus der Klasse der technischen Thermoplaste. PC eignet sich u.a. zur Herstellung von glasklaren Teilen wie Scheinwerferabdeckungen. Auch besonders leichte Windschutzscheiben aus PC werden entwickelt. Bisher ist das Problem, die erforderliche Kratzfestigkeit über die Lebensdauer sicherzustellen, noch nicht vollständig gelöst.

Polyzyklische Aromate →Aromate mit mehreren Benzolring-ähnlichen Strukturen in einem Molekül.

Pour Point Der Pour Point (PP) ist definiert als die niedrigste Temperatur, bei der eine Substanz eben noch fließt. Der PP hat keinen unmittelbaren Zusammenhang mit der Viskosität oder den Verbrennungseigenschaften.

Pumpspeicher-Kraftwerk Die Nachfrage nach elektrischer Energie schwankt im Tages-, Wochen- und Jahresrythmus erheblich. Viele Kraftwerkstypen können den schnelleren dieser Schwankungen nicht oder nur mit erheblichen Nachteilen folgen. Außerdem wird für einen sicheren Netzbetrieb ein Kraftwerkstyp benötigt, der innerhalb von Sekunden auf eine plötzlich gesteigerte Nachfrage nach Strom oder den Ausfall eines Kraftwerks reagieren kann. Aus diesen Gründen werden Pumpspeicher-Kraftwerke betrieben. In Zeiten schwacher Nachfrage wird Strom aus dem Netz entnommen und damit Wasser in ein hoch gelegenes Reservoir gepumpt. Bei Lastspitzen wird damit wieder Strom erzeugt. Ähnlich werden Luftdruckspeicher-Kraftwerke eingesetzt.

Qualitätsregelung Bei einem Motor wird die ungedrosselt angesaugte Luft durch Zumessung der Kraftstoffmenge auf den geforderten →Gemischheizwert eingestellt. Dieses Verfahren ist typisch für →Dieselmotoren. Bei →Ottomotoren setzt seine Anwendung die Entwicklung eines Brennverfahrens mit Direkteinspritzung und den Einsatz eines →Mager-Katalysators voraus.

Quantitätsregelung Die Menge des angesaugten Kraftstoff-Luft-Gemisches wird entsprechend der geforderten Motorleistung durch die Drosselklappe eingestellt. Im Teillastbereich muß daher der Kolben beim Ansaugen des Gemisches Arbeit zur Erzeugung eines Unterdruckes leisten (→Ottomotor, →Drosselverluste).

Radiolyse Bezeichnung für die Zersetzung von Stoffen – z.B. von Wasser – in kleinere Bestandteile durch ionisierende Strahlen mit Energien im keV- bis MeV-Bereich (→Photolyse).

reformulated gasoline Bezeichnung für Benzin mit < 1 Vol.-% Benzol, < 25 Vol.-% Aromaten, < 2 Vol.-% Sauerstoffgehalt. Reformulated gasoline wird in den USA nach dem →clean air act in Verwaltungsbezirken verlangt, wo die Luftgütestandards nicht eingehalten werden.

ROG Reactive Organic Gases; entspricht den →NMOG

Rohemissionen Die Emissionen eines Verbrennungsmotors gemessen vor der Abgasnachbehandlungsanlage. Die Höhe der Rohemissionen hängt sowohl von der genauen Motorauslegung als auch vom Betriebszustand ab. Speziell das Kraftstoff/Luft-Verhältnis hat großen Einfluß. HC und CO sind besonders niedrig, wenn der Motor mager betrieben wird. NO_x erreicht seinen Maximalwert etwas über dem stöchiometrischen Gemisch, weil dort die Verbrennungstemperatur ihr Maximum erreicht. Typische Konzentrationen sind:

CO	1 – 2 Vol.-%
HC	500 – 1000 vppm
NOx	100 – 3000 vppm

Rügen, Großversuch mit Elektrofahrzeugen Auf der Ostseeinsel Rügen fand seit 1992 ein großer Feldversuch mit 60 elektrisch angetriebenen Pkw, Kleintransportern und Bussen der Firmen Auwärter-Neoplan, BMW, Mercedes-Benz, Opel und Volkswagen statt. Ziel war es, über eine Dauer von vier Jahren die Alltagstauglichkeit elektrischer Straßenfahrzeuge zu demonstrieren. Die Kosten des Großversuchs von 40 Mio. DM wurden mit 22 Mio. DM durch das BMBF und das Land Mecklenburg-Vorpommern bezuschußt.

Rußen des Dieselmotors Für die Bildung von Ruß in Dieselmotoren muß man grundsätzlich zwei Betriebssituationen unterscheiden: Den stationären und den instationären Betrieb. Das Rußen im Stationärbetrieb – d.h. bei konstanter Drehzahl und Last – kann durch Motorkonstruktion, Einspritzanlage und Verbrennungsauslegung auf ein

Minimum begrenzt werden. Das Rußen im Instationärbetrieb wird vor allem durch den kurzzeitigen Luftmangel hervorgerufen, wenn zur Erzielung einer höheren Leistung mehr Kraftstoff eingespritzt wird, der Turbolader infolge seiner Trägheit aber noch nicht entsprechend mehr Luft bereitgestellt hat. Sekundäreffekte können sich durch kurzzeitig zu große Kraftstofftröpfchen und stärkere Wandbenetzung ergeben; beide Effekte begünstigen die Rußentstehung. Durch elektronische Steuerung der Einspritzung läßt sich auch bei Turbomotoren die Rußneigung erheblich verbessern. Zudem können grundsätzlich →Rußfilter eingesetzt werden.

Rußfilter für Dieselmotoren Der beim Betrieb von Dieselmotoren entstehende Ruß kann grundsätzlich durch geeignete Filter zurückgehalten werden. Diese setzen sich jedoch allmählich zu und erhöhen so den Abgasgegendruck. Sie müssen daher regelmäßig gereinigt werden. Dies kann durch „Abbrennen" des Rußes geschehen, d.h. durch die Oxidation der Rußpartikel zu Kohlendioxid. Die entsprechenden Anlagen sind aufwendig und schwer; sie werden bisher nur gelegentlich in Lkw und Bussen verwendet. Pkw können bisher die gesetzlichen Grenzwerte ohne Rußfilter einhalten.

Der Einsatz von Rußfiltern ist nur bei Verwendung von schwefelarmem Dieselkraftstoff sinnvoll, da die bei der Verbrennung von Schwefel entstehenden Sulfate durch Abbrennen nicht wieder abgebaut werden können.

Es wird gegenwärtig untersucht, ob dem Dieselkraftstoff zudosierte Additive z.B. auf der Basis des Elementes Cer oder →Ferrocen die Abbrenntemperatur von Rußfiltern gefahrlos herabsetzen können, so daß das aufwendige Abbrennen bei erhöhten Temperaturen überflüssig wird.

Scavenger Als Scavenger werden Kraftstoffzusätze (→Additive) bezeichnet, die insbesondere die Ablagerung von Blei im Motor verhindern sollen. Es handelt sich meist um chlor- und bromhaltige Verbindungen (→Halogene). Deutsches Benzin enthält diese Stoffe seit 1991 nicht mehr.

Selbstverpflichtungen Die Bundesregierung hat mit vielen Industriezweigen formelle und informelle Vereinbarungen getroffen, in denen sich die Industrie verpflichtet, gewisse Verminderungen der Kohlendioxidemissionen aus der Produktion oder auch den von ihr hergestellten Produkten zu erzielen. Die wichtigsten Selbstverpflichtungen sind:

- Erklärung der Deutschen Wirtschaft (BDI und zahlreiche Einzelverbände) vom 27.3.1996: Verminderung der spezifischen, d.h. auf die Ausbringung bezogenen CO_2-Emissionen um 20 % bis 2005 (Basis 1990; Aktualisierung einer früheren Selbstverpflichtung vom 10.3.1995); 12 Verbände haben auch Zusagen zur Verminderung der absoluten Emissionen gemacht. Insgesamt wird eine Minderung um rund 170 Mio. t/a erwartet (z. Vgl. Gesamtemissionen 1990 1.014 Mio. t). Die Einhaltung der Selbstverpflichtung wird durch unabhängige Gutachter überwacht (Monitoringsystem).
- Selbstverpflichtung der im VDA zusammengeschlossenen Automobilfirmen vom 23.5.1995: Verminderung des mittleren Kraftstoffverbrauchs aller von den deut-

schen Herstellern neu in den Verkehr gebrachten Pkw um 25 % bis zum Jahr 2005 (Basisjahr 1990). Das entspricht einer Verminderung um durchschnittlich 2 % p.a. (siehe Bild 10.1 auf S. 224). Die erzielten Fortschritte werden in regelmäßigen Berichten dokumentiert. Diese Zusage soll noch vor dem Jahr 2000 fortgeschrieben werden.

Space-Frame Struktur Bezeichnung für eine Bauweise für Pkw, bei der die tragende Struktur nicht durch Bleche wie bei der üblichen, selbsttragenden Strukturbauweise dargestellt wird, sondern durch räumlich angeordnete Träger, die mit nicht-tragenden Blechen oder Kunststoffpanelen ergänzt werden. Die Funktionen der Teile, die die Betriebs- und Crashlasten aufnehmen und die verkleidenden Charakter haben, sind also klar getrennt. Das eröffnet einige konstruktive Freiräume, die vor allem bei Fahrzeugen, die nur in kleiner Stückzahl gefertigt werden sollen, zu niedrigeren Kosten führen können. Bei Verwendung von Aluminiumprofilen für die tragenden Strukturen sind auch Gewichtsreduzierungen im Vergleich zu selbsttragenden Stahlstrukturen möglich.

Spülgebläse Bei 2-Takt-Motoren wird das verbrannte Gemisch nicht wie bei 4-Takt-Motoren durch einen Kolbenhub aus dem Zylinder verdrängt, sondern es wird mittels Druckluft ausgespült. Zur Bereitstellung dieser Spülluft wird eine Pumpe benötigt, die im einfachsten Fall aus dem Kurbelgehäuse besteht, in dem der nach unten gehende Kolben die zuvor angesaugte Luft verdichtet, die dann den Spülschlitzen zugeleitet wird. Dieses Konzept wird nur noch für sehr einfache, meist kleine Motoren angewandt. Bei den meisten derzeit verfolgten 2-Takt-Konzepten für Pkw wird ein externes Spülgebläse vorgesehen.

Stickstoffoxide Stickstoff kann mehrere Oxide bilden: NO, NO_2, N_2O (→Lachgas). Bei der Verbrennung im Motor entstehen aus dem Stickstoff der Verbrennungsluft und – soweit vorhanden – aus im Kraftstoff gebundenem Stickstoff in geringen Mengen Stickstoffoxide. Sie werden ganz überwiegend als NO emittiert. Erst an der Luft werden sie zu NO_2 oxidiert. NO_2 ist an der Bildung von bodennahem →Ozon beteiligt.

Stirling-Motor Hubkolbenmotor mit äußerer Verbrennung, bei dem eine konstante Gasmenge – meistens Helium – zwischen einem warmen und einem kalten Raum hin und her geschoben wird und dabei mechanische Arbeit verrichtet. Der Kreisprozeß umfaßt die Schritte:

- Das Gas wird aufgeheizt. Dabei steigt der Druck stark an.
- Das heiße Gas expandiert und bewegt dabei einen Arbeitskolben.
- Das Gas wird abgekühlt. Die Restwärme wird zurückgeführt.
- Das kalte Gas wird wieder verdichtet und erneut aufgeheizt.

Die äußere Verbrennug erlaubt die Verwendung fast beliebiger Brennstoffe und kann – mit sauberen Brennstoffen – extrem schadstoffarm gestaltet werden. Man kann Stirlingmotoren sehr laufruhig ausführen. Ihre Hauptnachteile sind: Schlechtes Ansprechverhalten bei Lastwechseln, hohes Gewicht, hohe Kosten. Sie haben sich daher trotz vieler Entwicklungsanstrengungen bisher nur in Sonderanwendungen durchsetzen können (U-Boot-Antriebe). Neuere Entwicklungen zielen auf Solaranwendungen und kleine Blockheizkraftwerke. Sterling-Kältemaschinen sind in großer Zahl zur Kühlung von Infrarotsensoren im Einsatz.

Das Prinzip des Stirling-Motors wurde 1816 von dem schottischen Geistlichen Robert Stirling erfunden, der damit Pumpen zur Entwässerung von Bergwerken antreiben wollte.

Stöchiometrische Verbrennung →Gemischheizwert

Stromeinspeisegesetz Nach dem Stromeinspeisegesetz sind die Elektrizitätsversorgungsunternehmen verpflichtet, Strom aus erneuerbaren Energien in das öffentliche Netz aufzunehmen und dafür mindestens einen vorgeschriebenen Preis zu bezahlen. Maßgeblich für die Festlegung dieser Mindestpreise sind die Durchschnitts*erlöse* der Versorgungsunternehmen aus der Belieferung aller Stromkunden im vorletzten Jahr. Je nach Primärenergie und Anlagengröße sind unterschiedliche hohe Prozentsätze zu vergüten. Für 1996 sind folgende Vergütungen festgelegt:

Wind- und Sonnenenergie	90 %	17,21 Pf/kWh
kleinere Wasserkraftanlagen	80 %	15,30 Pf/kWh
Biomasse	80 %	15,30 Pf/kWh
größere Wasserkraftanlagen	65 %	12,43 Pf/kWh

Superisolation →Vakuum-Superisolation

Supraleitung Bei einer Reihe von Materialien verschwindet der elektrische Widerstand bei Unterschreiten einer bestimmten Temperatur vollständig. Einige dieser Materialien erlauben in diesem Zustand den Transport großer Ströme, ohne daß die Supraleitung zusammenbricht. Die Sprungtemperatur liegt bei 22 K oder darunter. Als Kühlmittel muß daher flüssiges Helium (Siedepunkt 4 K) eingesetzt werden. Die Kosten für die Kühlung sind sehr hoch. Stromkabel in dieser Technik sind daher nur in extremen Ausnahmefällen rentabel.

Vor wenigen Jahren wurden Stoffe entdeckt, in denen Supraleitung bis nahe an Umgebungstemperatur zu beobachten ist. Seitdem wird intensiv nach Wegen gesucht, solche Hochtemperatur-Supraleiter technologisch beherrschbar und damit auch für die Herstellung von Stromkabeln nutzbar zu machen. Die bisherigen Versuche sind jedoch noch nicht erfolgreich gewesen.

sustainable economy →Nachhaltiges Wirtschaften

TAME Tertiärer Amylether, wird in den USA als Oktanzahlverbesserer verwendet; in Europa ungebräuchlich.

TLEV Transitional Low Emission Vehicles, →Emissionsgrenzwerte (USA)

Toluol Toluol = Methyl-Benzol gehört zu den Aromaten. Es findet sich vor allem in Ottokraftstoffen und ist ein wichtiger Rohstoff für petrochemische Prozesse.

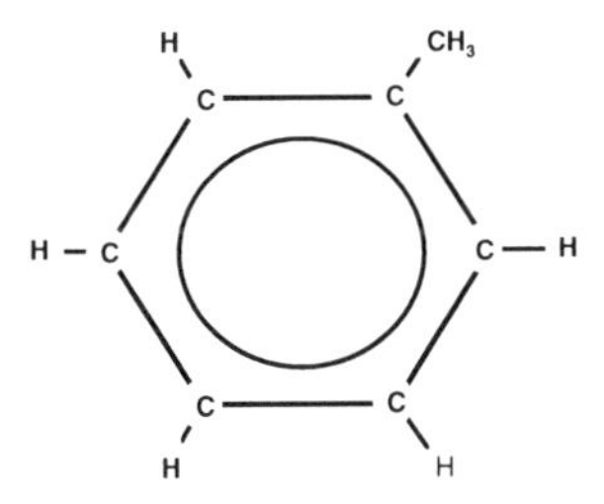

Transurane Als Transurane werden chemische Elemente bezeichnet, die höhere Massenzahlen als Uran aufweisen. Sie kommen in der Natur praktisch nicht vor, entstehen aber in Kernreaktoren aus Uran durch Neutroneneinfang. Die Transurane sind stark radioaktiv. Die wichtigsten sind Plutonium, Neptunium.

Übergangsmetalle Die chemischen Elemente, die im Periodensystem im mittleren Teil der langen Perioden stehen, werden als Übergangsmetalle bezeichnet. Sie zeigen eine große chemische Vielfalt. Es handelt sich u.a. um Titan, Vanadium, Chrom, Mangan, Eisen, Kobalt, Nickel, Kupfer, Zink, Zirkonium, Niob, Molybdän, Ruthenium, Rhenium, Palladium, Silber, Platin, Gold

UCPTE Union pour la Coordination de la Production et du Transport de l'Électricité; 1951 gegründete Vereinigung der maßgebenden, west- und südeuropäischen Stromerzeugungs- und -übertragungsunternehmen.

ULEV Ultra Low Emission Vehicles, →Emissionsgrenzwerte (USA)

Vakuum-Superisolation Isolation zur Vermeidung von Wärmeeinbringung in einen Tank durch Strahlung und Leitung. Im Zwischenraum einer Doppelwand wird einfallende Wärmestrahlung an gewickelten Folien reflektiert. Das Vakuum unterdrückt die Wärmeleitung. Vakuum-Superisolation ist Voraussetzung für die Verwendung kryogener Kraftstoffe wie LH2 und LNG.

Verbundmaterial, CNG-Tank aus Im Gegensatz zu einer Druckgasflasche aus massivem Stahl ist die Wandung einer Flasche in Verbundbauweise wesentlich dünner. Um dennoch dem hohen Druck standzuhalten, ist sie mit einer Wicklung aus vorgespannten Glasfasern umgeben, die in Epoxidharz eingebettet sind. Für eine 80 l Flasche wird die gleiche Festigkeit bei einem um 20 kg verminderten Gewicht erreicht.

Verdampfungsverluste Ottokraftstoffe haben einen relativ hohen →Dampfdruck. Sie neigen daher dazu, Dämpfe zu bilden, die nicht an die Atmosphäre gelangen sollten.

Man unterscheidet zwischen vier verschiedenen Kategorien von Verdampfungsverlusten für Kohlenwasserstoffe:

1. Standverluste (engl.: diurnal losses): Kohlenwasserstoffdämpfe, die vom Kraftstoffsystem eines stehenden Fahrzeugs mit kaltem Motor ausgehen. Sie werden durch die Höhe der Umgebungstemperatur bestimmt.
2. Standverluste von einem stehenden Fahrzeug mit heißem Motor stammen überwiegend aus dem Kraftstoffsystem (engl.: hot soak losses).
3. Betriebsverluste (engl.: running losses) von einem Fahrzeug, während es betrieben wird.
4. Tankverluste (engl.: refuelling losses) werden durch die Verdrängung von Benzindämpfen durch flüssiges Benzin im Tank sowie durch Verdampfen von Kraftstoff verursacht. Es kann sich um bis zu ca. 100 g pro Tankvorgang handeln.

Die Verluste 1., 2. und 3. werden in Europa über entsprechende Rückhaltesysteme unter Verwendung von Aktivkohle-Absorbern mit etwa 2 l Inhalt („kleiner Kohlekanister") unter das gesetzlich zulässige Maß reduziert. Die dort gesammelten Dämpfe werden dem Motor zugeführt. Die Tankverluste sind in Deutschland durch Einführung der Gaspendelung an den Tankstellen auf ein Minimum vermindert worden. Dazu werden die Benzindämpfe während des Tankens aus dem Fahrzeugtank abgesaugt und in den Tank der Tankstelle zurückgeführt. In den USA besteht seit 1994 die Verpflichtung, auch die beim Betanken anfallenden Gase im Fahrzeug zurückzuhalten (→ORVR – On-Board Refueling Vapour Recovery) .

Verlustschmierung Bei einer Verlustschmierung wird bewußt in Kauf genommen, daß das Schmiermittel teilweise oder ganz in die Umgebung gelangt. Sofern nicht besonders umweltverträgliche Öle verwendet werden oder eine vollständige Verbrennung sichergestellt wird, kann daraus eine erhebliche HC-Immission entstehen. Als besonders belastend haben sich die sehr einfach gebauten 2-Takt-Motoren mit Kurbelkastenpumpe (→Spülgebläse) und Gemischschmierung herausgestellt, wie sie in großer Zahl in Leichtkrafträdern und handgeführten Maschinen verwendet werden.

VVT Vollvariabler Ventiltrieb: Vorrichtung, mit deren Hilfe die Dauer und die Lage der Öffnungszeiten der Ein- und Auslaßventile relativ zur Kolbenbewegung sowie die Ventilhübe bei Ottomotoren weiten Grenzen variiert werden können. Dadurch ist eine beträchtliche Senkung der Rohemissionen und des Verbrauchs bei gleichzeitiger Verbesserung des Drehmomentverlaufs möglich. Der mechanische und der regelungstechnische Aufwand sind beträchtlich. Bisher gibt es keine Motoren mit echtem VVT in Serie (→elektromagnetischer Ventiltrieb).

Wiederholungsprüfungen In vielen Ländern müssen Autos regelmäßig von einem Gutachter technisch überprüft werden, um eventuelle Mängel bei Sicherheit und Umweltverträglichkeit zu ermitteln. In Deutschland sind dies die AU – Abgasuntersuchung – und die Hauptprüfung nach § 29 StVZO („TÜV-Prüfung").

Wirbelschicht Durch ein sehr feinkörniges, festes Material wird von unten Gas gedrückt. Bei einer bestimmten Strömungsgeschwindigkeit entsteht ein Mischsystem, das in vielen Eigenschaften einer Flüssigkeit ähnelt. Die in einer Luft- oder Sauerstoffströmung schwebenden Teilchen können intensive chemische Reaktionen mit dem Gas eingehen. Verbleibende Feststoffe (Asche) können in Zyklonen abgeschieden werden. Wirbelschichten (engl.: fluidised bed) werden daher häufig bei der Vergasung von Feststoffen wie Kohle oder Biomasse eingesetzt.

Das Verfahren wurde erstmals in den 20er Jahren von F. Winkler in Leuna zur Vergasung von ballastreicher Braunkohle eingesetzt.

Xylol Xylol = Dimethyl-Benzol gehört zur Gruppe der Aromaten und ist im Ottokraftstoff enthalten. Xylol ist außerdem ein wichtiger Rohstoff für petrochemische Synthesen.

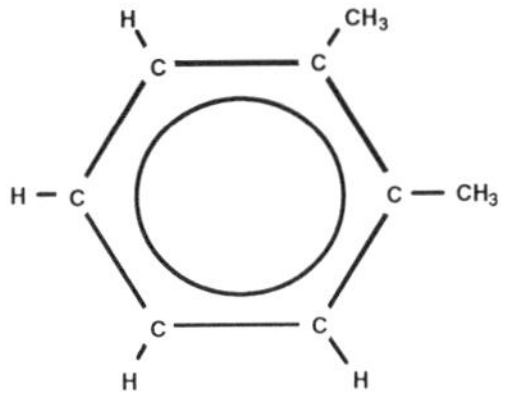

Zentraleinspritzung Einspritzverfahren für Ottomotoren: Für alle Zylinder (bei Boxer- oder V-Motoren einer Zylinderbank) ist nur ein gemeinsames Einspritzventil vorhanden. Eine präzise Einregelung des Gemisches unter allen Lastbedingungen ist damit kaum möglich. Besonders bei schnellen transienten Vorgängen werden einzelne Zylinder zeitweilig zu mager und gleichzeitig andere zu fett betrieben (→Multipoint-Einspritzung).

ZEV Zero emission vehicles, →Emissionsgrenzwerte (USA)

Ein ZEV ist definiert als „any vehicle which is certified by the Executive Officer to produce zero emissions of any criteria pollutants under any and all possible operational modes and conditions".

Die kalifornische Gesetzgebung sah ursprünglich vor, daß die großen Automobilanbieter (Chrysler, Ford, General Motors, Honda, Mazda, Nissan, Toyota) ab 1998 einen Anteil von 2 % ihrer Verkäufe mit ZEV's bestreiten müssen. Ab 2003 müssen 10 % aller neu zugelassenen Fahrzeuge ZEV's sein.

Trotz intensiver Entwicklungsanstrengungen von Auto- und Batterieherstellern erwies sich der ursprüngliche Zeitplan als nicht realisierbar. Mittlerweile wurde die obligatorische Einführung in 1998 aufgehoben; die Einführung in 2003 wird aber immer noch gefordert. Im Raum Los Angeles und Sacramento sollen

1998	750 ZEVs
1999	1.500 ZEVs
2000	1.500 ZEVs

von den „Big 7" Automobilherstellern auf dem Markt plaziert werden. Zwischen 1998 und 2002 sollen die durch die ZEVs erwarteten Emissionsverbesserungen durch mehr konventionelle Fahrzeuge mit besonders niedrigen Emissionen (LEV, ULEV) erreicht werden. Die zuständige Behörde CARB bereitet außerdem die Einführung einer Norm für Equivalent Zero Emission Vehicles (EZEV) vor.

Zündbeschleuniger Bezeichnung für thermisch labile, organische Verbindungen, die dem Dieselkraftstoff zur Verbesserung der Cetanzahl in Mengen von 0,5–3 % zugesetzt werden können. Es handelt sich meistens um salpetrige- und Salpetersäureester.

Zündverzug Bei Dieselmotoren die Zeitdauer zwischen dem Beginn der Einspritzung und dem Beginn des Verbrennungsprozesses. Eine hohe →Cetanzahl verringert den Zündverzug und trägt dadurch zur Verminderung der Emissionen und des Verbrennungsgeräusches bei.

Abkürzungen

a	Jahr
a.a.O.	am angegebenen Ort; Die Literaturstelle wurde bereits früher im selben Kapitel angegeben
AL	Abteilungsleiter In Ministerien die Ebene unter den Staatssekretären
ASC	Automatische Stabilitätskontrolle: Das Durchdrehen der Räder bei schlüpfriger Fahrbahn wird von einer Regelung verhindert.
ATZ	Automobiltechnische Zeitschrift
AVL	Östereichische Ingenieurfirma für Motorenforschung und -entwicklung, Graz
bar	Druckeinheit 1 bar = 100 kPa
bbl	barrel In der Ölindustrie häufig verwendetes Hohlmaß 1 bbl = 159 l
BHKW	Blockheizkraftwerk
BMBF	Bundesministerium für Bildung, Wissenschaft, Forschung und Technologie
BML	Bundesministerium für Ernährung, Landwirtschaft und Forsten
BTU	British Thermal Unit Im angelsächsischen Bereich gebräuchliche Energieeinheit 1 BTU = 1,0556 kJ
C	Kohlenstoff
CARB	California Air Resources Board
Cd	Kadmium
CFK	Kohlefaser-verstärkter Kunststoff
CGT	Ceramic Gas Turbine Engine
Cl	Chlor
CNG	komprimiertes Erdgas
CO	Kohlenmonoxid
CO_2	Kohlendioxid
CVT	Continuously Variable Transmission Stufenlos verstellbares Getriebe
c_w	alt für c_x
c_x	Luftwiderstandsbeiwert in Fahrzeuglängsrichtung
d	Tag
D	Deuterium; schwerer Wasserstoff

DDGS — Distiller's dried grains plus solubles;
Nebenprodukt der Ethanol-Erzeugung aus Getreide; als Viehfutter verwertbar.

DI — Direct Injection: Einspritzung von Benzin oder Diesel direkt in den Brennraum

DLR — Deutsche Forschungsanstalt für Luft- und Raumfahrt

DME — Dimethylether

DOE — Department of Energy
US Energieministerium

E — Einheiten

ECE — Economic Commisson for Europe; Unterorganisation der UNO

E/d — Einheiten pro Tag

EJ — Exajoule
Energieeinheit $1\ \text{EJ} = 10^{12}\ \text{J}$

EPA — Environmental Protection Agency
US-amerikanische Umweltbehörde

ETBE — Ethyl-Tertiär-Butylether
Antiklopfmittel für Ottokraftstoffe

EU — Europäische Union

eV — Elektronenvolt
Energieeinheit; verwendet bei der Beschreibung von molekularen Prozessen $1\ \text{eV} = 1{,}602 \times 10^{-19}\ \text{J}$

EVU — Energieversorgungsunternehmen

EZEV — Equivalent Zero Emission Vehicle

FEV — Deutsche Ingenieurfirma für Motorenforschung und -entwicklung, Aachen

Ffr — französischer Franc

FHI — Fraunhofer Institut

FISITA — Fédération Internationale des Sociétés d'Ingénieurs des Techniques de l'Automobile,
1948 gegründeter Zusammenschluß fast aller nationalen automobiltechnischen Ingenieur-Vereinigungen

f_{Ro} — Rollwiderstandsbeiwert

gal — Gallon
amerikanisches Hohlmaß 1 US gal = 3,785 l

GFK — Glasfaser-verstärkter Kunststoff

GJ — Gigajoule
Energieeinheit $1\ \text{GJ} = 10^{9}\ \text{J}$

GuD — Gas- und Dampfkraftwerk: Gasturbinenkraftwerk mit nachgeschalteter Abwärmenutzung in einem Dampfkraftwerk

GUS — Gemeinschaft Unabhängiger Staaten, früher i.w. UdSSR

H — Wasserstoff

h — Stunde

ha — Hektar
In der Landwirtschaft gebräuchliches Flächenmaß $1\ \text{ha} = 10.000\ \text{m}^2$

HCHO	Formaldehyd
HTR	Hochtemperaturreaktor
HYPASSE	Hydrogen Powered Applications Using Seasonal and Weekly Surplus Electricity: Ein Eureka-Forschungsprojekt
IAEA	International Atomic Energy Agency, Wien
IDI	Indirect injection: Einspritzung von Diesel in eine Vor- oder Wirbelkammer
IEA	International Energy Agency, Unterorganisation der OECD
IMechE	The Instituition of Mechanical Engineers, London; britischer Berufsverband
IPCC	Intergovernmental Panel on Climate Change: Beratungsgremium der Klimaforscher
ITER	Internationaler Thermonuklearer Experimentalreaktor
J	Joule Energieeinheit 1 J = 1 Ws = 1 Nm
JET	Joint European Torus: Europäisches Großexperiment zur Fusionsforschung
KFA	Kernforschungsanlage
kg ROE	kg Rohöleinheit Energieeinheit 1 kg ROE = 1,454 kg SKE = 42,62 MJ
KKW	Kernkraftwerk
kPa	kilo-Pascal, Druckeinheit 1 kPa = 1.000 Pa
kW	Kilowatt Leistungseinheit 1 kW = 1.000 W
kW_P	peak-Leistung in kW Spitzenleistung einer Solaranlage im Augenblick optimaler Bedingungen
lb	im angelsächsischen Raum gebräuchliches Maß für die Masse 1 lb = 451 g
LEV	Low Emission Vehicle
LH2	verflüssigter, tiefkalter Wasserstoff
LLK	Ladeluftkühler
LNG	Liquefied Natural Gas Verflüssigtes, tiefkaltes Erdgas
LPG	Liquefied Petrolcum Gas Mittels Druck verflüssigtes Autogas, Flüssiggas
LWR	Leichtwasserreaktor
MCFC	Molten Carbonate Fuel Cell
MCH	Methylcyclohexan
MeV	Megaelektronenvolt Energieeinheit; verwendet bei der Beschreibung von nuklearen Prozessen 1 MeV = $1{,}602 \times 10^{-13}$ J
MITI	Ministry of International Trade and Industry; japanisches Ministerium mit großem Einfluß auf die Industriepolitik

MJ	Megajoule Energieeinheit 1 MJ = 1 Mio. J
MOZ	Motor-Oktanzahl Nach einer bestimmten Meßmethode ermitteltes Maß für die Klopffestigkeit eines Kraftstoffs
mpg	miles per gallon In den USA übliches Maß zur Angabe des Kraftstoffverbrauchs 1 mpg = 0,425 km/l
ms	Millisekunde
MTBE	Metyl-Tertiär-Butylether Antiklopfmittel für Ottokraftstoffe
MTZ	Motortechnische Zeitschrift
MVEG	Motor Vehicle Emissions Group, Beratungsgremium der EU-Kommission
MW	Megawatt 1 MW = 1×10^6 W
MWd	Megawatt-Tage Energieeinheit; verwendet bei der Angabe des Abbrandes von Brennelementen in KKW 1 MWd = 86,40 GJ
MWh	Megawatt-Stunden Energieeinheit 1 MWh = 3,60 GJ
MW_P	peak-Leistung in MW Spitzenleistung einer Solaranlage im Augenblick optimaler Bedingungen
MW_{th}	thermische Leistung in Megawatt
N	Stickstoff
Na	Natrium
NASA	National Air and Space Agency
Ni	Nickel
Nm^3	Norm-m^3 Volumen eines Gases unter Normbedingungen
NMOC	Non Methane Organic Gases
NRL	National Renewable Energy Laboratory, Golden, Colorado, USA
O	Sauerstoff
OBD	On Board Diagnosis
OECD	Organisation for Economic Cooperation and Development
OT	Oberer Totpunkt bei der Kolbenbewegung in einem Hubholbenmotor
Pa	1. Pascal Druckeinheit 1 pa = 1 N/m^2 2. Palladium; Edelmetall
PAFC	Phosphoric Acid Fuel Cell
Pb	Blei
PEMC	Proton Exchange Membrane Fuel Cell
PEV	Primärenergieverbrauch
PJ	Petajoule Energieeinheit 1 PJ = 10^{15} J = 0,278 TWh
Pkw	Personenkraftwagen

PME Pflanzenöl-Methylester
POX Anlage zur Erzeugung von Synthesegas durch Partielle Oxidation von Schweröl
ppb parts per billion
Konzentrationsmaß, $1 : 10^9$
ppm parts per million
Konzentrationsmaß, $1 : 10^6$
Proc. Proceedings, d.h. Konferenzbericht
Pt Platin; Edelmetall
PV Photovoltaik
R4 4-Zylinder-Reihenmotor
RBMK russisch für „Reaktor hoher Leistung vom Kanaltyp"
R&D Research and development
RGW Rat für gegenseitige Wirtschaftshilfe, auch COMECON
Organisation der ehemals unter sowjetischem Einfluß stehenden Länder Osteuropas
Rh Rhenium; Edelmetall
RME Rapsölmethylester
ROG Reactive Organic Gases
ROZ Research Oktanzahl:
Nach einer bestimmten Meßmethode ermitteltes Maß für die Klopffestigkeit eines Kraftstoffs
S Schwefel
s Sekunde
SAE Society of Automotive Engineers
Vereinigung der amerikanischen Kfz-Ingenieure
Sfr Schweizer Franken
SNG synthetic natural gas
SNR Schneller Natriumgekühlter Reaktor
T Tritium, überschwerer Wasserstoff
TAME Tertiärer Amylether
Antiklopfmittel für Ottokraftstoffe
TLEV Transitional Low Emission Vehicles
TWa Terawattjahr
Energieeinheit 1 TWa = 31,5 EJ
≈ 1,1 Mrd. t Kohle
TWh Terawattstunden
Energieeinheit 1 TWh = 1 Mrd. kWh
= 3,6 PJ
≈ 122.000 t Kohle
U Uran
UBA Umweltbundesamt
ULEV Ultra Low Emission Vehicle
UCPTE Union pour la Coordination de la Production et du Transport de l'Électricité

USc	Cent des US $
UT	Unterer Totpunkt bei der Kolbenbewegung in einem Hubkolbenmotor
V8	8-Zylinder-Motor mit Zylinderbänken in V-Anordnung
VANOS	Bezeichnung für ein System zur Verstellung der Nockenphasen von BMW
VDEW	Vereinigung Deutscher Elektrizitätswerke e.V.
VDA	Verband der Automobilindustrie, Frankfurt
VDI	Verein deutscher Ingenieure
VOC	volatile organic compounds
VTEC	Bezeichnung für ein System zur Verstellung der Ventilsteuerzeiten von Honda
VVC	Variable Cam Control, Bezeichnung für ein VVT System von Rover; Verstellung von Phase und Spreizung
VVT	Variabler Ventiltrieb
W	Watt Leistungseinheit $1\ W = 1\ kg\ m^2/s^2$
ZEV	Zero Emission Vehicle

Sachverzeichnis

Springer

Druck: Mercedesdruck, Berlin
Verarbeitung: Buchbinderei Lüderitz & Bauer, Berlin